DIE EIWEISSKÖRPER

UND DIE THEORIE DER KOLLOIDALEN ERSCHEINUNGEN

VON

JACQUES LOEB †

MITGLIED DES ROCKEFELLER INSTITUTS FÜR MEDIZINISCHE FORSCHUNG NEW YORK

MIT 115 ABBILDUNGEN

BERLIN
VERLAG VON JULIUS SPRINGER
1924

DEUTSCH HERAUSGEGEBEN VON

CARL VAN EWEYK-BERLIN

ISBN-13: 978-3-642-90054-9 e-ISBN-13: 978-3-642-91911-4
DOI: 10.1007/978-3-642-91911-4

Vorwort zur englischen Ausgabe.

Die Kolloidchemie ist aus der Annahme entstanden, daß die letzte Einheit kolloidaler Lösungen nicht das einzelne Molekül oder Ion ist, sondern ein Aggregat von Molekülen oder Ionen; die sogenannte Micelle NAEGELIS. Daß solche Aggregate sich mit Säuren, Basen oder Salzen nach stöchiometrischen Regeln verbinden könnten, hielt man für unwahrscheinlich, und so kam man zu dem Schluß, daß die Elektrolyte an der Oberfläche der kolloidalen Teilchen absorbiert werden nach einer rein empirischen Formel, der Adsorptionsisotherme von FREUNDLICH.

Die Forschungen des Verfassers haben das Ergebnis gezeitigt, daß dieser letzte Schluß, wenigstens bezüglich der Eiweißkörper, auf einem methodischen Fehler beruht: der Vernachlässigung der Wasserstoffionenkonzentration der Eiweißlösungen, welche hierbei ein Faktor von grundsätzlicher Bedeutung ist. Wenn man die Wasserstoffionenkonzentrationen gehörig bestimmt und in Rechnung setzt, so findet man, daß Eiweißkörper sich mit Säuren und Basen nach den stöchiometrischen Gesetzen der klassischen Chemie verbinden und daß die Eiweißchemie sich prinzipiell nicht von der der Krystalloide unterscheidet.

Es wird unmöglich bleiben, das physikalische Verhalten der Kolloide überhaupt und der Eiweißkörper im besonderen zu erklären, solange die Chemiker weiter von der Existenz einer besonderen Kolloidchemie überzeugt sind, die anderen Gesetzen folgt als die Chemie der Krystalloide. Diese Sachlage wird in den abschließenden Bemerkungen des interessanten Werkes von BURTON: „Die physikalischen Eigenschaften kolloidaler Lösungen" (1920) dargelegt:

Wir schließen am besten mit den Worten ZSIGMONDYS, eines Vorkämpfers auf diesem Gebiete, mit denen seine erste Übersicht über die junge Lehre von den Kolloiden endigt: „Mit diesen Ausführungen soll natürlich keine Theorie der Kolloide gegeben werden, denn die Lehre von den Kolloiden wird eine große umfangreiche Wissenschaft werden, an deren Ausbau sich viele beteiligen müssen; erst wenn ein umfangreiches, aus gründlicher physikalisch-chemischer Experimentaluntersuchung hervorgegangenes Tatsachenmaterial systematisch geordnet vorliegt, wird die Theorie der Kolloide sich aus dem Stadium verallgemeinernder Betrachtung von Spezialfällen zu dem Range einer exakten Wissenschaft erheben können."

Professor F. G. DONNAN von der Londoner Universität hat 1910 eine hervorragende Theorie über Gleichgewichte veröffentlicht, die sich einstellen, wenn zwei Elektrolytlösungen durch eine Membran getrennt sind, die für alle beteiligten Ionenarten außer einer durchgängig ist. Diese Theorie wurde von PROCTER und WILSON mit Erfolg für die Deutung der Elektrolytwirkung auf die Quellung der Gelatine herangezogen. Ich werde in diesem Buch zeigen, daß die DONNANsche Theorie der Membrangleichgewichte nicht nur das Phänomen der Quellung quantitativ und mathematisch umfaßt, sondern ganz allgemein das kolloidale Verhalten der Eiweißlösungen: nämlich die elektrische Ladung, den osmotischen Druck, die Viscosität und die Stabilität von Suspensionen. Es wäre unmöglich gewesen, die DONNANsche Theorie auf die Eiweißkörper anzuwenden ohne den Nachweis, daß die Eiweißkörper nach stöchiometrischen Regeln echte ionisierende Salze mit Säuren und Basen bilden. Die Kolloidchemie, die anfangs den Eindruck einer neuen Wissenschaft mit ganz andersartigen Gesetzen machte, scheint nunmehr lediglich ein bisher nicht erkannter Gleichgewichtszustand der klassischen Chemie gewesen zu sein, mindestens soweit die Eiweißkörper in Frage kommen. Diese Anschauung tut der Bedeutung des kolloidalen Zustandes für physiologische und technische Probleme keinen Abbruch, doch stellt sie die theoretische Behandlung des Gegenstandes auf eine völlig neue Basis.

Irgendeine Theorie, die an die Stelle der DONNANschen treten könnte, müßte mindestens soviel wie diese leisten. Sie müßte auf mathematischer Grundlage eine quantitative und rationelle Erklärung für die Kurven abgeben können, welche den Einfluß der Wasserstoffionenkonzentration, der Ionenwertigkeit und der Elektrolytkonzentration auf den kolloidalen Zustand darstellen. Ferner müßte sie diese Kurven nicht nur bezüglich einer einzigen Eigenschaft, sondern für alle Eigenschaften des kolloidalen Zustandes, wie elektrische Ladung, osmotischen Druck, Viscosität, Quellung und Stabilität erklären, da ja all diese Eigenschaften in ähnlichem Sinne durch Elektrolyte beeinflußt werden.

Der Inhalt dieses Buches gliedert sich in zwei Teile. Der erste liefert den Beweis dafür, daß die Eiweißreaktionen nach stöchiometrischen Regeln vor sich gehen. Der zweite entwickelt eine mathematische und quantitative Theorie des kolloidalen Zustandes, die sich auf der DONNANschen Theorie über die Membrangleichgewichte aufbaut.

Die Theorie des kolloidalen Zustandes, wie sie in diesem Buche umrissen ist, kann nur als erste Annäherung betrachtet werden. Feinere Forschungsmethoden wird man noch einführen müssen, manche Unstimmigkeiten von geringerer Wichtigkeit wird man noch klären müssen, und viel Material ist noch herbeizuschaffen. Immerhin schien es ratsam, das Buch zu veröffentlichen, weil die experimentellen Tatsachen sich so rasch häufen, daß es schwierig ist, in die leitenden Gedanken ohne eine mehr systematische und weniger detaillierte Übersicht, als sie die Originalpublikationen bieten, einzudringen. Ebenso erschien es ratsam, eine Erörterung über die Anwendbarkeit der neuen Theorie auf physiologische und technische Probleme nicht in das Buch aufzunehmen.

Der Verfasser möchte nicht verfehlen, Mr. M. KUNITZ und Mr. D. WUEST seine Anerkennung für die Umsicht und Sorgfalt ihrer Untersuchungen auszudrücken, welche der experimentelle Teil dieser Arbeit erforderte.

Der Verfasser dankt ebenfalls Herrn Dr. JOHN H. NOTHROP, Herrn Dr. D. I. HITCHCOCK und Dr. ANNE LEONARD LOEB, die das Manuskript des Buches zum Teil oder ganz gelesen und mir dabei wertvolle Anregungen gegeben haben; ferner Herrn Dr. J. A. WILSON, der die Freundlichkeit hatte, den ersten Teil des Kapitels über Quellung durchzusehen und dem Verfasser den mathematischen Beweis der Seite 143 der englischen Ausgabe vorschlug.

Die Korrekturen und den Index hat Miß N. KOBELT in dankenswerter Weise besorgt.

März 1922.

JACQUES LOEB.

Vorwort zur deutschen Ausgabe.

Seit dem Erscheinen der englischen Ausgabe sind die in derselben besprochenen Versuche erheblich erweitert worden. Die Grundlagen der Theorie der kolloidalen Erscheinungen haben dadurch an Sicherheit und Klarheit gewonnen. Es schien deshalb wünschenswert, diese neueren Resultate in der deutschen Bearbeitung des Buches zu berücksichtigen, und infolgedessen ist die englische Ausgabe erheblich erweitert und umgearbeitet worden.

Das allgemeine Ergebnis ist, daß Eiweißkörper in erster Linie eine Reihe von Eigenschaften mit den Aminosäuren gemeinsam haben, aus denen sie aufgebaut sind. Dahin gehören chemische Reaktionen mit Säuren und Basen, Löslichkeit und wahrscheinlich auch solche Eigenschaften wie Kohäsion, Oberflächenspannung und andere. Da die Aminosäuren typische Krystalloide sind, so ist die Anschauung berechtigt, daß die Eiweißkörper selbst in bezug auf diejenigen Eigenschaften Krystalloide sind, welche Aminosäuren und Eiweißkörpern gemeinsam sind.

Das Verhalten der Eiweißkörper unterscheidet sich aber in bestimmter Weise von dem Verhalten der Aminosäuren in bezug auf Membranpotentiale, osmotischen Druck, Quellung, Stabilität der Suspensionen ungelöster Eiweißteilchen und eine besondere Form von Viscosität. Diese Eigenschaften dürfen wir als die spezifisch kolloidalen Eigenschaften der Eiweißkörper bezeichnen. Es wird in diesem Buche der Nachweis geführt, daß diese kolloidalen Eigenschaften der Eiweißkörper sich auf einen bestimmten elektrostatischen Gleichgewichtszustand zurückführen lassen, der entsteht, wenn die großen Eiweißionen nicht imstande sind, durch Membrane und Gele zu diffundieren, welche für kleine krystalloide Ionen leicht durchgängig sind. In diesem Falle muß eine höhere Konzentration der diffundierbaren krystalloiden Ionen innerhalb der Eiweißlösung oder innerhalb des Eiweißgels entstehen als außerhalb. Es wird in diesem Buche gezeigt, daß sich das kolloidale Verhalten der Eiweißkörper aus diesen merkwürdigen Gleichgewichtsverhältnissen quantitativ ableiten läßt, deren mathematische Theorie zuerst von DONNAN entwickelt worden ist. Dieser Nachweis wurde nur dadurch möglich, daß die Wasserstoffionenkonzentration der Eiweißlösungen und Eiweißgele gemessen wurde, und daß außerdem die Messung einer neuen Größe eingeführt wurde, nämlich der Membranpotentiale, die bisher in der Theorie des kolloidalen Verhaltens der Eiweißkörper nicht berücksichtigt worden waren.

Dem Übersetzer, Herrn Dr. VAN EWEYK, sowie Herrn Professor P. RONA, der die Übersetzung revidiert hat, spreche ich meinen verbindlichsten Dank aus.

April 1923.

JACQUES LOEB.

Inhaltsverzeichnis.

Erster Teil.

Kristalloide und kolloidale Eigenschaften der Eiweißkörper.

Zweiter Teil.

Theorie der kolloidalen Eigenschaften der Eiweißkörper.

ERSTER TEIL.

Krystalloide und kolloidale Eigenschaften der Eiweißkörper.

Erstes Kapitel.

Historische Einleitung.

1. Die angeblichen Unterschiede zwischen der Kolloid- und Krystalloidchemie.

Die Unterscheidung zwischen den Krystalloiden und Kolloiden wurde 1861 durch GRAHAM eingeführt. Den Krystalloiden wurde als charakteristisch eine Tendenz zur Krystallbildung beim Ausfallen aus wässeriger Lösung zugeschrieben, während die Kolloide unter den gleichen Bedingungen gelatinöse (oder amorphe) Massen bilden sollten. GRAHAM fand, daß diese beiden Gruppen noch in zwei anderen Beziehungen sich voneinander unterscheiden, nämlich erstens in ihrer Diffusionsfähigkeit und zweitens in ihrer Neigung zu einer eigentümlichen „physikalischen Aggregation". Die Krystalloide diffundieren mit Leichtigkeit durch eine Reihe von Membranen (z. B. Schweinsblase oder Pergament), welche die Kolloide überhaupt nicht oder höchstens sehr langsam durchdringen können. Die zweite Eigentümlichkeit besteht in der Tendenz der Kolloide, in gelöstem Zustande Aggregate zu bilden, eine Eigenschaft, die den Krystalloiden fehlt oder bei ihnen weniger ausgesprochen ist. Ein kurzes Zitat aus einer Arbeit GRAHAMs erläutert diese Bezeichnungen:

„Zu der letzteren Klasse (nämlich den schlecht diffundierenden Substanzen) gehören Kieselsäurehydrat, Aluminiumhydrat und andere Metalloxyde der Aluminiumreihe, wenn man sie in löslicher Form vor sich hat; ferner Stärke, Dextrin und Gummiarten, Caramel, Tannin, Eiweiß, Gelatine, pflanzliche und tierische Extraktivstoffe. Die geringe Diffusionsfähigkeit ist nicht die einzige gemeinsame Eigenschaft dieser letztgenannten Körper. Sie sind durch die gelatinöse Beschaffenheit ihrer Hydrate charakterisiert. Obgleich sie häufig reichlich in Wasser löslich sind, werden sie doch nur durch eine sehr schwache Kraft in

Lösung gehalten. Ihre sauren oder basischen sowie alle übrigen gewöhnlichen chemischen Eigenschaften sind ganz besonders schwach ausgesprochen[1]). Diese eigentümliche physikalische Struktur und chemische Indifferenz scheint indessen für Substanzen erforderlich zu sein, die in den Lebensvorgängen der Organismen eine Rolle zu spielen haben. Die plastischen Substanzen der tierischen Körper gehören zu dieser Klasse. Da die Gelatine offenbar zu dem gleichen Typus gehört, so mag man die Substanzen dieser Klasse als Kolloide bezeichnen und von ihrem eigentümlichen Aggregatzustand als von dem kolloidalen Zustand der Materie sprechen. Dem kolloidalen steht der krystalloide Zustand gegenüber. Die in der letzteren Form auftretenden Substanzen sollen als Krystalloide klassifiziert werden. Der Unterschied zwischen den beiden Zuständen ist zweifellos in dem feineren Bau ihrer Moleküle begründet[2])."

Nach GRAHAM bestehen also offenbar zwischen den Kolloiden und Krystalloiden wenigstens zwei wesentliche Unterschiede: die Verschiedenheit der Diffusionsfähigkeit durch Membranen und die Verschiedenheit der Neigung zur Aggregatbildung in ihren Lösungen. Wir werden in diesem Buch sehen, daß das hauptsächliche Charakteristikum des kolloidalen Verhaltens mathematisch aus der Verschiedenheit der Diffusionsfähigkeit zwischen Kolloiden und Krystalloiden hergeleitet werden kann; die Neigung gewisser Eiweißmoleküle zur Aggregatbildung ist hingegen von geringerer Bedeutung.

Indessen hat sich in der modernen Kolloidchemie der Gebrauch eingebürgert, die Neigung der Kolloide zur Aggregatbildung als ihre fundamentale Eigenschaft anzusehen, weil nämlich die Fällung der Kolloide der Hauptgegenstand der kolloidchemischen Forschung war und die Fällung selbstverständlich durch die Bildung von Aggregaten bedingt ist. Die Kolloidchemiker kennzeichnen den kolloidalen Zustand als den Zustand der Materie, bei welchem die letzten Einheiten in einer Lösung nicht isolierte Moleküle oder Ionen, sondern Molekülaggregate sind, für welche NAEGELI den Ausdruck „Micelle" (ein kleines Krümchen) eingeführt hat. So stellt ZSIGMONDY fest, „daß die wesentlichen und charakteristischen Bestandteile kolloidaler Lösungen sehr kleine ultramikroskopische Teilchen sind, deren Dimensionen zwischen denen mikroskopisch eben erkennbarer Körper und denen der Moleküle liegen ... Diese ultramikroskopischen Teilchen (Ultramikronen) haben dieselbe Bedeutung für die kolloidalen wie die isolierten Moleküle für die krystalloiden Lösungen[3])."

---

[1]) Diese Anschauung ist, wie wir sehen werden, nicht länger haltbar.

[2]) GRAHAM, T.: Phil. Trans. 1861. S. 183—224. Neugedruckt: Chemical and Physical Researches S. 553. Edinburgh 1876.

[3]) ZSIGMONDY, R.: Kolloidchemie. 2. Aufl. Leipzig 1918.

Die Vorstellung, daß die letzte Einheit der kolloidalen Lösungen nicht das Molekül oder Ion der gelösten Substanz, sondern ein Aggregat ist, veranlaßte die Kolloidchemiker, eine neue Art Chemie einzuführen, in welcher andere, der Kolloidchemie eigentümliche Regeln die Gesetze der klassischen Chemie ersetzen. Es kam ihnen unwahrscheinlich vor, daß die stöchiometrischen Gesetze der klassischen Chemie für kolloidale Lösungen zutreffen sollten, bei welchen größere Molekülaggregate die kleinsten Einheiten darstellen. Sie argumentierten, daß nur die Oberfläche solcher Aggregate zum Reagieren mit anderen Substanzen fähig sein könnte. Die stöchiometrischen Beziehungen, welche die klassische Chemie beherrschen, wurden in der Kolloidchemie demnach durch eine empirische Formel ersetzt, nämlich die sogenannte Adsorptionsformel FREUNDLICHS, von der man annahm, daß sie die Oberflächenerscheinungen richtig darstellt[1]). Neuere Forschungen von LANGMUIR[2]) haben erwiesen, daß die Adsorptionsformel FREUNDLICHS nicht für die Reaktionen von Gasen mit Glimmer, Glas und Platin mit glatter Oberfläche zutrifft; derselbe Autor konnte weiter zeigen, daß die hierbei wirkenden Kräfte lediglich die altbekannten chemischen Haupt- oder Nebenvalenzen sind. Wie die meisten empirischen Regeln mag die Adsorptionsformel innerhalb eines gewissen Bereiches den Beobachtungen entsprechen; für die sämtlichen, im Experiment möglichen Variationen braucht indessen eine solche Regel nicht zu gelten, und dies fand LANGMUIR auch bei seinen Versuchen. JOHN A. WILSON und WYNNARETTA H. WILSON[3]) haben einen höchst wichtigen Beitrag zur Frage der Anwendbarkeit der Adsorptionsformel auf Probleme der Kolloidchemie geliefert. Sie gelangten zur Ablehnung dieser Formel und zogen eine rein chemische Deutung vor. Die Auseinandersetzung der Ergebnisse geht von den Versuchen von PROCTER und WILSON mit Gelatine aus. Die in diesem Buch noch anzuführenden Tatsachen sind in vollem Umfang geeignet, die skeptische Haltung der genannten Autoren der Adsorptionsformel gegenüber zu stützen. Ferner haben noch T. B. ROBERTSON[4]) und E. A. FISHER[5]) den Wert der Adsorptionsformel angezweifelt.

Selbst wenn wir annehmen, daß Eiweißlösungen keine freien Eiweißionen oder -moleküle enthalten — eine Annahme, die, wie wir später sehen werden, im Widerspruch mit den Erscheinungen des Membranpoten-

---

[1]) FREUNDLICH, H.: Capillarchemie. Leipzig 1909.

[2]) LANGMUIR, I.: Journ. of the Americ. chem. soc. Bd. 40, S. 1361. 1918.

[3]) WILSON, J. A. u. W. H. WILSON: Journ. of the Americ. chem. soc. Bd. 40, S. 886. 1918.

[4]) ROBERTSON, T. B.: The Physical Chemistry of the Proteins. New York, London, Bombay, Calcutta und Madras 1918.

[5]) FISHER, E. A.: Transact. Faraday soc. Bd. 17, 2, S. 305. 1923.

tials und des osmotischen Druckes steht —, so führt dies doch nicht zu der Vorstellung, wonach chemische Reaktionen nur an der Oberfläche der Micellen statthaben, aus dem einfachen Grunde, weil feste Eiweißgele (z. B. Gelatinegel) gut für Säuren, Alkalien und Salze, überhaupt für Krystalloide, durchgängig sind. Chemische Reaktionen können also nicht lediglich an der Oberfläche der Eiweißmicellen vor sich gehen.

Eine Reihe von Autoren, wie BUGARSZKY und LIEBERMANN[1]), OSBORNE[2]), ROBERTSON[3]), PAULI[4]) und andere, hatten angenommen, daß Eiweißkörper nach den altbekannten chemischen Regeln reagieren. Die Richtigkeit dieser Vorstellung konnte aber vor der Einführung der modernen Methoden für die Bestimmung der Wasserstoffionenkonzentration in Eiweißlösungen, welche wir FRIEDENTHAL, SÖRENSEN[5]), MICHAELIS[6]), CLARK[7]) und ihren Mitarbeitern verdanken, nicht stringent erwiesen werden. Im Besitz dieser Methoden konnte man leicht die stöchiometrischen Beziehungen bei Eiweißverbindungen mit Säuren und Alkalien zeigen.

So konnte man beweisen, daß Gelatine sich nur dann mit Säuren verbindet, wenn die Wasserstoffionenkonzentration der Lösung einen bestimmten kritischen Wert überschritten hat. Sie muß nämlich höher sein als n/50000 [$p_H = 4{,}7$[8])]. Bei einer Wasserstoffionenkonzentration über n/50000 dissoziiert die Phosphorsäure als einbasische Säure. Wenn sich nun Gelatine stöchiometrisch mit Säuren verbinden soll, so sollte man dreimal soviel einer n/10-Phosphorsäurelösung gebrauchen als n/10-Salzsäure oder -Salpetersäure, um 1 g Gelatine in einem Volumen von 100 ccm von einer Wasserstoffionenkonzentration von n/50000 auf eine andere, etwa n/1000, zu bringen. Die Schwefelsäure, die als starke Säure in diesem Bereich zweibasisch ist, müßte sich genau so verhalten wie die Salzsäure und man würde also n/10-Schwefelsäure oder n/10-Salzsäure in der gleichen Menge benötigen, um die erwähnte 1 proz. Gelatinelösung von einer Wasserstoffionenkonzentration von n/50000 auf eine solche von n/1000 zu bringen. Die Versuche, die außer bei der Gelatine noch beim krystallinischen Eiereiweiß, beim Casein, Edestin und beim

---

[1]) BUGARSZKY, S. u. L. LIEBERMANN: Pflügers Arch. f. d. ges. Physiol. Bd. 72, S. 51. 1898.

[2]) OSBORNE, T. B.: Die Pflanzenproteine. Ergebn. d. Physiol. Bd. 10, S. 47. 1910.

[3]) ROBERTSON, T. B.: A. a. O.

[4]) PAULI, W.: Fortschr. d. naturwiss. Forschung Bd. 4, S. 223. 1912. Kolloidchemie der Eiweißkörper. Dresden und Leipzig 1920.

[5]) SÖRENSEN, S. P. L.: Literatur bei W. M. CLARK: The Determination of Hydrogen Ions. Baltimore 1920.

[6]) MICHAELIS, L.: Die Wasserstoffionenkonzentration. Berlin 1914.

[7]) CLARK, W. M.: The Determination of Hydrogen Ions. Baltimore 1920.

[8]) LOEB, J.: Journ. of gen. physiol. Bd. 3, S. 85. 1920/21. Science Bd. 52, S. 449. 1920. Journ. de chim. physique Bd. 18, S. 283. 1920.

Serumglobulin angestellt wurden, haben die Richtigkeit dieser und ähnlicher Gedankengänge erwiesen. So steht es außer allem Zweifel, daß die Proteine sich mit Säuren oder Basen den stöchiometrischen Regeln der allgemeinen Chemie entsprechend verbinden[1]).

Es ist sehr zu bedauern, daß sich die Forschung mit dem kolloidalen Verhalten der Eiweißkörper beschäftigen mußte, bevor die eleganten Methoden der Bestimmung der Wasserstoffionenkonzentration ausgearbeitet waren; wir hätten sonst wahrscheinlich niemals etwas von der Idee gehört, daß die Kolloidchemie, mindestens soweit die Eiweißkörper in Frage kommen, anders sei als die Chemie der Krystalloide. Der methodische Fehler der Nichtberücksichtigung der Wasserstoffionen in kolloidalen Lösungen und Gelen stand der Ausbildung einer exakten Theorie des kolloidalen Verhaltens im Wege.

Daß die Messung der Wasserstoffionenkonzentration von fundamentaler Wichtigkeit für das Verständnis des chemischen und physikalischen Verhaltens der Eiweißkörper ist, liegt in der Tatsache begründet, daß die Eiweißkörper amphotere Elektrolyte sind, die je nach der Wasserstoffionenkonzentration mit Säuren sowohl wie mit Basen ionisierende Salze bilden. Überschreitet die Wasserstoffionenkonzentration einen bestimmten kritischen Wert (der bei den einzelnen Proteinen verschieden groß ist), so verhält sich das Protein, als wenn es eine Base wie Ammoniak wäre, und ist dann imstande, mit Säuren Salze zu bilden. Liegt aber die Wasserstoffionenkonzentration der Lösung unterhalb dieses kritischen Wertes, so reagiert das Protein genau so, als ob man eine Fettsäure, z. B. Essigsäure, vor sich hätte; es kann nunmehr Salze mit basischen Komplexen bilden. Bei dem kritischen Wert der Wasserstoffionenkonzentration kann sich das Protein praktisch weder mit einem sauren, noch mit einem basischen Rest, auch nicht mit einem neutralen Salz verbinden[2]). Diesen Wert der Wasserstoffionenkonzentration nennt man den isoelektrischen Punkt des Proteins. Der Bruchteil des ursprünglich isoelektrischen Eiweißes in unseren 100 ccm 1 proz. Lösung, der sich mit einer Säure oder mit einer Base verbinden kann, steht gleichfalls in genau bestimmbarer funktionaler Abhängigkeit von der Wasserstoffionenkonzentration.

2. Der isoelektrische Punkt der Eiweißkörper.

Der Begriff des isoelektrischen Punktes bei Eiweißkörpern war schon bekannt, bevor man noch wußte, was dieser Begriff chemisch bedeutet. Er erregte die Aufmerksamkeit der Forscher, weil er

[1]) Loeb, J.: Journ. of gen. physiol. Bd. 3, S. 85, 547. 1920/21. Hitchcock, D. I.: Journ. of gen. physiol. Bd. 4, S. 597, 733. 1921/22; Bd. 5, S. 35. 1922/23.

[2]) Loeb, J.: Journ. of gen. physiol. Bd. 1, S. 39 u. 237. 1918/19. Science Bd. 52, S. 449. 1920. Journ. de chim. physique Bd. 18, S. 283. 1920.

mit der Fällung der Kolloide in Zusammenhang steht, einer Erscheinung, die im Brennpunkt des Interesses zahlreicher Untersucher stand. W. B. HARDY[1]) verdanken wir die Aufstellung dieses Begriffes, den wir als den Ausgangspunkt der physikalischen Chemie der Eiweißkörper ansehen dürfen. 1899 fand HARDY, daß Eiereiweiß mit 8—9 Teilen destillierten Wassers nach dem Filtrieren und Aufkochen im elektrischen Feld bei saurer Reaktion in anderer Richtung wanderte als bei alkalischer. Die Teilchen wanderten bei alkalischer Reaktion von der Kathode nach der Anode und bei saurer Reaktion im umgekehrten Sinn; war die Flüssigkeit neutral, so bewegten sich die Teilchen in dem elektrischen Feld so wenig, daß die Bewegung schwer nachweisbar blieb.

„Ich habe gezeigt, daß das durch Hitze veränderte Proteid in bemerkenswerter Weise in seiner Wanderungsrichtung (im elektrischen Feld) durch saure oder alkalische Reaktion der Flüssigkeit, die es enthält, bestimmt ist. Eine unmeßbar kleine Menge von freiem Alkali veranlaßt die Proteidteilchen, sich gegen den Strom zu bewegen, während in Gegenwart einer ebenso kleinen Menge freier Säure die Teilchen in der Stromrichtung wandern. In einem Fall sind also die Teilchen elektronegativ, im anderen elektropositiv. Da man nun bei einem negativ geladenen Hydrosol durch Zusatz freier Säure die negative Ladung der Teilchen vermindern und sie schließlich sogar positiv machen kann, so muß offenbar ein bestimmter Punkt vorhanden sein, bei welchem die Teilchen und die sie umgebende Flüssigkeit isoelektrisch sind.

Der isoelektrische Punkt ist erwiesenermaßen von großer Wichtigkeit. Je mehr man sich ihm nähert, um so geringer wird die Stabilität eines Hydrosols; hat man ihn erreicht, so verschwindet sie, und es tritt Koagulation oder Fällung auf, je nachdem ob das Proteid in hoher oder geringer Konzentration vorlag und je nach der Geschwindigkeit, mit welcher man den isoelektrischen Punkt erreicht. Schließlich spielen mechanische Bedingungen hierbei noch eine Rolle."

1903 hat HARDY in einer vorläufigen Mitteilung[2]) über seine Versuche mit Globulinen den Einfluß der H- und OH-Ionen auf die Wanderungsrichtung der Proteinteilchen im elektrischen Feld zu erklären versucht. Diese Erklärung sollte noch von großer Bedeutung für die Entwicklung der Kolloidchemie werden, denn sie legte den Gedanken nahe, daß die H-· und OH-Ionen ihren Einfluß auf die elektrische Ladung der Proteinteilchen durch vorzugsweise Adsorption ausübten.

„Die Eigenschaften der in Lösung befindlichen Globuline rechtfertigen augenscheinlich folgende Ansicht: Das Gesetz der konstanten und multiplen Proportionen hat für sie keine Geltung. Deshalb kommen für die Charakterisierung ihres

[1]) HARDY, W. B.: Proc. of the roy. soc. of London Bd. 66, S. 110. 1900.

[2]) HARDY, W. B.: Journ. of physiol. Bd. 29, S. 29. 1903.

Zustandes chemische Kräfte nur in zweiter Linie in Frage. Einen Globulinniederschlag darf man sich nicht als aus molekularen Aggregaten bestehend vorstellen. Er setzt sich vielmehr aus Gelteilchen zusammen. Ich habe an anderer Stelle gezeigt, daß die Vorgänge der Gelbildung und der Ausflockung nicht streng voneinander zu trennen sind, sondern fließende Übergänge zeigen. Wenn solche Gelpartikelchen in einer ionenhaltigen Flüssigkeit suspendiert sind, so werden sie von diesen Ionen durchdrungen. Machen wir die Annahme zum Ausgangspunkt unserer Betrachtungen, daß, je höher die spezifische Geschwindigkeit eines Ions ist, es um so rascher von dem Kolloidteilchen eingefangen wird. Nun sind aber die H- und OH-Ionen die schnellsten, und daher werden Kolloidteilchen in einer Säure mehr H-Ionen als andere in sich aufnehmen und dadurch eine positive Ladung bekommen; im alkalischen Medium wird dasselbe für die OH-Ionen gelten, wodurch die Ladung negativ wird. Solche Ladungen würden die Oberflächenenergie der Teilchen vermindern und somit die durchschnittliche Größe zu ändern trachten."

Perrin[1]) übernahm die Vorstellung, daß die H- und OH-Ionen ihre elektrische Ladung den Kolloidteilchen wegen ihrer relativ großen Wanderungsgeschwindigkeit erteilen. Diese veranlaßt ihre reichliche Adsorption an den Kolloidteilchen. Die Hypothese einer vorzugsweisen Adsorption der H- und OH-Ionen durch kolloidale Teilchen hat seitdem eine große Rolle in der Kolloidchemie gespielt.

Im Jahre 1904 hat der Verfasser dieses Buches an Stelle der angeführten Theorie eine auf rein chemischen Prinzipien beruhende Ansicht über die Bedeutung des isoelektrischen Punktes und über das Wesen der Säuren- und Alkalienwirkung auf die Wanderungsrichtung der kolloidalen Teilchen zur Diskussion gestellt[2]).

„Der Verfasser ist demnach der Ansicht, daß diese Erscheinungen von einer anderen Seite her betrachtet werden können, wobei sie mit der Vorstellung in Einklang kommen, daß die elektrische Ladung der Kolloide durch elektrolytische Dissoziation entsteht. Bekanntlich reagieren die Proteide amphoter. Wenn sie nur wenig dissoziieren, geben sie sowohl H- als auch OH-Ionen an die Lösung ab. Geben die Teilchen mehr H-Ionen als OH-Ionen an die Lösung, so behalten sie eine negative Ladung; übersteigt die Abgabe der OH-Ionen die der H-Ionen, so resultiert positive Ladung des Kolloidteilchens. Fügt man in hinreichender Menge Säure zu der Lösung, so wird das Kolloidteilchen OH-Ionen im Überschuß abgeben und somit positive Ladung annehmen. Das Gegenteil tritt ein, wenn man die Lösung alkalisch macht.

[1]) Perrin, J.: Journ. de chim. physique Bd. 2, S. 601. 1904; Bd. 3, S. 50. 1905. Notice sur les titres et traveaux scientifiques de M. Jean Perrin. Paris 1918.

[2]) Loeb, J.: Univ. of California publ. in physiology Bd. 1, S. 149. 1904.

Diese Vorstellung steht mit dem Befund HARDYS, daß Neutralsalze das Vorzeichen der elektrischen Ladung der Globuline nicht ändern, in Einklang."

In seiner berühmten Arbeit „Colloidal Solution", die er im Jahre 1905 veröffentlicht hat, verläßt HARDY[1]) seinen physikalischen Standpunkt vom Jahre 1903 und gelangt zur vorbehaltlosen Annahme chemischer Vorstellungen.

„So ist Globulin also eine amphotere Substanz. Seine Säurewirkung ist viel stärker als seine basische Wirkung. Es ist als Säure stark genug, um mit so schwachen Basen wie Anilin, Glykokoll, Harnstoff mit Leichtigkeit Salze zu bilden. Als Base bildet es mit schwachen Säuren, wie Essigsäure und Borsäure, Salze, die bei Gegenwart von Wasser sehr unstabil sind.

Obgleich man die Kolloidteilchen ihrem Wesen nach als Ionen ansprechen kann, unterscheiden sie sich doch in der Hinsicht durchaus von den gewohnten Ionen, daß ihre Größe von ganz anderer Ordnung als die der Moleküle des Lösungsmittels ist, daß ferner ihre elektrische Ladung nicht ein definiertes Multiplum einer festen Einheit ist und daß man ihnen auch nicht eine bestimmte Valenz zuerkennen kann. Schließlich gehören ihre elektrischen Eigenschaften zu den Erscheinungen der Elektroendosmose. Solch massigen Ionen möchte ich den Namen „Pseudoionen" geben, und ich schlage vor, Globulinlösungen vom Standpunkt einer „Pseudoionenhypothese" aus zu behandeln[2])."

Weiter haben 1910 WOOD und HARDY[3]) die Ansicht vertreten, daß die Eiweißkörper „mit Säuren und mit Alkalien unter Salzbildung reagieren. Diese Reaktionen sind aber nicht präzise; eine unbestimmte Zahl von Salzen entstehen, die der Formel $(B)_n\, BHA$ entsprechen, wobei der Wert von n von der Temperatur und der Konzentration sowie von der Trägheit abhängt, die durch das Potential der inneren Oberfläche der kolloidalen Lösung bedingt ist."

Die Ansicht HARDYS enthält drei verschiedene Gedanken. Der erste bringt zum Ausdruck, daß die Proteine mit Säuren und Basen Salze bilden können, eine Ansicht, die zweifellos richtig ist; der zweite, daß die Reaktionen zwischen Proteinen und Säuren oder Basen nicht nach den stöchiometrischen Regeln vor sich gehen; dies erscheint nicht länger haltbar; drittens, daß die letzten Einheiten bei gelösten Eiweißkörpern nicht isolierte Moleküle sind, sondern größere Aggregate, die durch ihre elektrische Ladung suspendiert erhalten

[1]) HARDY, W. B.: Journ. of physiol. Bd. 33, S. 251. 1905/06. Siehe auch W. B. HARDY: Proc. of the roy. soc. of London Bd. 79, S. 413. 1907.

[2]) HARDY, W. B.: Journ. of physiol. Bd. 33, S. 256—257. 1905/06.

[3]) WOOD, T. B. und W. B. HARDY: Proc. of the roy. soc. of London Bd. 81, S. 38. 1909.

werden. Auf die Erörterung dieses letzten Punktes kommen wir im nächsten Abschnitt zurück.

Nachdem die Methoden zur Messung der Wasserstoffionenkonzentration von H. FRIEDENTHAL und von SÖRENSEN ausgebildet waren, wurde es möglich, den isoelektrischen Punkt der genuinen Eiweißkörper zu bestimmen. Dies geschah in größtem Maßstabe im Jahre 1910 von MICHAELIS und seinen Mitarbeitern. MICHAELIS benutzte die gleiche Methode der Wanderung von Kolloidteilchen im elektrischen Feld, die HARDY bei seinen Versuchen über denaturiertes Protein angewandt hatte.

Nach MICHAELIS ist der isoelektrische Punkt diejenige Wasserstoffionenkonzentration, bei welcher die Teilchen weder zur Anode noch zur Kathode wandern. Die folgende Tabelle enthält die den isoelektrischen Punkt charakterisierenden Wasserstoffionenkonzentrationen verschiedener Eiweißkörper. Die Bestimmungen stammen von MICHAELIS[1]):

Genuines Serumalbumin	$2 \cdot 10^{-5}$	normal
Genuines Serumglobulin	$4 \cdot 10^{-6}$	,,
Oxyhämoglobin	$1{,}8 \cdot 10^{-7}$	,,
Gelatine	$2 \cdot 10^{-5}$	,,
Casein	$2 \cdot 10^{-5}$	,,

Nach SÖRENSEN liegt der isoelektrische Punkt des krystallinischen Eiereiweißes nahe bei dem des Serumalbumins [nämlich bei $p_H = 4{,}8$ [2])]. In Zukunft werden wir in diesem Buch die Wasserstoffionenkonzentration immer durch das von SÖRENSEN eingeführte logarithmische Symbol p_H angeben; die Konzentration $2 \cdot 10^{-5}$ normal $= 10^{-4,7}$ normal wird also geschrieben $p_H = 4{,}7$; das Minuszeichen läßt man fort.

Wenn wir annehmen, daß die letzten Einheiten einer Eiweißlösung in der Regel isolierte Eiweißmoleküle oder Ionen sind, die stöchiometrisch mit Säuren und Basen reagieren, dabei hochgradig dissoziationsfähige Metallproteinate oder Proteinsäurerestsalze bilden, können wir den isoelektrischen Punkt als diejenige Wasserstoffionenkonzentration definieren, bei welcher sich das Eiweiß praktisch in einem nichtionisationsfähigen (oder nichtionisiertem) Zustand befindet, somit also nachweisbar weder Metallproteinate noch Proteinsäureverbindungen bilden kann. Wir werden noch sehen, daß diese theoretische Überlegung zu einer einfachen praktischen Methode zur Darstellung von Eiweißkörpern führt, die völlig oder praktisch frei von ionisationsfähigen Verunreinigungen sind.

---

1) MICHAELIS, L.: Die Wasserstoffionenkonzentration. S. 54ff. Berlin 1914.

2) SÖRENSEN, S. P. L.: Studies of proteins. Cpt. rend. trav. Lab. Carlsberg Bd. 12. Kopenhagen 1915/17.

3. Kolloidale Suspensionen und krystalloide Lösungen.

GRAHAM hat den Unterschied zwischen kolloidalen und krystalloiden Substanzen eingeführt. Man fand aber später, daß ein und dieselbe Substanz, etwa NaCl, in Lösung sich entweder als Krystalloid oder als Kolloid verhalten kann. Dann wurde vorgeschlagen, nicht mehr zwischen kolloidalen und krystalloiden Substanzen, sondern zwischen dem kolloidalen und krystalloiden Zustand der Materie zu unterscheiden. Die Gründe hierfür sind in dem folgenden Zitat aus BURTON zusammengestellt:

„Nach den Ergebnissen neuerer Arbeiten ist es nicht mehr richtig, kolloidale Substanzen als eine besondere Klasse von Körpern zu unterscheiden. KRAFFT hat gefunden, daß die Alkalisalze der höheren Fettsäuren, die Stearate, Palmitate, Oleate in alkoholischer Lösung Krystalloide mit normalem Molekulargewicht sind, während sie mit Wasser echte kolloidale Lösungen ergeben. Das Gegenteil gilt für das Chlornatrium; PAAL fand, daß dieses sich in Benzol kolloidal löst, während in Wasser selbstverständlich eine krystalloide Lösung resultiert (KARCZAG). Später hat dann von WEIMARN kolloidale Lösungen aus über zweihundert chemischen Körpern (Salze, Elemente usw.) herstellen können und damit gezeigt, daß bei richtigem Vorgehen fast jede Substanz, die in festem Zustand vorkommt, entweder als Kolloid oder als Krystalloid in Lösung gebracht werden kann. Weiter fanden viele andere Forscher, daß es in manchen Fällen nur von der Konzentration der reagierenden Komponenten abhängt, ob man eine krystalloide oder kolloidale Lösung bekommt.

Infolgedessen sprechen wir besser vom kolloidalen Zustande der Materie als von kolloidalen Körpern, wobei das wesentliche Kennzeichen des kolloidalen Zustandes der ist, daß die Substanz sich als Suspension fester (oder manchmal wahrscheinlich flüssiger) Massenteilchen von nicht streng definierter, aber sehr geringer Größe in irgendeinem flüssigen Medium befindet, wie z. B. Wasser, Alkohol, Benzol, Glycerin usw. Je nach dem flüssigen Medium nennt man die Lösungen oder Suspensionen nach dem Vorgang von GRAHAM Hydrosole, Alkosole, Benzosole, Glycerosole usw.“ [1])

Der Hauptunterschied zwischen Kolloiden und Krystalloiden, oder besser zwischen dem kolloidalen und krystalloiden Zustand, besteht in der Natur der Kräfte, welche die beiden Arten von Teilchen in wässeriger oder irgendeiner anderen Lösung halten. Bei den Krystalloiden sind die Kräfte, die die Stabilität der Lösung bestimmen nach LANGMUIR oder HARKINS chemische Kräfte: Die Moleküle des gelösten Stoffes

[1]) BURTON, E. F.: The Physical Properties of Colloidal Solutions. 2. Ausgabe, S. 8—9. London, New York, Bombay, Calcutta und Madras 1921.

und die des Lösungsmittels ziehen einander auf Grund der chemischen Affinität an — dies sind die Kräfte der sogenannten Nebenvalenzen. Ganz allgemein wollen wir feststellen, daß die Lösung stabil ist, solange die Attraktionskräfte zwischen den Molekülen des Lösungsmittels und des gelösten Stoffes hinreichend groß sind. Werden diese Kräfte zu klein, so können sich Molekülaggregate bilden, aber diese Aggregate brauchen nicht auszufallen, wenn nur eine Potentialdifferenz zwischen jedem Teilchen und dem Lösungsmittel besteht. In diesem Fall haben wir nicht mehr eine echte, sondern eine kolloidale Lösung, d. h. eine Suspension. Die Kräfte, die die Stabilität kolloidaler Lösungen, d. h. Suspensionen kleiner, fester Teilchen oder Emulsionen kleiner Ölteilchen im wässerigen Medium, gewährleisten, sind die Kräfte der elektrostatischen Abstoßung, die auf der Existenz einer elektrischen Doppelschicht an der Grenzfläche zwischen jedem Teilchen und dem Wasser beruhen. Wenn die Potentialdifferenz der elektrischen Doppelschicht zwischen dem Lösungsmittel und dem Kolloidteilchen von einem gewissen Betrag ist, so werden die zwischen ihnen bestehenden elektrostatischen Abstoßungskräfte anderen Kräften, die die Teilchen einander zu nähern streben, einen gewissen Widerstand entgegenstellen. So kommt es, daß das Zusammenballen kleinerer Teilchen zu größeren verhindert wird, bei welch letzteren der Einfluß der Gravitation auf ihre Senkungsgeschwindigkeit sich stärker bemerkbar machen muß. Als erster hat JEVONS[1]) darauf hingewiesen, daß die Abstoßung zwischen den gleichnamig elektrisch geladenen Teilchen die Kraft sein könnte, die die kleinen suspendierten Teilchen am Ausflocken hindert. Aber es ist das Verdienst von HARDY, diese Vorstellung dadurch bewiesen zu haben, daß er zeigte, daß Suspensionen kleiner Teilchen denaturierten (gekochten) Eiereiweißes im isoelektrischen Punkt, in welchem ihre Ladung null ist, nicht mehr stabil sind. Wird die Ladung vernichtet oder hinreichend vermindert, so „bewirkt die Adhäsion oder, nach GRAHAM die Idioattraktion, daß die Kolloidteilchen sich nicht wieder trennen, wenn sie kollidiert sind[2])." Selbstverständlich können die Teilchen suspendiert bleiben, wenn die Kohäsionskräfte zwischen den Molekülen der Teilchen zu klein sind, selbst wenn sie gar keine Ladung mehr haben sollten. NORTHROP und DE KRUIF haben gezeigt, daß Bakteriensuspensionen sich unter gewissen Bedingungen so verhalten[3]).

Nun kann man aber im allgemeinen suspendierte Teilchen mit Hilfe von Salzen ausflocken, selbst wenn die Teilchen ursprünglich eine

---

[1]) JEVONS: Transact. of the Manc. phil. soc. 1870, S. 78.

[2]) WOOD, T.B. u. W. B. HARDY: Proc. of the roy. soc. of London Bd. 81, S. 41. 1909.

[3]) NORTHROP, J. H. u. P. H. DE KRUIF: Journ. of gen. physiol. Bd. 4, S. 639. 1921/22.

starke Ladung besaßen. Hierbei nimmt HARDY mit Recht an, daß der Zusatz des Salzes die Potentialdifferenz zwischen dem Kolloidteilchen und dem Lösungsmittel vermindert, und diese Annahme wurde durch Messungen der Ladung, die von vielen Autoren vorgenommen wurden, erhärtet[1]).

SCHULZE[2]) und später LINDER und PICTON[3]) fanden bei ihren Studien über die Koagulation von Schwefelarsen durch Salze, daß die koagulierende Kraft von der Valenz des Metallrestes abhängig war und mit zunehmender Valenz dieses Restes stark anstieg. HARDY zeigte dann, daß ganz generell Flockung (Koagulation, Agglutination) der suspendierten Teilchen durch dasjenige Ion des Salzes bedingt ist, dessen Ladung der der suspendierten Teilchen entgegengesetzt ist.

Eine weitere, ebenso frappierende Tatsache wurde durch diese Untersuchungen gefunden, nämlich daß die Konzentration des für die Fällung solcher Suspensionen notwendigen Salzes immer nur niedrig zu sein braucht, besonders wenn es sich um mehrwertige Ionen handelt, deren Ladung der der Kolloidteilchen entgegengesetzt ist.

Nun erhebt sich die Frage, welche der beiden verschiedenen Kräfte, elektrostatische Abstoßung oder sekundäre Valenzen, für wässerige Lösungen genuinen Eiweißes in Betracht kommen. Man kann diese Frage entscheiden, wenn man sich an das folgende Kriterium hält. Sind die Kräfte, die ein Protein in Lösung halten, die Attraktionskräfte zwischen den Molekülen des gelösten Stoffes und des Lösungsmittels (d. h. die Kräfte der sekundären Valenzen nach LANGMUIR), so braucht man zur Fällung Salze in hoher Konzentration, und das Vorzeichen der elektrischen Ladung des fällenden Ions braucht mit dem Sinn der Ladung des Proteinteilchens nichts zu tun zu haben. Wenn aber, irgendwie, die Kräfte der sekundären Valenzen zwischen den Molekülen des gelösten Stoffes und des Lösungsmittels klein sind, so könnten ja die Teilchen wegen des Auftretens elektrischer Doppelschichten um jedes Teilchen herum immer noch suspendiert bleiben. Trifft dies zu, so müssen Salze schon in geringer Konzentration das Protein fällen; das wirksame Ion des Salzes muß dann die entgegengesetzte Ladung tragen wie die Proteinteilchen. So findet man nun, daß gewisse Proteine, z. B. denaturiertes Eiereiweiß, durch die elektrische Doppelschicht, andere, wie z. B. genuines krystallinisches Eiereiweiß oder Gelatine durch die gleichen Kräfte, die die Stabilität krystalloider

---

[1]) Vgl. hierüber E. F. BURTON: The Physical Properties of Colloidal Solutions. 2. Ausgabe. London, New York, Bombay, Calcutta und Madras 1921.

[2]) SCHULZE, H.: Journ. f. prakt. Chemie Bd. 25, S. 431. 1882; Bd. 27, S. 320. 1883; Bd. 32, S. 390. 1884.

[3]) LINDER, S. E. und H. PICTON: Journ. of the chem. soc. (London) Bd. 61, 67, 78 u. 87.

Lösungen bedingen, in Lösung gehalten werden. Daß krystallinisches Eiereiweiß oder Gelatine zur Fällung Salze in hoher Konzentration erfordern, brachte einige Autoren zu der Auffassung, daß diese Eiweißkörper Emulsionen statt Suspensionen bilden. So wurde die Unterscheidung zwischen zwei Typen kolloidaler Lösungen gebräuchlich, den Suspensoiden, z. B. Ton oder Graphit, die für ihre Fällung Salze in niederen Konzentrationen erfordern, und den Emulsoiden, bei denen Salze in hoher Konzentration zur Ausflockung nötig sind. Man nannte die Emulsoide auch hydrophile oder lyophile Kolloide und die Suspensoide dementsprechend hydrophob oder lyophob. Man hielt die genuinen Proteine für Emulsoide oder hydrophile Kolloide. Jedoch zeigte POWIS[1]), daß eine echte Emulsion von Öl in Wasser ebenso wie eine Suspension fester Teilchen durch Salze in niedriger Konzentration geflockt wird. Die sogenannten Emulsoide oder die hydrophilen Kolloide verhalten sich bezüglich ihrer Löslichkeit wie Krystalloide, aber nicht wie Emulsionen.

Proteine bestehen aus peptidartig gekuppelten Aminosäuren. Jede Aminosäure ist ein Krystalloid und es ist a priori keineswegs verständlich, warum die Kräfte, die die Aminosäuren in Lösung bringen, durchaus verlorengehen müßten, wenn diese Substanzen untereinander zu Polypeptiden verbunden sind. Nun sind indessen die Aminosäuren verschieden leicht löslich; Glycin oder Alanin z. B. lösen sich reichlich in Wasser, andere, wie Tyrosin, nur spärlich. Es müssen demnach Unterschiede in der Löslichkeit der Eiweißkörper vorhanden sein, je nachdem aus welchen Aminosäuren sie aufgebaut sind und vielleicht auch je nach der Art, wie sie untereinander verbunden sind. Überwiegen unlösliche Aminosäuren oder unlösliche Gruppen unter den Bausteinen eines Eiweißes, so mag die Attraktion zwischen Wasser und dem Eiweißkörper so gering werden, daß das Eiweißteilchen nur durch eine elektrische Doppelschicht in Lösung gehalten werden kann. Es wäre indessen falsch, hieraus zu folgern, daß dies für die Lösungen aller Proteine gilt.

Diese Vorstellung, daß die genuinen Eiweißkörper ebenso wie Krystalloide in Lösung gehen können, hat sich mit zwei Einwänden auseinanderzusetzen, die in Wirklichkeit aber nichts besagen. Der erste Einwand geht von der Tatsache aus, daß viele genuine Proteine, z. B. Gelatine, im isoelektrischen Punkt nur spärlich löslich sind. Da im isoelektrischen Punkt die Teilchen im elektrischen Feld nicht wandern, so deutete man die schlechte Löslichkeit der isoelektrischen Gelatine durch die Annahme elektrischer Doppelschichten. Wie wir später noch ausführlich sehen werden, bedeutet diese Beobachtung nur, daß nicht-

[1]) POWIS, F.: Zeitschr. f. physikal. Chem. Bd. 89, S. 91, 179, 186. 1914/15.

ionisiertes Eiweiß schlechter löslich als ionisiertes ist[1]). MICHAELIS hat hervorgehoben, daß die krystalloiden Aminosäuren ebenfalls im isoelektrischen Punkt ein Minimum ihrer Löslichkeit aufweisen[2]). Der zweite Einwand erhob sich auf Grund der Beobachtung, daß eine Gelatinelösung zu einem Gel erstarren kann. Dies schien im Widerspruch zu der Annahme zu stehen, daß die Gelatine durch die Affinität zwischen bestimmten Gruppen ihrer Moleküle und dem Wasser in Lösung gehalten wird. Folgende Andeutung mag diese Schwierigkeit beheben. In dem großen Eiweißmolekül gibt es gewisse Gruppen (z. B. —COOH und —NH_2) mit großer Affinität zum Wasser (die wir als „wässerige" Gruppen bezeichnen wollen) und andere mit schwacher Affinität zum Wasser und starker Affinität zu ihresgleichen (sie sollen als „ölige" Gruppen hervorgehoben werden). Die „öligen" Gruppen können nicht die Kräfte der „wässerigen" Amino- oder Carboxylgruppen überwinden, die das Eiweißmolekül in wässerige Lösung zu bringen streben. Sie können aber Bildung einer Kette oder eines Netzwerkes zwischen benachbarten Eiweißmolekülen oder -ionen veranlassen, jedesmal wenn nämlich diese „öligen" Gruppen zweier Moleküle einander berühren. Das ist wahrscheinlich die Art, wie sich das feste Wasser-Gelatinegel bildet. Die Geleebildung bei der Gelatine scheint sich von dem Ausfallen anderer Eiweißkörper in dem Punkt zu unterscheiden, daß bei diesen sogar die „wässerigen" Gruppen oder Atome des Moleküls ihre Affinität zum Wasser verlieren, während bei dem Gelieren die Moleküle zwar mittels gewisser öliger Gruppen aneinander hängen, die Affinität der „wässerigen" Gruppen zum Wasser aber unverändert bleibt. Bei einer solchen Gelbildung bleibt die durchschnittliche Entfernung der Moleküle voneinander die gleiche, wie sie vorher in der Lösung war; ebenso sind die Adhäsionskräfte zwischen dem Wasser und den „wässerigen" Gruppen der Gelatinemoleküle ungeändert, geändert hat sich nur die gegenseitige Orientierung der Molekülindividuen, die jetzt einander mit ihren „öligen" Gruppen berühren.

Es scheint kein Grund für die Annahme zu bleiben, daß die Kräfte, die die Moleküle gewisser genuiner Proteine, wie krystallinisches Eiereiweiß oder Gelatine, in Lösung zu bringen trachten, sich von denen unterscheiden, die das gleiche bei den Krystalloiden bewirken.

4. Die HOFMEISTERschen Ionenreihen.

Die Auffassung aller Lösungen genuiner Proteine als zweiphasische Systeme, deren Einzelteilchen durch die Kräfte elektrischer Doppel-

[1]) LOEB, J.: Arch. néerland. de physiol. de l'homme et des anim. Bd. 7, S. 510. 1922. — COHN, E. J.: Journ. of gen. physiol. Bd. 4, S. 697. 1921/22; COHN, E. J. und J. L. HENDRY: Bd. 5, S. 521. 1922/23.

[2]) MICHAELIS, L.: Die Wasserstoffionenkonzentration. S. 41—44. Berlin 1914.

schichten in Lösung gehalten würden, ist untrennbar von der Vorstellung einer vorzugsweisen Ionenadsorption seitens dieser Teilchen. Diese letztere Vorstellung schien durch gewisse Experimente gestützt, durch welche gezeigt werden sollte, daß verschiedene Ionen mit gleichnamiger Ladung und Valenzstufe die physikalischen Eigenschaften der Eiweißkörper in völlig verschiedener Weise beeinflußten. Solche Versuche wurden von HOFMEISTER als erstem angestellt[1]). Er und seine Anhänger fanden, daß die relative Wirkung der Anionen auf die Fällung, Quellung und auf andere Eigenschaften der Eiweiße sehr gut definiert zu sein schienen und daß man diese Anionen offenbar in bestimmten Reihen nach ihrer relativen Wirksamkeit anordnen könnte. Dabei ist die Reihe unabhängig von der Natur des Kations. Ähnliche, aber nicht so gut definierte Reihen fand man auch für die Kationen.

Nach einer ausgezeichneten Zusammenstellung der Literatur über diesen Gegenstand von HÖBER[2]) sehen die Reihen wie folgt aus.

Bei „neutraler" Reaktion beeinflussen die Anionen der Salze Quellung, osmotischen Druck oder Viscosität, nach der Größe der Wirksamkeit geordnet, folgendermaßen:

$$SO_4,\ \text{Tartrat, Citrat} < \text{Acetat} < Cl < Br,\ NO_3 < I < CNS\,.$$

Die quellende Wirkung ist beim CNS maximal und beim SO_4 minimal. Oberhalb einer bestimmten Konzentration bewirken die Sulfate, Tartrate und Citrate bei einem Gelatinegel Schrumpfung, auch Acetat soll dann gleichsinnig, aber schwächer wirken; von den anderen Anionen glaubte man, daß sie bei der gleichen Konzentration vermehrte Quellung des Gels bewirkten.

Was die Wirkung der Kationen anbetrifft, so ist nach HÖBER ihre verschieden große Wirkung weniger ausgesprochen. Man könnte möglicherweise die Reihe $Li < Na < K,\ NH_4$ vorschlagen; dann kommen weiter die alkalischen Erden mit Mg in einer Mittelstellung.

Die Wirkung auf den osmotischen Druck geht aus den von HÖBER zitierten Versuchen LILLIES hervor, nach welchen die Anionen den osmotischen Druck neutraler Eiereiweißlösungen in dieser Reihenfolge herabsetzt:

$$SO_4 > Cl > Br > I > NO_3 > CNS\,.$$

Bei der Aufstellung dieser HOFMEISTERschen Reihen ist ein folgenschwerer Irrtum unterlaufen: Es wurde nämlich versäumt, die Wasserstoffionenkonzentration der Eiweißlösungen und -gele zu messen,

[1]) HOFMEISTER, F.: Arch. f. exp. Pathol. u. Pharmakol. Bd. 24, S. 247. 1888; Bd. 25, S. 1. 1888/89; Bd. 27, S. 395. 1890; Bd. 28, S. 210. 1891.

[2]) HÖBER, R.: Physikalische Chemie der Zelle und der Gewebe. 2. Aufl. S. 267. Leipzig und Berlin 1922.

und die Wirkung verschiedener Ionen auf Eiweißlösungen oder -gele vom gleichen p_H zu vergleichen. So kam es, daß man die Folgen verschiedener Wasserstoffionenkonzentrationen irrtümlich auf die chemische Natur der Anionen bezog. Wenn man die Wasserstoffionenkonzentration mit der Wasserstoffelektrode gehörig bestimmt und in Rechnung setzt, so stellt sich heraus, daß gewisse Eigenschaften der Eiweißkörper nur durch die Valenz des Ions und nicht durch seine chemische Natur geändert werden, und daß weiter in solchen Fällen nur das Ion wirkt, dessen Ladung der des Eiweißions entgegengesetzt ist.

Dies gilt für die spezifisch kolloidalen Eigenschaften der Eiweißkörper, nämlich für den osmotischen Druck, die Quellung und für eine bestimmte Art Viscosität. So werden wir weiter sehen, daß NaCl, NaBr, NaI, $NaNO_3$, Na-Acetat, Na-Propionat, Na-Lactat den osmotischen Druck und die Viscosität von Gelatinechloridlösungen und die Quellung von Gelatinechloridgelen bei einem bestimmten p_H quantitativ gleich beeinflussen und daß die HOFMEISTERschen Ionenreihen Fiktionen darstellen. Weiter werden wir zeigen, daß die Wirkung von LiCl, KCl, $CaCl_2$, $LaCl_3$ auf diese Eigenschaften des Gelatinechlorids bei gleicher Chlorionenkonzentration und gleichem p_H identisch ist und daß die HOFMEISTERschen Kationenreihen auch in diesen Fällen fiktiv sind. In gleicher Weise werden wir zeigen, daß alle zweiwertigen Anionen eine viel stärkere Wirkung auf die drei erwähnten Eigenschaften des Proteinchlorids enthalten als die einwertigen Anionen, und daß weiterhin diese zweiwertigen Anionen gleichartig wirken, ohne Rücksicht auf ihre chemische Natur. Dies beweist, daß nur die Valenz aber nicht die chemische Natur eines Ions solche Eigenschaften der Eiweißkörper, wie osmotischen Druck, Quellung und einen bestimmten Typus der Viscosität, beeinflußt. Diese Tatsache ist von fundamentaler Bedeutung, denn sie stellt definitiv die Ursache des kolloidalen Verhaltens der Eiweißkörper auf sicheren Boden. Wir kennen nur eine Gruppe von Eigenschaften, die nur von der Valenz, aber nicht von der chemischen Natur eines Ions abhängen, dies sind die von den Membrangleichgewichten abhängigen Eigenschaften, auf welche wir später noch zurückkommen. Daß die chemische Natur der Ionen ohne Einfluß auf die drei erwähnten Eigenschaften der Eiweißkörper ist und daß die HOFMEISTERschen Reihen auf einem methodischen Fehler beruhen, bedeutet eine Schwierigkeit für die Adsorptionshypothese. Wir kommen darauf am Schluß des achten Kapitels zurück.

Bisher haben wir nur von dem Einfluß der Ionen auf solche spezifisch kolloidale Eigenschaften der Proteine, wie den osmotischen Druck, die Quellung und die Viscosität, gesprochen. Wir können hinzufügen, daß die krystalloiden Eigenschaften, wie z. B. die Löslichkeit und die Kohäsion, aller Wahrscheinlichkeit nach nicht allein von der Valenz, sondern auch von der sonstigen chemischen Natur des Ions beeinflußt werden. Wenn sich das bestätigen sollte, so könnte man „HOFMEISTERsche Reihen" wahrscheinlich für solche krystalloiden Eigenschaften aufstellen.

5. Die Aggregationshypothese.

Für die Entwicklung einer Theorie der Kolloide war es vielleicht nachteilig, daß sich die Forscher zuerst ganz besonders um das Phänomen der Fällung bemühten. Fällung kommt durch Aggregation der Teilchen zustande und läßt so die Bedeutung der Aggregatbildung überdeutlich hervortreten. Dadurch kam man (wie wir gesehen haben) zu der irrtümlichen Vorstellung, daß die Eiweißkörper sich nicht stöchiometrisch mit anderen Verbindungen umsetzen, da man von den Aggregaten annahm, daß sie nur an ihrer Oberfläche reagieren — eine Annahme, die, wie schon auseinandergesetzt, für die Eiweißkörper nicht zu Recht besteht, da Eiweißgele ohne weiteres für Krystalloide durchgängig sind. Diese Annahme erweckte weiterhin eine andere für die Entwicklung ebenso hinderliche Vorstellung, daß die Bildung von Aggregaten alle die Phänomene des kolloidalen Zustandes erklären könnte. Es schien also ganz natürlich, die bedeutsame Entdeckung von R. S. LILLIE[1]), daß Neutralsalze den osmotischen Druck von Gelatinelösungen erniedrigen, durch die fällende Wirkung der Salze zu deuten, als ob durch den Zusatz des Salzes ein Zusammentreten der Gelatinemoleküle oder -ionen zu größeren Aggregaten veranlaßt würde[2]). So würde dann die Zahl der in Lösung befindlichen Teilchen verringert. Man fand nun, daß die Viscosität von Eiweißlösungen und die Quellbarkeit fester Proteine gleichfalls durch Salze verringert wird. Wir werden weiter unten sehen, daß im Widerspruch hierzu die Viscosität einer Gelatinelösung zunimmt, wenn die isolierten Proteinmoleküle oder -ionen Aggregate bilden[3]). Somit sollte also, wenn durch Salzzusatz der osmotische Druck einer Eiweißlösung abnimmt, weil durch Aggregatbildung die Teilchenzahl sich verringert, die Viscosität einer solchen Lösung eigentlich zunehmen. In Wirklichkeit findet das Umgekehrte statt, die Viscosität nimmt nach Salzzusatz ab.

Die Aggregationstheorie hat noch eine zweite Schwierigkeit. Wenn man Gelatine aussalzen will, so braucht man Salze in hoher Konzentration. Die wirksamen Ionen haben nichts mit der Ladung des Eiweißes zu tun. Betrachten wir aber die Wirkung von Salzen auf den osmotischen Druck der Gelatinelösungen, so finden wir, wie wir noch

[1]) LILLIE, R. S.: Amer. Journ. of physiol. Bd. 20, S. 127. 1907/08.

[2]) ZSIGMONDY, R.: Kolloidchemie. 2. Aufl. Leipzig 1918.

[3]) LOEB, J.: Journ. of gen. physiol. Bd. 4, S. 97. 1921—22.

ausführlicher sehen werden, daß diese Wirkung der Salze ausschließlich durch das Ion bedingt ist, dessen Ladung ein anderes Vorzeichen hat als die des Eiweißes; und schließlich genügen schon niedrige Salzkonzentrationen, um den osmotischen Druck von Eiweißlösungen zum Verschwinden zu bringen. Die Dispersions- oder Aggregationshypothese entzieht sich der quantitativen experimentellen Prüfung. Niemals ist es bisher in der Geschichte der Wissenschaft vorgekommen, daß man sich bei der Erklärung komplizierter Erscheinungen mit lediglich qualitativen und unmathematischen Spekulationen begnügt hat.

6. PAULIs Hydratationstheorie.

Als LAQUEUR und SACKUR[1]) sich mit dem Einfluß beschäftigten, den der Zusatz verschiedener Mengen von Natronlauge zu der gleichen Menge von Casein hat, nahmen sie mit Recht an, daß die beiden Substanzen sich zu Natriumcaseinat verbinden. Das Natriumcaseinat hat eine hohe Viscosität, die in einer besonderen Weise von der Menge der verwendeten Natronlauge abhängt. Bei Zusatz von wenig Natronlauge nahm die Viscosität anfangs gleichsinnig mit der Menge der Lauge zu, sie erreichte bei einem bestimmten Laugenzusatz ein Maximum und nahm bei weiterem Zusatz von Natronlauge wieder ab. Hierin ist wieder eine fundamentale Tatsache zu erblicken, die in der Folgezeit auch für den Einfluß von Säuren und Basen außer auf die Viscosität noch für andere Eigenschaften der Eiweißkörper bestätigt worden ist und die nicht nur allein für Casein, sondern offenbar für alle Proteine gilt.

LAQUEUR und SACKUR deuteten ihre Resultate unter Zuhilfenahme der Versuche von REYHER[2]) über die Viscosität der Fettsäurelösungen. Die Viscosität der Lösungen fettsaurer Salze ist nämlich, wie REYHER gefunden hatte, größer als die der Lösungen ihrer Säuren. Und da die fettsauren Salze in weit höherem Maße der elektrolytischen Dissoziation unterworfen sind, so kam man zu der Annahme, daß die Vermehrung der Viscosität hauptsächlich durch die Ionisation bestimmt ist. Das gleiche haben LAQUEUR und SACKUR für das Verhalten der Caseinlösungen angenommen. Sie bezogen die hohe Viscosität auf das Caseinion und stützen ihre Vorstellung durch den Hinweis darauf, daß Zugabe kleiner Mengen von Natronlauge zu der Caseinlösung zuerst die Viscosität vermehrt, bis bei einer bestimmten Menge von Lauge ein Maximum erreicht ist, und daß bei weiterem Laugenzusatz die Viscosität wieder kleiner wird. Die Viscosität konnte man gleichfalls vermindern,

[1]) LAQUEUR, E. u. O. SACKUR: Beitr. z. chem. Physiol. u. Pathol. Bd. 3, S. 193. 1903.

[2]) REYHER, R.: Zeitschr. f. physikal. Chem. Bd. 2, S. 744. 1888.

wenn man der Natriumcaseinatlösung Neutralsalz zusetzte. Nach der Meinung von LAQUEUR und SACKUR beruht dieses Absinken der Viscosität auf einer Verminderung des elektrolytischen Dissoziationsgrades des Natriumcaseinats infolge der Massenwirkung des Natriumions des NaOH oder NaCl.

Diese Vorstellung von der in erster Linie von den Proteinionen abhängigen Viscosität der Eiweißlösungen wurde von W. PAULI[1]) übernommen und mit der Zusatzhypothese versehen, daß jedes Proteinion hydriert, d. h. von einem beträchtlichen Wassermantel umgeben sein sollte. PAULI arbeitete mit Blutalbumin, das er durch wochenlang fortgesetzte Dialyse von Salzen befreit hatte. Beim Zusatz von Säure zum wasserlöslichen Albumin stieg die Viscosität anfangs von 1,0623 beim reinen Albumin bis auf 1,2937, wobei die Konzentration der zugesetzten Salzsäure 0,017 normal war. Vermehrte man die Salzsäurekonzentration auf 0,05 normal, so sank die Viscosität auf 1,1667. Die folgenden Zahlen PAULIS erläutern dieses Verhalten:

Normalität d. Salzsäure:	0,0	0,005	0,01	0,012	0,017	0,02	0,03	0,04	0,05
Viscosität:	1,0623	1,2555	1,233	1,274	1,2937	1,2770	1,224	1,1822	1,1667.

PAULI nahm an, daß die Proteinionen von einer Wasserhülle umgeben sind; die nichtionisierten Moleküle hielt er für nicht hydratisiert. Durch Zusatz von wenig Salzsäure zu einer Lösung von isoelektrischem Eiweiß würden sich die nicht ionisierten Albuminmoleküle in das hochgradig ionisierte Albuminchlorid verwandeln, das nach der Annahme von PAULI auch ebenso hochgradig hydratisiert wäre. Die Menge des entstehenden Albuminchlorids und damit auch die Menge der hydratisierten Albuminionen müßte mit steigendem Säurezusatz zunehmen. So würde also die Viscosität anfangs entsprechend der verwendeten Säuremenge zunehmen bis zu einem gewissen Punkt, von welchem an wegen der steigenden Säurekonzentration dem Massenwirkungsgesetz entsprechend das Säureanion die Dissoziation des Albuminchlorids zurückdrängen und entsprechend die Menge der hydratisierten Albuminionen vermindern würde.

Wenn wir diese Vorstellungen gebrauchen wollen, um den Einfluß der Ionenvalenz auf die physikalischen Eigenschaften der Proteine zu erklären, sind wir gleichzeitig gezwungen anzunehmen, daß der elektrolytische Dissoziationsgrad der Gelatinesalze mit zweiwertigen Ionen niedriger als derjenigen mit einwertigen Ionen ist. Denn die Viscosität von Gelatinechloridlösungen z. B. ist beträchtlich höher als die von Gelatinesulfatlösungen bei gleicher Wasserstoffionenkonzen-

[1]) PAULI, W.: Fortschr. d. naturwiss. Forsch. Bd. 4, S. 223. 1922. Kolloidchemie der Eiweißkörper. Dresden und Leipzig 1920.

tration und gleichem Gehalt an ursprünglich isoelektrischer Gelatine. Wir müßten daraus den Schluß ziehen, daß beim Gelatinesulfat der elektrolytische Dissoziationsgrad erheblich kleiner ist als beim Gelatinechlorid.

Der Verfasser hat diese Konsequenz der Theorie so geprüft, daß die elektrischen Leitfähigkeiten von Lösungen verschiedener Gelatinesalze bei verschiedenem p_H bestimmt wurden, wobei sich herausstellte, daß der von PAULIS Theorie geforderte Parallelismus zwischen der Konzentration der Proteinionen und dem physikalischen Verhalten der Proteine nicht besteht (vgl. neuntes Kapitel). LORENZ[1]), BORN[2]) und andere Autoren sind in letzter Zeit zu dem Schluß gekommen, daß bei vielatomigen Ionen die Vorstellung der Hydratation nicht haltbar ist[3]).

Die Zunahme der Viscosität von Lösungen bestimmter isoelektrischer Proteine, z. B. Gelatine, durch Zusatz von Säure oder Alkali kommt durch die Ionisation des Proteins zustande, aber die Beziehung ist in diesem Fall nicht eine unmittelbare, wie LAQUEUR und SACKUR annahmen, sondern eine indirekte, und zwar wird sie hergestellt durch die Rolle, welche die Proteinionen bei der Ausbildung eines DONNANschen Gleichgewichtes spielen. Die Vorstellungen von REYHER und PAULI könnten indessen für einen zweiten Typus der Viscosität gelten, den man bei Krystalloiden, z. B. bei den Aminosäuren, findet.

7. Zusammenfassung.

Wenn wir jetzt die Geschichte dieses Wissensgebietes kurz zusammenfassen, so bemerken wir, daß in der einschlägigen Literatur die Anschauung vorherrschend war, daß die Proteine bei ihren Verbindungen den Adsorptionsgesetzen und nicht den stöchiometrischen Regeln folgen. Da die Proteine amphotere Elektrolyte sind, demnach ihre Salze sich weitgehend hydrolytisch spalten, so muß man unbedingt die Wasserstoffionenkonzentration der untersuchten Eiweißlösungen mittels der Wasserstoffelektrode messen; erst dann kann man zu einem Schluß über die Natur der Eiweißverbindungen gelangen. Befolgt man diese Vorschrift, so sieht man, daß die Proteine sich mit Säuren und Basen stöchiometrisch verbinden. Es liegt kein Grund vor anzunehmen,

---

[1]) LORENZ, R.: Zeitschr. f. Elektrochem. Bd. 26, S. 424. 1920.

[2]) BORN, M.: Zeitschr. f. Elektrochem. Bd. 26, S. 401. 1920.

[3]) Der Ausdruck „Hydratation" wird in der Kolloidchemie häufig in einem unbestimmten Sinne gebraucht, um solche Erscheinungen, wie etwa die Quellung von Eiweißkörpern, die ein rein osmotisches Phänomen ist, zu bezeichnen. Es liegt auf der Hand, daß es nur Mißverständnisse gibt, wenn man „Hydratation" an Stelle von „osmotischem Druck" setzt. In diesem Buch wird der Ausdruck „Hydratation" nur in dem Sinne von KOHLRAUSCH und PAULI angewendet.

daß ein Unterschied zwischen der Chemie der Proteine und der der Krystalloide besteht.

Weiter hatte man angenommen, daß wässerige Lösungen genuiner Proteine immer zweiphasische Systeme darstellen, deren Proteinteilchen in Lösung gehalten würden durch die Wirkung einer elektrischen Doppelschicht, die man sich durch eine angeblich vorzugsweise Adsorption von Ionen seitens der Teilchen zustande gekommen dachte. Wir werden zeigen, daß gewisse Proteine durch dieselben Kräfte in Lösung gehalten werden, welche auch die Löslichkeit von krystalloiden Substanzen bestimmen, wie z. B. die der Aminosäuren, aus denen die Proteine bestehen.

Schließlich stützte der Glaube an die HOFMEISTERschen Ionenreihen die Adsorptionstheorie; man kann jetzt zeigen, daß diese Reihen für die Erscheinungen der Quellung, des osmotischen Druckes und der Viscosität bedeutungslos sind und daß sie ihre Aufstellung lediglich einem methodischen Fehler zu verdanken haben, nämlich der Unterlassung der p_H-Messung. Es ist demnach klar, daß die sogenannte Kolloidchemie der Eiweißkörper eine Sammlung von Irrtümern darstellt, die sich auf unzulängliche und veraltete experimentelle Methoden stützen.

Es fragt sich nun: Zeigen die Eiweißkörper in ihrem Verhalten Eigentümlichkeiten, die den Krystalloiden fremd sind? Hierauf muß man antworten, daß es solche Eigentümlichkeiten wirklich gibt. Sie bestehen in dem Einfluß der Elektrolyte auf den osmotischen Druck der Eiweißlösungen, auf die Viscosität der Lösungen bestimmter, aber nicht aller Proteine und auf die Quellung der Gele. Diese Eigenheiten gehen aus folgender Zusammenstellung hervor:

1. Allmählicher Zusatz kleiner Säure- oder Alkalimengen zu ursprünglich isoelektrischem Eiweiß vermehrt den osmotischen Druck und die Viscosität bei Eiweißlösungen und die Quellung bei Eiweißgelen bis zu einer bestimmten Grenze; dann ist weiterer Zusatz von Säure oder Base von einer Verminderung dieser drei Eigenschaften gefolgt.

2. Neutralsalze vermindern nur diese drei Eigenschaften.

3. Diese vermindernde Wirkung der Elektrolyte wächst mit der Valenz desjenigen Ions, das die entgegengesetzte Ladung trägt wie das Proteinion.

4. Nur die Valenz, aber nicht die chemische Natur des krystalloiden Ions beeinflußt die obenerwähnten Eigenschaften der Eiweißkörper (ausgenommen, wenn der Elektrolyt sekundäre Wirkungen entfaltet, die diese Eigenschaften indirekt beeinflussen).

Der Verfasser hat Messungen einer neuen Eigenschaft in Angriff genommen, die in der kolloidchemischen Literatur übersehen worden ist, nämlich die Membranpotentiale der Eiweißlösungen, d. h. die Potentialdifferenz bei osmotischem Gleichgewicht zwischen Proteinsalzlösungen, die in einem Kollodiumsäckchen sich befanden, und der wässerigen, eiweißfreien Außenflüssigkeit. Diese Messungen führten zu der Erkenntnis, daß die Membranpotentiale durch Elektrolyte in ähnlicher Weise wie der osmotische Druck, die Viscosität und die Quellung beeinflußt werden. Da die Membranpotentiale mathematisch und quantitativ aus der DONNANschen Theorie der Membrangleichgewichte hergeleitet werden können, so trat es in den Bereich der Möglichkeit, daß vielleicht diese Membrangleichgewichte den Schlüssel für die ähnliche Wirkung der Elektrolyte auf die anderen drei Eigenschaften bilden könnten. Diese Vermutung erwies sich als richtig.

8. Das DONNANsche Membrangleichgewicht.

Wenn die Lösungen zweier Elektrolyte durch eine Membran getrennt sind und wenn einer dieser Elektrolyte ein Ion enthält, das im Gegensatz zu den anderen Ionen nicht durch die Membran diffundieren kann, so wird, wie DONNAN[1]) gezeigt hat, die Verteilung der diffusiblen Ionen auf beiden Seiten der Membran eine ungleiche sein. Multipliziert man die Konzentrationen der entgegengesetzt geladenen diffusiblen Ionen für jede Seite der Membran, so sind bei eingetretenem Gleichgewicht diese Produkte gleich. Diese ungleiche Konzentration der krystalloiden Ionen muß das Auftreten von Potentialdifferenzen und osmotischen Kräften veranlassen, und wir beabsichtigen zu zeigen, daß diese Kräfte die Erklärung für das kolloidale Verhalten der Eiweißkörper bedeuten. Es ist wohl am besten, DONNANS Theorie mit seinen eigenen Worten zu zitieren:

„Wir betrachten zuerst ein Salz NaR und setzen voraus, daß die Membran (im folgenden immer durch eine vertikale Linie angedeutet) für das Anion $\bar{R}$ (und das undissoziierte Salz NaR) undurchlässig, für alle anderen hier in Betracht kommenden Ionen und Salze durchlässig ist . . .

Denken wir uns, daß wir zuerst an der einen Seite der Membran eine Lösung von NaR haben, an der anderen Seite eine Lösung von NaCl:

$$\begin{array}{c|c} \overset{+}{\mathrm{Na}} & \overset{+}{\mathrm{Na}} \\ \overset{-}{\mathrm{R}} & \overset{-}{\mathrm{Cl}} \\ (1) & (2) \end{array}$$

[1]) DONNAN, F. G.: Zeitschr. f. Elektrochem. Bd. 17, S. 572. 1911.

Das NaCl wird dann von (2) nach (1) diffundieren. Schließlich bekommen wir einen Gleichgewichtszustand:

$\overset{+}{\mathrm{Na}}$	$\overset{+}{\mathrm{Na}}$
$\overset{-}{\mathrm{R}}$	
$\overset{-}{\mathrm{Cl}}$	$\overset{-}{\mathrm{Cl}}$
(1)	(2)

Bei diesem Gleichgewichte ist die für die isotherme umkehrbare Überführung eines Mols $\overset{+}{\mathrm{Na}}$ von (2) nach (1) nötige Arbeit ebenso groß wie die durch die entsprechende isotherme, umkehrbare Überführung eines Mols $\overset{-}{\mathrm{Cl}}$ gewinnbare Arbeit. Mit anderen Worten, wir betrachten die folgende unendlich kleine isotherme und umkehrbare Änderung des Systems:

$$\left\{\begin{array}{l} dn \text{ Mol } \overset{+}{\mathrm{Na}}\ (2) \to (1) \\ dn \text{ Mol } \overset{-}{\mathrm{Cl}}\ \ (2) \to (1) \end{array}\right\}.$$

Die hierdurch gewinnbare Arbeit (Abnahme der freien Energie) ist Null, deshalb:

$$dn \cdot RT \log \frac{[\overset{+}{\mathrm{Na}}]_2}{[\overset{+}{\mathrm{Na}}]_1} + dn \cdot RT \log \frac{[\overset{-}{\mathrm{Cl}}]_2}{[\overset{-}{\mathrm{Cl}}]_1} = 0$$

oder

$$[\overset{+}{\mathrm{Na}}]_2 \cdot [\overset{-}{\mathrm{Cl}}]_2 = [\overset{+}{\mathrm{Na}}]_1 \cdot [\overset{-}{\mathrm{Cl}}]_1\,, \qquad (1)$$

wobei die eckigen Klammern die molaren Konzentrationen bedeuten sollen."

Nach J. A. WILSON[1]) kann man auch durch „elektrostatische" Überlegungen zu dieser Gleichung gelangen. Es ist nicht nötig, für die Herleitung der Gleichung die Thermodynamik heranzuziehen. Man kann sich ihre Richtigkeit leicht vor Augen führen. Die entgegengesetzt geladenen Ionen müssen bei der Diffusion von der einen Seite der Membran zur anderen paarweise wandern, denn sonst würden mächtige elektrostatische Kräfte auftreten, welche die freie Diffusion hindern würden. Deshalb könnte ein Natriumion oder ein Chlorion die Membran nicht allein für sich passieren. Nun ist aber die Membran leicht durchgängig sowohl für $\overset{+}{\mathrm{Na}}$-Ionen wie $\overset{-}{\mathrm{Cl}}$-Ionen; wenn nur zwei entgegengesetzt geladene Ionen die Membran gleichzeitig berühren, so hindert sie nichts am Übertritt in die Lösung auf der anderen Mem-

[1]) WILSON, J. A.: The Chemistry of Leather Manufacture. New York 1923.

branseite. Der Umfang dieses Ionenüberganges von der einen Lösung zur anderen hängt demnach von der Frequenz ab, mit welcher die Ionen die Membran paarweise berühren, und hierfür ist das Produkt ihrer Konzentrationen maßgebend. Bei Gleichgewicht gehen gleich viel $Na^{\cdot}$ und Cl' von der Lösung (2) nach der Lösung (1) wie umgekehrt, und daraus ergibt sich, daß das Produkt der Konzentrationen beider Ionen den gleichen Wert in Lösung (1) und (2) haben muß.

Es ist nun interessant zu sehen, wie sich das System verhält, wenn man die Bedingungen durch Zusatz eines anderen Salzes, wie etwa KBr, kompliziert. Die gleiche Überlegung wird dann ergeben, daß sich das Gleichgewicht nur dann einstellen kann, wenn das Produkt $[\overset{+}{K}]\cdot[\overset{-}{Br}]$ auf beiden Seiten den gleichen Wert hat; das gleiche gilt dann auch für die Produkte $[\overset{+}{K}]\cdot[\overset{-}{Cl}]$ und $[\overset{+}{Na}]\cdot[\overset{-}{Br}]$. Und wirklich stellt sich, wenn man auch noch soviel verschiedene Arten von Salzen, die in zwei einwertige Ionen zerfallen, zusetzt, das Gleichgewicht stets so ein, daß für jede mögliche paarweise Gruppierung der diffusiblen und entgegengesetzt geladenen Ionen das Produkt ihrer Konzentrationen in beiden Lösungen das gleiche ist."

So kann man auch durch thermodynamische wie auch durch elektrostatische Überlegungen zeigen, daß das Gleichgewicht erreicht ist, wenn das Produkt aus den Konzentrationen eines Paares diffusibler Kationen und Anionen auf der einen Seite der Membran gleich ist dem Produkt aus den Konzentrationen des gleichen Paares diffusibler Anionen und Kationen auf der anderen Seite. Auf der Seite, wo sich die nichtdiffusiblen (Protein) Anionen befinden, setzt sich die Konzentration der Na-Kationen in folgender Weise zusammen: 1. aus den Kationen, die dem nichtdiffusiblen Anion entsprechen, und 2. aus den Na-Kationen, die dem Cl' entsprechen. Auf der anderen Seite der Membran ist die Konzentration der Na-Ionen gleich der $Na^{\cdot}$-Menge, die mit Cl' verbunden ist, d. h. gleich der Konzentration des Cl'. Es ergibt sich somit, daß die DONNANsche Gleichung (1) nur erfüllt sein kann, wenn:

$$[\overset{+}{Na}]_1 > [\overset{+}{Na}]_2 \quad \text{und} \quad [\overset{-}{Cl}]_1 < [\overset{-}{Cl}]_2 .$$

Diese Ungleichheit der Konzentration der diffusiblen Ionen auf beiden Seiten der Membran ist, wie wir sehen werden, der Grund für den Einfluß der Elektrolyte auf alle diese Eigenschaften, die die Kolloidchemie vergeblich auf Grund der Dispersions- und Hydratationshypothesen zu erklären versucht hat. Der Leser erkennt, daß die wesentliche Vorbedingung für das DONNANsche Gleichgewicht zwei durch eine Membran getrennte Lösungen sind, von welchen die eine eine Ionenart enthält, die im Gegensatz zu allen anderen Ionen nicht durch die Membran diffundieren kann.

Dieser Konzentrationsunterschied der diffusiblen Ionen auf beiden Seiten der Membran muß Potentialdifferenzen zwischen den beiden Seiten hervorrufen, und nach DONNAN muß diese Differenz auf Grund der bekannten NERNSTschen Formel sein:

$$\pi_1 - \pi_2 = \frac{RT}{F} \log \frac{[\overset{+}{\mathrm{Na}}]_2}{[\overset{+}{\mathrm{Na}}]_1} = \frac{RT}{F} \log \frac{[\overset{-}{\mathrm{Cl}}]_1}{[\overset{-}{\mathrm{Cl}}]_2}$$

oder, da bei Zimmertemperatur $RT : F = 58$ Millivolt ist, so muß die Potentialdifferenz auf beiden Seiten der Membran in Millivolt betragen:

$$\pi_1 - \pi_2 = 58 \log \frac{[\overset{+}{\mathrm{Na}}]_2}{[\overset{+}{\mathrm{Na}}]_1} = 58 \log \frac{[\overset{-}{\mathrm{Cl}}]_1}{[\overset{-}{\mathrm{Cl}}]_2}.$$

Der Verfasser hat diese Konsequenz der DONNANschen Theorie an Proteinsalzlösungen geprüft, die mittels einer Kollodiummembran von Wasser getrennt waren, und er konnte die Theorie in vollem Umfange bestätigen. Durch diese Bestimmungen des Membranpotentials wurde die Richtigkeit der DONNANschen Theorie unzweifelhaft sichergestellt.

Es wird nun ersichtlich, warum der Beweis für den stöchiometrischen Charakter der Reaktionen zwischen Proteinen und Säuren oder Alkalien von fundamentaler Bedeutung ist. DONNANs Theorie basiert auf dem Vorhandensein einer nichtdiffusiblen Ionenart; diese Bedingung ist dadurch gegeben, daß die Proteine mit Säuren und Alkalien ionisierende Salze bilden und daß das Proteinion dabei Dialysiermembranen nicht durchdringen kann.

Das nichtdiffusible Ion braucht notabene nicht unbedingt ein Kolloidion zu sein; für das Zustandekommen eines DONNANschen Gleichgewichtes ist lediglich eine Membran notwendig, die die eine Ionenart am Diffundieren hindert. Ob dieses Ion krystalloid oder kolloid ist, ist ohne Belang. Hätten wir eine Membran, die für SO_4-Ionen nicht, wohl aber für Na- und Cl-Ionen durchgängig ist, so würden Lösungen von NaCl und Na_2SO_4, durch eine solche Membran voneinander getrennt, sich auf ein Donnan-Gleichgewicht einstellen. Dann würde die Na_2SO_4-Lösung sich wahrscheinlich in bezug auf bestimmte Einzelheiten des kolloidalen Verhaltens, wie z. B. den osmotischen Druck und die Potentialdifferenz gegen Wasser, ähnlich verhalten wie eine Lösung von Natriumproteinat.

Daß die diffusiblen Ionen zweier Salzlösungen in der Tat auf beiden Seiten einer Membran, die für eine Art der Ionen nicht durchgängig ist, verschieden konzentriert sind, ist von DONNAN und seinen Mitarbeitern nachgewiesen worden. So untersuchten DONNAN und ALLMAND „die Verteilung von KCl in zwei Räumen, die durch eine Ferrocyankupfermembran getrennt waren. Der eine Raum enthielt Ferrocyankali [die Membran ist für das Ion $Fe(CN)_6''''$ impermeabel]. Die höhere Konzentration des KCl in der Abteilung ohne Ferrocyankali und die Beziehung dieser ungleichen Verteilung zu der Chlorid- und Ferrocyanidkonzentration wurden experimentell festgestellt. Die erzielten Resultate stimmten im allgemeinen mit DONNANS Auffassung von den Membrangleichgewichten überein; bei genauerem Eingehen auf die festgestellte Ionenverteilung und auf die Messungen der elektromotorischen Kraft ergab sich indessen, daß offenbar jedenfalls bei Ferrocyankupfermembranen und Ferrocyankalilösungen die Erscheinungen nicht so einfach sind wie die Überlegungen, welche der Theorie zugrunde liegen[1])." Später haben DONNAN und GARNER[2]) die Gleichgewichtszustände bei Na- und K-Ferrocyanid- und Na- und Ca-Ferrocyanidlösungen unter Verwendung einer Ferrocyankupfermembran untersucht, und die Ergebnisse stimmten im allgemeinen mit der DONNANschen Theorie überein. Sie untersuchten ferner das Verhalten einer flüssigen Membran, nämlich Amylalkohol, zwischen den Elektrolyten KCl und LiCl.

„Soweit die Experimente vorläufig durchgeführt wurden, ergab sich bezüglich der Konzentration der $Li^{\cdot}$- und Cl'-Ionen und des undissoziierten Anteils des Elektrolyten Übereinstimmung mit DONNANS Theorie."

Wir werden sehen, daß die DONNANsche Theorie die Erklärung für den Einfluß der Elektrolyte auf die physikalischen Eigenschaften der Eiweißkörper enthält. DONNAN selbst hat die Tragweite seiner Theorie für die Kolloidchemie und für die Physiologie vorausgesehen:

„Diese Arbeit enthält einen Versuch, Ionengleichgewichte zu beschreiben, wie sie eintreten müssen, wenn bestimmte Ionen (oder ihre entsprechenden nichtdissoziierten Salze) nicht durch eine Membran diffundieren können. Solche Gleichgewichte sind von großer Bedeutung für die Theorie der Dialyse und der Kolloide sowohl wie für die Mechanismen der Zellen und für die allgemeine Physiologie."

Soweit der Verfasser darüber unterrichtet ist, haben PROCTER und J. A. WILSON bisher als einzige den Versuch gemacht, die DONNANschen Vorstellungen auf kolloidchemische Probleme anzuwenden.

PROCTER[3]) brachte im Jahre 1914 eine weittragende Theorie über die Quellung in Vorschlag, die auf der Lehre von den DONNANschen

---

[1]) DONNAN, F. G. u. A. J. ALLMAND: Journ. of the Chem. Soc. (London) Bd. 105, S. 1963. 1914.

[2]) DONNAN, F. G. u. W. E. GARNER: Journ. of the chem. soc. (London) Bd. 115, S. 1313. 1919.

[3]) PROCTER, H. R.: Journ. of the chem. soc. (London) Bd. 105, S. 313. 1904 — PROCTER, H. R. u. J. A. WILSON: Journ. of the chem. soc. (London) Bd. 109, S. 307. 1916.

Membrangleichgewichten aufgebaut ist. Nach dieser Theorie ist die Kraft, welche den Eintritt von Wasser in das Gel verursacht und so die Quellung bedingt, der osmotische Druck der krystalloiden Ionen, die sich innerhalb des Gels in größerer Konzentration als außerhalb desselben vorfinden, wobei dieser Überschuß durch ein Donnan-Gleichgewicht bedingt ist. Die Gegenkräfte, die die Quellung am Überschreiten einer gewissen Grenze hindert, sind die Kohäsionskräfte zwischen den Kolloidteilchen. Die spätere Ausarbeitung wurde von PROCTER und WILSON gemeinsam durchgeführt.

Nach PROCTER kann das Gelatineion, das in dem Gelatinechloridgallert enthalten ist, nicht diffundieren und daher auch keinen osmotischen Druck ausüben. Die Chloranionen werden in dem Gel durch die elektrostatische Attraktion zwischen ihnen und den Gelatinekationen zurückgehalten, üben aber einen osmotischen Druck aus. Diese verschiedene Diffusibilität der beiden entgegengesetzt geladenen Ionen des Gelatinechlorids bewirkt es, daß sich ein Donnan-Gleichgewicht ausbildet.

PROCTER brachte festes Gelatinechlorid in eine wässerige Salzsäurelösung und stellte, nachdem ein Gleichgewichtszustand eingetreten war, mittels Titration die Verteilung der freien Salzsäure innerhalb und außerhalb des Gels fest. Das Gel enthält dann in seinem Innern freie Salzsäure und Gelatinechlorid; in der Außenflüssigkeit ist nur Salzsäure enthalten. Die relative Konzentration der freien Salzsäure innen und außen nach eingestelltem Gleichgewicht ist durch die Gleichung für das DONNANsche Gleichgewicht bestimmt:

$$x^2 = y(y + z)\,, \tag{1}$$

wobei x die Konzentration der $H^{\cdot}$- und der Cl'-Ionen in der Außenflüssigkeit, y die Konzentration der $H^{\cdot}$- und Cl'-Ionen der freien Salzsäure innerhalb des Gels und z die Konzentration der Chlorionen bedeutet welche mit Gelatinekationen verbunden sind. x und y kann man experimentell bestimmen und dann z mittels dieser Gleichung ausrechnen. Mit anderen Worten: Die Verteilung der $H^{\cdot}$- und Cl'-Ionen auf beiden Seiten einer Membran ist derart, daß das Produkt aus den Konzentrationen der beiden entgegengesetzt geladenen Ionen in beiden Phasen gleich ist.

„Das Gelatinesalz ist wie andere Salze hochgradig elektrolytisch dissoziiert in Anionen und kolloidale Kationen. Diese letzteren sind entweder wegen eingetretener Polymerisation oder aus anderen Ursachen, die dem kolloidalen Zustand eigentümlich sind, nicht imstande zu diffundieren und üben daher auch keinen meßbaren osmotischen Druck aus. Die Anionen hingegen, die in dem Gel durch elektrochemische Attraktionen seitens des Kolloidions zurückgehalten werden, üben sehr wohl den ihnen zukommenden osmotischen Druck aus und bringen die Masse unter Aufnahme der sie umgebenden Lösung zur Quellung. Von der mit der Lösung aufgenommenen Säure wird durch die Anionenwirkung weiterhin ein Quantum — Anion und H˙-Ion — verdrängt, wobei das sich einstellende Gleichgewicht derart ist, daß das Gel ärmer an H˙-Ionen und reicher an Anionen als die äußere Säurelösung ist. Der Unterschied zwischen der Konzentration des Anions und des H˙-Ions im Gel ist natürlich gleich der Konzentration der Gelatineionen, und er wird durch die positiven Gelatineionen elektrisch ausgeglichen. Dabei ist die H˙-Ionenkonzentration im Gel entsprechend der Menge der verdrängten Säure kleiner als die in der Außenflüssigkeit[1]).“

PROCTER und WILSON konnten eine Beziehung zwischen dem Volumen des Gels und den beobachteten Werten von x und y feststellen und damit die Wirkung verschiedener Salzsäurekonzentrationen auf die Quellung der Gelatine errechnen. So konnten sie zeigen, warum wenig Säure die Quellung bis zu einem Maximum vermehrt und warum weiterer Säurezusatz dann die Quellung wieder vermindert. Sie konnten weiter zeigen, warum Neutralsalze die Quellung verkleinern.

Interessant ist, weshalb diese Theorie der Quellung nicht oder nur selten in der kolloidchemischen Literatur erwähnt wird. Erstens einmal muß man, wenn man die DONNANsche Theorie auf das Verhalten der Eiweißkörper anwenden will, den Beweis dafür in Händen haben, daß Eiweißkörper mit Säuren und Basen echte Salze bilden und daß diese Salze in ein Proteinion und in ein krystalloides Kation oder Anion elektrolytisch dissoziiert sind. Diese letztere Annahme steht aber in Widerspruch zu der von den Kolloidchemikern angenommenen Adsorptionshypothese. Und weiter bedeutet die Anwendung der DONNANschen Theorie auf die Proteine implicite, daß nur die Valenz und das Vorzeichen der elektrischen Ladung die Eiweißkörper beeinflussen kann, während die Natur des Ions bedeutungslos ist, und dies war nun wieder nicht in Einklang mit dem Glauben an die HOFMEISTERschen Ionenreihen zu bringen. Aber selbst Autoren wie ROBERTSON, der ein Vorkämpfer der rein chemischen Erklärung für das Verhalten der Proteine gewesen ist, hat die Theorie PROCTERS über die Quellung nicht annehmen wollen.

„Zwischen dem Gelatinegel und der Außenflüssigkeit sollte eine meßbare Potentialdifferenz bestehen. EHRENBERG hat danach gesucht, konnte aber keine meßbare Potentialdifferenz zwischen dem Inneren eines Gels und der Außenflüssigkeit finden[2]).“

---

[1]) PROCTER, H. R. u. J. A. WILSON: Journ. of the chem. soc. (London) Bd. 109, S. 309—310. 1916.

[2]) ROBERTSON, T. B.: The Physical Chemistry of Proteins. S. 297. New York, London, Calcutta, Bombay, Madras 1918.

Die Versuche des Verfassers, welche die Existenz dieses Potentials erwiesen haben, füllen diese Lücke jetzt aus. Der Verfasser konnte nicht nur die PROCTERsche Theorie der Quellung stützen, sondern auch weiterhin noch zeigen, daß die Potentialdifferenzen zwischen beiden Seiten einer Membran, die eine Protein-Salzlösung von reinem Wasser trennt, gerade soviel beträgt, wie DONNANS Theorie verlangt[1]).

Bringen wir eine Lösung einer Gelatine-Säureverbindung mit einwertigem Anion, z. B. Gelatine-Chlorid (oder Gelatine-Phosphat) in ein Kollodiumsäckchen und tauchen dieses in reines Wasser, so ist, nachdem sich das osmotische Gleichgewicht eingestellt hat, die Wasserstoffionenkonzentration sowohl wie die Konzentration der Anionen auf beiden Seiten der Membran verschieden. Der Verfasser konnte zeigen, daß die aus dem Konzentrationsunterschied der Ionen nach der NERNSTschen Formel berechnete Potentialdifferenz mit der wirklich beobachteten übereinstimmt und daß es für die Berechnung der Potentialdifferenz keinen Unterschied macht, ob man die Ergebnisse der Bestimmung der H-Ionen oder der Chlorionen auf beiden Seiten der Membran zugrunde legt. Diese letztere Tatsache erscheint als ein zwingender Beweis für die Richtigkeit der DONNANschen Theorie über die Membrangleichgewichte und weiter als ein Beweis für die Richtigkeit der rein chemischen Auffassung der Proteinverbindungen mit Säuren und Basen. Denn die Eiweißkörper können den Anforderungen der DONNANschen Theorie doch nur dann genügen, wenn sie mit Säuren und Basen echte ionisierende Salze bilden.

Man konnte indessen noch einen Schritt weitergehen. Diese Membranpotentiale zeigten nämlich die für Kolloide typischen Charakteristika, die bei der Viscosität, der Quellung und dem osmotischen Druck auffallen: Die Potentialdifferenz zwischen beiden Seiten der Membran wird durch Neutralsalze erniedrigt, sie steigt, wenn man wenig Säure zu isoelektrischem Protein bringt, und sinkt wieder, wenn der Säurezuwachs ein gewisses Maß übersteigt; in beiden Fällen kommt die vermindernde Wirkung dem Ion zu, dessen Ladung der des Proteinions entgegengesetzt ist, und schließlich nimmt dieser vermindernde Einfluß mit der Valenz des wirksamen Ions rasch zu. Die anderen Eigenschaften der Ionen, außer Vorzeichen und Valenz, sind ohne Einfluß. Hierbei bestand nicht der leiseste Zweifel, daß diese Wirkungen ausschließlich aus dem Donnan-Gleichgewicht resultieren, denn sie konnten durch mathematische Betrachtungen mittels der Gleichgewichtsformel vorausgesagt werden.

Bekanntlich vermehrt wenig Säure den osmotischen Druck einer Eiweißlösung, ein gewisser Überschuß vermindert ihn dann wieder.

[1]) LOEB, J.: Journ. of gen. physiol. Bd. 3, S. 667. 1920/21.

Diese Erscheinung erklärte man allgemein als eine Beeinflussung des Dispersionsgrades des gelösten Proteins seitens der Säure. Das DONNANsche Gleichgewicht bewirkt, daß die diffusiblen Ionen auf beiden Seiten der Membran ungleich verteilt sind, und zwar ist die gesamte molare Konzentration dieser Ionen auf der Seite der Eiweißlösung höher. Dieser Unterschied der Konzentration ist, wie der Verfasser zeigen konnte, die Ursache für den besonderen Einfluß der Säuren auf den osmotischen Druck von Eiweißlösungen. Korrigiert man nun den beobachteten Druck einer solchen osmotischen Eiweißlösung, indem man den Betrag, der sich nach der DONNANschen Gleichung aus der ungleichen Verteilung der krystalloiden Ionen auf den beiden Membranseiten ergibt, von dem gemessenen Wert subtrahiert, so sieht man, daß für die Dispersionstheorie praktisch überhaupt nichts zu erklären übrig bleibt. Die Säuren- und Basenwirkung auf den osmotischen Druck der Eiweißlösungen kommt demnach nicht auf dem Umweg über eine Änderung der Dispersität oder der Hydratation oder irgendeiner anderen sogenannten kolloidalen Eigenschaft des Proteins zustande, sondern sie folgt aus dem Konzentrationsüberschuß krystalloider Ionen innerhalb der Eiweißlösung über der Ionenkonzentration außen. Alle Elektrolytwirkungen auf den osmotischen Druck von Eiweißlösungen können auf dieser Grundlage mittels der DONNANschen Gleichung mathematisch hergeleitet werden, und die Beobachtungen stimmen innerhalb der Fehlergrenzen quantitativ mit den errechneten Werten überein. Mit der Erklärung der Elektrolytwirkung auf den osmotischen Druck von Eiweißlösungen durch das DONNANsche Gleichgewicht wird gleichzeitig auch die Tatsache verständlich, daß ausschließlich die Valenz des Ions diese Eigenschaft beeinflußt, denn die DONNANsche Gleichung beschäftigt sich nur mit der Valenz des Ions, das mit dem Protein verbunden ist.

Daß bei Eiweißlösungen die Viscosität und bei Eiweißgelen die Quellung durch Elektrolyte in ähnlicher Weise beeinflußt werden, liegt darin begründet, daß diese Eigenschaften in letzter Linie Funktionen des osmotischen Druckes sind. PROCTER und WILSON zeigten, daß die Quellung eines Gels unter der Einwirkung einer Säure durch das Anwachsen des osmotischen Druckes im Innern des Gels zustande kommt. Der Verfasser hat gezeigt, daß überall da, wo die Viscosität von Eiweißlösungen durch Elektrolyte ähnlich wie der osmotische Druck geändert wird, wir es mit der Elektrolytwirkung auf die Quellung fester Proteinaggregate zu tun haben und daß diese Quellung durch den osmotischen Druck innerhalb der Aggregate bedingt ist[1]). Solch eine Quellung der Aggregate muß nach der EINSTEINschen Theorie der

[1]) LOEB, J.: Journ. of gen. physiol. Bd. 3, S. 827. 1920/21; Bd. 4, S. 73, 97. 1921/22.

Viscosität eine Vermehrung derselben zur Folge haben. Es zeigt sich somit, daß zwei Gesetze der klassischen Chemie hinreichen, um das kolloidale Verhalten der Eiweißkörper quantitativ und mathematisch zu erklären. Diese beiden Gesetze sind das Gesetz der konstanten und multiplen Proportionen und die DONNANsche Theorie über die Membrangleichgewichte. Der Zweck dieses Buches ist der Beweis dieser Behauptung.

Zweites Kapitel.

Die qualitative Prüfung der Richtigkeit der chemischen Betrachtungsweise.

Darstellung von Proteinen, die ionisierende Verunreinigungen nicht mehr enthalten.

Für den Chemiker handelt es sich zunächst darum, eine Methode zu finden, die eine endgültige Entscheidung gestattet, ob eins oder beide Ionen eines Elektrolyten mit einem Protein in Verbindung treten. Dies können die alten Methoden nicht leisten. Die Anhänger der Adsorptionstheorie nehmen eine Adsorption beider Ionen seitens des Kolloids an, und PAULI glaubt, daß beide Ionen eines Salzes von den nichtionisierten Proteinmolekülen adsorbiert werden[1]).

Bringt man einen Gelatineblock in eine Salzlösung, so dringt die Lösung in die Zwischenräume zwischen den Gelatinemolekülen ein. Wenn man nun dieses Gelatinestück schmelzt, findet man natürlich beide Ionen des Salzes darin, aber es bleibt ganz ungewiß, ob das gefundene Salz lediglich das vorher in den Molekülzwischenräumen des Gels vorhanden gewesene ist oder ob es mit der Gelatine verbunden war. Diese Schwierigkeit kann man umgehen, wenn man die feste Gelatine sehr fein pulverisiert und Körnchen von ungefähr gleicher Größe verwendet. Setzt man eine derart gepulverte Gelatine einige Zeit hindurch der Wirkung einer Salzlösung aus und wäscht das Pulver hinterher, so können wir mit Sicherheit feststellen, ob eines oder beide Ionen mit der Gelatine verbunden sind. Hat man eine kleine Menge dieser pulverisierten Gelatine eine Stunde lang in der Salzlösung gelassen, so bringt man sie auf ein Filter und wäscht unter Umrühren 6mal oder öfter mit je 25 ccm eiskalten destillierten Wassers. Das Wasser muß kalt sein, sonst kleben die Körnchen aneinander, und die Arbeit ist vergeblich. Man kann so die zwischen den Gelatinekörnchen befindliche Salzlösung entfernen, ohne die Ionen, die mit der Gelatine in Verbindung getreten sind, fortzuschaffen, wenigstens

[1]) PAULI, W.: Fortschr. d. naturwiss. Forschung Bd. 4, S. 223. 1912.

nicht durch das 6 malige Waschen. Mittels dieser Waschmethode kann man sicher entscheiden, ob beide oder nur eines der beiden entgegengesetzt geladenen Ionen eines Salzes eine Verbindung mit der Gelatine eingeht.

Derartige Experimente haben nun ergeben, daß bei einer bestimmten Wasserstoffionenkonzentration entweder nur das Kation oder nur das Anion oder keins von beiden sich mit der Gelatine verbindet, und daß es einzig und allein von der Wasserstoffionenkonzentration der Lösung abhängt, welche dieser drei Möglichkeiten statthat[1]).

Die Proteine sind amphotere Elektrolyte und kommen je nach ihrer Wasserstoffionenkonzentration vor a) als nichtionisiertes oder isoelektrisches Protein, b) als Metallproteinat (z. B. Na- oder Ca-Proteinat), c) als Proteinsäuresalz (z. B. Protein-Chlorid, -Sulfat usw.). Das Verhalten der Gelatine soll dies erläutern. Bei einer bestimmten Wasserstoffionenkonzentration, nämlich bei der des isoelektrischen Punktes, der bei der Gelatine bei $10^{-4,7}$ normal (oder in der Sprache SÖRENSENS bei $p_H = 4,7$) liegt, kann die Gelatine sich praktisch weder mit dem Anion noch mit dem Kation eines Elektrolyten verbinden. Bei einem $p_H > 4,7$ ist nur Verbindung mit Kationen möglich, wobei Metallgelatinat, z. B. Natriumgelatinat, entsteht. Bei einem $p_H < 4,7$ verbindet die Gelatine sich nur mit Anionen und bildet etwa Gelatinechlorid usw. Daß dem so ist, geht aus folgendem Versuch hervor: Gelatine des Handels wurde fein gepulvert und gesiebt (das Pulver passierte das Sieb Nr. 60, ging aber durch Sieb 80 nicht mehr hindurch). Das Präparat, das ursprünglich ein p_H von 7,0 hatte, wurde in Portionen zu 1 g abgeteilt; jede dieser Portionen wurde auf eine bestimmte Wasserstoffionenkonzentration gebracht, indem sie eine Stunde lang bei 15° in je 100 ccm verschieden starker Salpetersäurelösungen eingetragen wurden, deren Konzentrationen zwischen m/8 192 und m/8 abgestuft waren. Die Wasserstoffionenkonzentration innerhalb eines Gelatinekörnchens ist wegen des Donnan-Gleichgewichtes niedriger als die der Außenflüssigkeit. Dann wurden die Gelatineportionen jede für sich auf Filter gebracht und, nachdem die Säure abgetropft war, 1- oder 2 mal mit 25 ccm Wasser gewaschen, dessen Temperatur 5° nicht überstieg; so wurde der größte Teil der Säure zwischen den Körnchen der gepulverten Gelatine entfernt. Jede dieser Gelatineportionen von ursprünglich 1 g, die jetzt jede ein besonderes p_H hatten, wurde nun 1 Stunde hindurch in Bechergläsern belassen, in welchem sich Silbernitratlösung der gleichen Konzentration, z. B. m/64 bei 15°, befand. Dann wurden die Portionen wieder filtriert und unter Umrühren 6- oder 8 mal mit

[1]) LOEB, J.: Journ. of gen. physiol. Bd. 1, S. 39, 237. 1918/19; Science Bd. 52, S. 449. 1920; Journ. de chim. physique Bd. 18, S. 283. 1920.

25 ccm eiskaltem Wasser gewaschen, um bestimmt alles Silbernitrat, das in den Zwischenräumen haften könnte, zu entfernen. So sollte sicher festgestellt werden, bei welchen Portionen Silber mit der Gelatine verbunden ist. Denn das Silber, das nicht mit der Gelatine verbunden ist, kann durch das Waschen entfernt werden, das verbundene aber nicht oder wenigstens nur sehr langsam (dadurch, daß durch die Behandlung mit dem Waschwasser das p_H der Gelatine schließlich geändert wird). Nachdem durch das Waschen mit kaltem Wasser das nicht mit Gelatine verbundene Silbernitrat entfernt war, wurden die Portionen auf 40° erhitzt und geschmolzen, das Volumen durch

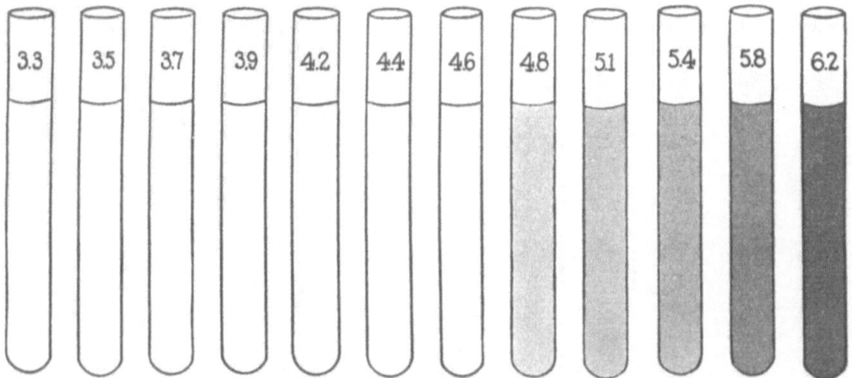

Abb. 1. Kationen ($Ag^{\cdot}$) verbinden sich mit Eiweißkörpern nur auf der alkalischen Seite des isoelektrischen Punktes.

Zusatz von destilliertem Wasser auf je 100 ccm gebracht, in einer Probe jeder Lösung das p_H elektrometrisch bestimmt, der Rest der Lösungen in Reagensgläser gefüllt und dem Licht ausgesetzt (alle Arbeiten waren bisher im Dunkelzimmer ausgeführt worden mit Ausnahme der p_H Bestimmung, für die aber nur ein Teil der Gelatinelösung gebraucht wurde). Alle Gelatinelösungen mit einem $p_H > 4{,}7$, also die Gläser mit p_H 4,8 und höher, wurden 20 Minuten, nachdem die Reihe ins Licht gebracht war, trübe, später braun oder schwarz. Die anderen Lösungen mit einem $p_H <$ als 4,7, d. h. von 4,6 an und darunter, blieben durchsichtig, auch wenn sie monate- oder jahrelang im Licht standen (Abb. 1). Lösungen mit einem $p_H = 4{,}7$ werden trübe, bleiben aber weiß, gleichgültig wie lange das Licht auf sie einwirkt. Bei diesem p_H, dem isoelektrischen Punkt der Gelatine, ist das Silber nicht mit der Gelatine verbunden; die Trübung ist durch die Gelatine selbst bedingt, die im isoelektrischen Punkt nur schlecht löslich ist. Das Kation Silber ist also nur bei einem $p_H > 4{,}7$ mit Gelatine chemisch verbunden. Bei $p_H \leqq 4{,}7$ kann Silberion sich mit Gelatine nicht verbinden. Das geschilderte Ergebnis wurde durch volumetrische Analysen bestätigt.

In derselben Weise kann man die Untersuchung für jedes bequem nachweisbare Kation durchführen. Behandelt man also die Gelatinepulver von verschiedenem p_H mit $NiCl_2$ und wäscht das mit der Gelatine nicht verbundene $NiCl_2$ mit kaltem Wasser wieder aus, so kann man die Anwesenheit des Nickels in allen Gelatinelösungen mit $p_H > 4{,}7$ mittels Dimethylglyoxim nachweisen. Die Gelatinelösungen mit $p_H \gtreqless 4{,}8$ werden durch Zusatz von Dimethylglyoxim rot, alle anderen bleiben farblos. Wenn das Kation Kupfer ist und die Gelatine mit Kupferacetat behandelt wird, so sind die Röhrchen hinterher mit $p_H \gtreqless 4{,}8$ blau und trübe, die mit $p_H < 4{,}7$ farblos und klar. Sehr eindrucks-

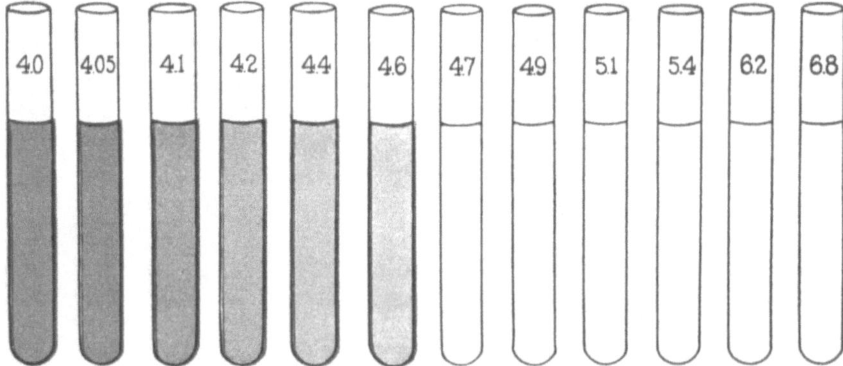

Abb. 2. Anionen $[Fe(CN)_6'''']$ verbinden sich mit Eiweißkörpern nur auf der sauren Seite des isoelektrischen Punktes.

voll sind die Ergebnisse mit basischen Farbstoffen, wie basischem Fuchsin oder Neutralrot; nach hinreichend lange fortgesetzter Behandlung mit kaltem Wasser bleiben nur die Gelatineproben rot, deren p_H 4,7 übersteigt. Die anderen sind farblos. Auf der sauren Seite des isoelektrischen Punktes, d. h. bei $p_H < 4{,}7$, ist die Gelatine mit dem Anion der angewendeten Salze verbunden. Dies kann man mittels der gleichen Methode nachweisen: Man bringt die Proben der pulverisierten Gelatine auf verschiedenes p_H und behandelt sie dann eine Stunde lang mit einer verdünnten Lösung eines Salzes, dessen Anion charakteristisch reagiert, z. B. mit m/128 $K_4Fe(CN)_6$. Wenn man dann die Gelatine durch 6maliges oder öfteres Waschen mit kaltem Wasser von dem nicht chemisch gebundenen Ferrocyanion befreit, dann auf 100 ccm auffüllt und die Proben in Reagensgläser bringt, so findet man, daß nach mehrtägigem Stehen die Gelatineproben, deren $p_H < 4{,}7$ ist, blau werden (durch Bildung von Ferrisalzen), die anderen Gelatinelösungen vom $p_H \gtreqless 4{,}7$ bleiben farblos (Abb. 2). Daraus geht hervor, daß Gelatine mit dem Anion $Fe(CN)_6''''$ nur dann eine Verbindung eingeht, wenn das $p_H < 4,7$ ist. Dasselbe kann man zeigen, wenn man Gelatine mit Rhodannatrium behandelt und dann durch Zusatz von Ferrisalzen feststellt, wo das Anion CNS' mit der Gelatine verbunden war. Dies geschieht nur, wenn das $p_H < 4,7$ ist. Saure Farbstoffe, wie Säurefuchsin, verbinden sich mit Gelatine nur bei einem $p_H < 4,7$[1]. So kann man sich also davon überzeugen, daß Gelatine bei einem $p_H > 4,7$ sich nur mit Kationen, bei einem $p_H < 4,7$ sich nur mit Anionen verbinden kann, und daß bei $p_H = 4,7$, dem isoelektrischen Punkt, sie sich weder mit dem Kation noch mit dem Anion verbindet. Die Vorstellung, daß beide Ionen zugleich von der Gelatine adsorbiert werden oder sich mit ihr verbinden, kann nicht länger aufrechterhalten werden, sonst hätte man ja beide Ionen des Salzes beiderseits vom isoelektrischen Punkt finden müssen. Es ergibt sich ferner, daß eine Proteinlösung durch die Angabe der Proteinkonzentration nicht eindeutig definiert ist, sondern daß dazu noch die Kenntnis der Wasserstoffionenkonzentration gehört, denn jedes Protein kommt in drei verschiedenen — vielleicht isomeren — Formen vor, je nach der Wasserstoffionenkonzentration der Lösung.

Kehren wir nunmehr zu unserem ersten Versuch zurück, in welchem wir Proben der gepulverten Gelatine auf verschiedenes p_H gebracht, dann eine Stunde lang mit gleichkonzentrierten Silbernitratlösungen, z. B. m/64 $AgNO_3$-Lösung, behandelt und schließlich gewaschen hatten. Hierbei zeigte sich durch Lichteinwirkung, daß nur auf der alkalischen Seite vom isoelektrischen Punkt sich Silbergelatinat findet, denn nur die Röhrchen dieser Seite wurden schwarz. Wenn wir nun zu den Lösungen mit einem $p_H \leqq 4,6$ Alkali setzen und so ihr p_H auf $p_H \geqq 4,8$ bringen, so werden diese Gläschen ebenfalls nicht im Licht schwarz werden. Die Gelatineproben mit einem p_H unter 4,6 enthalten also bestimmt keine nachweisbaren Silbermengen[2]. Es wäre ja denkbar, daß die Gelatineproben mit einem p_H unter 4,6 das

[1] Bei diesen Versuchen kommt es manchmal vor, daß einige Gelatinekörnchen die Farbe im isoelektrischen Punkt oder auf der alkalischen Seite des isoelektrischen Punktes nicht abgeben, wahrscheinlich ist dies durch Versuchsfehler bedingt. Beim Schmelzen der Gelatine können die Lösungen dann eine schwache Rotfärbung zeigen. Der Farbunterschied zwischen der Gelatine auf der alkalischen und auf der sauren Seite des isoelektrischen Punktes ist indessen hinreichend deutlich, selbst wenn dieser unbedeutende Versuchsfehler unterlaufen ist.

[2] Diese dogmatische Darstellung unserer Ergebnisse ist nur angenähert richtig. Eine Spur Anion sollte sich wenigstens theoretisch auch auf der alkalischen Seite des isoelektrischen Punktes mit der Gelatine verbinden und ebenso eine Spur Kation auf der sauren Seite, zumindest in der unmittelbaren Umgebung des isoelektrischen Punktes. In Wirklichkeit kann indessen ein solches Verhalten nicht gefunden werden, obgleich es nach der Theorie der amphoteren Elektrolyte eigentlich so sein sollte.

Silber in nicht ionisiertem Zustand enthalten könnten. Wäre diese Vorstellung richtig, so hätte das Silber sich durch Schwärzung nach dem Zusatz von Alkali, der das p_H über 4,7 brachte, verraten müssen.

Wenn wir nun gepulverte Gelatine von $p_H > 4,7$ nach der Behandlung mit m/64 Silbernitratlösung und nachfolgender Waschung bis zu einem $p_H \lesseqgtr 4,7$ ansäuern, so kann man das zuerst mit Gelatine verbundene Silber nunmehr durch Waschen mit kaltem Wasser entfernen. Ein solches Gelatinepräparat wird dann auch im Licht nicht schwarz werden, wenn nur das Auswaschen gründlich genug vorgenommen wurde. Unsere Ergebnisse können wir symbolisch in folgender Weise darstellen, wobei wir diejenigen Teile des Gelatinemoleküls, welche mit anderen Elektrolyten nicht reagieren können, in Klammern einschließen und die Teile des Moleküls, die imstande sind, mit anderen Elektrolyten zu reagieren, außerhalb der Klammer lasssen.

Die isoelektrische Gelatine ist ganz von den Klammern eingeschlossen, denn im isoelektrischen Punkt kann die Gelatine sich weder mit Anionen noch mit Kationen verbinden:

$$\left[R\begin{matrix}\diagup NH_2\\ \diagdown COOH\end{matrix}\right]$$

Auf der alkalischen Seite des isoelektrischen Punktes können praktisch nur die COOH-Gruppen des Moleküls mit anderen Verbindungen reagieren, und wir stellen demnach das Proteinmolekül in diesem Zustande folgendermaßen dar:

$$\left[R\begin{matrix}\diagup NH_2\right]\\ \diagdown COOH\end{matrix}$$

Solche Proteine verhalten sich wie einfache (wahrscheinlich mehrbasische) Fettsäuren, wobei der Rest des Moleküls an der Reaktion nicht teil hat. In Gegenwart eines Hydroxyds, etwa von NaOH, bildet sich Natriumproteinat nach folgender Gleichung:

$$\left[R\begin{matrix}\diagup NH_2\right]\\ \diagdown COOH\end{matrix} + NaOH \rightleftharpoons \left[R\begin{matrix}\diagup NH_2\right]\\ \diagdown COONa\end{matrix} + H_2O$$

und das Natriumproteinat ist dann elektrolytisch dissoziiert in ein Proteinanion und ein Na-Kation:

$$\left[R\begin{matrix}\diagup NH_2\right]\\ \diagdown COONa\end{matrix} = \left[R\begin{matrix}\diagup NH_2\right]\\ \diagdown \overset{-}{COO}\end{matrix} + \overset{+}{Na}$$

Bei Gegenwart anderer Elektrolyte können diese natürlich ihr Kation gegen das Natrium des Proteinsalzes austauschen. Unser Symbol berücksichtigt nur eine COOH-Gruppe, sicher aber verbinden sich regelmäßig mehr als eine COOH-Gruppe eines Eiweißmoleküls mit Alkali [Bugarszky und Liebermann, Sackur, Robertson, Sörensen,

PAULI, NORTHROP[1])]. Auf der sauren Seite des isoelektrischen Punktes sind es ausschließlich die NH_2-Gruppen des Moleküls, die mit anderen Komplexen in Reaktion treten können, und wir symbolisieren demnach das Proteinmolekül unter dieser Bedingung folgendermaßen:

$$\left[R\begin{matrix}\diagup NH_2 \\ \diagdown COOH\end{matrix}\right]$$

In dieser Form verhält sich das Protein wie NH_3, das nach WERNER[2]) eine Säure, z. B. HCl, addieren kann. Das $H^{\cdot}$-Ion der Säure legt sich dabei unmittelbar an das N an, das Cl bleibt außerhalb des aus vier H-Atomen bestehenden Ringes:

$$\begin{matrix} H \\ HNHCl \\ H \end{matrix}$$

G. N. LEWIS[3]), W. KOSSEL[4]) und LANGMUIR[5]) haben nachgewiesen, daß diese Vorstellung WERNERS in völliger Übereinstimmung mit der Auffassung molekularer Verbindungen vom Standpunkt der Elektronenlehre steht, und wir werden in diesem Buch noch einen direkten Beweis dafür bringen, daß diese Vorstellung auch für die Proteine gilt. Auf der sauren Seite des isoelektrischen Punktes kann also das Proteinteilchen Säure an seine NH_2-Gruppen addieren:

$$\left[R\begin{matrix}\diagup NH_2 \\ \diagdown COOH\end{matrix}\right] + HCl = \left[R\begin{matrix}\diagup NH_2HCl \\ \diagdown COOH\end{matrix}\right]$$

Diese Verbindung ist elektrolytisch dissoziiert in ein Proteinkation und ein Anion:

$$\left[R\begin{matrix}\diagup NH_3Cl \\ \diagdown COOH\end{matrix}\right] \rightleftharpoons \left[R\begin{matrix}\diagup \overset{+}{N}H_3 \\ \diagdown COOH\end{matrix}\right] + \bar{Cl}$$

Unser Symbol berücksichtigt nur eine NH_2-Gruppe. Bestimmt sind aber eine Reihe von NH_2- oder NH-Gruppen fähig, Säuremoleküle zu addieren.

Durch diese Versuche ist gleichzeitig eine beträchtliche Vereinfachung der allgemeinen Chemie der Eiweißkörper erreicht. Wir brauchen nur zu beachten, daß ein Eiweiß auf der alkalischen Seite seines isoelektrischen Punktes sich ebenso oder im wesentlichen wie eine Fettsäure verhält, wobei nur die COOH-Gruppen in chemisch aktivem Zustande vorliegen; auf der sauren Seite seines isoelektrischen

---

1) NORTHROP, J. H.: Journ. of gen. physiol. Bd. 3, S. 715. 1920/21.

2) WERNER, A.: Neuere Anschauungen auf dem Gebiete der anorganischen Chemie. 3. Aufl. Braunschweig 1913.

3) LEWIS, G. N.: Journ. of the Americ. chem. soc. Bd. 38, S. 762. 1916.

4) KOSSEL, W.: Ann. d. Physik Bd. 49, S. 229. 1916.

5) LANGMUIR, I.: Journ. of the Americ. chem. soc. Bd. 41, S. 868. 1919.

Punktes können wir ebenfalls das große Eiweißmolekül vernachlässigen und der Annahme folgen, daß das Protein nur aus einer Reihe von NH_2-Gruppen besteht, deren jede das Wasserstoffion einer Säure addieren kann.

Es ist möglich, aber nicht bewiesen, daß die Verschiedenheit zwischen dem Verhalten eines Proteins auf den beiden Seiten seines isoelektrischen Punktes mit einer intramolekularen Umlagerung einhergeht und daß das Proteinanion eines Metallproteinats als ein Isomeres des Proteinkations eines Proteinsäuresalzes aufgefaßt werden kann. Solch eine Möglichkeit wird durch das Verhalten gewisser Indicatoren nahegelegt, deren elektrolytische Dissoziation mit intramolekularen Veränderungen einhergeht.

Mischen wir ein Metallgelatinat, etwa Natriumgelatinat, mit einem anderen Salz, z. B. $MgSO_4$, so kann das Natrium des Metallgelatinats durch das Mg des $MgSO_4$ ersetzt werden, und es bildet sich dann Magnesiumgelatinat. Das SO_4-Ion hat dabei mit den Eigenschaften des Natriumgelatinats nichts zu tun, denn es kann sich (praktisch) unter den gewählten Versuchsbedingungen nicht mit der Gelatine verbinden. Andererseits ist es bei Mischung von Gelatinechlorid mit $MgSO_4$ nur das SO_4''-Ion, das die Eigenschaften des Gelatinesalzes beeinflußt, denn das SO_4 kann das Chlor des Gelatinechlorids unter Bildung von Gelatinesulfat ersetzen. Das Magnesium kann hierbei (praktisch) nicht in Verbindung mit dem Gelatinechlorid treten und somit auch dessen Eigenschaften nicht beeinflussen.

Ändern wir das p_H eines Gelatinesalzes, z. B. Gelatinechlorid, durch Zusatz einer Base, wie Natronlauge, so hört das Gelatinechlorid auf zu existieren, sobald man die Lösung auf ein p_H von 4,7 bringt. Hierbei gibt die Gelatine das Chlor ab und geht selbst in die chemisch inaktive isoelektrische, d. h. nichtionisierende Gelatine über. Das Cl' verbindet sich mit dem $Na^{\cdot}$ zu NaCl. Die isoelektrische Gelatine kann sich praktisch weder mit Anionen noch mit Kationen verbinden. Setzen wir mehr Natronlauge zu, so geht das p_H über 4,7 hinaus, und es bildet sich Natriumgelatinat. Unter keiner Bedingung ist das Nebeneinanderbestehen von Metallgelatinat (z. B. Natriumgelatinat) und von Gelatinesäuresalz (z. B. Gelatinechlorid) möglich (ausgenommen in Spuren, die bei der Gelatine unterhalb der Grenzen der Nachweisbarkeit liegen). Liegt Natriumgelatinat vor und fügen wir etwa Salzsäure hinzu, so gibt das Natriumgelatinat sein Natrium ab und wird isoelektrisch, sobald $p_H = 4{,}7$ ist. Diese isoelektrische Gelatine ist chemisch inert und kann sich praktisch weder mit dem Anion noch mit dem Kation verbinden. Bei weiterem Zusatz von Salzsäure bildet sich dann Gelatinechlorid.

Nach diesen Versuchen verhalten sich also die Proteine wie amphotere Elektrolyte. Sie bilden definierte Salze mit Säuren oder Basen, können sich aber praktisch nicht gleichzeitig mit Kation und Anion eines Neutralsalzes verbinden. Die Vorstellung, daß zwischen den nichtionisierten Proteinmolekülen und den Molekülen eines Neutralsalzes Adsorptionsverbindungen bestehen könnten, steht nicht im Einklang mit diesen Experimenten.

Im Jahre 1918 hat der Verfasser[1]) eine einfache Methode zur Darstellung aschefreier Eiweißkörper veröffentlicht. Diese Methode gründet sich darauf, daß Eiweißkörper im isoelektrischen Punkt oder vielleicht richtiger von ionisierenden Verunreinigungen freie Eiweißkörper sich weder mit Anionen noch mit Kationen verbinden können. Wollen wir also Gelatine oder Casein von ionisierenden Verunreinigungen befreien, so müssen wir sie pulvern, isoelektrisch machen und waschen. Diese Methode ist für die Technik, soweit sie Eiweißkörper benötigt, genau so wichtig wie für wissenschaftliches Arbeiten. Bei den Arbeiten des Verfassers war das isoelektrische Eiweiß stets der Ausgangspunkt der Untersuchungen. Das Vorgehen bei der Herstellung isoelektrischen Proteins ist einfach. Man braucht nur das p_H der gegebenen Eiweißlösung elektrometrisch zu bestimmen und dann ganz allmählich so viel Säure oder Base zuzusetzen, bis man den isoelektrischen Punkt erreicht hat.

Zur Präparation größerer Mengen von angenähert isoelektrischer Gelatine wandten wir folgende Methode an: 50 g der pulverisierten Gelatine des Handels (Cooper), deren p_H etwa zwischen 6,0 und 7,0 lag, wurden in 3 l einer m/128-Essigsäure von 10° eingetragen und häufig umgerührt. Nach halbstündigem Stehen wurde die überstehende Flüssigkeit abdekantiert und frische m/128-Essigsäure von 10° bis zum ursprünglichen Volumen zugesetzt. Dann wurde wieder gerührt, 30 Minuten stehen gelassen, wieder dekantiert und die abgegossene Säuremenge durch ein gleiches Volumen destillierten Wassers von 5° ersetzt. Nach gutem Umrühren wurde die Gelatine abgenutscht und auf der Nutsche 5mal mit je 1 l Wasser von 5° gewaschen. Dann wurde die Gelatine in ein großes Becherglas gebracht und in diesem auf dem Wasserbad auf etwa 50° erhitzt, wobei die Gelatine schmolz. Der Gelatinegehalt wurde derart bestimmt, daß der Trockengehalt durch 24stündiges Erhitzen im elektrischen Ofen von 10 ccm der geschmolzenen Gelatine auf 90—100° festgestellt wurde. 100 ccm einer derart hergestellten 1proz. Gelatinelösung hatte nur noch einen Aschengehalt von 1 mg — offenbar $Ca_3(PO_4)_2$, d. h. dieses Salz war in der Lösung in einer Konzentration von m/30 000 enthalten. Salze in solcher Verdünnung haben, wie wir in diesem Buche zeigen werden, keinen Einfluß auf die physikalischen Eigenschaften der Eiweißkörper wie

[1]) Loeb, J.: Journ. of gen. physiol. Bd. 1, S. 237. 1918/19.

den osmotischen Druck, die Viscosität, das Membranpotential, die Quellung oder die Fällbarkeit. Dr. D. I. HITCHCOCK hat eine beliebig herausgegriffene Probe einer derartigen Gelatine untersucht. Die Vorratslösung enthielt 12,69% Gelatine. Er fand

	Probe 1:	Probe 2:
Volumen der Lösung	20,0 ccm	10 ccm
Gewicht der trockenen Gelatine	2,535 g	1,269 g
Gewicht der Asche	0,0024 g	0,0012 g

Die Reaktionen auf $Fe^{\cdots}$, $Ca^{\cdot\cdot}$, PO_4''' fielen positiv aus, die für Cl' und SO_4'' waren negativ.

Wenn man das Waschen etwas länger fortsetzt, wie Fräulein FIELD[1]) es getan hat, so können die letzten Spuren von Asche aus dem Gelatinepulver entfernt werden. Wenn wir Gelatinepulver isoelektrisch machen und dann mit Wasser von dem p_H des isoelektrischen Punktes waschen, bekommen wir rasch die Gelatine völlig aschefrei. Sollte das Protein beim isoelektrischen Punkt löslich sein (wie etwa krystallisiertes Eieralbumin), so braucht man nur bei dem p_H des isoelektrischen Punktes zu dialysieren, um das Protein von ionisierenden Verunreinigungen zu befreien[2]).

Daß die Herstellung isoelektrischen Proteins in der geschilderten Weise gelingt, ist eine weitere Stütze unserer Behauptung, nach welcher isoelektrisches Eiweiß sich weder mit Anionen noch mit Kationen verbinden kann.

In diesem Zusammenhang mag eine interessante Tatsache angeführt werden, die mit unseren Ergebnissen in Einklang steht. Bekanntlich geht die Pepsinverdauung für gewöhnlich in einem sauren Medium vor sich. Der Zusammenhang zwischen der sauren Reaktion und der Pepsinverdauung ist nach den Ergebnissen von NORTHROP[3]) verständlicher geworden. Dieser Autor fand, daß die Wasserstoffionenkonzentration, bei welcher das Pepsin gerade anfängt, auf ein Eiweiß zu wirken, verschieden ist je nach der Lage des isoelektrischen Punktes des betreffenden Eiweißes und daß die Pepsinwirkung stets nur auf der sauren Seite des isoelektrischen Punktes vor sich geht. Es scheint aus den Versuchen von PEKELHARING und RINGER[4]) hervorzugehen, daß das Pepsin ein Anion wie Cl' ist, das sich nur mit einem positiven Proteinion verbinden kann. Diese Verbindung zwischen Pepsin und positivem

---

[1]) FIELD A. M.: Journ. of the Americ. med. soc. Bd. 43, S. 667. 1921.

[2]) C. R. SMITH (Journ. of the Americ. chem. soc. Bd. 43, S. 1350. 1921), der ebenfalls eine Methode zur Darstellung aschefreier Gelatine beschreibt, ist anscheinend sowohl die Arbeit von Fräulein FIELD wie die angeführte Veröffentlichung des Verfassers entgangen.

[3]) NORTHROP, J. H.: Journ. of gen. physiol. Bd. 3, S. 211. 1920/21.

[4]) PEKELHARING, C. A. u. W. E. RINGER: Zeitschr. f. physiol. Chem. Bd. 75, S. 282. 1911.

Proteinion scheint für das Zerfallen (oder die Verdauung) des Proteinions unerläßlich zu sein.

Für das Trypsin, das im allgemeinen ja im alkalischen Medium wirkt, liegen die Dinge ähnlich. Nach NORTHROP hängt die Wasserstoffionenkonzentration, bei welcher Trypsin gerade auf einen Eiweißkörper zu wirken anfängt, von dem isoelektrischen Punkt dieses Eiweißkörpers ab, und die Trypsinverdauung geht immer nur auf der alkalischen Seite des isoelektrischen Punktes vor sich[1]).

Die qualitativen Farbenproben, die in diesem Kapitel beschrieben sind, wurden bisher nur mit Gelatine ausgeführt. Es ist gut möglich, daß bei anderen Proteinen die Differenzen der Färbung nicht so scharf sind wie bei dem Gelatinepulver. Der isoelektrische Punkt eines amphoteren Elektrolyten bedeutet ja auch nur, daß die Ionisation desselben hier ein Minimum hat, sie braucht aber nicht Null zu sein.

Drittes Kapitel.

Die Methoden zur Bestimmung des isoelektrischen Punktes von Eiweißlösungen.

Es ist nach den Ergebnissen des vorhergehenden Kapitels selbstverständlich, daß man unter allen Umständen bei Arbeiten mit amphoteren Elektrolyten den isoelektrischen Punkt der Substanzen feststellen muß, denn im isoelektrischen Punkt können ionisierende Verunreinigungen am leichtesten entfernt werden. Es unterliegt keinem Zweifel, daß viele Substanzen, die kolloidales Verhalten zeigen, amphotere Elektrolyte sind.

HARDY und MICHAELIS bestimmten den isoelektrischen Punkt durch Beobachtung der Wanderung der Teilchen im elektrischen Feld. Es gibt noch andere Methoden hierfür, von denen einige mitunter bequemer als das ursprüngliche Vorgehen HARDYS sind. Diese Methoden gründen sich auf die Tatsache, daß im isoelektrischen Punkt osmotischer Druck, Viscosität, die zur Fällung nötige Alkoholmenge [FENNS[2]) sogenannte Alkoholzahl], Leitfähigkeit, Quellung und Potentialdifferenz Minimumwerte haben. Stellt man die Werte dieser Eigenschaften in einer Kurve als Ordinaten dar, wobei das p_H als Abscisse abgetragen wird, so zeigen die Kurven in der Gegend des isoelektrischen Punktes eine scharfe Senkung. Wenn man also durch allmählichen Zusatz

---

[1]) NORTHROP, J. H.: Journ. of gen. physiol. Bd. 5, Nr. 2. 1922/23.

[2]) FENN, W. O.: Journ. of biol. chem. Bd. 33, S. 279, 439; Bd. 34, S. 141, 415. 1918.

von Säure oder Alkali ein Protein nach und nach auf verschiedene Wasserstoffionenkonzentrationen bringt und dabei irgendeine der angeführten Eigenschaften fortlaufend bestimmt, so kann man die ungefähre Lage des isoelektrischen Punktes interpolieren: Er liegt da, wo die untersuchte Eigenschaft einen Minimumwert hat. Bei Proteinen ist es nach den Erfahrungen des Autors am bequemsten, hierfür die Bestimmung des osmotischen Drucks zu verwenden. Der folgende schon länger zurückliegende Versuch mag dies erläutern[1]). Fein gepulverte COOPERsche Gelatine mit einem p_H von etwas über 7,0, die zum Teil aus Calciumgelatinat bestand, wurde in Portionen zu je 1 g abgeteilt und jede Portion bei 15° 1/2 Stunde lang in Bechergläser mit 100 ccm HBr-Lösung gebracht, deren Konzentration zwischen m/8 und m/8192 variiert war. Als Kontrolle diente 1 g der gleichen Gelatine, die unter gleichen Bedingungen in 100 ccm destillierten Wassers eingebracht war. Die Gelatine wurde dann durch Filtration und 6—8 maliges Waschen unter Umrühren mit je 25 ccm nicht über 5° warmen Wassers von dem Überschuß der Säure und den Salzen befreit. Das Wasser muß kalt sein, sonst kleben die Körn-

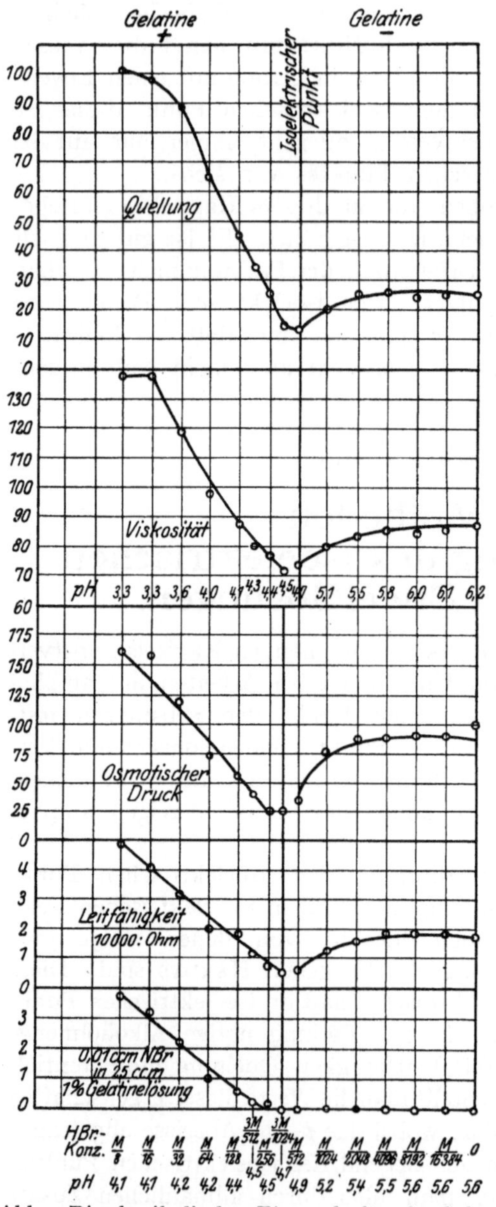

Abb. 3. Die physikalischen Eigenschaften der Gelatine haben im isoelektrischen Punkte ein Minimum.

[1]) LOEB, J.: Journ. of gen. physiol. Bd. 1, S. 363. 1918/19.

chen zusammen, und das Waschen verfehlt seinen Zweck. Nach dem Abtropfen der Flüssigkeit wurde das Volumen (d. h. die relative Quellung der Gelatine) bestimmt; dann wurde die Gelatine durch Erhitzen auf 45° geschmolzen und jede Portion auf 100 ccm aufgefüllt. Nunmehr wurde nach Methoden, die in einem späteren Kapitel beschrieben werden, die Leitfähigkeit, der osmotische Druck und die Viscosität bestimmt, das p_H wurde entweder colorimetrisch (bei Gelatine, aber nicht bei anderen Eiweißkörpern, sind die so erlangten Werte hinreichend genau) oder besser mittels der Wasserstoffelektrode gemessen. Bei dem in der Abb. 3 dargestellten Experiment geschah die p_H-Messung colorimetrisch. Ein Blick auf die Kurven läßt erkennen, daß die Ordinaten der Kurven, welche die Werte des osmotischen Druckes, der Leitfähigkeit, der Quellung usw. darstellen, scharf bei $p_H = 4,7$, d.h. dem isoelektrischen Punkt der Gelatine, absinken. Man kann also auf diese Weise die ungefähre Lage des isoelektrischen Punktes aus Messungen des osmotischen Druckes, der Leitfähigkeit usw. erkennen.

Die unterste Kurve der Abb. 3 gibt die Ergebnisse der Bromtitration wieder. Als Gelatinebromid kann die Gelatine nur auf der sauren Seite des isoelektrischen Punktes vorkommen; bei $p_H > 4,7$ dürfte kein Brom gefunden werden. Die Kurve zeigt, daß bei $p_H \geqq 4,7$ kein Brom vorhanden war; auf der sauren Seite des isoelektrischen Punktes war die Brommenge um so größer, je niedriger das p_H. Auf der alkalischen Seite des isoelektrischen Punktes war die Gelatine immer noch als Ca-Gelatinat vorhanden. Bei diesem Versuch war die Gelatinemenge dadurch, daß beim Waschen etwas in Lösung gegangen war, je auf 0,8 g oder vielleicht noch etwas weniger abgesunken.

Wir werden später sehen, daß beim Eintragen gepulverter Gelatine in verdünnte Säure, z. B. n/100 oder n/1000 HBr, die Säurekonzentration in den Gelatinekörnchen wegen des DONNANschen Gleichgewichtes beträchtlich geringer ist als in der Außenflüssigkeit.

Alle Eigenschaften der Proteine, die mit zunehmender Ionisation zahlenmäßig wachsen, müssen im isoelektrischen Punkt ein Minimum haben, denn hier ist der Dissoziationsgrad ein Minimum. Dies gilt auch für die Aminosäuren, die reine Krystalloide sind. Während nun das kolloidale Verhalten der Proteine mit ihrer Ionisation zusammenhängt, bedingt die Ionisation an sich nicht notwendig das kolloidale Verhalten der Proteine. Dies trifft nur unter besonderen Bedingungen zu, nämlich wenn das Proteinion am Diffundieren gehindert wird, während kleine Ionen, wie $H^{\cdot}$ oder Cl', wohl diffundieren können. Kolloidale Eigenschaften der Proteine, wie Quellung oder osmotischer Druck, lassen ebenfalls im isoelektrischen Punkt ein Minimum ihrer Werte erkennen, weil nämlich der Ionisationsgrad der Proteine im isoelektrischen Punkt ein Minimum ist. Es würde aber falsch sein anzunehmen, daß nur die kolloidalen Eigenschaften der Proteine im isoelektrischen Punkt ein Minimum haben.

Viertes Kapitel.

Quantitative Prüfung der Richtigkeit der chemischen Betrachtungsweise.

1. Verbindungen zwischen isoelektrischem Protein und Säure.

Die qualitativen Versuche, die im zweiten Kapitel geschildert wurden, gestatten keine Entscheidung darüber, ob die Ionen mit den Proteinen sich nach stöchiometrischen Regeln (d.h. mittels der primären Valenzen, die aus der Chemie bekannt sind) oder nach den empirischen Adsorptionsregeln verbinden, wie dies die Kolloidchemie annimmt. Die Entscheidung kann herbeigeführt werden einmal durch eine Untersuchung über das Wesen der Verbindung zwischen Säuren und isoelektrischem Eiweiß und zweitens durch Titrationskurven[1]). Wir wollen uns zuerst mit den Proteinsäuresalzen beschäftigen.

Unsere Lösungen enthalten gewöhnlich 1 g isoelektrisches Eiweiß auf 100 ccm, und wir wollen solche Lösungen 1proz. Eiweißlösungen nennen. Eine 1proz. Lösung von Albuminsulfat oder eine 1proz. Lösung von Gelatinechlorid bedeutet also, daß 100 ccm der Lösung 1 g des ursprünglich isoelektrischen Proteins enthalten. Die Konzentration der Vorratslösungen von isoelektrischer Gelatine, Albumin oder Casein wurde durch Wägung des Trockenrückstandes bestimmt.

Bringt man verschiedene Mengen einer n/10-Säure, z. B. HCl, zu stets derselben Proteinmenge, z. B. 1 g isoelektrischer Gelatine oder krystallisierten Eiereiweißes, und füllt dann das Volumen stets auf 100 ccm auf, so stellt sich heraus, daß die sich einstellende Wasserstoffionenkonzentration der Lösungen anders ist, als wenn man die gleiche Menge Säure mit der gleichen Menge reinen Wassers vermischt. Dies kommt dadurch zustande, daß ein Teil der Säure sich mit dem Protein verbindet, wie ursprünglich von Bugarszky und Liebermann[2]) angenommen wurde. Nach den Wernerschen[3]) Vorstellungen muß HCl sich mit den NH_2-Gruppen des Proteinmoleküls ebenso wie mit NH_3

---

[1]) Loeb, J.: Journ. of gen. physiol. Bd. 1, S. 559. 1918/19; Bd. 3, S. 85. 1920/21.

[2]) Bugarszky, S. u. L. Liebermann: Pflügers Arch. f. d. ges. Physiol. Bd. 72, S. 51. 1898.

[3]) Werner, A.: Neuere Anschauungen auf dem Gebiete der anorganischen Chemie. 3. Aufl. Braunschweig 1913.

verbinden und ein Salz von dem Typus RNH_3Cl bilden. Dies ergibt sich auch aus den neuen Theorien von G. N. LEWIS[1]), KOSSEL[2]) und LANGMUIR[3]). Man kann daher annehmen, daß Gelatinechlorid folgendermaßen dissoziieren wird:

$$\text{Gelatine } NH_3Cl \rightleftharpoons \text{Gelatine } \overset{+}{NH_3} + \overset{-}{Cl} \ .$$

Danach muß in einer wässerigen HCl-Lösung die Konzentration der freien Chlorionen unverändert bleiben, wenn man isoelektrische Gelatine in geringer Menge zufügt, wobei allerdings vorausgesetzt wird, daß die elektrolytische Dissoziation des entstehenden Salzes vollständig ist. Daß dies zutrifft, geht aus dem Vergleich des p_{Cl} in Salzsäurelösungen mit und ohne Gelatine hervor (Tabelle 1). Das p_H und das p_{Cl} wurden elektrometrisch bestimmt, und zwar das p_H mit der Wasserstoff- und das p_{Cl} mit der Kalomelelektrode. Die Resultate sind in der Tabelle 1 zusammengestellt. Die 1. Spalte gibt an, wieviel ccm n/10-HCl in 100 ccm enthalten waren. Die 2. Spalte enthält das dazugehörige p_H und die 3. das entsprechende p_{Cl} rein wässeriger Lösungen. Dabei stimmt erwartungsgemäß p_H und p_{Cl} innerhalb der Fehlergrenze überein. Die 4. und 5. Spalte enthält p_H und p_{Cl}, wenn die gleiche Menge Säure in 100 ccm einer 1 proz. Lösung ursprünglich isoelektrischer Gelatine enthalten ist. Ein Vergleich der Spalte 3 mit der Spalte 5 lehrt, daß das p_{Cl} dasselbe bleibt, gleichgültig, ob die ursprünglich isoelektrische Gelatine in der Lösung vorhanden ist oder nicht, während aus der 2. und 4. Spalte hervorgeht, daß das p_H in den keine Gelatine enthaltenden Lösungen kleiner ist.

Tabelle 1.

Zahl der in 100 ccm Lösung enthaltenen ccm n/10-HCl	Lösungen ohne Gelatine		Lösungen mit 1 g isoelektrischer Gelatine in 100 ccm	
	p_H	p_{Cl}	p_H	p_{Cl}
2	2,72	2,72	4,2	2,68
3	2,52	2,54	4,0	2,53
4	2,41	2,39		
5	2,31	2,29	3,60	2,33
6	2,24	2,26	3,41	2,25
7	2,16	2,18	3,23	2,18
8	2,11	2,12	3,07	2,11
10	2,01	2,01	2,78	2,025
15	1,85	1,85	2,30	1,845
20	1,72	1,76	2,06	1,76
30	1,55	1,59	1,78	1,60
40	1,43	1,47	1,61	1,47

[1]) LEWIS, G. N.: Journ. of the Americ. chem. soc. Bd. 38, S. 762. 1916.

[2]) KOSSEL, W.: Ann. d. Physik Bd. 49, S. 229. 1916.

[3]) LANGMUIR, I.: Journ. of the Americ. chem. soc. Bd. 41, S. 868. 1919; Bd. 42, S. 274. 1920.

Hieraus ergibt sich, daß HCl mit der Gelatine den WERNERschen Vorstellungen entsprechend eine Verbindung eingeht, indem ein Teil der aus dem HCl stammenden $H^{\cdot}$-Ionen sich an der Bildung eines komplexen Gelatinekations vom Typus Gelatine-$\overset{+}{N}H_3$ beteiligt, während die Cl'-Ionen von der Anwesenheit des Proteins nicht beeinflußt werden. Zusatz von HCl zu isoelektrischer Gelatine ist demnach von ähnlicher Wirkung wie Zusatz freier HCl zu einer NH_3-Lösung: Im ersten Fall erhalten wir Gelatinechlorid und im zweiten Ammoniumchlorid. Indessen besteht doch der Unterschied, daß das Gelatinechlorid beträchtlich hydrolytisch gespalten ist, während dies beim Ammoniumchlorid nur in geringem Maße der Fall ist. Diese Hydrolyse ist von Wichtigkeit, denn sie zwingt zu der Annahme, daß immer ein bestimmter Gleichgewichtszustand zwischen freier Säure, dem dissoziierten Salz Gelatinechlorid und der nicht ionisierten isoelektrischen Gelatine bestehen muß.

Wenn man gleiche Säuremengen zu gleichen Mengen isoelektrischer Gelatine, z. B. 1 g, bringt und dann das Volumen mit Wasser auf 100 ccm auffüllt, so ist das p_H der Lösungen immer das gleiche. Somit können wir feststellen, wieviel Cl mit dem Protein verbunden ist, wenn wir das p_H der Gelatinechloridlösung und die Gelatinekonzentration der Lösung kennen. Je niedriger das p_H ist, um so mehr Chlorionen treten in Verbindung mit dem Eiweiß, bis schließlich bei hinreichendem Zusatz von Säure das gesamte Protein in Proteinchlorid übergegangen ist.

Ähnliche Versuche mit ähnlichen Ergebnissen hat HITCHCOCK über Verbindungen von HCl mit anderen Eiweißkörpern, nämlich krystallinischem Eiereiweiß, Edestin, Casein und Serumglobulin[1]), angestellt.

Bringt man Alkali zu isoelektrischer Gelatine, so bildet sich zwischen Metallproteinat, nichtionisiertem Eiweiß und freiem Alkali ein Gleichgewicht aus (bei $p_H > 4{,}7$). SÖRENSEN gelangte zu ähnlichen Ergebnissen[2]).

Derartige Versuche zeigen, daß sich Säuren mit Proteinen ähnlich wie mit krystalloiden Basen, z. B. mit NH_3 oder Aminosäuren, verbinden. MANABE und MATULA[3]) sowohl wie PAULI[4]) waren schon vorher durch Messungen des Chlorpotentials von Lösungen von Serumalbumin, denen HCl zugefügt war, zu dem Schluß geführt worden, daß Albuminchlorid in freie Chlorionen und Albuminkationen elektrolytisch dissoziiert ist.

---

1) HITCHCOCK, D. I.: Journ. of gen. physiol. Bd. 5, S. 383. 1922/23.

2) SÖRENSEN, S. P. L.: Studies on proteins. Cpt. rend. trav. Lab. Carlsberg Bd. 12. Kopenhagen 1915/17.

3) MANABE, K. u. J. MATULA: Biochem. Zeitschr. Bd. 52, S. 369. 1913.

4) PAULI, W.: Kolloidchemie der Eiweißkörper. Leipzig 1921.

2. Die Säuretitrationskurven für genuine Proteine.

Man kann durch Titrationsversuche zeigen, daß Säuren und Basen mit Proteinen in derselben Weise in Reaktion treten, wie bei der Verbindung mit krystallinischen Substanzen und daß dies in beiden Fällen mittels der primären Valenzen vor sich geht. Bekanntlich dissoziiert eine schwache zwei- oder dreibasische Säure derart, daß eins der Wasserstoffionen leichter abgespalten wird als beide oder alle drei, und es hängt von der Wasserstoffionenkonzentration der Lösung ab, ob eins, oder zwei, oder drei $H^{\cdot}$-Ionen einer dreibasischen Säure abgespalten werden. So gibt H_3PO_4 bei $p_H < 4{,}6$ nur ein $H^{\cdot}$-Ion ab. Oxalsäure, als stärkere Säure, verhält sich bei $p_H < 3{,}0$ [1]) wie eine einbasische Säure und wird einer zweibasischen Säure um so ähnlicher, je mehr das p_H über 3,0 ansteigt. Bei einer starken zweibasischen Säure wie H_2SO_4 werden beide H-Ionen mit so geringen elektrostatischen Kräften festgehalten, daß selbst bei $p_H = 3{,}0$ oder noch beträchtlich darunter beide Ionen abdissoziiert werden. Sind die Kräfte, welche Reaktionen zwischen diesen Säuren und Eiweißkörpern bedingen, die gleichen, mit denen wir in der Chemie zu rechnen gewohnt sind, so müßte man 3mal soviel ccm einer n/10-H_3PO_4-Lösung brauchen, um 100 ccm einer 1proz. Lösung isoelektrischer Gelatine auf ein bestimmtes p_H unterhalb 4,6, also z. B. 3,0, zu bringen, als man bei HNO_3 oder HCl nötig hätte; dagegen müßten die zu diesem Zweck erforderlichen Mengen n/10-H_2SO_4 und n/10-HCl die gleichen sein. Man müßte doppelt soviel n/10-Oxalsäure wie Salzsäure brauchen, um isoelektrische Gelatine auf ein p_H von 3,0 oder darunter zu bringen. Man kann diese Überlegungen experimentell bestätigen [2]). Man braucht dazu sehr sorgfältig, soweit als möglich von ionisierenden Verunreinigungen befreite isoelektrische Proteine.

Nach dem Verfahren von Sörensen [3]) wurde krystallinisches Eiereiweiß hergestellt und 3mal umkrystallisiert. Der einzige Unterschied bei unserem Vorgehen bestand gegenüber Sörensen darin, daß bei der Dialyse nicht das Dialysenwasser unter negativen Druck gesetzt wurde, sondern daß das Eiereiweiß dadurch unter Druck gesetzt wurde, daß ein langes Glasrohr auf die Dialysierhülse aufgesetzt und so weit mit Wasser gefüllt wurde, daß während der Dialyse ein Druck von

---

[1]) Hildebrand, J. H.: Journ. of the Americ. chem. soc. Bd. 35, S. 847. 1913; vgl. L. Michaelis: Die Wasserstoffionenkonzentration. Berlin 1914. W. M. Clark: The Determination of Hydrogen Ions. Baltimore 1920.

[2]) Die angeführten Versuche hat J. Loeb: Journ. of gen. physiol. Bd. 3, S. 85. 1920/21, ausgeführt.

[3]) Sörensen, S. P. L.: Studies on proteins. Cpt. rend. trav. Lab. Carlsberg Bd. 12. Kopenhagen 1915/17.

150 cm Wasser bestand. Diese Vorrichtung mußte angebracht werden, um eine zu große Zunahme des Volumens zu verhindern. Die gleiche Eiweißstammlösung wurde zu allen Versuchen benutzt und hierzu bis zu einem Gehalt von 1% Eiweiß verdünnt. Der Gehalt an Ammonsulfat betrug zwischen m/1000 und m/2000. Die Stammlösung hatte ein p_H von 5,20. Durch Zusatz von ca. 1 ccm n/10-HCl auf je 100 ccm der 1proz. Lösung wurde der isoelektrische Punkt des Eiereiweißes erreicht, der nach SÖRENSEN bei $p_H = 4{,}8$ liegt.

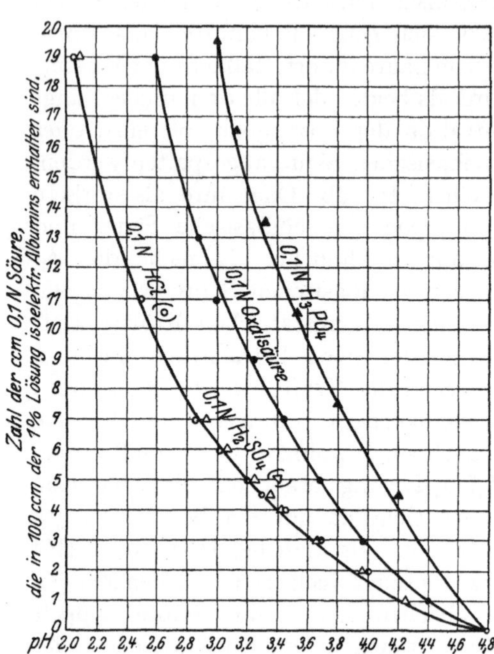

Abb. 4. Die Ordinaten geben an, wieviel ccm n/10-HCl, H_2SO_4, Oxal- und Phosphorsäure nötig waren, um das p_H der Albuminlösung auf den von der Abszisse angezeigten Wert zu bringen. Die Volumina der Lösungen wurden mit H_2O auf je 100 ccm aufgefüllt. Bei gleichem p_H verhalten sich die Ordinaten für Salz-, Schwefel- und Phosphorsäure etwa wie 1 : 1 : 3. Das Verhältnis $\frac{\text{HCl}}{\text{Oxalsäure}}$ ist bei $p_H > 3{,}0$ etwas kleiner als 1 : 2.

Diese 1proz. Lösungen wurden nun mit verschiedenen Säure- oder Alkalimengen angesetzt und dann das p_H der resultierenden Albuminlösung elektrometrisch bestimmt. Abb. 4 enthält die aus solchen Messungen sich ergebenden Titrationskurven; das p_H ist die Abszisse, und als Ordinate ist die Zahl der ccm der n/10-Säure abgetragen, welche die 1proz. Lösungen des vorher isoelektrischen krystallinischen Eiereiweißes auf das jeweils von der Abszisse angegebene p_H bringt. Bei der untersten Kurve sehen wir, daß auf ihr die Punkte für n/10-HCl und n/10-H_2SO_4 liegen; es handelt sich hierbei um starke Säuren, d. h. H_2SO_4 verbindet sich mit dem Eiereiweiß in äquivalenten Proportionen. Die Kurve der Phosphorsäure ist am höchsten, und bei einem Vergleich dieser Kurve mit der der Salzsäure oder Schwefelsäure erkennen wir, daß bei jedem p_H die Ordinaten der Phosphorsäurekurve nur um so viel von dem dreifachen Betrage der zugehörigen Salzsäurekurve abweichen, wie die Genauigkeit unserer Versuche beträgt. Dies bedeutet, daß die Phosphorsäure mit dem Eiweiß (innerhalb des p_H-Bereiches unserer Versuche) sich nach molekularen Proportionen verbindet; das Anion des Albuminphosphates ist das einwertige H_2PO_4'.

Bei der Oxalsäure sind die Werte bei einem p_H unter 3,2 beinahe, aber nicht ganz, doppelt so groß wie bei HCl. Daraus geht hervor, daß bei diesen p_H-Werten die Oxalsäure zum größeren Teil nach molekularen und nur zu einem kleinen Teil sich nach äquivalenten Proportionen mit dem Eiweiß verbindet.

Die gleichen Verbindungsverhältnisse, die wir für die vier genannten Säuren mit krystallinischem Eiereiweiß gefunden haben, würden sich ergeben, wenn man innerhalb des selben p_H-Bereiches an Stelle des Eiweißes die krystalloide Base NH_3 verwendete.

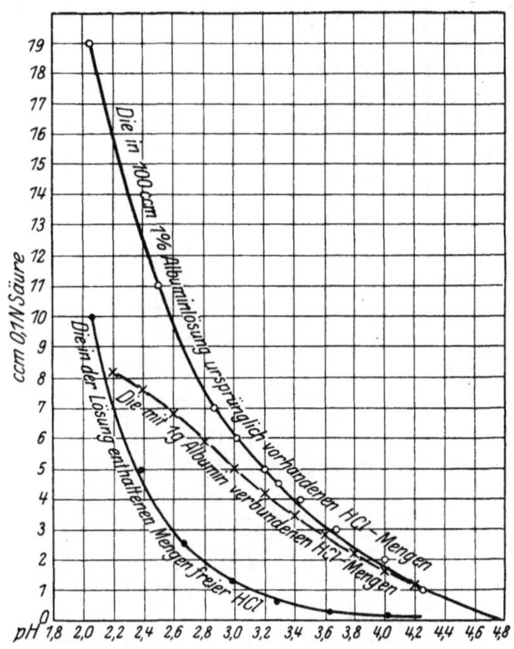

Abb. 5. Aus der p_H-Kurve und der Titrationskurve kann man bestimmen, wieviel von der zugesetzten Säure mit dem Albumin verbunden ist.

Aus den eben diskutierten Kurven kann man leicht berechnen, wieviel von der zugesetzten Säure sich mit 1 g des ursprünglich isoelektrischen krystallinischen Eiereiweißes in der 1proz. Lösung bei den verschiedenen p_H-Werten verbunden hat. Wir wollen annehmen, daß wir Salzsäure zugesetzt hätten. Sind nun, etwa bei einem $p_H = 3{,}0$, in 100 ccm der 1 proz. Lösung des ursprünglich isoelektrischen Albumins (vgl. Abb. 4) 6 ccm n/10-Salzsäure enthalten, so heißt das, daß ein Teil der Säure mit dem Albumin verbunden und ein anderer Teil frei ist. Wieviel davon frei ist, wissen wir aus dem p_H-Wert der Albuminchloridlösung. Es ist 1 ccm, denn das p_H in unserem Beispiel beträgt 3,0. Die übrigen 5 ccm HCl sind also mit dem 1 g des ursprünglich isoelektrischen Eiweißes in 100 ccm Lösung verbunden (Abb. 5). Die eine Kurve ist so gewonnen, daß die p_H-Werte die Abszissen bilden und die Ordinaten die Zahl der ccm n/10-Salzsäure in 100 ccm einer wässerigen eiweißfreien Lösung darstellen. Das p_H dieser wässerigen Lösungen wurde ebenfalls elektrometrisch gemessen. Subtrahiert man die Ordinaten dieser letzteren Kurve von den Ordinaten der Titrationskurve der Abb. 4, bei welcher es sich um 1proz., ursprünglich isoelektrisches Albuminchlorid handelte, so ergibt sich eine Kurve, deren Ordinate angibt, wieviel ccm der n/10-Salzsäure tatsächlich mit 1 g ursprünglich isoelektrischen Albumins in einem Gesamtvolumen von 100 ccm verbunden sind (die mittlere Kurve der Abb. 5).

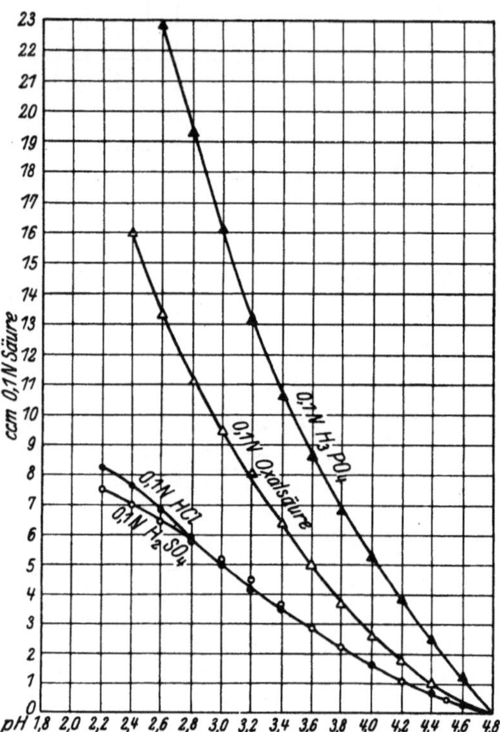

Abb. 6. Die Säuremengen, die in 100 ccm Gesamtvolumen mit 1 g ursprünglich isoelektrischem Eiereiweiß verbunden sind. Der stöchiometrische Charakter der Albumin-Säureverbindungen geht daraus hervor, daß die gleiche Albuminmenge sich mit der 3fachen Menge n/10-H_3PO_4 wie mit n/10-HCl oder H_2SO_4 verbindet; bei der Oxalsäure ist es bei $p_H < 3{,}0$ die doppelte Menge.

In der Abb. 6 sind derartige Kurven abgebildet, deren Ordinaten angeben, wieviel ccm einer n/10-HCl, -H_2SO_4, -$H_2C_2O_4$ und -H_3PO_4 mit 1 g ursprünglich isoelektrischen Eiereiweißes bei verschiedenem p_H verbunden sind. Es wird wieder offenbar, daß die Verbindungskurven für HCl und H_2SO_4 praktisch zusammenfallen, wie dies die rein chemische Theorie verlangt; daß ferner die Oxalsäurekurve höher ist und noch höher die Phosphorsäurekurve. Es ist aber noch viel wichtiger, daß bei gleichem p_H die Ordinaten der Kurve für Phosphorsäure stets ungefähr 3mal so hoch sind als die der Salz- oder Schwefelsäurekurven.

Die Zahlen der Tabelle 2 geben an, wieviel ccm von jeder Säure sich mit dem einen Gramm ursprünglich isoelektrischem Eiereiweiß in einem Gesamtvolumen von 100 ccm verbunden haben. Die Werte für HCl und H_2SO_4 sind identisch; die für H_3PO_4 sind innerhalb der Fehlergrenzen stets 3mal so groß wie die erst angeführten Zahlen für HCl. So sind bei $p_H = 4{,}0$ 1,7 ccm n/10-Salzsäure oder Schwefelsäure mit dem 1 g Albumin verbunden und 5,3 ccm der n/10-Phosphorsäure; bei $p_H = 3{,}4$ sind die entsprechenden Zahlen für n/10-Schwefel- oder Salzsäure 3,5 ccm und für n/10-Phosphorsäure 10,6 ccm.

Tabelle 2.

Zahl der ccm der n/10-Säuren, welche in einem Gesamtvolumen von 100 ccm mit 1 g ursprünglich isoelektrischen krystallisierten Eiereiweißes verbunden sind.

p_H	HCl	H_2SO_4	Oxalsäure	H_3PO_4
4,2	1,15	1,15	1,8	3,8
4,0	1,7	1,7	2,6	5,3
3,8	2,3	2,3	3,7	6,8
3,6	2,9	2,9	5,0	8,6
3,4	3,5	3,5	6,3	10,6
3,2	4,2	4,3	8,0	13,1
3,0	5,0	5,1	9,5	16,1
2,8	5,8	5,9	11,1	19,3
2,6	6,7	6,5	13,3	22,9
2,4	7,6	7,0	16,0	

Bei der Oxalsäure finden wir, daß bei einem p_H unter 3,6 die Volumina der n/10-Oxalsäure, die mit 1 g Albumin verbunden sind, nicht ganz doppelt so groß wie bei der Salzsäure sind, und daß das Defizit um so ausgesprochener ist, je mehr das p_H anwächst. Bei $p_H \lesseqgtr 3{,}2$ gehen so gut wie doppelt soviel ccm Oxalsäure im Vergleich zur Salzsäure mit 1 g ursprünglich isoelektrischen Eiweißes in Verbindung. Bei $p_H = 2{,}6$ haben wir 6,7 ccm n/10-HCl und 13,3 ccm n/10-Oxalsäure mit 1 g Eiweiß verbunden. Bei $p_H = 3{,}0$ sind die entsprechenden Zahlen 5,0 ccm für HCl und 9,5 ccm für Oxalsäure. Diese Zahlen konnte man auf Grund der Titrationsversuche von HILDEBRAND mit anorganischen Basen erwarten.

Diese quantitativen Resultate beweisen, daß, wenn man Säure zu einer gegebenen Masse von ursprünglich isoelektrischem, krystallisiertem Eiereiweiß zufügt, bei derselben Wasserstoffionenkonzentration der Lösung gleiche Mengen Wasserstoffionen mit Eiweiß in Verbindung treten, gleichviel ob man eine starke Säure oder eine schwache Säure zusetzt. Diese Tatsache ist der Ausdruck dafür, daß Eiweißkörper sich mit den Wasserstoffionen von Säuren stöchiometrisch verbinden. Die einfachste Annahme ist, daß die Wasserstoffionen vom Eiereiweiß chemisch gebunden werden. Diese Resultate unterscheiden sich von den gewöhnlichen Tatsachen, die in der analytischen Chemie gebräuchlich sind, nur dadurch, daß im letzten Falle immer bis zu einer Konzentration in der Nähe von p_H 7,0 titriert wird, während in unseren Versuchen für verschiedene Konzentrationen zwischen p_H 4,8 und 2,5 titriert wurde. Die Vernachlässigung der Wasserstoffionenkonzentration ist schuld daran, daß diese einfachen Tatsachen nicht schon längst gefunden waren. Sonst wäre niemand auf den Gedanken gekommen, daß Säuren sich mit Eiweißkörpern nach der Adsorptionsregel verbinden.

Diese Titrationsversuche sind deshalb von besonderem Wert, weil das krystallinische Eiereiweiß wahrscheinlich von den verwendbaren Proteinen gegenwärtig das reinste ist.

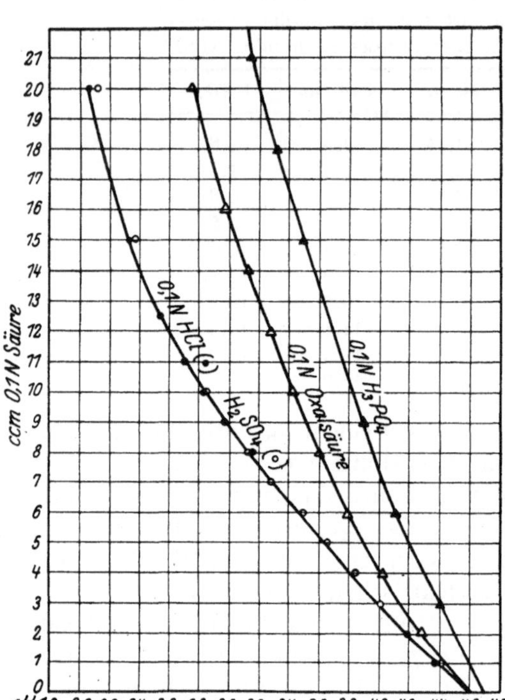

Abb. 7. Titrationskurven für 1 proz. Lösungen ursprünglich isoelektrischer Gelatine mit HCl, H_2SO_4, Oxalsäure und H_3PO_4, aus welchen sich der stöchiometrische Charakter der Gelatine-Säureverbindungen ergibt.

Den gleichen Beweis kann man auch für andere Proteine liefern, z. B. für Gelatine. Wir verwandten dazu eine Stammlösung isoelektrischer Gelatine. Das Material wurde in der Weise gewonnen, daß die käufliche Gelatine mit einem p_H von 7,0 pulverisiert und für 1 Stunde bei 15° in eine m/128-Essigsäure eingetragen wurde. Für jedes Gramm Gelatine wurden 100 ccm der verdünnten Säure gebraucht. Die Gelatine wurde dann 4—5mal mit Wasser von 5° gewaschen. Die Vorratslösung war 8prozentig, ihr Gelatinegehalt wurde durch Bestimmung des Trockengewichtes ermittelt. Für die Versuche wurden 50 ccm einer 2proz. Lösung von isoelektrischer Gelatine mit verschiedenen Säuremengen versetzt und das Volumen durch Zusatz von Wasser auf 100 ccm aufgefüllt, dessen p_H gewöhnlich etwa 5,6 betrug. Es wurde so ermittelt, wieviel ccm verschiedener n/10-Säuren notwendig waren, um 1 g isoelektrischer Gelatine in 100 ccm Gesamtvolumen auf das gleiche p_H zu bringen.

Die Ergebnisse dieser Versuche werden in der Abb. 7 dargestellt. Die Abszissen werden von den p_H-Werten gebildet; die Ordinaten bedeuten die in ccm angegebenen Mengen der n/10-Salzsäure, Schwefelsäure, Oxalsäure und Phosphorsäure in 100 ccm der Lösung der ursprünglich isoelektrischen Gelatine.

Es ist wieder unverkennbar, daß die Kurven für HCl und H_2SO_4 sich praktisch decken, und daß weiter die Ordinaten der Kurve der Phosphorsäure ungefähr 3mal und die Ordinaten der Kurve für Oxalsäure ungefähr 2mal so hoch sind wie die entsprechenden Ordinaten der Schwefel- oder Salzsäurekurve, wenigstens solange das p_H nicht über 3,2 ansteigt; bei höheren p_H-Werten zeigt die Oxalsäurekurve, der Theorie entsprechend, immer größere Abweichungen nach unten.

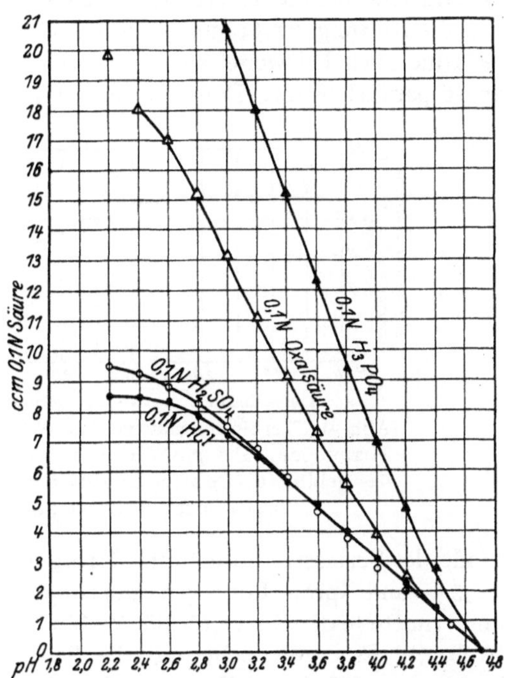

Abb. 8. Verbindungskurven von Säuren mit Gelatine, die gleichfalls den stöchiometrischen Charakter der Verbindungen erkennen lassen.

In Abb. 8 sind die Mengen n/10-Säure dargestellt, die mit dem einen Gramm ursprünglich isoelektrischer Gelatine bei verschiedenem p_H verbunden sind. Die zugehörigen Zahlen sind in der Tabelle 3 zusammengestellt. Aus ihr geht hervor, daß innerhalb der Versuchsfehlergrenze bei gleichem p_H angenähert gleiche Mengen n/10-HCl und n/10-H_2SO_4 mit 1 g der ursprünglich isoelektrischen Gelatine in einem Gesamtvolumen von 100 ccm verbunden sind. Bei n/10-H_3PO_4 haben wir etwa die dreifache Menge, bei der n/10-Oxalsäure ist diese Menge kleiner als die doppelte Menge Salzsäure, solange das $p_H > 3{,}0$ ist. Bei $p_H < 3{,}0$ verhalten sich die Mengen der beiden Säuren entsprechend der Theorie etwa wie 1 : 2. Diese Versuche bekräftigen unsere Ansicht, nach welcher Säuren sich mit Eiweißkörpern nach den stöchiometrischen Regeln verbinden, eine Tatsache, die allerdings nur dann offenbar wird, wenn die Wasserstoffionenkonzentration gebührend berücksichtigt wird; d. h. bei gleichem p_H einer Eiweißlösung verbinden sich gleiche Mengen von Wasserstoffionen mit einer gegebenen Menge von ursprünglich isoelektrischem Eiweiß, gleichviel ob man eine schwache oder eine starke Säure zusetzt.

Aus der Abb. 8 geht hervor, daß in Portionen von 100 ccm einer 1 proz. Lösung ursprünglich isoelektrischer Gelatine mit verschiedenen

Salzsäuremengen anfangs die Menge des gebildeten Gelatinechlorids rasch mit steigenden Salzsäuremengen zunimmt. Bei $p_H = 2,6$ biegt die Kurve um und verläuft parallel zur Abszissenachse. Daraus geht hervor, daß praktisch die gesamte Gelatinemenge mit der Salzsäure in Verbindung getreten ist, so daß weiterer Salzsäurezusatz die Menge des Gelatinechlorids nicht vermehren kann. Von theoretischer Wichtigkeit war die Klärung der Frage, ob die Kurve der mit Salzsäure verbundenen Gelatine auch bei weiterem Zusatz von Salzsäure noch der Abszissenachse parallel bleibt. Diese Lücke hat Dr. HITCHCOCK mittels der Me-

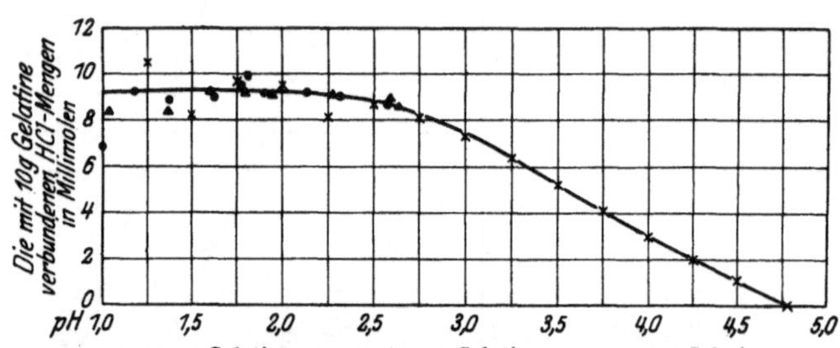

Abb. 9. Verbindungskurve isoelektrischer Gelatine nach HITCHCOCK. Bei p_H-Werten unter 2,5 kann die Menge des gebildeten Gelatinechlorids durch weiteren Salzsäurezusatz nicht mehr vergrößert werden.

thode des Verfassers ausgefüllt. HITCHCOCK stellte seine Versuche mit 1-, 2,5- und 5proz. Lösungen ursprünglich isoelektrischer Gelatine an und ermittelte die Kurve für die Verbindung zwischen HCl und Gelatine (Abb. 9). Es ergibt sich, daß die Kurve zwischen $p_H = 1,0$ und 2,0 horizontal verläuft, ein Beweis, daß in diesem Bereich die gesamte Gelatine mit der Säure verbunden ist. LLOYD und MAYES[1]) hatten irrtümlicherweise angegeben, daß die Kurve unregelmäßig sei.

„Die maximale Höhe der Kurve der Abb. 9, welche 9,2 Millimolen Salzsäure auf 10 g Gelatine entspricht, läßt erkennen, daß eine 1 proz. Gelatinelösung gegen Salzsäure eine Normalität von 0,0092 hat, daß somit das Verbindungsgewicht der Gelatine 10 : 0,0092 = etwa 1090 beträgt. Obgleich der exakte Wert des Maximums noch etwas unbestimmt ist, trifft dieser Wert des Verbindungsgewichts der Gelatine wahrscheinlich besser zu als die kleineren Zahlen von PROCTER[2]), WILSON[3]), WINTGEN und KRÜGER[4]) und WINTGEN und VOGEL[5]), denn

[1]) LLOYD, D. J. u. C. MAYES: Proc. of the roy. soc. of London (B.) Bd. 93, S. 69. 1922.

[2]) PROCTER, H. R.: Journ. of the chem. soc. (London) Bd. 105, S. 313. 1914.

[3]) WILSON, J. A.: Journ. of the Americ. leather chem. assoc. Bd. 12, S. 108. 1917.

[4]) WINTGEN, R. u. K. KRÜGER: Kolloid-Zeitschr. Bd. 28, S. 81. 1921.

[5]) WINTGEN, R. u. H. VOGEL: Kolloid-Zeitschr. Bd. 30, S. 45. 1922.

unserer Rechnung liegen einfachere und wahrscheinlichere Voraussetzungen zugrunde. Außerdem verfügten die früheren Forscher nicht über aschefreie oder isoelektrische Gelatine[1]).“

Tabelle 3.

ccm n/10-Säure, die in einem Gesamtvolumen von 100 ccm mit 1 g ursprünglich isoelektrischer Gelatine verbunden sind.

p_H	HCl	H_2SO_4	Oxalsäure	H_3PO_4
4,0		2,7	3,9	6,95
3,8	3,9	3,75	5,5	9,4
3,6	4,8	4,8	7,3	12,3
3,4	5,6	5,75	9,1	15,2
3,2	6,4	6,75	11,0	18,0
3,0	7,2	7,5	13,15	20,7
2,8	7,9	8,25	15,3	23,6
2,6	8,35	8,8	17,1	26,2
2,4	8,5	9,3	18,0	

Ähnliche Versuche hat der Verfasser mit Casein angestellt. Das Material wurde nach der Methode von L. L. VAN SLYKE und J. C. BAKER[2]) zubereitet. Die beiden Autoren beschrieben im Jahre 1918 eine Methode zur Darstellung „reinen Caseins“ aus abgerahmter Milch, die dadurch gekennzeichnet war, daß

„ganz allmählich der Milch Säure zugesetzt wird und durch sofortiges Verrühren verhindert wird, daß dort, wo die Säure zuerst mit der Milch in Berührung tritt, das Casein gerinnt. Zu diesem Zweck wird die Säure unter die Oberfläche der Milch gebracht, welche durch eine mechanische Vorrichtung heftig gerührt wird. Wenn die Acidität gerade unterhalb des Gerinnungspunktes des Caseins ist, wird 3 Stunden lang unter gelindem Rühren gewartet und dann wieder unter heftigem Rühren langsam bis zur eintretenden Gerinnung des Caseins Säure zugesetzt. Auf diese Weise erhält man das Casein in der feinstmöglichen Verteilung.“

Man zentrifugiert das koagulierte Casein ab, wäscht es wiederholt und erhält so ein Präparat, das frei von anorganischem Phosphor und von Calcium ist. Nach der Angabe von VAN SLYKE und BAKER beträgt das p_H dieses Caseins ungefähr 4,5—5,6, d. h. es ist gerade unterhalb seines isoelektrischen Punktes. Das wesentliche Kennzeichen der Methode von VAN SLYKE und BAKER besteht demnach darin, daß die Milch oder die Caseinlösung allmählich ungefähr auf das p_H des isoelektrischen Caseins gebracht wird. Der Verfasser hat für die Gelatine

[1]) HITCHCOCK, D. I.: Journ. of gen. physiol. Bd. 4, S. 738. 1921/22.

[2]) VAN SLYKE, L. L. u. J. C. BAKER: Journ. of biol. chem. Bd. 35, S. 127. 1918.

nachgewiesen, daß sie im isoelektrischen Punkt alle ionisierenden Verunreinigungen abgibt. Die Versuche von VAN SLYKE und BAKER zeigen, daß dasselbe Prinzip auch für das Casein gilt. Das nach der Methode von VAN SLYKE und BAKER hergestellte Casein ist auch frei von Lactalbumin, denn dieses Protein ist bei einem p_H von 4,5 oder 4,7 löslich und wird infolgedessen aus dem unlöslichen isoelektrischen Casein ausgewaschen.

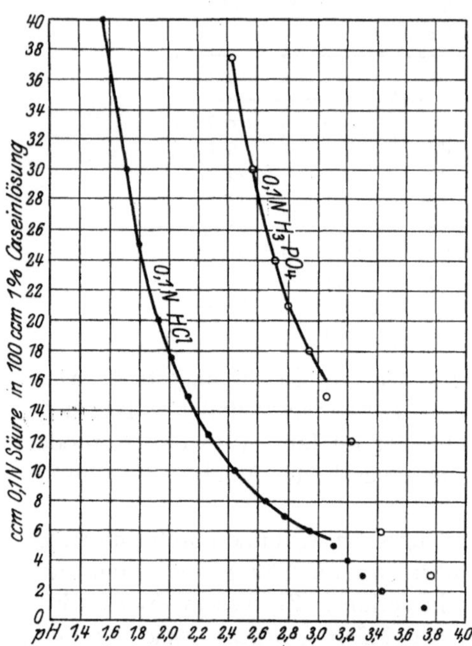

Abb. 10. Die Ordinaten bedeuten die Mengen n/10-HCl resp. -H_3PO_4, die in den 1proz. Caseinlösungen enthalten waren, die Abszissen das zugehörige p_H der Lösungen. Die Ordinaten verhalten sich etwa wie 1 : 3.

Bei unseren Versuchen[1]) gebrauchten wir Caseinpräparate, die nach der VAN SLYKE- und BAKERschen Methode hergestellt wurden, und zwar einmal aus gerahmter Milch und ferner aus einem „reinen Casein" des Handels. Mit beiden Präparaten erhielten wir praktisch die gleichen Resultate. Das Casein wurde noch in Aceton gewaschen, um Spuren von Fett zu entfernen.

Nur eine geringe Zahl von Säuren ist zur Herstellung 1proz. Caseinlösungen wegen der geringen Löslichkeit der meisten Casein-Säureanion-Salze geeignet. Immerhin kann man Caseinchlorid und Caseinphosphat in 1proz. Lösungen miteinander vergleichen. Je 1 g des nach VAN SLYKE und BAKER hergestellten isoelektrischen Caseins wurde in 100 ccm einer wässerigen Lösung mit einem Gehalt von 1, 2, 3 usw. ccm n/10-HCl oder n/10-H_3PO_4 eingetragen. Das p_H dieser Caseinlösungen wurde mittels der Gaskette ermittelt. Die Ergebnisse wurden in der Weise dargestellt, daß graphisch die p_H-Werte als Abszissen aufgetragen wurden und darüber als Ordinaten die Säuremengen, nach deren Zusatz die Eiweißlösung eben dieses p_H angenommen hatte. Das Caseinchlorid oder Caseinphosphat ist in einer Konzentration von 1% nicht völlig löslich, solange das p_H etwa bei 3,0 oder etwas darunter liegt. Bei einem

[1]) LOEB, J.: Journ. of gen. physiol. Bd. 3, S. 547. 1920/21.

zu großen Säuregehalt, d. h. bei einem p_H von 1,6 oder möglicherweise etwas darüber, scheidet sich ebenfalls Casein aus einer 1proz. Lösung aus.

Die Titrationskurven für HCl und H_3PO_4 sind in der Abb. 10 dargestellt. In dem Bereich, in welchem die Caseinsalze als 1proz. Lösungen beständig sind, sind die Kurven ausgezogen. Sie zeigen, daß etwa 3mal soviel ccm der n/10-H_3PO_4 dazu nötig sind, um 1 g vorher isoelektrischen Caseins in 1proz. Lösung auf ein bestimmtes p_H zu bringen, als wenn man Salzsäure dazu verwendet; mit anderen Worten: H_3PO_4 verbindet sich mit dem Casein in molekularen Verhältnissen, wie man auch erwarten sollte, wenn das Caseinphosphat eine echte chemische Verbindung ist.

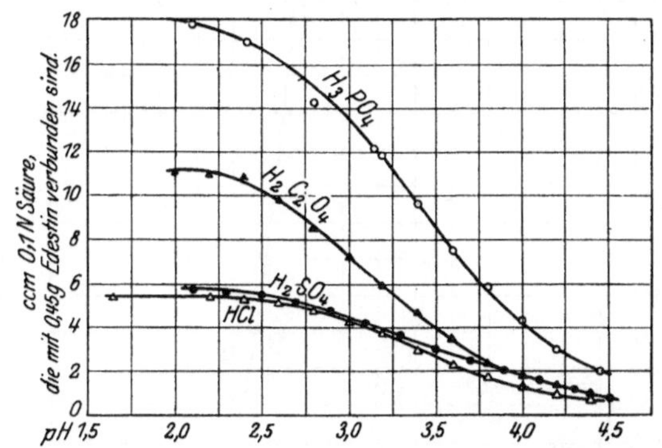

Abb. 11. Die mit 0,45 g Edestin in 100 ccm verbundenen Mengen HCl, H_2SO_4, $H_2C_2O_4$ und H_3PO_4 sind die Ordinaten, die zugehörigen p_H-Werte die Abszissen. Diese Werte sind die Differenzen von Titrationskurven mit und ohne Protein. Die Werte für H_3PO_4 sind berechnet (nach HITCHCOCK).

Die entsprechenden Kurven für Caseinsulfat und Caseinoxalat konnten nicht gezeichnet werden, denn diese beiden Salze sind zu schwer löslich. Das gleiche gilt auch für die Caseinsalzverbindungen mit anderen Säuren, z. B. Trichloressigsäure.

Derartige Untersuchungen hat HITCHCOCK[1]) auf zwei weitere Eiweißkörper ausgedehnt: auf Edestin und Serumglobulin. In der Abb. 11 sind die Mengen von HCl, H_2SO_4, $H_2C_2O_4$ und H_3PO_4 graphisch dargestellt, die sich mit 0,45 g Edestin in einem Gesamtvolumen von 100 ccm verbinden[2]). HITCHCOCKS Resultate bestätigen die Ergebnisse des Verfassers für Gelatine, Eiereiweiß und Casein. Es unterliegt kaum einem Zweifel, daß derartige Titrations- und Verbindungskurven bei allen Eiweiß-

[1]) HITCHCOCK, D. I.: Journ. of gen. physiol. Bd. 4, S. 597. 1921/22; Bd. 5, S. 35. 1922/23.

[2]) Um eine richtige Verbindungskurve eines Eiweißkörpers mit einer schwachen Säure wie Phosphorsäure zu erhalten, muß man berücksichtigen, daß nach dem Massenwirkungsgesetz das Anion des Proteinsäuresalzes die Ionisation der schwachen Säure verringert. Wie man diesen Einfluß quantitativ verfolgt, findet man bei W. PAULI: Kolloidchemie der Eiweißkörper. 1. Hälfte, S. 57. Dresden und Leipzig 1920; und bei D. I. HITCHCOCK: Journ. of gen. physiol. Bd. 4, S. 597. 1921/22.

körpern festzustellen sind und daß wir deshalb sagen können, daß sich alle Eiweißkörper stöchiometrisch mit Säuren verbinden.

3. Weitere Titrationskurven für Gelatine mit schwachen und starken Säuren.

Die Säuremenge, die man braucht, um eine 1proz. Lösung eines ursprünglich isoelektrischen Eiweißkörpers (z. B. Gelatine) auf das gleiche p_H zu bringen, ist je nach der Art der Säure verschieden. Dies geht aus den Titrationskurven der Abb. 12 hervor. Die Abb. 12 enthält die Titrationskurven für 1 g trockene, ursprünglich isoelektrische Gelatine in 100 ccm wässeriger Lösung mit HCl, HBr, HI, H_2SO_4, Sulfosalicylsäure — sämtlich n/10 — und ebenfalls mit den drei schwachen einbasischen Säuren: Milchsäure, Propionsäure und Essigsäure.

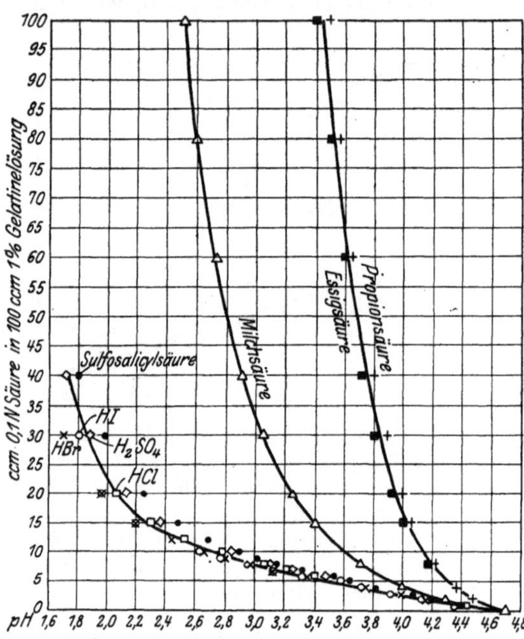

Abb. 12. Titrationskurven für Gelatine mit verschiedenen starken und schwachen Säuren.

Erwartungsgemäß fallen die Titrationskurven bei HCl, HBr und HI praktisch mit denen der beiden starken zweibasischen Säuren H_2SO_4 und Sulfosalicylsäure zusammen; d. h. die beiden starken zweibasischen Säuren verbinden sich mit dem Eiweißkörper in äquivalenten Verhältnissen. Bei den schwachen einbasischen Säuren müssen stärkere Konzentrationen genommen werden, um die Eiweißlösung auf das gleiche p_H zu bringen. Während man 5 ccm von den starken n/10-Säuren braucht, um die 100 ccm Lösung mit 1 g ursprünglich isoelektrischer Gelatine auf ein p_H von 3,6 zu bringen, muß man 10 ccm n/10-Milchsäure und 65 ccm n/10-Essig- oder Propionsäure nehmen, um das gleiche zu erreichen. Dabei ist die Konzentration der ionisierten Gelatine in allen Säurelösungen von gleichem p_H die gleiche, unabhängig von der Natur der Säure.

Bei den Versuchen mit den schwachen Säuren braucht man sehr große Säuremengen; es geht deshalb nicht recht an, graphisch diejenige Säuremenge darzustellen, die mit einer gegebenen Eiweißmenge verbunden ist, wie es bei der Salzsäure geschehen ist. Im siebenten Kapitel wird aber mittels einer indirekten Methode gezeigt werden, daß die Anionenmenge, die mit einer gegebenen Proteinmenge verbunden ist, bei gleichem p_H und bei gleichem Gesamtvolumen der Lösung die gleiche ist, mag die Säure stark oder schwach sein.

4. Titrationskurven für genuines Eieralbumin mit Alkali.

Wenn man feststellt, wieviel ccm n/10-KOH, NaOH, $Ca(OH)_2$ und $Ba(OH)_2$ in 100 ccm einer 1proz. Lösung ursprünglich isoelektrischen krystallisierten Eiereiweißes vorhanden sein müssen, um die Lösung auf das gleiche p_H zu bringen, so stellt sich heraus, daß diese Zahlen die gleichen sind und daß die Werte bei diesen 4 Basen auf einer Kurve liegen, d. h.: $Ca(OH)_2$ und $Ba(OH)_2$ verbinden sich nach äquivalenten Verhältnissen mit krystallisiertem Eiereiweiß, also nach der gleichen stöchiometrischen Regel, nach welcher sie mit krystalloiden Säuren in Verbindung treten. Dies gilt gleichmäßig für die Verbindung dieser Basen mit krystallisiertem, isoelektrischem Albumin (Abb. 13), mit Casein (Abb. 14) und mit Gelatine (Abb. 15). Hierbei enthielt die Lösung nur ungefähr 0,8 g der ursprünglich isoelektrischen Gelatine in 100 ccm Lösung[1]).

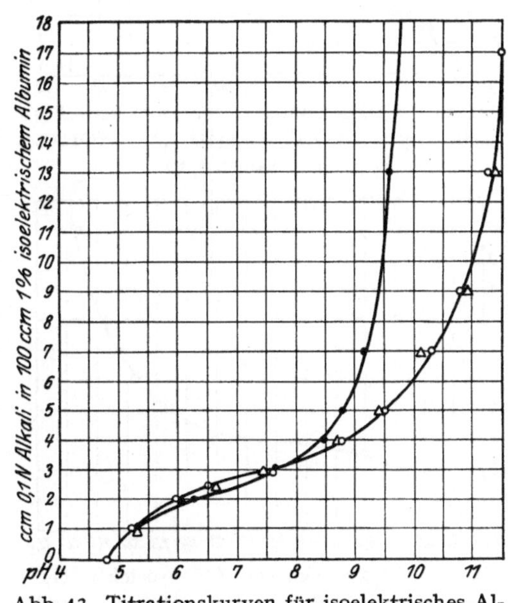

Abb. 13. Titrationskurven für isoelektrisches Albumin mit $NH_4OH^{\bullet}$, $NaOH^{\circ}$ und $Ca(OH)_2{}^{\triangle}$, sämtl. n/10.

Diese Ergebnisse hat HITCHCOCK für Edestin und Serumglobulin erweitert.

Zum Schluß mag die Frage erörtert werden, wieviel Säure- oder Alkalimoleküle sich mit einem Proteinmolekül verbinden können. Die Stetigkeit der Titrationskurven der isoelektrischen Eiweißkörper mit

[1]) LOEB, J.: Journ. of gen. physiol. Bd. 3, S. 85. 1920/21.

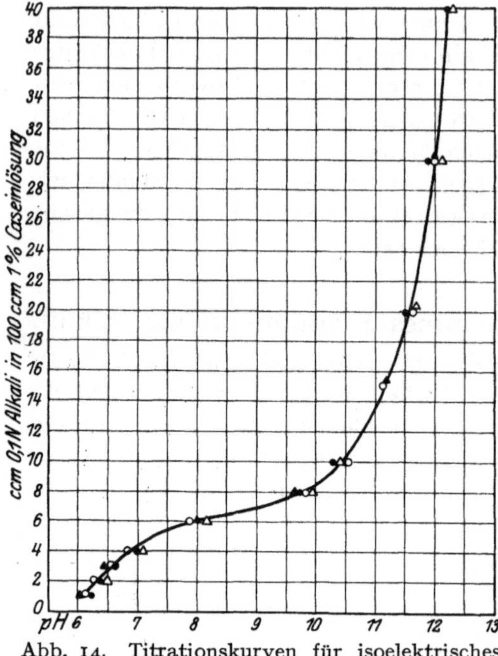

Abb. 14. Titrationskurven für isoelektrisches Casein mit NaOH•, $Ca(OH)_2$∘, KOH△, $Ba(OH)_2$▲, sämtl. n/10.

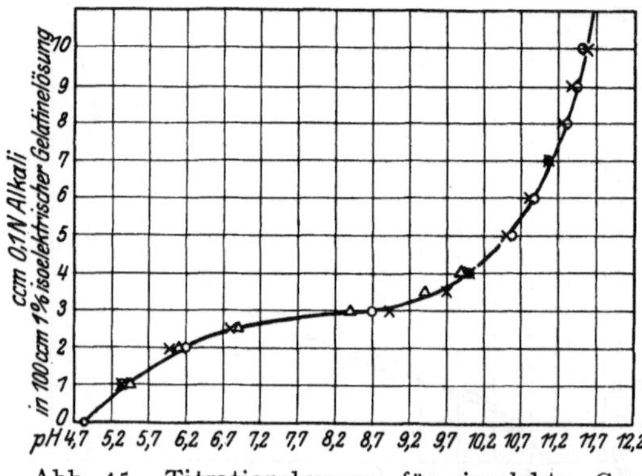

Abb. 15. Titrationskurven für isoelektr. Gelatine mit NaOH∘, KOH△, $Ba(OH)_2$ und $Ca(OH)_2$×, sämtl. n/10.

Säuren rechtfertigt die Ansicht, daß entweder ein oder mehrere Moleküle einer einbasischen Säure, z. B. Salzsäure, sich mit dem Protein verbinden, sonst könnte die Kurve nicht stetig sein. Es ist nicht wahrscheinlich, daß sich nur e i n Säuremolekül mit e i n e m Eiweißmolekül verbindet.

Procter und Wilson[1]) sind zu der Überzeugung gekommen, daß das Äquivalentgewicht der Gelatine 768 beträgt, Wintgen und Krüger[2]) geben dafür die Zahl 839 an. Hitchcock[3]) fand, wie wir oben festgestellt haben, eine höhere Zahl, 1090.

Nach den neuen Analysen von Dakin[4]) enthält Gelatine 1,4% Phenylalanin, woraus sich als kleinstes Molekulargewicht der Gelatine 11 800 ergibt. Der Wert von Hitchcock führt dazu, anzunehmen, daß etwa 10 Moleküle einer einbasischen Säure oder ein Vielfaches davon sich mit einem Gelatinemolekül verbinden.

Cohn und Hendry[5]) berechneten aus den Titra-

---

[1]) Wilson, J. A.: Journ. of the Americ. leather chem. assoc. Bd. 12, S. 108. 1917.
[2]) Wintgen, R. u. K. Krüger: Kolloid-Zeitschr. Bd. 28, S. 81. 1921.
[3]) Hitchcock, D. I.: Journ. of gen. physiol. Bd. 4, S. 733. 1921/22; Bd. 6, S. 95. 1923/24.
[4]) Dakin, H. D.: Journ. of biol. chem. Bd. 44, S. 499. 1920.
[5]) Cohn, E. J. u. J. L. Hendry: Journ. of gen. physiol. Bd. 5, S. 548. 1922/23.

tionskurven für Casein mit NaOH ein Äquivalentgewicht von 2100 für Casein. DAKIN fand ungefähr 1,7% Tryptophan in Casein, und auf Grund dieser Zahl muß das Molekulargewicht von Casein 12000 (oder ein ganzzahliges Vielfaches von 12000) sein. Danach sollte 1 Molekül Casein 6 (oder ein Vielfaches von 6) Hydroxylionen binden können. COHN und HENDRY zeigen, daß die Berechnung des Molekulargewichts von Casein aus dem Schwefel- und Phosphorgehalt des Caseins ebenfalls mit dem Molekulargewicht übereinstimmt, das aus den Titrationskurven berechnet ist.

Minimales Molekulargewicht von Casein berechnet aus Tryptophan (Mittel)	12,000
,, ,, ,, ,, ,, ,, Phosphor · 3 . . .	13,116
,, ,, ,, ,, ,, ,, Schwefel · 3 . . .	12,654
Äquivalentes Verbindungsgewicht von Casein für NaOH · 6	12,600.

Alle diese Daten zwingen zur Annahme, daß Eiweißkörper sich stöchiometrisch und chemisch mit Säuren und Alkalien verbinden.

Als das Ergebnis aller dieser Titrationsversuche, bei welchen anorganische Reste mit Eiweißkörpern in chemische Verbindungen gebracht wurden, kann festgestellt werden, daß die Regeln, nach welchen Säuren und Basen sich mit Proteinen verbinden, mit den Gesetzen identisch sind, nach denen Säuren und Basen sich mit Krystalloiden verbinden. Mit anderen Worten: Die Kräfte, mittels deren Gelatine, Eiereiweiß und Casein (und wahrscheinlich ganz allgemein die Proteine) sich mit Säuren und Basen verbinden, sind die rein chemischen Kräfte der Hauptvalenzen. Es bleibt also nichts Mysteriöses mehr übrig, denn die Proteine bestehen aus Aminosäuren, die echte Krystalloide sind und sich mit Säuren und Basen nach den stöchiometrischen Regeln verbinden, wie TAGUE[1]) und ECKWEILER, NOYES und FALK[2]) gezeigt haben. Die letzteren Autoren wiesen das gleiche auch für Dipeptide nach. Es wäre überraschend, wenn die Proteine, die ja Polypeptide sind, sich nicht ebenso nach stöchiometrischen Regeln mit Säuren und Basen verbinden sollten.

Hier erhebt sich die Frage: Wie ist die Tatsache, daß die Proteine sich nach stöchiometrischen Regeln verbinden, damit zu vereinigen, daß die Proteinlösungen häufig Molekülaggregate enthalten? Diese letztere Erscheinung führte zu der Annahme, daß an der Oberfläche jeder Micelle Adsorptionserscheinungen statthätten (ohne daß indessen ein zwingender Grund für diese Ansicht vorlag). Die Eiweißmicellen, die in einer wässerigen Gelatinelösung vorkommen können, dürfen nicht mit metallischen Kügelchen oder Öltröpfchen, die in Wasser suspendiert sind, verglichen werden, bei denen die beiden Phasen durch eine zusammenhängende, für die gelösten Elektrolyte undurchgängige Grenzschicht

[1]) TAGUE, E. L.: Journ. of the Americ. chem. soc. Bd. 42, S. 173. 1920.

[2]) ECKWEILER, H., H. M. NOYES u. K. G. FALK: Journ. of gen. physiol. Bd. 3, S. 291. 1920/21.

getrennt sind. Wenn eine 1proz. Gelatinelösung zu einem Gel erstarrt, so bleibt die gleichmäßige Verteilung der Gelmoleküle in dem Wasser unverändert. Es mag sein, daß bei der Gelbildung die Gelatinemoleküle in eine definiertere Beziehung zueinander treten. Dabei bleibt aber ihr mittlerer Abstand voneinander wahrscheinlich unverändert. Die Zwischenräume zwischen den Molekülen bleiben gleich, und da Wasser, Säure oder Alkali ohne Schwierigkeit durch ein Gel diffundieren, so bleiben die Proteinmoleküle und Proteinionen für Alkali oder Säure ebenso zugänglich wie in echter Lösung befindliche Moleküle oder Ionen. Die Micellen der in Lösung befindlichen Gelatine stellen submikroskopische Gallertteilchen dar, und es ist kein Grund einzusehen, weshalb die Reaktionen zwischen Gelatine und Elektrolyten aufhören sollten, nach stöchiometrischen Regeln vor sich zu gehen, wenn der Eiweißkörper völlig in den Gelzustand übergegangen ist.

Die in diesem Kapitel mitgeteilten Kurven, welche die Ergebnisse der Titrationsexperimente und die Zusammensetzung der Protein-Salz-Verbindungen wiedergeben, erläutern gleichzeitig, weshalb man mit Notwendigkeit die relative Wirksamkeit zweier Ionenarten mit gleichsinniger Ladung nicht nur bei gleicher Konzentration des vorher isoelektrischen Eiweißes, sondern auch bei gleichem p_H vergleichen muß. Die Abb. 6, 8, 9, 11, 13, 14 und 15, welche die Kurven enthalten, die angeben, wieviel von der zugesetzten Säure oder Base mit dem Eiweiß verbunden ist, lassen erkennen, daß solange der Säuren- oder Basenzusatz zu der Lösung des isoelektrischen Proteins ein bestimmtes Maß nicht überschreitet, nur ein Teil der Proteinmenge bei dem dazugehörigen p_H als Salz vorhanden ist, während der Rest nichtionisiertes Protein darstellt. Nur bei hinreichendem Zusatz von Säure oder Base geht die gesamte Proteinmenge in Proteinsalz über. Die Verbindungskurven zeigen, daß bei gleichem p_H der gleiche Bruchteil des im Reaktionsgemisch vorhandenen Proteins als Proteinsalz existiert. Wenn man die relative Wirksamkeit verschiedener Ionen bei der Verbindung mit einem Protein vergleichen will, muß man das vorher isoelektrische Protein jedesmal in gleicher Konzentration verwenden und dafür sorgen, daß in jedem Versuch der gleiche Bruchteil des vorhandenen Proteins mit den betreffenden Ionen verbunden ist. Diesen beiden Bedingungen wird man nur dann gerecht, wenn die zu vergleichenden Proteinsalzlösungen sowohl die gleiche Konzentration an ursprünglich isoelektrischem Protein als auch an Wasserstoffionen aufweisen.

Vor der Kenntnis der in diesem Kapitel erläuterten Titrations- und Verbindungskurven war kein Grund vorhanden, die Wirkungen verschiedener Ionen nur bei gleichem p_H miteinander zu vergleichen. Nunmehr ist aber der Experimentator gezwungen, seine Methoden dieser Erkenntnis anzupassen und bei vergleichenden Untersuchungen über

Ionenwirkungen auf die physikalischen Eigenschaften der Proteine oder der Proteinlösungen die Wasserstoffionenkonzentration zugrunde zu legen. Ferner muß notwendig darauf hingewiesen werden, daß diese Wasserstoffionenkonzentrationen aus Messungen mittels der Wasserstoffelektrode und nicht aus Bestimmungen der Leitfähigkeit berechnet werden müssen. Chemische Reaktionen werden durch die Ionenaktivität und nicht durch die Ionenbeweglichkeit bestimmt.

Man hat angeführt, daß bestimmte Proteine, z. B. Gelatine, eine Mischung zweier oder mehrerer Eiweißkörper darstellen. Dies mag zutreffen oder auch nicht — wahrscheinlich gilt diese Ansicht nicht für das krystallinische Eiereiweiß. Für den Beweis, daß Proteinlösungen den stöchiometrischen Regeln folgen, ist diese Frage indessen gegenstandslos. Es kommt ja auch, wenn ich das stöchiometrische Verhalten von Säuren beweisen will, nicht darauf an, ob ich HCl oder eine Mischung von HCl und HNO_3 mit Alkali titriere. Die Ergebnisse gelten auch nicht nur für die Gelatine allein; mit gleicher Genauigkeit lassen sie sich unter Verwendung anderer Proteine nachweisen, z. B. krystallinisches Eiereiweiß, Casein, Edestin und Serumglobulin.

Hätte man die Methoden zur Messung der Wasserstoffionenkonzentrationen in Eiweißlösungen gekannt, ehe die Anschauungen der Kolloidchemie sich entwickelten, so wäre niemand darauf verfallen, daß Proteine sich n i c h t nach den stöchiometrischen Regeln mit Säuren und Basen verbinden könnten. Die Forscher hätten stets in Betracht gezogen, daß die aus Aminosäuren bestehenden Proteine eigentlich a priori mit Säuren und Basen ebenso nach stöchiometrischen Regeln in Beziehung treten müßten, wie es bei ihren Spaltprodukten, den Aminosäuren oder den Dipeptiden, der Fall ist. Für die Entwicklung einer Wissenschaft ist es stets mißlich, wenn Probleme in Angriff genommen werden, bevor die richtigen Methoden für ihre Lösung ausgearbeitet sind; dem Wesen der Menschen entspricht es, daß die Urheber verfrühter Theorien, die sich auf fehlerhafte oder unzulängliche Methoden stützen, ihre Ansichten verteidigen, anstatt die neuen Methoden zu lernen und anzuwenden.

Ein neuer Beweis dafür, daß Proteine mit Säuren echte chemische Verbindungen bilden, die unter die bekannten Gesetze der klassischen Chemie fallen, ist jüngst von HITCHCOCK beigebracht worden[1]). Nach der Methode von SKRAUP wurde Gelatine mit salpetriger Säure behandelt und so desamidiert. Nun wurde der Gesamtstickstoff der nicht desamidierten Gelatine und der desamidierten Gelatine nach KJELDAHL und der Aminostickstoff der Gelatine nach VAN SLYKE bestimmt. Es ergab sich, daß die Gelatine durch das Desamidieren nach SKRAUP mehr Stickstoff

---

[1]) HITCHCOCK, D. I.: Journ. of gen. physiol. Bd. 6, S. 95. 1923/24.

verloren hatte, als Aminostickstoff in ihr enthalten war. Nun wurde die SKRAUPsche Methode dadurch modifiziert, daß die Einwirkung der salpetrigen Säure ohne Erhitzen vor sich ging. Es stellte sich nun heraus, daß das Defizit an Gesamtstickstoff nunmehr genau der Menge des Aminostickstoffs entsprach, woraus hervorgeht, daß unter diesen Bedingungen der Desamidierungsvorgang lediglich in einem Ersatz der Aminogruppen durch Hydroxylgruppen besteht.

Bevor man daran gehen konnte, die Reaktionsfähigkeit der desamidierten Gelatine mit Salzsäure zu untersuchen, mußte erst der isoelektrische Punkt dieses Produktes festgestellt werden. Es ergab sich, daß bei Messungen des osmotischen Druckes bei verschiedenen p_H-Werten nach den Vorschriften von LOEB sich ein Minimum bei $p_H = 4{,}0$ einstellte. Damit ist der isoelektrische Punkt festgelegt. Schließlich wurde durch elektrometrische Titration mit der Wasserstoffelektrode die Fähigkeit dieses Körpers zur Verbindung mit Salzsäure geprüft, wobei der Vorgang ähnlich wie bei den vorstehend beschriebenen Versuchen mit Gelatine und anderen Proteinen war. Die Unterschiede, die sich hierbei zwischen der Gelatine und der desamidierten Gelatine herausstellten, waren ungefähr dem Gehalt der Gelatine an freiem Aminostickstoff äquivalent. Aus diesen Versuchen ergibt sich also von einer ganz anderen Seite her, daß die Reaktionen der Proteine mit Säuren streng stöchiometrische sind.

Fünftes Kapitel.

Elektrische Ladung und Stabilität der Suspensionen und Emulsionen.

1. Die Ladung kolloidaler Teilchen.

In der kolloidchemischen Literatur findet man häufig die Anschauung, daß wässerige Lösungen genuiner Proteine zweiphasische Systeme, wie Kreidesuspensionen oder Emulsionen von Öl in Wasser, darstellen. Bei den letzteren sollen die Teilchen am Zusammenfließen oder am Agglutinieren durch gegenseitige elektrostatische Abstoßung gehindert werden, die durch elektrische Ladungen an der Oberfläche eines jeden Teilchens bedingt ist. Ihren Ursprung hat diese Anschauung, nach welcher Lösungen genuiner Proteine zweiphasische Systeme darstellen, in den klassischen Versuchen HARDYS über Suspensionen fester Teilchen gekochten Eiereiweißes. Er beobachtete, daß diese Suspensionen im isoelektrischen Punkt, in welchem die Teilchen im elektrischen Feld nicht mehr wanderten, am wenigsten stabil waren, und zwar deshalb, weil sie keine Ladung mehr trugen[1]). Nachdem später der isoelektrische Punkt genuiner Proteine durch MICHAELIS und seine Mitarbeiter bestimmt war, fand man, daß viele genuine Proteine, wie Gelatine, Casein, Edestin usw., ebenfalls im isoelektrischen Punkt ein Minimum der Löslichkeit haben; nun wurde der Schluß gezogen, daß wässerige Lösungen genuiner Proteine ebenfalls Suspensionen oder Emulsionen darstellen. Diese Folgerung ging zu weit; wir werden im nächsten Kapitel sehen, daß die Kräfte, welche bestimmte genuine Eiweißkörper gelöst erhalten, die gleichen sind, welche bei Krystalloiden, z. B. Aminosäuren, die gleiche Wirkung entfalten. Die Wasserlöslichkeit genuiner Proteine ist deshalb im isoelektrischen Punkt ein Minimum, weil hierbei das Eiweiß nicht ionisiert ist und die nicht ionisierten Moleküle weniger löslich als die ionisierten sind. Bei Versuchen über die Löslichkeit der Aminosäuren, die echte Krystalloide sind, fanden MICHAELIS und DAVIDSOHN gleichfalls im isoelektrischen Punkt ein Löslichkeitsminimum [2]).

Viele Kolloidchemiker waren der Ansicht, daß die elektrischen Ladungen, welche feste Teilchen in Lösung halten, durch vorzugsweise Adsorption bestimmter Ionen zustande kommen, deren Ladung dann auf das suspendierte Teilchen übergeht.

Indessen hat die Elektronentheorie der Materie dazu geführt, die Existenz bestimmter Potentiale an Oberflächen fester und flüssiger Körper anzunehmen. Diese Potentiale, die FRENKEL[3]) bei Metallen und (obgleich unter anderer Bezeichnung) LENARD[4]) beim Wasser behandelt hat, sind darauf zurückzuführen, daß allgemein an Oberflächen eine Schichtenbildung entgegengesetzt geladener Elemente stattfindet, d. h. daß an der Oberfläche jedes festen und flüssigen Körpers sich eine elektrische Doppelschicht befindet, die durch Kräfte hervorgerufen wird, die von der Natur der betreffenden Substanz abhängen. Bei festen Metallen könnte diese elektrische Doppelschicht durch einen Überschuß von Elektronen an der freien Oberfläche bedingt sein. Die Doppelschicht verrät ihre Anwesenheit erst dann, wenn die beiden Lagen getrennt werden. Dies kann man erreichen, wenn man zwei Körper aus verschiedenen Metallen zur Berührung bringt. Von demjenigen Metall, das in der VOLTAschen Reihe weiter nach der positiven Seite steht, d. h. bei welchem die elektrostatische Anziehung des Atomkerns auf die Elektronen in der äußersten Schale kleiner ist, werden dann Elektronen auf das mehr nach der negativen Seite zu befindliche Metall übergehen. Trennt man dann die beiden metallischen Körper,

[1]) HARDY, W. B.: Proc. of the roy. soc. of London Bd. 66, S. 110. 1900.
[2]) MICHAELIS, L.: Die Wasserstoffionenkonzentration. S. 41. Berlin 1914.
[3]) FRENKEL, J.: Philosoph. mag. Bd. 33, S. 297. 1917.
[4]) LENARD, P.: Ann. d. Physik Bd. 47, S. 463. 1915.

so trägt jedes eine Ladung, das eine ist negativ, weil es jetzt einen Elektronenüberschuß enthält, das andere ist positiv, weil es Elektronen abgegeben hat.

Auf Wasseroberflächen existiert ebenfalls eine elektrische Doppelschicht, deren äußerste Lage negativ und deren tiefere Lage positiv geladen ist. Das Vorhandensein dieser elektrischen Doppelschicht ist erst dann wahrnehmbar, wenn die beiden Schichten voneinander getrennt werden. Entfernt man mechanisch Teilchen von einer Wasseroberfläche, so erweisen sie sich, wenn sie klein sind, als negativ geladen; sind sie größer, so weisen sie keine Ladung auf. Dies hat LENARD durch seine Versuche über die Wasserfallelektrizität bewiesen. Da diese Erscheinungen auch im Vakuum auftreten, so schließt LENARD, daß die Bildung der elektrischen Doppelschicht an der Wasseroberfläche durch Kräfte zustande kommt, die im Wasser selbst liegen. Wenn wir FRENKELS Terminologie auf Wasser übertragen, können wir sagen, daß das Wasser ebenfalls ein inneres Potential hat wegen der Bildung einer elektrischen Doppelschicht an der Oberfläche, deren äußere Schicht negativ geladen ist.

Handelt es sich um Gasblasen in Wasser, so besteht um jedes Bläschen herum selbstverständlich wegen der dem Wasser innewohnenden Kräfte eine elektrische Doppelschicht. Werden die beiden Lagen der Doppelschicht getrennt, so behält das Bläschen eine elektrische Ladung, die nach den Versuchen LENARDS negativ sein soll. Das ist in der Tat der Fall, wie MCTAGGART[1]) fand, der bei seinen Versuchen eine Wanderung solcher Bläschen nach der Anode eines angelegten elektrischen Feldes beobachtete. MCTAGGART nimmt hiernach an, daß die äußerste Lage der Wasseroberfläche überschüssige Hydroxylionen und die darunterliegende Wasserschicht einen Überschuß an Wasserstoffionen enthält. Da Elektrolyte die Oberflächenspannung des Wassers erhöhen und aus diesem Grunde nach GIBBS unter die Oberfläche gezogen werden, ist die Frage berechtigt, ob Wasserstoffionen die Oberflächenspannung des Wassers nicht vielleicht stärker erhöhen, als dies die Hydroxylionen tun; wäre das so, dann müßten ja die Wasserstoffionen tiefer in das Wasser eindringen als die Hydroxylionen. Wir haben noch keine Anhaltspunkte, um hierüber zu entscheiden.

Nach MCTAGGART ist es gleichgültig, aus welchem Gas die Bläschen bestehen, wie man auch erwarten sollte, wenn die Bildung der Doppelschicht nur durch Eigenschaften des Wassers bedingt ist.

Haben wir an Stelle des Gasbläschens ein Teilchen einer indifferenten Substanz, d. h. einer Substanz, deren Moleküle keine oder nur eine geringe Affinität zum Wasser haben, wie es z. B. bei reinen Öl- oder

---

[1]) MCTAGGART, H. A.: Philosoph. mag. Bd. 27, S. 297; Bd. 28, S. 367. 1914.

Kollodiumtröpfchen der Fall ist, so müßte in ganz entsprechender Weise auch hierbei eine elektrische Doppelschicht auftreten. Wenn die elektrische Doppelschicht ausschließlich oder hauptsächlich durch Eigenschaften des Wassers bedingt ist, so müßten diese Teilchen negativ geladen sein. Seitdem man nun die ersten Kataphoreseversuche angestellt hat, weiß man, daß in Wasser suspendierte kleine Teilchen allgemein negativ geladen sind. McTaggart hat hervorgehoben, daß dies so sein muß, wenn die äußere Lage der elektrischen Doppelschicht um das Gasbläschen oder um ein sonstiges Teilchen im Wasser einen Überschuß an OH-Ionen enthält.

Besteht zwischen dem Wasser und der Substanz des festen Teilchens eine nennenswerte Affinität, etwa dadurch, daß das Teilchen aus ionisiertem Material besteht, so können Verwicklungen auftreten, die im zweiten Teil behandelt werden sollen und jetzt übergangen werden mögen.

Was uns jetzt interessiert, ist der Einfluß gelöster Elektrolyte auf das innere Potential (Dielektrizitätskonstante) des Wassers. Natürlich muß man erwarten, daß bei Elektrolytzusatz zum Wasser die betreffenden Ionen sich ungleichmäßig auf die beiden Lagen der Doppelschicht und der Oberfläche verteilen. McTaggart fand, daß Salze mit drei- oder vierwertigem Kation bei hinreichender Konzentration die Neigung zeigen, das Vorzeichen der Ladung des Bläschens umzukehren. Nun ist die Verteilung der entgegengesetzt geladenen Salzionen hierbei durch Eigenschaften des Wassers bedingt, nach welchen in diesem Fall die dreiwertigen Kationen sich in der äußeren Lage der elektrischen Doppelschicht anreichern. Man spricht gewöhnlich von einer Adsorption des dreiwertigen Ions durch das Gasbläschen; diese Ausdrucksweise ist aber nur eine Metapher, denn die dreiwertigen Ionen begeben sich in die Oberfläche, nicht wegen der durch die Gasmoleküle bedingten Adsorptionskräfte, sondern auf Grund von Eigenschaften des Wassers selbst. Außerdem kommen die elektrischen Erscheinungen bei Lenards Wasserfallelektrizität auch im Vakuum zustande, und es erscheint doch nicht angemessen, zu sagen, daß hierbei die Hydroxylionen vom Vakuum adsorbiert werden. Es ist also nur eine metaphorische Ausdrucksweise, wenn man sagt, daß die „adsorbierten" Ionen ihre Ladung dem Vakuum oder dem Gasbläschen erteilen.

Von grundlegender Bedeutung wäre eine Fortsetzung der Versuche von McTaggart über die Kataphorese der Gasbläschen, um festzustellen, wie die entgegengesetzt geladenen Ionen der Elektrolyte sich zwischen den beiden Lagen der elektrischen Doppelschicht des Wassers verteilen (unter Ausschluß jeder Möglichkeit der Annahme einer Adsorption). Da solche Versuche aber schwierig durchzuführen sind, hat der Verfasser Experimente mit Kollodiumteilchen angestellt. Solche Kollodiumteilchen beeinflussen die Oberflächenbeschaffenheit des

Wassers, mit dem sie in Berührung stehen, nur in geringem Maße. Sie sind wie Luftbläschen negativ geladen. Die Potentialdifferenz zwischen Luftbläschen und Wasser beträgt nach McTaggart 55 Millivolt; bei den Kollodiumteilchen fand der Verfasser als maximale Potentialdifferenz gegen Wasser 70 Millivolt[1]). Demnach könnten Versuche über den Einfluß gelöster Elektrolyte auf die Potentialdifferenz zwischen Kollodiumteilchen und Wasser möglicherweise zu einer Vorstellung darüber führen, wie die Elektrolytionen sich auf der Wasseroberfläche verteilen würden, wenn sie lediglich den dem Wasser innewohnenden Kräften unterworfen sind; daß die Beschaffenheit der Doppelschicht in beiden Fällen wirklich ähnlich ist, ist allerdings nicht sicher.

Die Potentialdifferenz zwischen Kollodiumteilchen und Wasser kann aus der Geschwindigkeit einzelner Teilchen im elektrischen Feld berechnet werden. Für derartige Bestimmungen wurde die mikroskopische Methode nach Ellis[2]) und Powis[3]) in der Anordnung von Northrop[4]) mit nichtpolarisierbaren Elektroden angewandt. Aus der Wanderungsgeschwindigkeit in Zentimeter pro Sekunde und aus dem Potentialgefälle in Volt pro Zentimeter mal 10^{-4} kann man die Potentialdifferenz zwischen Kollodiumteilchen und Wasser durch Multiplikation mit 14 finden (bei ungefähr 24°). Diese Rechnung geht aus von der Helmholtz-Lambschen Gleichung

$$PD = \frac{4\pi\nu\eta}{KX},$$

wobei η die Viscosität der Lösung, ν die Wanderungsgeschwindigkeit des Teilchens in Zentimeter pro Sekunde, K die Dielektrizitätskonstante der Lösung und X das Potentialgefälle in elektrostatischen Einheiten pro Zentimeter (die Feldstärke) bedeutet. Die Rechnung betreffende Einzelheiten findet man bei Burton[5]), Ellis, Powis oder Northrop. Die Herstellung der Kollodiumsuspension ist in den Originalarbeiten des Verfassers ausführlich geschildert.

Es hatte sich herausgestellt, daß die Potentialdifferenz zwischen dem Kollodiumteilchen und dem Wasser ein Minimum erreichte, wenn die Reaktion des Wassers sich der Neutralität näherte. Die Teilchen blieben bei Anwesenheit von Alkali sowohl wie von Säure negativ geladen. Bei einer Säure- oder Laugenkonzentration von ungefähr m/512 erreichte die Potentialdifferenz ein Maximum und wurde bei Steigerung

---

1) Loeb, J.: Journ. of gen. physiol. Bd. 5, S. 109. 1922/23.

2) Ellis, R.: Zeitschr. f. physikal. Chem. Bd. 78, S. 321. 1911; Bd. 80, S. 597. 1912.

3) Powis, F.: Zeitschr. f. physikal. Chem. Bd. 98, S. 91. 1914/15.

4) Northrop, J. H.: Journ. of gen. physiol. Bd. 4, S. 629. 1921/22.

5) Burton, E. F.: The Physical Properties of Colloidal Solutions. 2. Aufl., S. 136—137. London usw. 1921.

der Säure- oder Alkalikonzentration wieder kleiner. Dieses Verhalten ist in der Abb. 16 dargestellt, in welcher die Abszissen die Säure- oder Alkalikonzentration und die Ordinaten die Potentialdifferenz in Millivolt angeben. Wegen der negativen Ladung der Teilchen sind die Ordinaten der Kurve als negativ aufzufassen. Die als kritische Potentialdifferenz bezeichnete Linie gibt diejenige Potentialdifferenz an, unterhalb welcher die Suspensionen nicht mehr stabil bleiben[1]). Diese Beobachtungen ergeben, daß Säuren wie Basen die Teilchen negativer machen, und wir müssen folgern, daß die negativen Ionen der Säuren sowohl wie der Basen sich in der äußersten Wasserschicht, die sich mit den Teilchen bewegt, anreichern, während die Kationen sich in den tieferen Schichten befinden.

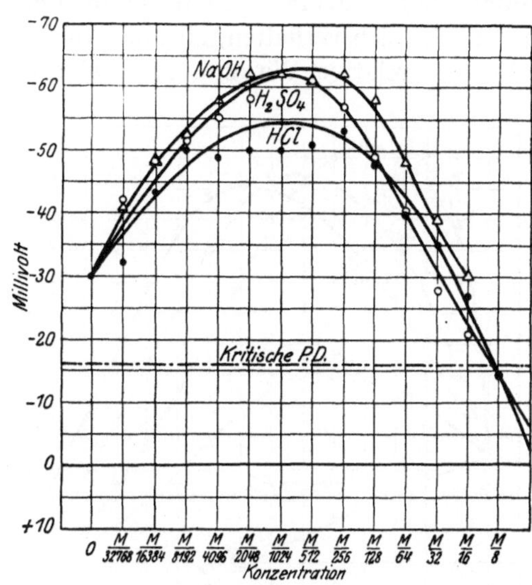

Abb. 16. Kataphoretische Potentialdifferenz zwischen Kollodiumteilchen und Wasser. Das p_H des Wassers betrug ursprünglich ungefähr 5,0.

Die gleiche Wirkung beobachten wir, wenn wir Salze an die Stelle der Säuren oder Basen setzen. Die Anionen gehen in die äußerste Wasserschicht und machen die Lage, die an den Kollodiumteilchen hängt, negativer, vorausgesetzt daß die anfängliche Potentialdifferenz niedrig war. Je höherwertig das Anion des Salzes ist, um so niedriger ist die Salzkonzentration, bei welcher die maximale Potentialdifferenz von etwa 70 Millivolt erreicht wird. Bei höherer Salzkonzentration verringert sich die Potentialdifferenz wahrscheinlich deshalb, weil nunmehr eine größere Anzahl von Kationen in die oberflächlichsten Wasserschichten gelangen kann. Es besteht immer eine Tendenz, das Kation von der Oberfläche wegzudrängen, aber diese Tendenz ist vielleicht um so kleiner, je höher die Valenz des Kations ist. Drei- und vierwertige Kationen scheinen mit besonderer Leichtigkeit in die oberflächlichsten Wasserschichten gelangen zu können, woraus sich die Tatsache ergibt, daß durch den Zusatz eines Salzes mit dreiwertigem Kation, wie $LaCl_3$,

---

1) Diese und die folgenden Versuche werden nach der Arbeit von J. Loeb: Journ. of gen. physiol. Bd. 5, S. 109. 1922/23, wiedergegeben.

das Vorzeichen der Potentialdifferenz umgekehrt wird, das Kollodiumteilchen also positive und das Wasser negative Ladung annimmt.

Wie die Potentialdifferenzen zwischen Kollodiumteilchen und den Lösungen von fünf verschiedenen Salzen: Ferrocyannatrium, Natriumsulfat, Chlornatrium, Chlorcalcium und Lanthanchlorid, bei einem p_H von 5,8 sich verhalten, gibt die Abb. 17 wieder. Diese Versuchsreihe sollte die relative Wirkung der Valenzen bei Anionen und Kationen auf die mittels der Kataphorese gemessene Potentialdifferenz klären. Durch Zusatz eines Salzes mit einem einwertigen Kation ($Na^{\cdot}$) konnte man die Potentialdifferenz bis zu einem Maximum von ungefähr 70 Millivolt bringen. Die hierzu erforderlichen Mengen waren beim Ferrocyannatrium am geringsten, etwas größer beim Natriumsulfat und noch etwas größer beim Chlornatrium. Eine weitere Steigerung der Salzkonzentrationen bewirkte einen raschen Abfall der Potentialdifferenz. Beim Ferrocyannatrium war das Maximum nur wenig höher als beim Natriumsulfat und bei letzterem wiederum nur wenig höher als beim NaCl.

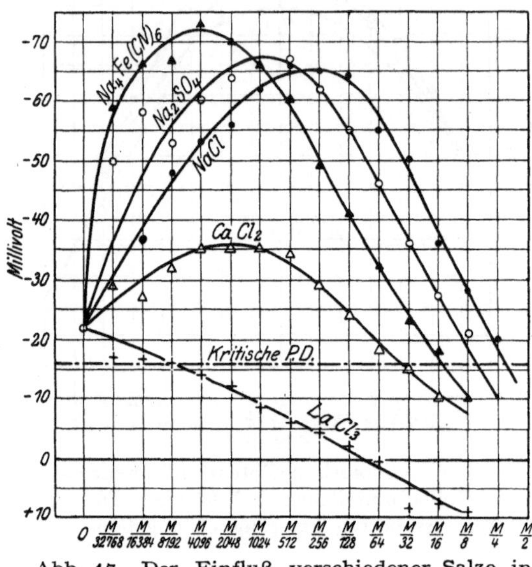

Abb. 17. Der Einfluß verschiedener Salze in verschiedenen Konzentrationen auf die kataphoretische Potentialdifferenz von Kollodiumteilchen gegen Wasser vom p_H 5,8.

Weiter zeigt Abb. 17, daß der anfängliche Anstieg der Potentialdifferenz entweder gar nicht oder nur bei einer sehr geringen Konzentration auftrat, wenn Lanthanchlorid zugesetzt wurde, und daß im Falle des Chlorcalciums nur ein kleiner Anstieg erfolgte. Hierbei war das Maximum der Potentialdifferenz 36 Millivolt bei einer Konzentration von m/2048. Die Kurven senkten sich nach erreichtem Maximum sehr rasch, und dieser Abfall ist offenbar nur durch das Kation bedingt. Ein Vergleich der absteigenden Kurvenäste ergibt folgendes: Wenn man die Potentialdifferenz vom Maximum bis auf einen bestimmten Betrag, z. B. auf 27,5 Millivolt, senken will, so sind die dazu erforderlichen molekularen Salzkonzentrationen bei

NaCl	m/8	$Na_4Fe(CN)_6$	etwas geringer als m/32
Na_2SO_4	m/16	$CaCl_2$ . .	zwischen m/128 und m/256.

Die Wirkung der 3 Natriumsalze ist also bei der gleichen Kationenkonzentration die gleiche und hat mit dem Anion nichts zu tun, während die Wirkung des $CaCl_2$ 16—32 mal so stark wie beim NaCl ist. Unzweifelhaft wird also die Potentialdifferenz durch die Anwesenheit desjenigen Ions vermindert, dessen Ladung der des Kollodiumteilchens (oder besser der mit dem Teilchen sich bewegenden Wasserschicht) entgegengesetzt ist, denn das Teilchen ist negativ geladen. Diese Befunde stehen mit der HARDYschen Regel in Übereinstimmung.

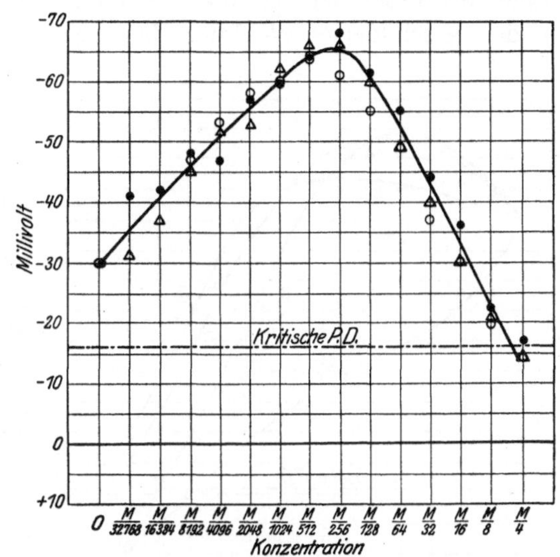

Abb. 18. Der Einfluß von LiCl•, NaCl○ und KCl△ auf die kataphoretische Potentialdifferenz von Kollodiumteilchen gegen Wasser vom p_H 4,7.

$LaCl_3$ vermindert bei $p_H = 5{,}8$ die Potentialdifferenz schon bei geringen Konzentrationen; bei einer molekularen Konzentration von m/64 ist die Potentialdifferenz schon gleich Null (Abb. 17). Bei weiterer Steigerung der $LaCl_3$-Konzentration ändert die Potentialdifferenz ihr Vorzeichen; die Kollodiumteilchen werden dann positiv und das Wasser negativ. Mc TAGGART fand die gleiche Umkehrung der Ladung bei Gasbläschen unter Verwendung dreiwertiger Kationen. Der Grund für diese Um-

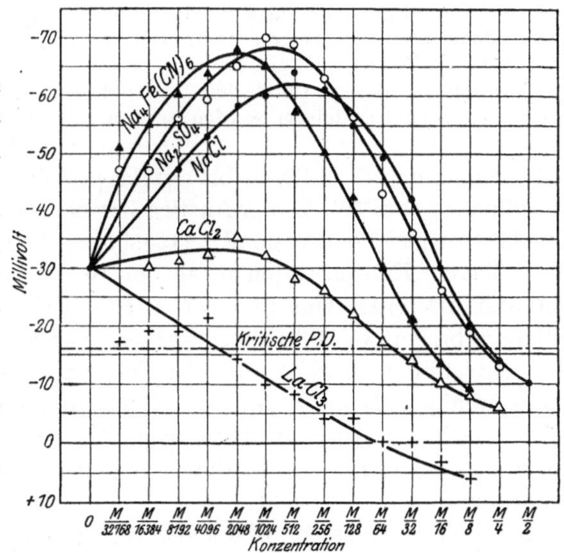

Abb. 19. Gleiche Versuchsanordnung wie in Abb. 17 mit Ausnahme des p_H, das hier 4,7 beträgt.

kehrung ist demnach in erster Linie, falls nicht ausschließlich, in Eigenschaften des Wassers zu erblicken. Nun erhob sich die weitere Frage, ob außer der Wertigkeit noch andere Eigenschaften des Ions zu der geschilderten Wirkung beitragen. Der Verfasser erwartete Unterschiede in dieser Beziehung zwischen LiCl, NaCl und KCl. Indessen beeinflussen diese 3 Salze die Potentialdifferenz ganz gleichmäßig (Abb. 18). Die Versuche wurden bei $p_H = 4{,}7$ angestellt; die kleinen Abweichungen liegen innerhalb der Fehlergrenze. Aus Abb. 19 ergibt sich, daß die Beeinflussung der Potentialdifferenz bei Kollodiumteilchen durch Salze bei $p_H = 4{,}7$ (Abb. 19) ungefähr dieselbe ist wie bei einem p_H von 5,8 (Abb. 17). Wurden die gleichen Versuche bei höherer Alkalität durchgeführt, so bewirkte der Zusatz geringer Mengen von Natriumsalzen anfangs eine geringe Steigerung der an sich schon hohen Potentialdifferenz von 60 Millivolt bis auf das gewöhnliche Maximum von etwa 70 Millivolt (Abb. 20). Dieser Anstieg war bei $Na_4Fe(CN)_6$ und bei Na_2SO_4 ungefähr in gleichem Ausmaß festzustellen, beim NaCl war er geringer. Bei höheren Konzentrationen als m/256 verringerten alle Salze die Potentialdifferenz. Um in einer n/1000-KOH-Lösung die Potentialdifferenz bis auf 35 Millivolt zu senken, war beim NaCl eine ungefähre Konzentration von m/16, bei Na_2SO_4 von m/32, beim $Na_4Fe(CN)_6$ etwas weniger als m/64 und beim $CaCl_2$ m/1500 notwendig. Wirksam ist demnach wiederum erwartungsgemäß das Kation, welches das Kollodiumteilchen, oder besser die dieses umgebende Wasserschicht, mit einer negativen Ladung versieht.

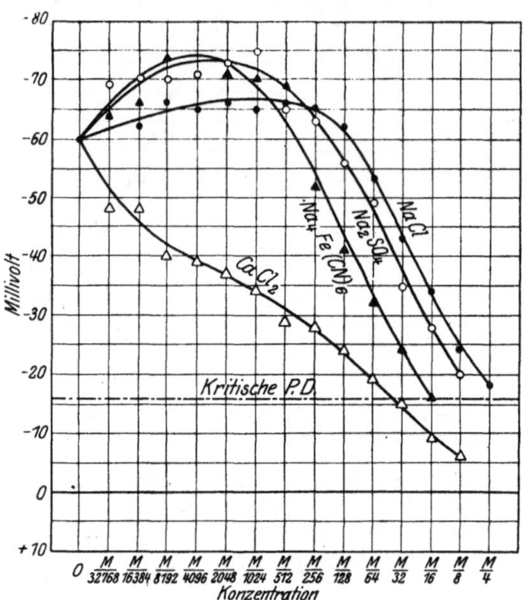

Abb. 20. Der Einfluß der Salze auf die Ladung der Kollodiumteilchen bei p_H 11,0. Bei Abwesenheit der Salze war die Ladung bereits fast maximal, so daß sie durch den Zusatz der Salze nur wenig gesteigert werden konnte.

Bei höherer Wasserstoffionenkonzentration, z. B. in einer n/1000-HCl-Lösung (Abb. 21), haben die Teilchen von Anfang an fast ihre maximale Ladung, welche ungefähr 64 Millivolt beträgt. So wird sie durch Zusatz von HCl nicht vergrößert, immerhin bringt Na_2SO_4 sie maximal auf 72 Millivolt. Bei Konzentrationen über m/256 verringern die Salze die Ladung der Teilchen. Wegen der stets negativen Ladung der Teilchen nimmt die entladende Wirkung in ausgesprochener Weise erwartungsgemäß mit zunehmender Valenz der Kationen zu. Um die Ladung auf den Betrag von 27,5 Millivolt zu senken, war beim NaCl eine Konzentration von m/16, beim $CaCl_2$ eine solche von m/256 und beim $LaCl_3$ eine solche von m/16 384 erforderlich. In einem derart sauren Medium vermindert $LaCl_3$ nur die Potentialdifferenz, kehrt aber den Sinn der Ladung nicht um, vielleicht deshalb, weil die ursprüngliche Potentialdifferenz wegen der hohen Säurekonzentration von Anfang an zu hoch ist.

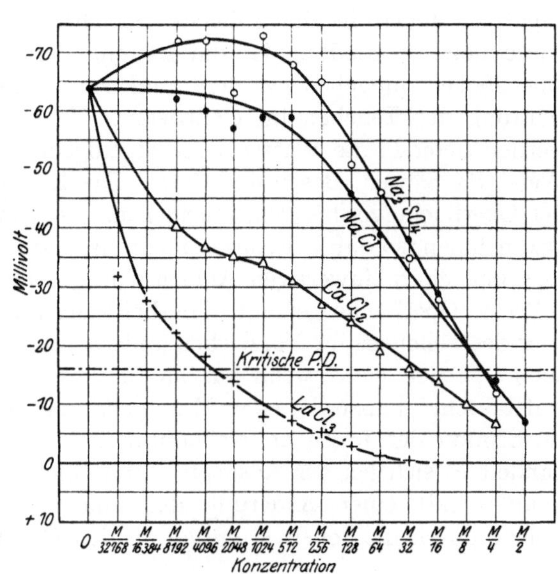

Abb. 21. Einfluß der Salze auf die Ladung der Kollodiumteilchen bei p_H 3,0.

Es ist wiederholt festgestellt worden, daß die H˙- und OH′-Ionen die Potentialdifferenz in stärkerem Maße als die anderen Ionen beeinflussen. Bei unseren Experimenten war das nicht der Fall. Wenn man die Abb. 16 und 17 vergleicht, so ergibt sich, daß HCl, H_2SO_4 und NaOH ungefähr ebenso wie NaCl oder Na_2SO_4 auf die Potentialdifferenz wirken. Daß in einer n/1000-HCl- oder NaOH-Lösung Salzzusatz die Potentialdifferenz nicht weiter steigert, kommt daher, weil die Potentialdifferenz schon vor dem Salzzusatz sich in der Nähe des Maximums befindet. So wird nur die entladende Wirkung des Salzes bemerkbar.

Bei der Verwendung von chemisch inerten Körpern, wie Kollodium, ist die Vorstellung, daß die H˙- und OH′-Ionen stärker als andere einwertige Ionen wirken, nicht zutreffend. Daß H˙-Ionen wie Na˙-Ionen die Potentialdifferenz bei Kollodiumteilchen in gleicher Weise beeinflussen, geht auch daraus hervor, daß Säuren die Potentialdifferenz nicht stärker als Natriumionen verringern, wie ein Vergleich der Abb. 16 und 17 lehrt. Eine Umkehrung der Ladung wurde nur bei $LaCl_3$, aber nicht bei HCl oder NaCl gefunden.

All diese Versuche lehren, daß man die Wasserstoffionenkonzentration seiner Lösungen kennen muß, da nur dann die Resultate exakt reproduzierbar und vergleichbar sind.

Wir kommen somit zu folgendem Ergebnis: Solange die Elektrolytkonzentration in wässeriger Lösung gering ist, wird ein Überschuß negativer Ionen in die äußerste Schicht der Oberflächen gedrängt. Diese negative Ladung ist die Ladung der Teilchen, die von diesen Oberflächen umgeben werden, und sie bestimmt die Wanderungsrichtung der Teilchen im elektrischen Feld. Die Kationen hingegen werden tiefer in die Wassermasse hineingedrängt. Dies gilt in gleicher Weise für Säuren, Basen und Salze. Die Kräfte, die die Kationen von der Oberfläche verdrängen, scheinen mit steigender Valenz des Kations abzunehmen, so daß bei Anwesenheit eines drei- oder vierwertigen Kations und eines einwertigen Anions eine größere Kationenmenge in die äußerste Oberfläche gelangt. Hierbei kann die Ladung der Oberfläche oder des Teilchens ihr Vorzeichen ändern. Da diese Ladungsumkehrung auch vor sich geht, wenn wir an Stelle eines Kollodiumteilchens ein Luftbläschen haben, ist es wohl möglich, daß wir es gar nicht mit einer Adsorption der Ionen an Kollodiumteilchen zu tun haben (höchstens handelt es sich bei der Adsorption um einen Einfluß zweiten Grades), sondern mit einer Änderung des inneren Potentials des Wassers, welche durch die Ionenverteilung an den Oberflächen bedingt ist.

2. Kritische Potentialdifferenz und Stabilität von Suspensionen[1]).

Die Stabilität einer eiweißfreien Suspension von Kollodiumteilchen hängt von der elektrischen Ladung der Teilchen ab, denn Ausflockung erfolgt stets, wenn die Ladung den gleichen kritischen Betrag von ungefähr 16 Millivolt unterschreitet.

Wurde unsere Kollodiumsuspension durchgeschüttelt, bis die Teilchen sich gleichmäßig verteilt hatten und 1 Tropfen dieser Suspension zu 10 ccm destillierten Wassers mit einem p_H von 5,8 gesetzt, so resultierte nach dem Durchmischen eine milchige Flüssigkeit. Nach mehrtägigem Stehen hatten sich die größeren Teilchen abgesetzt; die überstehende Flüssigkeit hatte ein wolkig-graues Aussehen. Nach weiter fortgesetztem Absetzen größerer Teilchen resultierte schließlich eine bläulich opalisierende Suspension, die viele Wochen hindurch („permanent") die gleiche Beschaffenheit behielt. In diesem Fall ging das weitere Absetzen unmeßbar langsam vor sich. Wurde nun 1 Tropfen der Ausgangssuspension mit 10 ccm einer wässerigen Salzlösung (gleichfalls von $p_H = 5,8$) versetzt, so stellte sich heraus, daß es eine bestimmte kritische

[1]) Loeb, J.: Journ. of gen. physiol. Bd. 5, S. 109. 1922/23.

Konzentration des Salzes gibt, die für die verschiedenen Salze verschieden ist. War die Salzkonzentration unterhalb der kritischen, so verhielt sich die verdünnte Suspension, als wenn destilliertes Wasser zur Verdünnung verwendet worden wäre. War dagegen die verwendete Salzkonzentration höher als die kritische, so trat innerhalb 12 Stunden — oder in noch kürzerer Zeit — eine völlige Präcipitation der gesamten Kollodiummenge ein, und es blieb eine völlig klare, wässerige Lösung, die nicht eine Spur Opalescenz aufwies. Es war demnach verhältnismäßig leicht festzustellen, bei welcher Konzentration das langsame Sedimentieren dem raschen Sedimentieren Platz macht, was dadurch bewirkt wird, daß die kleinen Teilchen zu größeren zusammentreten. Es stellte sich heraus, daß bei den Salzkonzentrationen, die rasche Ausflockung bewirkten, die Ladung der Teilchen weniger als 16 Millivolt betrug; dies galt für alle untersuchten Elektrolyte. War die Potentialdifferenz höher, so blieb die Suspension so stabil, als wenn überhaupt kein Elektrolyt in der Lösung wäre; die Stabilität war bei einer Potentialdifferenz von 60 oder 70 Millivolt nicht größer als bei 50 oder 25 Millivolt.

Tabelle 4 enthält die Ergebnisse solcher Versuche. Es handelt sich um die Fällung suspendierter Kollodiumteilchen durch Elektrolyte. In einer Versuchsreihe betrug das p_H 5,8, in einer zweiten 11,0 und in einer dritten 3,0. In der zweiten Spalte der Tabelle 4 sind die kleinsten Konzentrationen angegeben, bei welchen noch Fällung beobachtet wurde, d.h. bei welchen die überstehende Flüssigkeit in weniger als 18 Stunden bei ungefähr 20° völlig klar wurde; die vierte Spalte gibt die größten Salzkonzentrationen an, bei welchen die Suspensionen „permanent“ stabil blieben, d. h. tagelang opak und wochenlang opalescent, wobei also das Salz keine Teilchenvergröberung bewirkt hatte. Die kritische Konzentration noch schärfer innerhalb der in der Tabelle enthaltenen Konzentrationen zu bestimmen, wurde nicht versucht, denn es kam darauf an, denjenigen Wert zu bestimmen, der hierbei die größte Wichtigkeit hat, nämlich die kritische Potentialdifferenz zwischen den Teilchen und der Lösung. Diesem Ziel wäre wahrscheinlich durch Variierung der Salzkonzentration nicht noch näher beizukommen gewesen. In der dritten Spalte sind die Werte für die Potentialdifferenzen zwischen den Teilchen und der Lösung bei den Konzentrationen aufgeführt, bei welchen gerade noch Fällung eintrat, und die fünfte Spalte enthält entsprechend die Werte für die Potentialdifferenzen bei den Konzentrationen, in welchen die Suspensionen gerade eben noch stabil blieben.

Hervorzuheben ist, daß die fällende Kraft von Säuren, wie HCl oder H_2SO_4, von der gleichen Größenordnung ist wie die der Natriumsalze, aber nicht von der Größenordnung der La-Salze. Dies stimmt mit dem Resultat eines früheren Teils der erwähnten Arbeit überein: daß Säuren wie Salze mit einwertigem Kation (z. B. NaCl) die

Potentialdifferenz beeinflussen. Nimmt man den Durchschnitt der Werte der Spalte 3, die sich also auf die Salzkonzentrationen beziehen, bei welchen die Fällung gerade noch eintrat, so resultiert der Wert von 13 Millivolt, während andererseits der Durchschnitt der Potentialdifferenzen, die sich auf die Konzentrationen beziehen, bei welchen die Suspensionen eben noch stabil bleiben, einen Wert von 18,5 Millivolt ohne Berücksichtigung des p_H ergibt. Aus diesen Zahlen kann man als wahrscheinlichen Wert für die Potentialdifferenz, bei welcher die Fällung gerade beginnt, etwa die Zahl 16 annehmen. Die wirkliche Größe der elektrischen Ladung, die aus der Wanderungsgeschwindigkeit im Kataphoreseversuch berechnet wurde, ist jedesmal wahrscheinlich nur auf $\pm$ 2 Millivolt genau. Dadurch werden einige der geringen Abweichungen von dem kritischen Wert in der Tabelle 4 erklärt.

Tabelle 4.

Kataphoretische Ladung und Stabilität von Kollodiumsuspensionen.

1.	2. Niedrigste Salzkonzentration, bei welcher schon Fällung eintrat	3. P. D. in Millivolt	4. Höchste Salzkonzentration, bei welcher noch Stabilität bestand	5. P. D. in Millivolt
		p_H 5,8		
LiCl	m/2	(10)	m/4	17
NaCl	m/2	10	m/4	14
KCl	m/4	14	m/8	21
Na_2SO_4	m/4	13	m/8	19
$Na_4Fe(CN)_6$	m/16	13	m/32	21
$MgCl_2$	m/16	11	m/32	15
$MgSO_4$	m/16	15	m/32	19
$CaCl_2$	m/32	14	m/64	17
$LaCl_3$	m/2048	14	m/4096	21
		p_H 11,0		
NaCl	m/2		m/4	18
Na_2SO_4	m/4		m/8	20
$Na_4Fe(CN)_6$	m/16	16	m/32	24
$CaCl_2$	m/32	15	m/64	19
		p_H 3,0		
NaCl	m/2	7	m/4	14
Na_2SO_4	m/4	12	m/8	
$CaCl_2$	m/32	16	m/64	19
$LaCl_3$	m/2048	14	m/4096	18
H_2SO_4	m/4		m/8	14

Diese Messungen bestätigen die Ergebnisse von POWIS[1]) und BURTON[2]) sowohl wie die von NORTHROP und DE KRUIF[3]), daß es nämlich eine kritische Potentialdifferenz für die Stabilität von Suspensionen gibt und daß diese kritische Potentialdifferenz für das System Kollodium-Wasser den Wert von 16 Millivolt hat. Sinkt die Potentialdifferenz unter diesen Wert, so werden die Teilchen bei Kollisionen nicht mehr durch die elektrostatischen Abstoßungskräfte beeinflußt, sondern können dann aneinander hängenbleiben und größere Teilchen bilden (d. h. agglutinieren oder koagulieren), die dann rasch auf den Boden des Reagensglases sinken. Dieses Zusammenkleben der kollidierenden Teilchen ist bedingt durch Attraktionskräfte zwischen bestimmten chemischen Gruppen ihrer Moleküle. Beträgt die Potentialdifferenz mehr als 16 Millivolt, so werden die Teilchen bei Kollisionen einander hinreichend kräftig abstoßen. Ist dieser kritische Wert der Potentialdifferenz einmal überschritten, so wird die Stabilität der Suspension nicht weiter erhöht, wenn die Ladung zunimmt. Zwischen der Senkungsgeschwindigkeit von verschiedenen Kollodiumsuspensionen in Wasser, deren Teilchenladung zwischen 20 und 70 Millivolt schwankte, bestand kein Unterschied.

Da die Kollodiumteilchen negative Ladung tragen, so war zu erwarten, daß für die Fällung nur das Kation des Salzes in Frage kommt. Diese Ansicht ist durch die Tatsache bestätigt worden, daß die fällende Wirkung der Salze mit zunehmender Valenz des Kations rasch ansteigt. Wenn man die fällende Wirkung durch den reziproken Wert derjenigen Salzkonzentrationen mißt, bei welcher gerade noch Fällung eintritt, so ergibt sich für NaCl, $CaCl_2$ und $LaCl_3$ das Verhältnis 1 : 16 : 1024 (Spalte 2 der Tabelle 4). Diese Wirkung der Valenz ist beträchtlich größer, als sie sein würde, wenn die die Stabilität bedingende Potentialdifferenz durch den Donnan-Effekt zustande käme.

Die Frage ist oft gestellt worden, ob nicht dasjenige Ion eines Salzes, dessen Ladung von dem gleichen Vorzeichen ist wie die Ladung des kolloidalen Teilchens, die fällende Wirkung des anderen Ions durchkreuzen kann. Hierüber ist folgendes zu bemerken: Um eine Fällung zu bewirken, müssen die Salze NaCl, Na_2SO_4 und $Na_4Fe(CN)_6$ in den entsprechenden molaren Konzentrationen m/2, m/4 und ungefähr m/16 vorhanden sein. In einer m/2-NaCl- und in einer m/4-Na_2SO_4-Lösung ist die Kationenkonzentration praktisch die gleiche. Würde das Anion die Fällung hemmen, so müßte die für die Fällung erforderliche Konzentration an Na_2SO_4 höher als m/4 sein. Dies ist

[1]) POWIS, F.: Zeitschr. f. physikal. Chem. Bd. 89, S. 186. 1914/15.

[2]) BURTON, E. F.: The Physical Properties of Colloidal Solutions. 2. Aufl. London, New York, Bombay, Calcutta und Madras. 1921.

[3]) NORTHROP, J. H. u. P. H. DE KRUIF: Journ. of gen. physiol. Bd. 4, S. 639, 655. 1921/22.

aber nicht der Fall. Beim $Na_4Fe(CN)_6$ ist die fällende Konzentration sogar noch geringer, als man annehmen müßte, wenn allein die Wirkung des Na-Ions in Rechnung gesetzt wird. In den geschilderten Versuchen war eine stabilisierende Wirkung der mehrwertigen Anionen nicht vorhanden.

Immerhin kann aus unseren Kurven die Möglichkeit einer Stabilisierung durch Salzwirkung gefolgert werden, nämlich in dem Fall, wenn die Potentialdifferenz in salzfreier Lösung unterhalb des kritischen Wertes liegt. Wenn dann Zusatz eines Salzes die Potentialdifferenz steigert, wird auch die Suspension stabilisiert.

3. Kritische Potentialdifferenz und Stabilität der Emulsionen.

In der kolloidchemischen Literatur ist es üblich, zwischen den sogenannten Emulsoiden und Suspensoiden zu unterscheiden. Diese Bezeichnungen gründen sich auf die Annahme, daß Elektrolyte die Stabilität der Emulsionen anders als die der Suspensionen fester Teilchen beeinflussen; doch geht aus den Versuchen von POWIS[1]) hervor, daß dies nicht richtig ist. In Wasser suspendierte Öltröpfchen sind gewöhnlich negativ geladen. Bei den Versuchen von POWIS betrug die maximale Potentialdifferenz 70 Millivolt. In dieser Beziehung verhielten sich die Tröpfchen also wie die Kollodiumteilchen, und wir schließen hieraus, daß das Zustandekommen der Potentialdifferenz, wenn nicht ausschließlich, so doch zu einem sehr wesentlichen Teil, durch die Eigenschaften des Wassers bedingt ist. Hervorzuheben ist, daß POWIS reines Öl verwandte, das praktisch säurefrei war. Der Einfluß verschiedener Salze auf die Potentialdifferenz zwischen den Öltröpfchen und dem Wasser ist in den Kurven der Abb. 22 dargestellt. Die Ordinaten sind die Potentialdifferenzen in Volt und die Abszissen die Kubikwurzeln aus der Salzkonzentration (Millimole pro Liter). Wie die Kollodiumteilchen waren auch die Öltröpfchen negativ geladen. Man erkennt, daß $K_4Fe(CN)_6$ die Potentialdifferenz von 46 bis auf 70 Millivolt vermehrt, während KCl sie nur bis auf 61 Millivolt bringt. $BaCl_2$, $AlCl_3$ und $ThCl_4$ vermindern nur die Ladung; die beiden letzteren Salze ändern sogar das Vorzeichen. Die Abb. 22, die die Ergebnisse von POWIS enthält, stimmt prinzipiell mit unserer Abb. 17 über Befunde an Kollodiumteilchen überein. Die Ölemulsionen flockten stets dann aus, wenn durch den Salzzusatz die Potentialdifferenz unterhalb des kritischen Wertes von 30 Millivolt gebracht war. Da die entladende Wirkung der Salze mit zunehmender Kationenvalenz zunimmt, so muß auch die fällende Wirkung entsprechend stärker werden; dies steht mit der Regel von HARDY in Überein-

[1]) POWIS, F.: Zeitschr. f. physikal. Chem. Bd. 89, S. 91. 1914/15.

stimmung. Die Stabilität einer Ölemulsion ist demnach durch die gleichen Bedingungen gegeben wie die Stabilität suspendierter Kollodiumteilchen, oder suspendierter Typhusbacillen, oder vielleicht ganz generell aller Suspensionen.

Bei all den besprochenen Fällen sind offenbar verhältnismäßig schwache Salzkonzentrationen für die Ausflockung hinreichend, und die flockende Wirkung verschiedener Salze steigt rasch mit zunehmender Valenz desjenigen Ions an, dessen elektrische Ladung der des Kollodiumteilchens oder Öltröpfchens entgegengesetzt ist.

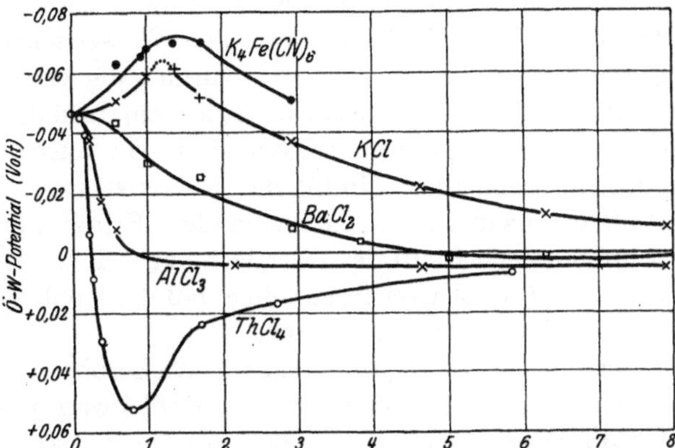

Abb. 22. Kubikwurzel aus der Elektrolytkonzentration in Millimol pro Liter. Einfluß der Salze auf die Ladung von Öltröpfchen gegen Wasser (nach Powis).

Dieser Punkt wird für die Erörterung der Frage, ob Lösungen genuiner Eiweißkörper Emulsionen sind oder nicht, noch von Bedeutung sein.

Die aus Kataphoreseversuchen sich ergebenden Ladungen von Teilchen, die wie Öltröpfchen oder Kollodiumteilchen keine oder nur geringe Affinität zum Wasser haben, sind nicht „Adsorptions"-Potentiale, sondern hauptsächlich das innere Potential des Wassers selbst, d. h. sie kommen durch ungleichmäßige Verteilung der Ionen auf der Wasseroberfläche zustande, die von Eigenschaften des Wassers selbst abhängt.

Das feste Teilchen hat gleichfalls ein inneres Potential. Weist die Oberfläche des suspendierten Teilchens eine starke Affinität zum Wasser auf, so muß die elektrische Doppelschicht an der Wasseroberfläche anders ausfallen, als wenn das Wasser allein an ihrer Bildung beteiligt wäre. Es kann sogar der Sinn der Ladung umgekehrt werden.

Sechstes Kapitel.

Der krystalloide Charakter wässeriger Lösungen bestimmter Proteine.

Das Problem, um welches es sich nunmehr handelt, ist folgendes: Werden die Proteine durch die gleichen Kräfte in wässeriger Lösung erhalten, welche bei den Lösungen krystalloider Substanzen eine Rolle spielen, oder werden sie ebenso wie Öltropfen oder Kollodiumteilchen mittels elektrischer Doppelschichten in dem wässerigen Medium suspendiert gehalten? Die Antwort auf diese Frage ist eine verschiedene, je nachdem welche Eiweißkörper in Betracht gezogen werden. Krystalloide Substanzen werden nach LANGMUIR und HARKINS durch die Kräfte der Nebenvalenzen in Lösung gebracht, d. h. durch die Attraktion zwischen den Molekülen des gelösten Körpers (oder besser zwischen bestimmten Radikalen dieses Moleküls) und den Wassermolekülen. Die folgenden Worte LANGMUIRS mögen diese Auffassung erläutern:

„Essigsäure ist in Wasser leicht löslich, denn die sekundären Valenzen der COOH-Gruppe zum Wasser sind sehr ausgesprochen. Ölsäure ist unlöslich, denn die Affinität der Kohlenwasserstoffketten zum Wasser ist kleiner als ihre Affinität zueinander. Bringt man Ölsäure auf Wasser, so breitet sie sich auf der Oberfläche aus, denn nur so kann die COOH-Gruppe sich in Wasser lösen, ohne daß die Kohlenwasserstoffketten sich voneinander entfernen müssen.

Ist die zur Verfügung stehende Wasseroberfläche hinreichend groß, so wird auch die Stelle in der Kohlenwasserstoffkette, an welcher sich die Doppelbindung befindet, auf die Wasseroberfläche gezogen. So wird dann die von der Ölsäure auf Wasser eingenommene Fläche viel größer ausfallen, als wenn man gesättigte Fettsäuren verwendet.

Hat das verwendete Öl, z. B. reines flüssiges Paraffin, keine aktiven Gruppen im Molekül, so breitet es sich nicht auf der Wasseroberfläche aus[1]).“

Wenn Teilchen mittels ihrer elektrischen Ladung suspendiert erhalten werden, so läßt sich dies auf Grund der im vorhergehenden Kapitel hervorgehobenen Eigenschaften solcher Systeme prüfen. Es müssen nämlich dann Salze schon in geringen Konzentrationen die elektrische Ladung ausgleichen und auf diese Weise die Teilchen ausfällen, ferner muß das fällende Ion des Salzes immer die entgegengesetzte Ladung tragen wie die fraglichen Teilchen (evtl. das Proteinion). Nach dieser Überlegung liegt es auf der Hand, daß wässerige Lösungen bestimmter genuiner Proteine, wie z. B. krystallinischen Eiereiweißes oder Gelatine, weder Suspensionen sind, wie von Kollodiumteilchen, noch Emulsionen, wie die von Tröpfchen reinen Öls in Wasser.

Zunächst haben nun alle Autoren festgestellt, daß man enorme Salzmengen braucht, um diese Eiweißkörper zu fällen, dann fand man, daß die elektrische Ladung des aktiven Ions des zur Fällung verwendeten Salzes nicht der Ladung des Proteinions entgegengesetzt ist. Um die zur Fällung notwendigen molaren Konzentrationen der Salze $(NH_4)_2SO_4$, Na_2SO_4, $MgSO_4$, KCl und $MgCl_2$ fest-

[1]) LANGMUIR, I.: Journ. of the Americ. chem. soc. Bd. 39, S. 1850. 1917.

zustellen, wurden diese einer 0,8 proz. Gelatinelösung bei drei verschiedenen Wasserstoffionenkonzentrationen zugesetzt. Die p_H-Werte waren 4,7 (isoelektrische Gelatine), 3,8 (Gelatinechlorid) und ungefähr 6,4—7,0 (Natriumgelatinat). Die Resultate sind in der Tabelle 5 zusammengestellt, aus welcher hervorgeht, daß unabhängig vom p_H die Sulfate besser fällen als die Chloride.

Tabelle 5.

Die zur Fällung einer 0,8 proz. Gelatinelösung erforderlichen minimalen Salzkonzentrationen.

p_H der Gelatinelösung	Ungefähre molare Salzkonzentration				
	$(NH_4)_2SO_4$	Na_2SO_4	$MgSO_4$	KCl	$MgCl_2$
4,7	15/16 m	6/8 m	10/8 m	> 3 m	> 3 m
3,8 (Gelatinechlorid) . . .	13/16 m	5/8 m	7/8 m	3 m	> 3 m
6,4—7,0 (Natriumgelatinat)	16/16 m	7/8 m	9/8 m	> 3 m	> 3 m

Es konnten also Gelatinechlorid, isoelektrische Gelatine und Natriumgelatinat nicht einmal durch $MgCl_2$ in 3 fach molarer Konzentration ausgefällt werden. Die Sulfate fällten viel besser als die Chloride ohne Rücksicht auf den Sinn der Ladung des Proteinions, das bei $p_H = 6,4$ positiv, bei $p_H = 3,8$ negativ war, während es bei $p_H = 4,7$ keine Ladung hatte. Würden die Proteinteilchen mittels elektrischer Doppelschichten suspendiert erhalten werden, so müßte $MgCl_2$ besser als $(NH_4)_2SO_4$ ausflocken, während das Experiment das Gegenteil ergibt. Außerdem ist die Größenordnung der hier in Betracht kommenden Salzkonzentrationen eine ganz andere; in dem vorigen Kapitel haben wir gesehen, daß eine Suspension negativ geladener Kollodiumteilchen schon durch eine m/8-$MgCl_2$-Lösung ausgeflockt wird.

Es bleibt also nur der Schluß übrig, daß die Kräfte, die bestimmte genuine Proteine, wie Gelatine, Eiereiweiß u. a., in Lösung halten, nicht durch das Vorhandensein elektrischer Doppelschichten um jedes Proteinteilchen hervorgerufen sind. Manche Autoren, wie HARDY, führen das Aussalzen genuiner Proteine auf irgendeine chemische Veränderung des Moleküls zurück[1]).

ABDERHALDEN hebt hervor, daß die Aussalzbarkeit mit der Anwesenheit bestimmter Aminosäuregruppen im Proteinmolekül (wie Tyrosin oder Cystin) zusammenzuhängen scheint.

Andere Autoren, die die krystalloide Natur aller Proteinlösungen in Abrede stellen, versuchten den Schwierigkeiten aus dem Wege zu gehen, indem sie annahmen, daß Eiweißlösungen Emulsionen wären, sogenannte „Emulsoide". Diese Annahme (die jeder experimentellen Grundlage entbehrt und nur ein leeres Wortgebilde darstellt) ist unberechtigt,

[1]) HARDY, W. B.: Journ. of physiol. Bd. 33, S. 258. 1905/06.

denn nach POWIS[1]) verhalten sich Emulsionen reiner Öle bezüglich der Empfindlichkeit gegen Elektrolyte genau wie Suspensionen von Kollodiumteilchen, wie im vorhergehenden Kapitel auseinandergesetzt wurde. Wer annimmt, daß alle genuinen Proteine durch die elektrische Ladung ihrer Teilchen in Lösung gehalten werden, wird der vor ihm sich auftürmenden Schwierigkeiten nicht dadurch Herr, daß er die Lösungen genuiner Proteine Emulsionen oder Emulsoide nennt.

Wir sind demnach gezwungen, es mit der Annahme zu versuchen, daß wässerige Lösungen bestimmter Proteine sich ihrem Wesen nach nicht von Lösungen krystalloider Substanzen unterscheiden. Eine solche Auffassung hat nur der einzigen Schwierigkeit zu begegnen, die sich aus den Beobachtungen von HARDY über Suspensionen denaturierten (gekochten) Eiereiweißes ergibt. Solche Suspensionen weisen im isoelektrischen Punkt ein Minimum der Stabilität auf. Die Abwesenheit der elektrischen Ladung der isoelektrischen Eiereiweißteilchen, die im elektrischen Feld unbeweglich blieben, brachte HARDY mit Recht mit der fehlenden Stabilität in Zusammenhang. Nun hängt hierbei wirklich mit sehr großer Wahrscheinlichkeit die Stabilität mit der jedes Teilchen umgebenden elektrischen Doppelschicht zusammen. Als sich nun herausstellte, daß Lösungen bestimmter Proteine, wie Gelatine, ebenso im isoelektrischen Punkt ein Löslichkeitsminimum haben, erblickte man naturgemäß hierin einen Beweis für die Richtigkeit der Vorstellung, daß ein solches Eiweiß sich nicht in krystalloider Lösung befindet. Eine Entscheidung hierüber kann getroffen werden, wenn man untersucht, in welcher Weise genuine Proteine, wie etwa Gelatine, in ihrem isoelektrischen Punkt in Lösung gehalten werden. Der Verfasser hat eine Versuchsreihe mit isoelektrischer Gelatine angestellt, deren Ergebnis es sehr wahrscheinlich macht, daß Gelatine in der gleichen Weise wie Krystalloide in Lösung gehalten werden[2]).

Wenn man Lösungen isoelektrischer Gelatine in Wasser mit einem p_H von 4,7 herstellt, deren Gelatinegehalt von 0,1, 0,2 usw. bis 1,0% variiert und bei hinreichend tiefer Temperatur aufbewahrt, so findet man, daß nur das Röhrchen mit einem Gelatinegehalt von 0,1% klar ist, die anderen aber trübe sind. Die Trübung wächst mit zunehmender Gelatinekonzentration. Auf diese Weise gelingt es, sich eine Standardreihe von Trübungen herzustellen, die den Gelatinekonzentrationen zwischen 0,1 und 1,0% entsprechen. Derartige Lösungen wurden 24 Stunden bei 2° im Eisschrank gehalten und konnten dann bei Zimmertemperatur als Trübungsskala verwendet werden. In der fol-

---

[1]) POWIS, F.: Zeitschr. f. physiol. Chem. Bd. 89, S. 186. 1914/15..

[2]) LOEB, J.: Arch. néerland. de physiol. de l'homme et des anim. Bd 7, S. 510. 1922.

genden Tabelle sind Gelatinegehalt und zugehöriger Trübungsgrad zusammengestellt.

Prozentischer Gelatinegehalt	0,1	0,2	0,3	0,4	0,5	0,6	0,7	0,8	0,9	1,0
Trübungsgrad	1,0	2,0	3,0	4,0	5,0	6,0	7,0	8,0	9,0	10,0

Mit Hilfe dieser Skala kann man ermitteln, wie Salzzusatz die Löslichkeit der Gelatine verändert. Je 1 g isoelektrischer Gelatine wurde in 100 ccm Lösung von verschiedenen Salzen, die sämtlich ein p_H von 4,7 hatten, aufgelöst. Dann wurden 10 ccm von jeder dieser Lösungen in ein Reagensglas gebracht, im Eisschrank 24 Stunden aufbewahrt und die Trübung mittels der Trübungsreihe festgestellt. Dabei fand man, daß alle Salze die Trübung verringern, und zwar um so stärker, je höher die Valenzstufe des Kations oder Anions des Salzes war. Die Resultate sind in der Tabelle 6 enthalten. Wenn wir die lösende Wirkung der

Tabelle 6.

Der Einfluß der Salze auf die Löslichkeit isoelektrischer Gelatine.
Die Zahlen sind die reziproken Werte der Löslichkeit.

onzentration	1 m	m/2	m/4	m/8	m/16	m/32	m/64	m/128	m/256	m/512	m/1024	m/2048	m/4096	m/8192	m/16384
aCl . . .	2,0	2,0	2,5	3,0	4,0	5,5	7,0	8,5	9,0	9,5	10,0	10,0			
ıCl . . .		2,0	2,5	3,0	4,0	5,5	7,0	8,5	9,0	9,5	10,0	10,0	10,0		
Cl . . .		2,0	2,0	2,5	3,5	4,5	6,5	8,5	9,0	10,0	10,0	10,0			
aCl_2 . . .		1,0	1,5	2,0	2,5	2,5	3,5	4,5	6,0	8,0	8,5	9,0			
gCl_2 . .					2,0	2,5	3,0	3,5	5,0	6,0	7,0	8,5	9,0	9,0	
Cl_2 . . .					2,0	2,5	3,0	4,0	5,5	6,0	7,0	8,0	8,5	9,0	10,0
aCl_2 . . .						3,5	3,5	4,5	6,0	7,0	8,5	9,5	9,5	10,0	10,0
gSO_4 . .				2,0	2,0	2,5	3,0	4,0	6,0	7,5	9,0	10,0	10,0	10,0	10,0
a_2SO_4 . .		5,5	2,5	2,+	2,+	2,5	3,0	5,0	7,0	8,0	9,0	10,0	10,0		
aCl_3 . . .					2,0	1,5	1,0	1,0	1,—	1,—	1,0	2,0	3,0	7,5	9,0
eCl_3 . . .									fast wasserklar			1,0	1,0	2,0	5,0
$a_4Fe(CN)_6$								sämtlich wasserklar					2,5		

verschiedenen Salze in der Weise vergleichen, daß wir feststellen, bei welcher Salzkonzentration die Trübung von 10 (die der der einprozentigen isoelektrischen Gelatinelösung ohne Salz entspricht) auf einen niedrigeren Wert, etwa 5, herabgedrückt wird, so finden wir, daß hierzu folgende Konzentrationen der verschiedenen Salze notwendig sind:

LiCl, NaCl, KCl	m/32
$MgCl_2$, $CaCl_2$, $SrCl_2$, Na_2SO_4, $BaCl_2$, $MgSO_4$ . .	Zwischen m/256 und m/128
$LaCl_3$, $CeCl_3$, $Na_4Fe(CN)_6$	m/8192 oder weniger

Mit anderen Worten: Uni-univalente Salze verdoppeln also die Löslichkeit der isoelektrischen Gelatine bei einer molaren Konzentration von ungefähr m/32, Salze mit einem oder zwei bivalenten Ionen bewirken das gleiche bei einer molaren Konzentration zwischen m/128 und m/256 und Salze mit einem dreiwertigen Ion schon bei Konzentrationen, die weit unterhalb m/4096 liegen. Daß wir es in diesem Fall mit einer Zunahme der gewöhnlichen Löslichkeit zu tun haben, kann dadurch bewiesen werden, daß man den Einfluß dieser Salze auf die Geschwindigkeit untersucht, mit der Körnchen fester isoelektrischer Gelatine in Lösung gehen. Man findet dann, daß diese Salze eine bestimmte Menge isoelektrischer Gelatinekörnchen in kürzerer Zeit auflösen. Die Zahlen enthält die Tabelle 7.

Tabelle 7.

Zeit in Minuten, die nötig ist, um 0,8 g isoelektrisches Gelatinepulver bei 35° in Lösung zu bringen.

	m/256	m/512	m/1024
LiCl	57	70	76
NaCl	49	66	75
KCl	56	70	80
$MgCl_2$	32	40	61
$CaCl_2$	32	40	62
$BaCl_2$	31	46	66
$CeCl_3$	26	35	44
$LaCl_3$	23		
Na_2SO_4	34	46	60
$Na_4Fe(CN)_6$ . .	24	32	41

Isoelektrische Gelatine von gleicher Körnchengröße (die Körnchen passierten ein Sieb mit der Maschengröße 30, aber nicht mehr ein solches mit der Maschengröße 50) wurde in Portionen von 0,8 g abgeteilt, die in je 50 ccm verschiedener Salzlösungen gebracht wurden, deren Konzentrationen für jedes Salz auf m/1024, m/512 und m/256 eingestellt waren. Dann wurde bei einer Temperatur von 35° festgestellt, wie lange es dauerte, bis die gesamte Gelatinemenge völlig in Lösung gegangen war. Das p_H betrug in allen Fällen 4,7. Die Resultate enthält Tabelle 7.

Offenbar vermehren diese Salze die Geschwindigkeit, mit der das isoelektrische Gelatinepulver in Lösung geht, um so mehr, je höher die Wertigkeit eines der beiden Ionen ist.

Gegen diese Versuche kann man den Einwand erheben, daß diese Neutralsalze der isoelektrischen Gelatine vielleicht eine elektrische Ladung erteilen und so die Stabilität der „Emulsion" erhöhen. Um diese Möglichkeit zu prüfen, wurden unter Verwendung von suspendierten isoelektrischen Caseinteilchen, von Gelatine und von denaturiertem Eiereiweiß Kataphoreseversuche angestellt, welche gestatteten, die Ladung der Proteinteilchen quantitativ zu bestimmen. Diese Versuche sollen ausführlich im zweiten Teil dieses Buches erörtert werden; hier mag nur festgestellt werden, daß Salze, wie NaCl, $CaCl_2$ oder Na_2SO_4, isoelektrischen Gelatineteilchen ebensowenig wie den Teilchen irgendeines anderen isoelektrischen Proteins eine Ladung erteilen. Dieses Ergebnis wurde noch durch Beobachtungen über den Einfluß dieser Salze auf die anomale Osmose[1]) und auf die Membranpotentiale[2]) bestätigt.

[1]) Loeb, J.: Journ. of gen. physiol. Bd. 4, S. 463. 1921/22.
[2]) Loeb, J.: Journ. of gen. physiol. Bd. 4, S. 741. 1921/22.

Alle diese Tatsachen beweisen, daß die aufhellende Wirkung von NaCl, $CaCl_2$ und Na_2SO_4 auf Aufschwemmungen isoelektrischer Gelatine in einer Erhöhung der Löslichkeit der Gelatine und nicht in einer Vermehrung der elektrischen Ladung angeblicher Tröpfchen der hypothetischen Gelatineemulsion besteht.

Im Molekül der Proteine müssen wir unterscheiden: Gruppen von geringer Affinität zueinander und großer Affinität zum Wasser — wir wollen sie als wässerige Gruppen (COOH- oder NH_2-Gruppen) bezeichnen — und Gruppen mit größerer Affinität zueinander als zum Wasser, die ölige Gruppen genannt werden mögen. Überwiegen die Kräfte der wässerigen Gruppen, so kann das Molekül mit seinen öligen Gruppen in Lösung gehen. Sind die Moleküle groß und die Zahl ihrer öligen Gruppen gering, so ist es möglich, daß, wenn zwei benachbarte Moleküle mit ihren öligen Gruppen einander berühren, die beiden Moleküle aneinander hängenbleiben, ohne daß die Kraft, die die wässerigen Gruppen an das Wasser bindet, merkbar verkleinert wird. Solche Vorgänge scheinen bei Gelatinelösungen stattzufinden. Ist die Temperatur der Lösung hoch genug, so ist die kinetische Energie der Moleküle so groß, daß sich berührende Gelatinemoleküle wieder auseinandergerissen werden; ist die Bewegung langsam, mit anderen Worten die Temperatur hinreichend tief, so können die beiden Moleküle verkettet bleiben. In dieser Weise bilden sich allmählich Gruppen aneinanderhängender Moleküle. Dieser Vorgang bewirkt zuerst die Bildung kleiner Gelstückchen; schließlich erstarrt die ganze Masse zu einem zusammenhängenden Gel. Die relative Verteilung der Gelatinemoleküle des Gels bleibt dieselbe, wie sie in der Lösung gewesen ist; die Kräfte zwischen den wässerigen Gruppen der Gelatinemoleküle und den Wassermolekülen bleiben möglicherweise unverändert; was sich ändert, ist nur die Orientierung und die Beweglichkeit des einzelnen Gelatinemoleküls.

Aussalzung oder Ausfällung sind aller Wahrscheinlichkeit nach völlig andersartige Vorgänge, die mit einer Verminderung der Attraktionskräfte zwischen den wässerigen Gruppen und dem Wasser zusammenhängen. Derartige Vorgänge werden besonders durch Zusatz von Sulfaten zu Proteinlösungen bewirkt.

Daß die relativ stark fällende Wirkung der Sulfate auf Lösungen genuiner Proteine als eine Erscheinung der gewöhnlichen Löslichkeit aufzufassen ist, geht aus folgenden Versuchen hervor[1]).

Nicht zu kleine Körnchen gepulverter Gelatine (die das Sieb 30, aber nicht das Sieb 60 passierten) wurden nach der im Kapitel 2 beschriebenen Methode isoelektrisch gemacht und je 0,8 g in je 100 ccm einer Reihe

[1]) Loeb, J. u. R. F. Loeb: Journ. of gen. physiol. Bd. 4, S. 187. 1921/22.

von NaCl-, $CaCl_2$- oder Na_2SO_4-Lösungen eingetragen, deren Konzentration zwischen m/4096 bis 2 m abgestuft war. Die Suspensionen wurden häufig umgerührt und die Zeit bestimmt, innerhalb der bei 35° eine praktisch komplette Lösung aller Körnchen eingetreten war. In der Abb. 23 sind die Ordinaten die Lösungszeiten für die isoelektrische Gelatine und die Abszissen die molaren Konzentrationen der verwendeten Salze. Offenbar vermehren NaCl und besonders $CaCl_2$ mit steigender Konzentration die Lösungsgeschwindigkeit der isoelektrischen Gelatine in Wasser. Bei der Na_2SO_4-Kurve indessen besteht eine auffallende Diskontinuität. Unterhalb einer Na_2SO_4-Konzentration von m/32 nimmt die Lösungsgeschwindigkeit mit steigender Konzentration zu. Überschreitet aber die Salzkonzentration den angegebenen Wert, so vermindert weitere Steigerung der Na_2SO_4-Konzentration die Lösungsgeschwindigkeit der Gelatine, und zwar um so stärker, je größer die Salzkonzentration wird. $(NH_4)_2SO_4$ wirkt wie Na_2SO_4.

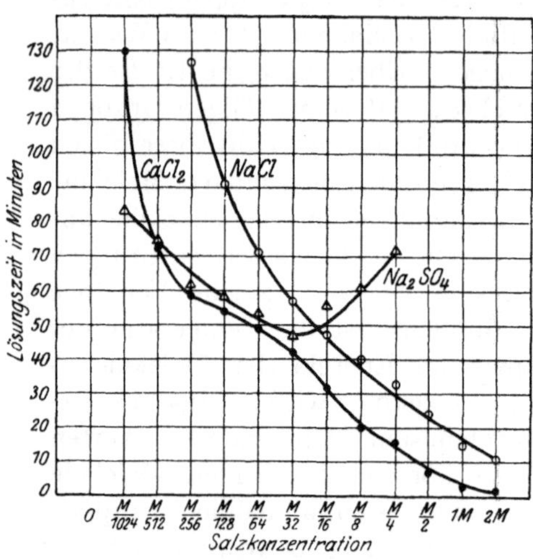

Abb. 23. Einfluß der Salze auf die Lösungszeit von 0,8 g isoelektrischem Gelatinepulver bei 35° und p_H 4,7.

Die Kurve für die Lösungszeiten gepulverter isoelektrischer Gelatine in Na_2SO_4- oder $(NH_4)_2SO_4$-Lösungen läßt vermuten, daß wir es mit zwei entgegengesetzten Wirkungen zu tun haben. Die erste bewirkt ein Ansteigen der Lösungsgeschwindigkeit mit zunehmender Na_2SO_4-Konzentration und überwiegt, solange die Konzentration unterhalb m/32 ist. Wird die Konzentration über diesen Wert gesteigert, so nimmt die zweite Wirkung rascher zu als die erstgenannte. Diese zweite Erscheinung hat vielleicht chemische Gründe; möglicherweise wird die Beschaffenheit der Gelatine und damit ihre Löslichkeit geändert. Bei den Chloriden tritt etwas Derartiges nicht auf. Es wird somit klar, weshalb die Sulfate bessere Fällungsmittel sind als die Chloride; weiteren Forschungen muß es vorbehalten bleiben, den Grund für das andersartige Verhalten der Sulfate zu ermitteln. Dieses Problem gehört aber eher in die allgemeine Theorie der Lösungen als in eine Theorie über das kolloidale Verhalten.

Im Gegensatz zur isoelektrischen Gelatine sind die Gelatinesalze leicht und reichlich löslich. Mengen von 0,8 g gepulverter Gelatine vom p_H = ungefähr 3,3 lösen sich sehr rasch bei 35° in 100 ccm HCl vom gleichen p_H. Zusatz von NaCl oder $CaCl_2$ vermehrt die Lösungsgeschwindigkeit nicht mehr, ausgenommen wenn $CaCl_2$ in Konzentrationen oberhalb m/16 zugesetzt wird. Na_2SO_4 oder $(NH_4)_2SO_4$ vermindern plötzlich die Löslichkeit bei Konzentrationen oberhalb m/4, und das gleiche bewirkt NaCl in Konzentrationen oberhalb 1 m (Abb. 24).

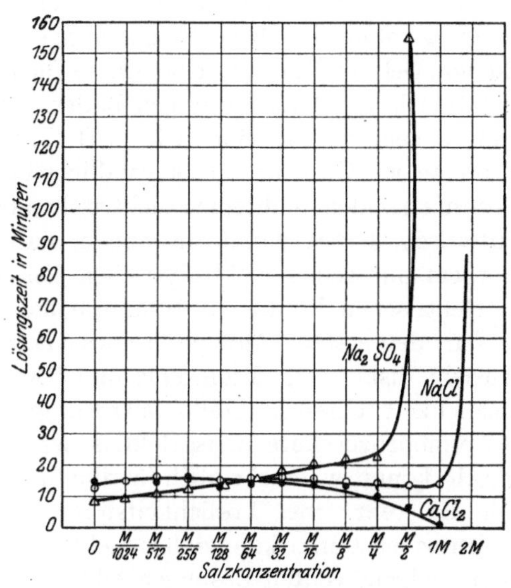

Abb. 24. Einfluß der Salze auf die Lösungszeit von 0,8 g Gelatinechloridpulver vom p_H 3,3 in 100 ccm Salzlösung vom gleichen p_H.

Aus der Abb. 25 geht der Einfluß der 3 Salze auf die Lösungsgeschwindigkeit des Natriumgelatinats vom p_H 10,5 hervor. Na_2SO_4 vermindert die Löslichkeit plötzlich bei einer Konzentration oberhalb m/8; NaCl und $CaCl_2$ vermehren die Geschwindigkeit, auch noch in Konzentrationen über m/2 resp. m/16.

Jedesmal, wenn die Löslichkeit durch ein Salz vermindert wird, haben wir es möglicherweise mit einer sekundären Salzwirkung auf die Konstitution oder Konfiguration des Proteinmoleküls zu tun. Diese Tatsachen erklären das Phänomen des Aussalzens als spezifische Wirkung definierter Substanzen und nicht als Wirkung einer Valenzstufe.

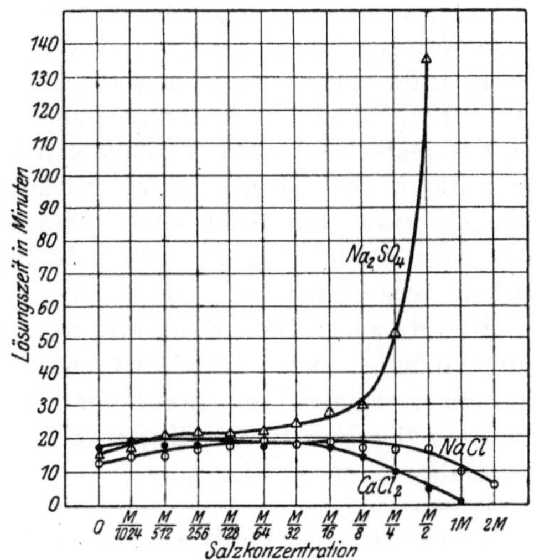

Abb. 25. Einfluß der Salze auf die Lösungszeit von 0,8 g Na-Gelatinatpulver in 100 ccm Lösung vom p_H 10,5.

Nach diesen Versuchen bleibt nur noch geringer Zweifel, daß die Wirkung des Na_2SO_4 durch eine Verminderung der gewöhnlichen Löslichkeit der Gelatine bedingt ist.

Halten wir alle diese Tatsachen zusammen, so müssen wir zu der Überzeugung kommen, daß die Erscheinungen der Salzwirkung auf die Stabilität von Gelatinelösungen eine Stütze für die Vorstellung darstellen, daß Gelatine krystalloide Lösungen bildet. Das gleiche gilt für bestimmte andere genuine Proteine, wie z. B. krystallinisches Eiereiweiß. Daß Proteine, wie Gelatine oder krystallines Eiereiweiß, die echte krystalloide Lösungen bilden, in ihrem isoelektrischen Punkt ein Löslichkeitsminimum aufweisen, hängt damit zusammen, daß die Löslichkeit eines Eiweißkörpers mit seiner elektrolytischen Dissoziation zunimmt, welche im isoelektrischen Punkt ein Minimum hat.

In der ersten Auflage seines Buches hat MICHAELIS[1]) diese Ansicht diskutiert. MICHAELIS und DAVIDSOHN haben gezeigt, daß die Löslichkeit eines krystalloidalen amphoteren Elektrolyten, nämlich p-Aminobenzoesäure, im isoelektrischen Punkt ein Minimum hat[2]). Das gleiche könnte wahrscheinlich für alle Aminosäuren nachgewiesen werden. Die Existenz eines Löslichkeitsminimums für Proteine in ihrem isoelektrischen Punkt kann daher nicht als Beweis dafür angeführt werden, daß sie keine echten Lösungen bilden. Weiter gestützt wird diese Auffassung durch die wichtigen Versuche von COHN[3]), mit deren Veröffentlichung eben begonnen wurde.

Unter Zugrundelegung des Satzes von der Konstanz des Löslichkeitsproduktes haben COHN und HENDRY[4]) den Nachweis geführt, daß Casein in Alkali eine wirkliche, d. h. eine molekular-disperse Lösung bildet. Diese Autoren haben gezeigt, daß Casein ein typisches lösliches Na_2-Caseinatsalz bildet, dessen Löslichkeit eindeutig bestimmt war durch a) die Löslichkeit des Caseinmoleküls, und b) die Konzentration des Na_2-Caseinatsalzes. Auf Grundlage von Messungen an Casein in kleinen Quantitäten von NaOH war es möglich, die Löslichkeit des Caseinmoleküls sowie den Grad seiner Dissoziation als zweiwertige Säure und seiner Verbindung mit Alkali zu bestimmen. Die Löslichkeit in solchen Systemen nahm direkt im Verhältnis der Konzentration an NaOH zu. Die Konzentration der löslichen Caseinverbindung änderte sich umgekehrt wie das Quadrat der Wasserstoffionenkonzentration, direkt wie die Löslichkeit des Caseinmoleküls und die Konstanten Ka_1 und Ka_2, durch welche seine Säuredissoziation bestimmt ist.

---

[1]) MICHAELIS, L.: Die Wasserstoffionenkonzentration S. 41 ff. Berlin 1914.

[2]) MICHAELIS, L. u. H. DAVIDSOHN: Biochem. Zeitschr. Bd. 30, S. 143. 1910. — MICHAELIS, L.: Die Wasserstoffionenkonzentration S. 44.

[3]) COHN, E. J.: Journ. of gen. physiol. Bd. 4, S. 697. 1921/22.

[4]) COHN, E. J. u. J. L. HENDRY: Journ. of gen. physiol. Bd. 5, S. 521. 1922/23.

Siebentes Kapitel.

Die Valenzregel und die angeblichen HOFMEISTERschen Reihen.

A. Der osmotische Druck.

Krystalloide Eigenschaften der Proteine, wie die Löslichkeit (möglicherweise auch die Kohäsion und andere), werden sehr wahrscheinlich nicht allein durch die Valenz, sondern auch durch die chemische Natur eines Ions beeinflußt. So löst sich isoelektrisches Gelatinegel rascher in NaI als in NaCl. Casein ist schwerer löslich in Trichloressigsäure als in Salpetersäure und in dieser wiederum schwerer als in Salzsäure. Für die spezifisch kolloidalen Eigenschaften der Proteine ist lediglich, wie aus dem geschilderten Einfluß der Elektrolyte auf Quellung, osmotischen Druck, auf eine bestimmte Art Viscosität und schließlich auf die Membranpotentiale hervorgeht, die Valenz der dem isoelektrischen Protein zugesetzten Säure oder Base von Bedeutung; die chemische Natur des Ions spielt dabei keine Rolle (es sei denn indirekt durch eine mögliche Änderung der Kohäsion oder der Löslichkeit). Diese Tatsache, die wir mit dem Ausdruck Valenzregel bezeichnen wollen, ist von überragender Bedeutung für die Theorie des kolloidalen Zustandes, wie sich aus dem zweiten Teil dieses Buches ergeben wird.

Die Valenzregel, die hier bewiesen werden soll, widerspricht durchaus den Feststellungen, die der Kolloidchemie geläufig sind, nach welchen die chemische Natur des Ions stets von der gleichen Bedeutung wie seine Valenz ist. Wie wir schon im 1. Kapitel erwähnt haben, werden die Ionen nach ihrem relativen Einfluß auf Quellung, Viscosität und osmotischen Druck von Eiweißlösungen in den sogenannten HOFMEISTERschen Reihen zusammengestellt; man kann aber zeigen, daß die Aufstellung dieser Reihen hierbei im wesentlichen nur auf Grund des gleichen methodischen Fehlers möglich war, welcher die Anerkennung der Tatsache hinderte, daß Säuren und Basen sich nach stöchiometrischen Regeln mit Proteinen verbinden: nämlich die Unterlassung der Bestimmung der Wasserstoffionenkonzentration in Eiweißlösungen oder -gelen. Wollen wir die relative Wirkung zweier Ionenarten, z. B. Cl′ und CH_3COO', auf den osmotischen Druck oder die Viscosität einer Eiweißlösung miteinander vergleichen, so muß dies unbedingt bei gleichem p_H und bei gleicher Konzentration des ursprünglich isoelektrischen Proteins geschehen. Werden diese Bedingungen eingehalten, so ist festzustellen, daß die HOFMEISTERschen Reihen für die Quellung, den osmotischen Druck und die Viscosität der Proteine praktisch keine reale Bedeutung haben, und daß in Wirklichkeit nur die Valenz, nicht die spezifische Natur eines

Ions, das zur Verbindung mit dem Protein gebracht wird, die spezifisch kolloidalen Eigenschaften, wie den osmotischen Druck, die Quellung und eine bestimmte Art der Viscosität, beeinflußt.

Im vierten Kapitel haben wir gesehen, daß bei gleichem p_H 3mal soviel ccm n/10-H_3PO_4 wie HNO_3 mit 1 g ursprünglich isoelektrischer Gelatine in einem Gesamtvolumen von 100 ccm verbunden sind. Daraus folgt, daß das Anion des Gelatinephosphates das einwertige Ion H_2PO_4' ist und nicht das dreiwertige Anion PO_4'''. Weiter geht sinngemäß aus den im vierten Kapitel erörterten Verbindungsregeln hervor, daß bei der Verbindung Oxalsäure + Protein bei einem $p_H <$ als 3,0 das Anion das einwertige HC_2O_4' ist, und daß bei $p_H > 3{,}0$ die Oxalsäure mehr und mehr als zweibasische Säure dissoziiert und ein zweiwertiges Anion C_2O_4'' bildet, das sich mit dem Protein verbunden hat. Das gleiche muß auch mutatis mutandis für alle Verbindungen mit schwachen zwei- oder dreibasischen Säuren gelten, z. B. Citronen-, Wein- oder Bernsteinsäure, nämlich daß bei p_H unterhalb 4,7 Proteinsalze mit hauptsächlich einwertigen Anionen gebildet werden. Aus den Verbindungsregeln geht gleichfalls hervor, daß die salzartige Verbindung eines Proteins mit einer starken zweibasischen Säure, wie H_2SO_4, ein zweiwertiges Anion, in unserem Beispiel also SO_4'', haben muß. Auf Grund unserer Valenzregel müssen wir deshalb erwarten, daß die osmotischen Drucke unserer 1proz. Lösungen ursprünglich isoelektrischer Gelatine nach Zusatz verschiedener Säuren für alle Gelatinesalze mit einwertigem Anion bei gleichem p_H identisch sein müssen, mit anderen Worten: Gelatinechlorid, -bromid, -nitrat oder -phosphat in 1proz. Lösung sollten innerhalb der Fehlergrenzen bei gleichem p_H den gleichen osmotischen Druck und die gleiche Viscosität aufweisen; für die Quellung gilt dasselbe; hingegen müßte Gelatinesulfat mit seinem zweiwertigen Anion einen viel niedrigeren osmotischen Druck, geringere Viscosität oder Quellung zeigen. Wir werden zuerst die Richtigkeit dieser Behauptung für den osmotischen Druck der Proteinlösungen nachweisen.

Für die Messung des osmotischen Druckes von Eiweißlösungen wurde die einfache Methode von R. S. LILLIE[1]) verwendet. Mit Hilfe von Erlenmeyerkolben wurden Kollodiumsäckchen von einem Volumen von ungefähr 50 ccm und von der Form der Kolben in folgender, stets gleichbleibender Weise hergestellt: Mercksches Kollodium mit einem Gehalt von 57% Äther und 27% Alkohol (U. S. P. IX) wurde in Erlenmeyerkolben von einem Volumen von ungefähr 50 ccm, die vorher mit 95proz. Alkohol ausgespült waren, bis zum Rande eingegossen und dann langsam wieder ausgegossen, wobei das Gefäß langsam genau 2 Minuten lang zwischen den Händen gedreht wurde. Dann wurde der Erlenmeyerkolben, der

[1]) LILLIE, R. S.: Americ. journ. of physiol. Bd. 20, S. 127. 1907/08.

nunmehr eine dünne Kollodiumschicht innen enthielt, bei Zimmertemperatur genau 2 Minuten sich selbst überlassen. Schließlich wurde er mit Leitungswasser angefüllt und 5 Minuten lang Leitungswasser in schwachem Strahl in ihn hineingegossen. Die innerhalb des Kolbens gebildete Kollodiumschicht konnte nun herausgezogen werden und bildete ein genaues Abbild des Kolbens. Die Säckchen wurden mittels konischer durchbohrter Gummistopfen und Gummibändern verschlossen. Die Proteinlösung wurde mit einem kleinen Trichter eingefüllt, alle Luftblasen entfernt und ein Glasrohr durch die Bohrung als Manometer eingeführt. Dann wurde der Apparat in ein Becherglas mit gewöhnlich 350 ccm Wasser, vom gleichen p_H wie die Proteinlösung, derart hineingestellt, daß der obere Rand des Gummistopfens sich in der Oberfläche der Außenflüssigkeit befand, das Glasrohr, das Manometer, wurde dann etwas tiefer in das Säckchen hineingeschoben, so daß zu Beginn des Versuches die Oberfläche der Proteinlösung etwa um 20—30 mm das Niveau der Außenflüssigkeit überragte.

Das Wasser diffundierte nun von außen in die Proteinlösung hinein, und die Flüssigkeitssäule im Manometer erhob sich innerhalb von 6 Stunden, oder vielleicht weniger, bis zu einem Maximum. Man muß hierbei nun berücksichtigen, daß bei diesen Versuchen zweierlei Veränderungen bezüglich des p_H auftreten, welche das osmotische Gleichgewicht beeinflussen. Die erste ist durch das Donnansche Gleichgewicht bedingt, wie in dem ersten Kapitel angeführt wurde. Die zweite Veränderung geht auf Rechnung der Kohlensäure der Luft, welche die Reaktion der Außenflüssigkeit besonders dann störend beeinflußt, wenn man mit alkalischen Lösungen arbeitet. Man muß sich weiter vergegenwärtigen, daß bei diesen Versuchen durch den Eintritt von Wasser in das Kollodiumsäckchen die Proteinlösung gewöhnlich verdünnt wird. In späteren Abschnitten dieses Buches werden Versuchsreihen beschrieben, bei denen diese Fehlerquellen vermieden oder vermindert waren.

Aus isoelektrischem Protein wurden 1proz. Lösungen in Wasser mit einem bestimmten Gehalt an Säure oder Base hergestellt, so daß ein definiertes p_H resultierte. Jedesmal wurde der Kollodiumsack mit der Gelatinelösung, wie beschrieben, in ein Becherglas mit 350 ccm Wasser eingetaucht; das p_H dieser Außenflüssigkeit wurde dem der verwendeten Eiweißlösung gleichgemacht. Wegen des sich einstellenden Donnan-Gleichgewichtes blieb die Übereinstimmung bezüglich des p_H innen und außen nicht bestehen, das p_H innen wurde höher, wenn man mit Gelatinesäuresalzen arbeitete. Die Beobachtungen wurden gewöhnlich einen Tag hindurch fortgesetzt, indessen wurde anfangs der Flüssigkeitsstand alle 20—30 Minuten abgelesen. Die am nächsten Tage festgestellten Werte wurden in das Diagramm Abb. 26 eingetragen. Gewöhnlich hatte sich das Gleichgewicht in ungefähr 6 Stunden eingestellt. Es muß noch erwähnt werden, daß die Einstellung in einem auf 24° einregulierten Thermostaten vor sich ging.

In der Abb. 26 sind die osmotischen Drucke angegeben, die Lösungen mit ursprünglich 1proz. trockener isoelektrischer Gelatine unter Zusatz von vier verschiedenen Säuren, nämlich HCl, H_2SO_4, Oxalsäure und Phosphorsäure, aufweisen[1]). Das p_H der Gelatinelösungen nach eingestelltem osmotischen Gleichgewicht, d. h. nach Abschluß des Versuches, wird durch die Abszissen dargestellt. Die Bestimmung des p_H geschah stets elektrometrisch. Ohne weiteres ist zu erkennen, daß die vier Kurven einige charakteristische Eigenschaften gemeinsam zeigen. So ist der osmotische Druck in allen Fällen im isoelektrischen Punkt, nämlich bei $p_H = 4,7$, ein Minimum, er steigt mit zunehmender Wasserstoffionenkonzentration (oder mit abnehmendem p_H) und erreicht in allen Fällen bei ungefähr $p_H = 3,4$ ein Maximum. Mit weiterer Zunahme der Wasserstoffionenkonzentration, d. h. mit weiterer Abnahme des p_H, fallen die Kurven für den osmotischen Druck der Lösungen der vier Gelatinesalze fast ebenso steil ab, wie sie vorher angestiegen waren. Nebenbei mag angeführt werden, daß PAULI[2]), sowie MANABE und MATULA[3]) für die Viscosität des Albumins bei einem p_H von ungefähr 2,1 ein Maximum angeben.

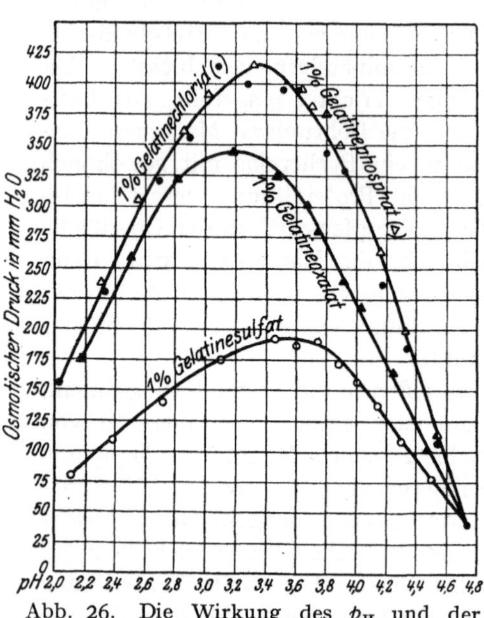

Abb. 26. Die Wirkung des p_H und der Anionenvalenz auf den osmotischen Druck verschiedener Gelatinesäuresalze. Im isoelektrischen Punkt ist der osmotische Druck am kleinsten, er nimmt bei zunehmendem Säuregehalt bis zu einem Maximum zu, um bei höherem Säuregehalt wieder abzusinken.

Das Maximum des osmotischen Druckes liegt offenbar bei einem viel höheren p_H (3,4), und bei $p_H = 2,1$ sind die Kurven schon recht niedrig, nicht viel höher als beim isoelektrischen Punkt. Die Form der Kurven des osmotischen Druckes der Proteinlösungen als Funktion ihrer p_H hat eine sehr charakteristische Gestalt und ist stets zu reproduzieren.

[1]) LOEB, J.: Journ. of gen. physiol. Bd. 3, S. 691. 1920/21.
[2]) PAULI, W.: Kolloidchemie der Eiweißkörper. Dresden und Leipzig 1920.
[3]) MANABE, K. u. J. MATULA: Biochem. Zeitschr. Bd. 52, S. 369. 1913.

Indessen interessiert uns in diesem Zusammenhang hauptsächlich die Prüfung der Valenzregel. Aus den Titrationskurven haben wir gesehen, daß sowohl beim Gelatinephosphat wie beim Gelatinechlorid ein einwertiges Anion vorliegt, H_2PO_4' und Cl'. Die Valenzregel fordert, daß der osmotische Druck dieser beiden Gelatinesalze gleich sein soll, und ein Blick auf die Abb. 26 läßt erkennen, daß dies der Fall ist. Das Anion des Gelatineoxalates sollte bei p_H-Werten unter 3,0 so gut wie vollständig einwertig sein, und dementsprechend sehen wir, daß der absteigende Ast der Kurve für das Gelatineoxalat für die p_H-Werte unter 3,0 praktisch mit dem absteigenden Ast der Kurve des Gelatinechlorids und Gelatinephosphats zusammenfällt. Bei p_H-Werten über 3,0 liegt, der Theorie der elektrolytischen Dissoziation entsprechend, die Kurve des osmotischen Druckes des Gelatineoxalates etwas tiefer als die Kurve für Gelatinephosphat und Gelatinechlorid. Denn die Oxalsäure dissoziiert elektrolytisch um so reichlicher zwei Wasserstoffionen ab, je höher das p_H anwächst. So ist bei $p_H = 3,4$ die Mehrzahl der Anionen des Gelatineoxalats einwertig, ein bestimmter kleiner Prozentsatz ist aber schon zweiwertig. Deshalb ist die Kurve des Gelatineoxalates bei $p_H = 3,4$ oder bei höheren p_H-Werten nicht ganz so hoch wie die Kurve des Gelatinechlorids oder -phosphates. Dies Verhalten stimmt mit den Titrationskurven der Abb. 7 völlig überein.

Die Titrationskurven der Abb. 7 ergeben, daß H_2SO_4 bei der Verbindung mit Gelatine ein zweiwertiges Anion liefert, und wir bemerken weiter, daß das Maximum des osmotischen Druckes in der Abb. 26 bei der Schwefelsäurekurve für $p_H = 3,4$ weniger als halb so hoch wie der entsprechende Wert für Gelatinechlorid oder Gelatinephosphat bei gleichem p_H ist.

So sind diese Ergebnisse in vollem Einklang mit denen der Titrationsversuche, wenn wir annehmen, daß nur das Vorzeichen der elektrischen Ladung und die Valenz eines Ions, mit welchem das Protein verbunden ist, den osmotischen Druck des Proteinsalzes bestimmen, während die Natur des Ions entweder ohne Einfluß oder von so geringem Einfluß sein muß, daß er sich der Beobachtung entzieht.

Wären die HOFMEISTERschen Reihen zutreffend, so müßte man erwarten, daß die Kurve des osmotischen Druckes von Gelatinephosphat etwa wie die des Gelatinesulfats gestaltet, ja sogar noch etwas niedriger sein müßte, anstatt der des Gelatinechlorids zu gleichen; dasselbe müßte auch für die Kurve des Gelatineoxalats gelten. Diese Versuche habe ich so oft wiederholt, daß ein Zweifel an der Richtigkeit der Ergebnisse nicht möglich ist.

Ist die Valenzregel richtig, so muß sich zeigen lassen, daß alle Säuren mit monovalentem Anion Kurven ergeben, die identisch mit der HCl-Kurve sind; alle Säuren mit zweiwertigem Anion müssen Kurven ergeben, die mit der der Schwefelsäure identisch sind. Zur Prüfung wurden 7 Säuren mit einwertigem Anion verwendet: HCl, HBr, HI, HNO_3, Essig-, Milch- und Propionsäure. Der Einfluß dieser Säuren auf den osmotischen Druck von Gelatinelösungen mit einem Gehalt von 1 g trockener isoelektrischer Gelatine in 100 ccm Lösung ist in der Abb. 27 dargestellt. Die Abszissen bedeuten wieder das p_H, die Ordinaten den osmotischen Druck in Millimetern Wasser. Die Werte aller 7 Säuren mit einwertigem Anion liegen auf der gleichen Kurve (innerhalb der Fehlergrenzen des Experimentes). Außerdem wurden zwei starke zweibasische Säuren untersucht, H_2SO_4 und Sulfosalicylsäure. Bei diesen liegen die Werte auf einer Kurve, die etwas weniger als halb so hoch wie die Kurve der einwertigen Säuren ist. Diese Versuche beweisen daher, daß nur die Valenz und nicht die chemische Natur des Säureanions den osmotischen Druck der Gelatinelösungen beeinflußt[1]). In der Abb. 28 ist dargestellt,

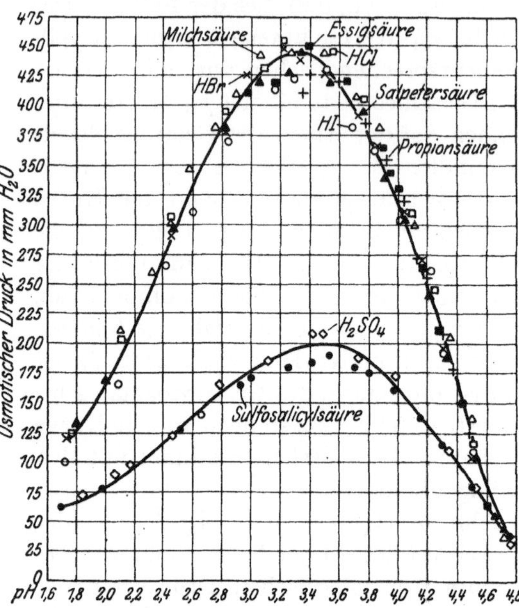

Abb. 27. Die Valenzregel für die Wirkung von Säuren auf den osmotischen Druck von Gelatinelösungen. Die sieben einbasischen Säuren beeinflussen den osmotischen Druck in genau gleicher Weise; dieser Einfluß ist etwa doppelt so groß wie der der beiden zweibasischen Säuren.

wie schwache zwei- und dreibasische Säuren, nämlich Bernstein-, Wein- und Citronensäure, im Vergleich mit Schwefelsäure den osmotischen Druck unserer Gelatinelösungen mit einem Gehalt von 1% isoelektrischer Gelatine beeinflussen. Erwartungsgemäß sind die absteigenden Kurvenäste der drei schwachen Säuren mit dem absteigenden Ast der Salzsäurekurve identisch, denn diese schwachen zwei- und dreibasischen Säuren dissoziieren bei einem p_H unterhalb 3,0 wie einbasische Säuren; bei p_H-Werten über 3,0 sind die Kurven der schwachen Säuren je nach ihrer Stärke etwas niedriger als die Salzsäurekurve. Diese Abweichung ist so zu erklären, daß bei $p_H > 3,0$ das zweite Ion abdissoziiert wird, und zwar um so reichlicher,

[1]) LOEB, J. und M. KUNITZ: Journ. of gen. physiol. Bd. 5, S. 665. 1922/23.

je stärker die Säure ist. Bei der schwachen Bernsteinsäure ist nur ein sehr kleiner Prozentsatz der Moleküle wie bei einer zweibasischen Säure dissoziiert, bei der Citronensäure liegen die Dinge ebenso, während bei der Weinsäure schon ein größerer Prozentsatz der Moleküle zwischen p_H 3,0 und p_H 4,7 sich wie die einer zweibasischen Säure verhalten. Man könnte geradezu aus derartigen Versuchen die Größenordnung der Dissoziation schwacher zwei- und dreibasischer Säuren bestimmen.

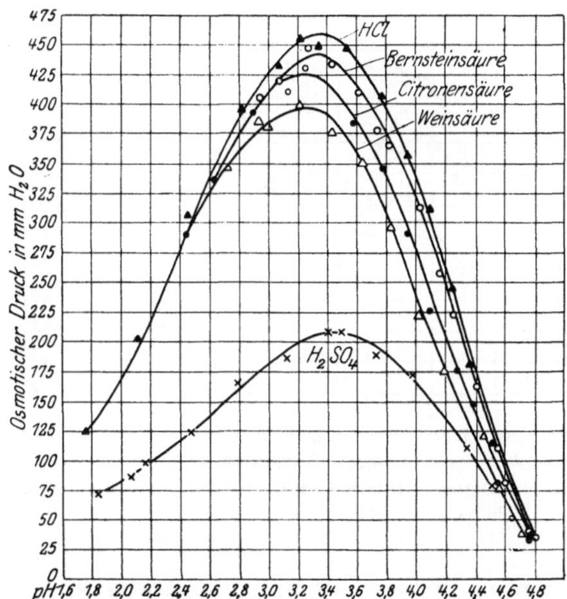

Abb. 28. Die Wirkung schwacher 2- und 3basischer Säuren auf den osmotischen Druck von Gelatinelösungen.

Diese Versuche beweisen, daß nur die Valenz, aber nicht die chemische Natur des Säureanions die Wirkung der Säure auf den osmotischen Druck der Gelatinelösung bestimmt.

Die Valenzregel gilt nicht nur für den osmotischen Druck der Gelatinelösungen, sondern auch für die Lösungen vieler, wenn nicht aller Proteine. Versuche an 1proz. Lösungen ursprünglich isoelektrischen krystallinischen Eieralbumins bestätigen auch für diese Proteinsalzverbindungen[1]) die Gültigkeit der Valenzregel. Bei der Darstellung der Versuche sind wieder die p_H-Werte der Albuminlösungen am Ende des Versuches die Abszissen, und die Ordinaten die definitiven osmotischen Drucke. Als Säuren wurden verwendet: HCl, H_2SO_4, Oxalsäure und Phosphorsäure (Abb. 29). Wieder erkennen wir, daß im isoelektrischen Punkt die osmotischen Drucke ein Minimum haben, daß sie bei einem p_H etwas über 3,2 maximal werden und dann wieder absinken.

Diese vier Kurven bestätigen die Valenzregel. Die Kurven des Albuminchlorids und Albuminphosphats fallen praktisch zusammen, die Kurve des Albuminsulfats ist beinahe halb so hoch wie die des Phosphats, und die Kurve des Oxalats ist im Maximum niedriger als die des Chlorids.

---

[1]) LOEB, J.: Journ. of gen. physiol. Bd. 3, S. 85. 1920/21.

Die Valenzregel gilt gleichfalls für Caseinsäuresalze[1]). Wir können aber wegen der zu geringen Löslichkeit des Caseinoxalats und des Caseinsulfats nur bei Caseinphosphat und Caseinchlorid die osmotischen Drucke vergleichen. Die Kurven der osmotischen Drucke dieser beiden Salze fallen zusammen, wenn die Drucke als Ordinaten über dem schließ-

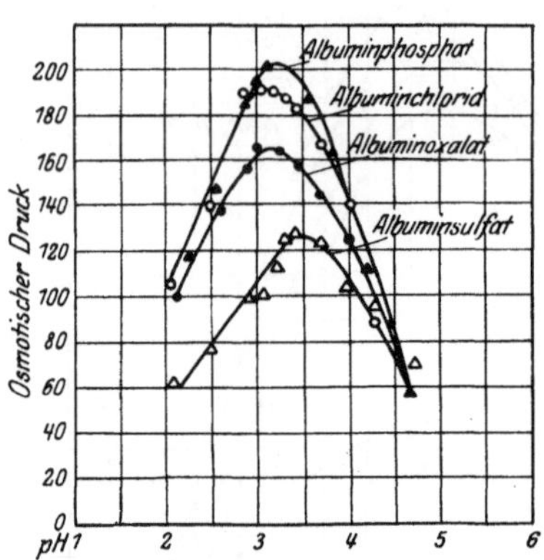

Abb. 29. Der osmotische Druck verschiedener Albuminsäuresalze. Die Lösungen enthielten 1 % isoelektrisches Albumin.

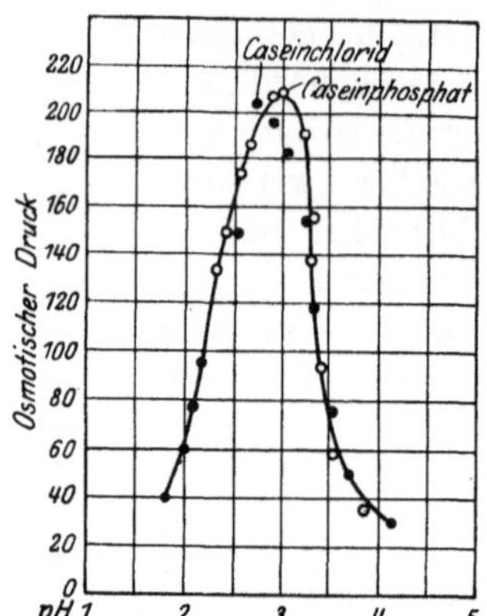

Abb. 30. Der osmotische Druck 1proz. Caseinchlorid und Caseinphosphatlösungen als Funktion des p_H. Die beiden Kurven sind fast identisch.

lichen p_H der Caseinlösungen aufgetragen werden (Abb. 30). Das Maximum befindet sich bei einem p_H von ungefähr 3,0.

HITCHCOCK hat den Einfluß von HCl, H_3PO_4, $H_2C_2O_4$ und H_2SO_4 auf die osmotischen Drucke von Edestinlösungen untersucht und die Resultate des Verfassers bestätigt.

Es ist also nicht daran zu zweifeln, daß die Kurven der osmotischen Drucke bei Gelatine, krystallinischem Eieralbumin, Casein und Edestin der Valenzregel unterliegen und einen nennenswerten Einfluß der chemischen Natur der Ionen nicht erkennen lassen.

In den älteren Versuchen, bei welchen die Wasserstoffionenkonzentration nicht festgestellt wurde, führte die Wirkung der schwachen Säuren die Untersucher irre. Nach den HOFMEISTERschen Reihen sollte allgemein Essigsäure wie Schwefelsäure und nicht wie Salz- oder Salpetersäure wirken. Es wurden nämlich die Wirkungen verschiedener Säuren bei gleichen molaren Konzentrationen anstatt bei gleichem p_H miteinander verglichen. Richtet man sich nach dem p_H, so findet man, daß Essigsäure wie Salzsäure, aber nicht wie Schwefelsäure wirkt (Abb. 27).

[1]) LOEB, J.: Journ. of gen. physiol. Bd. 3, S. 547. 1920/21.

Die Hypothese, daß die Valenz des mit einem Protein verbundenen Ions der wichtigste Faktor für den osmotischen Druck ist, wird durch Messungen des osmotischen Druckes bei Metallgelatinaten weiter bestätigt. Im vierten Kapitel hatten wir gesehen, daß $Ca(OH)_2$ und $Ba(OH)_2$ sich mit Gelatine nach Äquivalenten verbinden, und daß demnach das mit Gelatine verbundene Ion hierbei das zweiwertige Ion Ca¨ oder Ba¨ ist. Die Versuche ergaben, daß die osmotischen Drucke von Li,- Na-, K- und NH_4-Gelatinat bei gleichem p_H und bei gleichem Gehalt an ursprünglich isoelektrischer Gelatine die gleichen sind, während die osmotischen Drucke von Ba- und Ca-Gelatinat unter den gleichen Bedingungen weniger als halb so hoch wie die der Metallgelatinate mit einwertigem Kation sind[1]). Dies gilt auch für die Metallsalze des krystallinischen Eieralbumins. Aus der Abb. 31 ergibt sich, daß die Kurven für den osmotischen Druck des NH_4- und Na-Albuminats bei gleichem p_H ungefähr die gleichen und etwa doppelt so hoch sind wie die Kurve für das Calciumalbuminat.

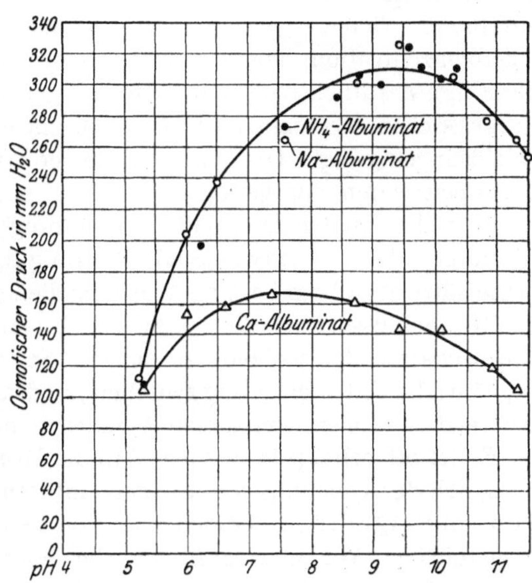

Abb. 31. Die osmotischen Drucke von NH_4-, Na- und Ca-Albuminat.

Ähnliche Ergebnisse wurden bei der Untersuchung des osmotischen Druckes der Metallcaseinate festgestellt.

All diese Versuche stimmen darin überein, daß nur die Valenz des Ions, das mit dem Protein verbunden ist, den osmotischen Druck der Verbindung bestimmt und daß die chemische Natur des Ions hierbei ohne Wirkung zu sein scheint. Diese Tatsache ist von der größten Bedeutung, denn sie konnte vorausgesagt werden, wenn das kolloidale Verhalten durch das Donnan-Gleichgewicht bedingt wird. Der Verfasser möchte hervorheben, daß diese Valenzregel experimentell festgestellt wurde, bevor er sich darüber im klaren war, daß die Wirkung der Elektrolyte auf den osmotischen Druck der Eiweißlösungen aus dem Donnan-Gleichgewicht hergeleitet werden kann.

[1]) Loeb, J.: Journ. of gen. physiol. Bd. 3, S. 85, 547. 1920/21.

B. Quellung.

In der kolloidchemischen Literatur ist allgemein festgestellt worden, daß feste Gelatineblöcke in Chloriden, Bromiden oder Nitraten mehr und in Citraten, Acetaten, Tartraten, Phosphaten und Sulfaten weniger als in Wasser quellen. Diese Tatsache hatte HOFMEISTER, ein Vorkämpfer auf diesem Gebiet, gefunden. Die Vernachlässigung der Wasserstoffionenkonzentration, von der man zu seiner Zeit noch nichts wußte, kann ihm natürlich nicht zum Vorwurf gemacht werden. Bei den HOFMEISTERschen Versuchen wurden Gelatinestücke in hochkonzentrierte Salzlösungen gelegt. Die Unterschiede der Wirkungen der verschiedenen Lösungen waren nur gering.

Er stellte weiter fest, daß Zuckerlösungen ebenso wie Lösungen bestimmter Salze eine entwässernde Wirkung haben, und schon diese Tatsache hätte den Chemikern als Warnung dienen sollen, aus diesen Experimenten Schlüsse über die spezifische Ionenwirkung auf physikalische Eigenschaften der Kolloide zu ziehen. Soweit der Verfasser orientiert ist, rührt die Unterscheidung zwischen „hydratisierenden" und „dehydratisierenden" Ionen von diesen Versuchen her.

Es ist oft behauptet worden, daß die HOFMEISTERschen Ionenreihen bezüglich der Quellung von anderen Autoren bestätigt worden sind. So wird auf S. 373 der „Kolloidchemie" von ZSIGMONDY (2. Aufl.) folgendes ausgeführt: „WO. OSTWALD, der die Wirkung verschiedener Säuren miteinander verglich, fand unter anderem, daß die Quellung in den Säuren nach folgender Reihenfolge abnimmt:

Salzsäure > Salpetersäure > Essigsäure > Schwefelsäure > Borsäure. FISCHER zeigt andererseits, daß die Säure- und Alkaliquellung der Gelatine wie auch die des Fibrins durch Salzzusatz herabgesetzt wird, und zwar wirken Chloride, Bromide und Nitrate viel weniger stark entquellend als Acetate, Sulfate oder Citrate. Wir haben hier eine ähnliche Reihe wie bei der Fällung von Eiweiß durch Alkalisalze, wenn auch die Reihenfolge mit der dort gegebenen nicht vollständig übereinstimmt."

Nach der Auffassung des Verfassers müssen OSTWALDS und FISCHERS Versuche anders gedeutet werden, als es ZSIGMONDY tat, denn die Autoren haben die Wasserstoffionenkonzentration ihrer Gele nicht berücksichtigt. Nach unseren Versuchen ist die Notwendigkeit offenbar geworden, bei Erörterungen, die die relativen Ionenwirkungen betreffen, Experimente zugrunde zu legen, bei welchen die Eiweißlösungen oder -gele gleiche Wasserstoffionenkonzentration aufweisen. OSTWALD hat diese Forderung nicht erfüllt, und er hat dann auch nur nachgewiesen, daß Essigsäure und Borsäure schwächere Säuren als Salpetersäure sind, aber nicht, daß die Acetat- und Borationen die Quellung der Gelatine in höherem Maße als Nitrationen vermindern; FISCHER hat nur bewiesen, daß Citrate und Acetate Puffersalze sind, die bei Zusatz zu der Lösung einer starken Säure deren Wasserstoffionenkonzentration verringern, aber nicht, daß Acetat- und Citratanionen die Quellung der Gelatine stärker vermindern als Cl'- oder NO_3'-Ionen. Beide Autoren haben irrtümlich Erscheinungen, die durch die Variation des p_H zustande kommen, als Wirkungen der chemischen Natur des Anions aufgefaßt. Die HOFMEISTERschen Reihen für die Ionenwirkung auf die Quellung haben in Wirklichkeit niemals eine Bestätigung erfahren. Wollen wir die spezifische Ionenwirkung auf die Quellung untersuchen, so müssen wir von fester isoelektrischer Gelatine ausgehen, sie durch Zusatz verschiedener Säuren oder Basen auf bestimmtes anderes p_H bringen und die Quellung der Gele bei gleichem p_H vergleichen. Im zweiten Teil des Buches werden wir sehen, daß die Quellung von der Konzentration der Protein*ionen* innerhalb des Gels abhängt und diese letztere wieder sich nach dem p_H innerhalb des Gels bei eingestelltem Gleichgewicht richtet. Deshalb müssen die Wirkungen verschiedener Säuren bei gleichem p_H des Gels verglichen werden. Hält man diese Bedingung ein, so findet man, daß nur die Valenz eines Säureanions die Quellung der Gelatine beeinflußt, und daß die Valenz des Säureanions hier ähnlich wirkt wie beim osmotischen Druck.

Die genaueste Methode zur Bestimmung des Quellungsgrades der Gelatine besteht in dem Wiegen der Gelatine zu Beginn und am Ende des Versuches. Frühere Untersucher verwendeten dicke Gelatineblöcke; aber man muß tagelang warten, bis das Quellungsmaximum erreicht ist. Ferner kann in einer derart langen Zeit auch Gelatine in Lösung gehen, wobei dann nicht ausgeschlossen ist, daß die Natur des Anions einen beträchtlichen Einfluß auf die Löslichkeit ausübt. Experimente über die Quellung von Gelatineblöcken können demnach wegen dieser Fehlerquellen nicht als Unterlage einer Theorie dienen. Wir haben die Gelatine in fein gepulvertem Zustand von definierter Körnchengröße verwendet, die Teilchen passierten ein Sieb, dessen Lochdurchmesser $^1/_{30}$ Zoll betrug, dagegen nicht ein solches mit einem Lochdurchmesser von $^1/_{60}$ Zoll. Solche Teilchen quellen in zwei Stunden maximal. Bei einer Versuchstemperatur von 15° geht beträchtlich weniger als 5% der Gelatine in Lösung. Nach einer zweistündigen Einwirkungsdauer der Säure bei 15° wurde das Gelatinepulver auf ein Filter gebracht, von der Lösung getrennt und das Gewicht des Gelatinerückstandes bestimmt. Die so erzielten Resultate waren zuverlässiger als die nach den alten Methoden mittels fester Blöcke oder durch Abschätzen des Quellungsgrades aus dem Volumen der gepulverten Gelatine.

Ein reichlicher Vorrat gepulverter Gelatine von der erwähnten Körnchengröße wurde nach der im Kapitel 2 beschriebenen Methode isoelektrisch gemacht. 8 g des feuchten isoelektrischen Pulvers enthielten 1 g trockene isoelektrische Gelatine. Dieser Gelatineschlamm, der sich im Gleichgewicht mit Wasser befand und feucht in einem Eisschrank bei ungefähr 3° aufbewahrt wurde, diente als Ausgangsmaterial. Nun wurden Portionen von je 8 g, die also ungefähr 1 g trockener isoelektrischer Gelatine entsprachen, dem Vorrat entnommen, in Bechergläser gebracht und 18 Stunden bei 15 – 16° in eine feuchte Kammer gestellt. Dann wurden die Gelatineportionen zu je 150 ccm wässeriger Lösungen mit variiertem Gehalt an n/10-Säuren zugesetzt und unter häufigem Umrühren 2 Stunden bei 15° belassen. Nun wurde die Gelatine durch Baumwolle unter Verwendung gewogener Trichter von der Lösung abfiltriert. Nachdem die Flüssigkeit völlig abgetropft war, wurde das Gewicht des Rückstandes festgestellt. Schließlich wurde die Gelatine bei 50° geschmolzen, auf 25° abgekühlt und ihr p_H elektrometrisch bestimmt. Sämtliche Arbeiten, ausgenommen die p_H-Messungen, wurden in einem konstant auf 15° temperierten Zimmer vorgenommen. Als Kontrolle wurde mit jeder Versuchsreihe eine Gelatineprobe unter Zusatz von 9 ccm n/10-HCl in 150 ccm Wasser mitgeführt. Das p_H dieser Kontrolle betrug für das Gel 3,19. Das Gewicht der gequollenen Gelatine schwankte im wesentlichen zwischen 34 und 36 g; der niedrigste Wert betrug 32,3, der höchste 37,8 g. Die Wirkung der vier Säuren HCl, H_3PO_4, Oxalsäure und Schwefelsäure auf die Quellung der Gelatine geht aus der Abb. 32 hervor. Die Kurven für Salzsäure und Phosphorsäure sind identisch, die Oxalsäurekurve liegt etwas tiefer, und ihr Unterschied gegen die erste ist bei p_H-Werten unter 3,0 kleiner als bei p_H-Werten über 3,0; die Schwefelsäurekurve liegt beträchtlich tiefer als die

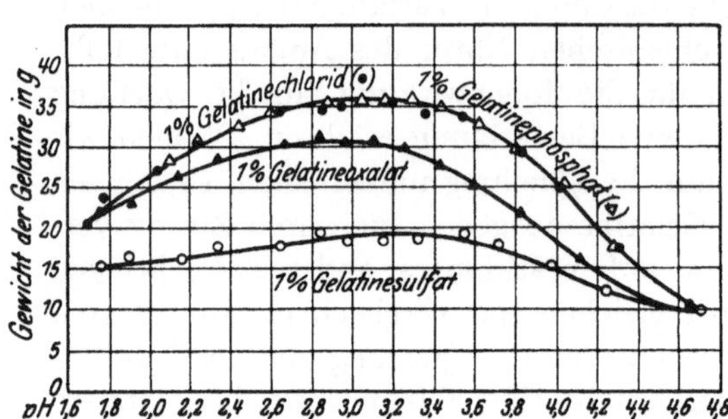

Abb. 32. Die Wirkung des p_H und der Anionenvalenz auf die Quellung der Gelatine.

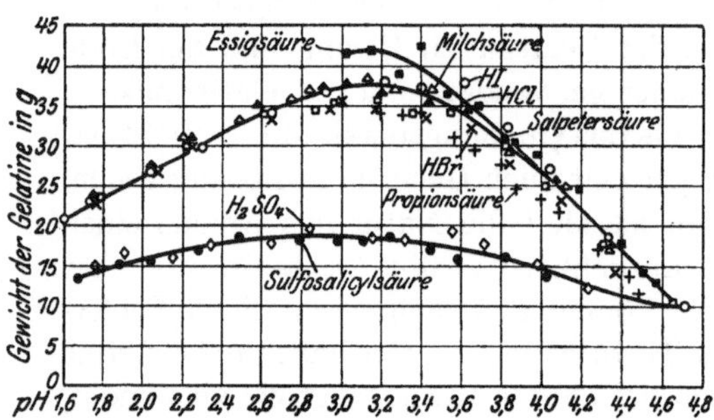

Abb. 33. Die Valenzregel und die Quellung von Gelatinegelen unter dem Einfluß von Säuren.

beiden anderen. Der Einfluß dieser vier Säuren auf die Quellung entspricht ganz und gar ihrem Einfluß auf den osmotischen Druck, denn nur die Valenz, aber nicht die chemische Natur des Anions ist hierbei von Bedeutung.

Folgende Versuche bestätigen weiter die Richtigkeit der Valenzregel. In der Abb. 33 sind die unter Verwendung verschiedener Säuren gewonnenen Ergebnisse derart eingetragen, daß die Abszissen das p_H des Gels am Schluß des Versuches, die Ordinaten das schließliche Gewicht der gequollenen Gelatine bedeuten. Die Werte für die Wirkung von sieben einbasischen Säuren, nämlich HCl, HBr, HI, HNO_3, Propionsäure und Milchsäure, liegen innerhalb der Versuchsfehlergrenzen auf der gleichen Kurve. Das Maximum beträgt 36 g und liegt innerhalb der Schwankungen, welche die erwähnte Gelatinesalzsäurekontrolle zeigte. Nur Essigsäure hat ein etwas höheres Maximum von ungefähr 42 g bei $p_H = 3{,}2$. Diesem abnormen Verhalten der Essigsäure bei den Quellungsversuchen entspricht keine Abweichung bei den Versuchen über die Membranpotentiale oder den osmotischen Druck, bei welchem nur die isolierten Gelatineionen eine Rolle spielen. Deshalb ist der Verdacht gerechtfertigt, daß der exzessive Einfluß auf die Quellung durch Verminderung der Kohäsion des Gels wegen der großen, zum Ansäuern auf p_H 3,2 oder p_H 3,0 notwendigen Essigsäuremenge zustande kommt.

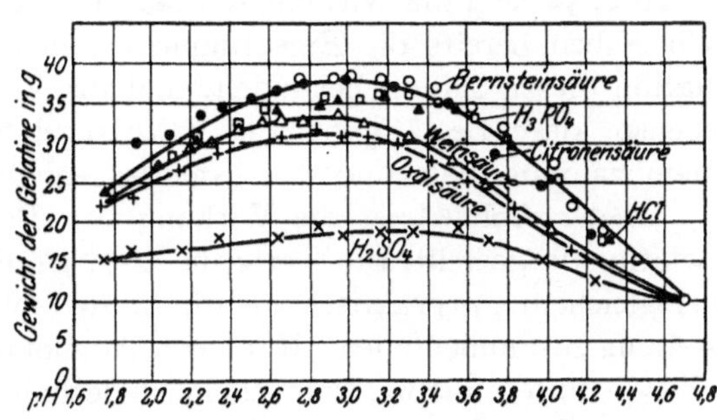

Abb. 34. Die Wirkung schwacher 2- und 3basischer Säuren auf die Quellung.

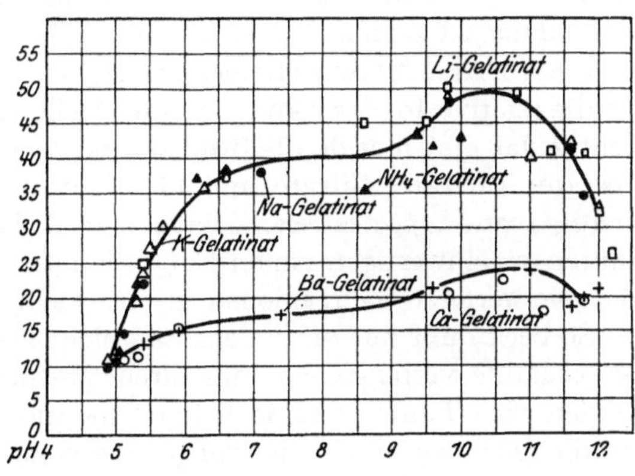

Abb. 35. Die Wirkung verschiedener Basen auf die Quellung von Gelatine. Die Kurven für LiOH, NaOH, KOH, NH_4OH sind praktisch identisch und etwa doppelt so hoch wie die für $Ca(OH)_2$ und $Ba(OH)_2$. Die Ordinaten bedeuten das relative Gelvolumen.

Die starken zweibasischen Säuren H_2SO_4 und Sulfosalicylsäure wirken ebenfalls gleichartig, das Maximalgewicht beträgt nur 18 g, also etwa nur halb soviel wie das Maximalgewicht der Gelatine bei Gegenwart von Salzsäure. Das Maximum liegt bei einem p_H des Gels von etwa 3,0 bis 3,2.

Diese Versuche ergeben, daß nur die Valenz, dagegen nicht die chemische Natur der Säure die Quellung der Gelatine beeinflußt.

Abb. 34 zeigt die Wirkung schwacher zwei- und dreibasischer Säuren. Wir haben bereits die Eigentümlichkeiten der elektrolytischen Dissoziation dieser Säuren behandelt, und ihr Verhalten hier bedeutet eine ebenso klare Bestätigung der Valenzregel wie ihre Wirkung auf die Membranpotentiale und den osmotischen Druck.

In der Abb. 35 ist die Wirkung von Basen auf die Quellung der Gelatine dargestellt. Die Werte für Li-, Na-, K- und NH_4-Gelatinat sind bei gleichem p_H praktisch identisch, so daß die Kurven in der Darstellung zusammenfallen. Nur beim Ammonium sind die Werte bei p_H über 8,5 unregelmäßig, wahrscheinlich deshalb, weil die NH_4OH-Mengen, die man braucht, um eine Gelatinelösung auf dieses p_H zu bringen, ziemlich groß sind. Das Hauptergebnis ist, daß der Betrag der maximalen Quellung der Gelatinesalze bei zweiwertigem Kation ($Ca^{\cdot\cdot}$ oder $Ba^{\cdot\cdot}$) beträchtlich geringer ist als bei einwertigen Kationen, wie $Na^{\cdot}$, $K^{\cdot}$ oder $NH_4^{\cdot}$ [1]). Dies stimmt mit den Ergebnissen der Titrationsversuche überein, nach welchen Kalk- und Barytwasser sich mit Gelatine in äquivalenten Proportionen verbinden. Das Kation der Gelatineverbindung ist demnach hier zweiwertig[2]).

Die HOFMEISTERschen Reihen sind demnach nicht der richtige Ausdruck für die relative Ionenwirkung auf die Quellung der Gelatine. Es ist nicht richtig, daß die Chloride, die Bromide und die Nitrate „hydratisieren", die Acetate, Tartrate, Citrate und Phosphate „dehydratisieren". Berücksichtigt man das p_H des Gels, so findet man, daß bei gleichem p_H des Gels alle Säuren mit einwertigem Anion die Quellung im gleichen Maße beeinflussen. Bei zweiwertigen Säureanionen ist die Quellung beträchtlich kleiner.

So beeinflußt nur die Valenz und nicht die chemische Natur des mit der Gelatine verbundenen Ions ihren Quellungsgrad. Im zweiten Teil werden wir erfahren, daß nach PROCTER und WILSON die Säurewirkung auf die Quellung durch Änderungen des osmotischen Druckes innerhalb des Gels wegen des Auftretens eines Donnan-Gleichgewichtes zustande kommt, und daß die Kräfte, die der Quellung entgegenwirken, die zwischen den Proteinmolekülen des Gels wirksamen Kohäsionskräfte sind. Es liegt auf der Hand, daß das Anion einer Säure sowohl das Donnan-Gleichgewicht zwischen dem Lösungsmittel innerhalb und außerhalb des Gels als auch die Kohäsionskräfte zwischen den Teilchen be-

[1]) LOEB, J.: Journ. of gen. physiol. Bd. 3, S. 247. 1920/21.

[2]) Bei diesen Versuchen wurde eine andere Methode befolgt, als für die Säureversuche angegeben ist. Daher können diese Versuche nicht dazu dienen, die relativen Säurewirkungen mit den Alkaliwirkungen zu vergleichen.

einflussen könnte. Dieser zweite Faktor kann bei der Gelatinequellung so gut wie vernachlässigt werden; arbeitet man aber mit festen Caseinteilchen, so wird seine Bedeutung ersichtlich. Caseinkörnchen quellen und lösen sich zwar in Salzsäure, aber nicht in Trichloressigsäure, auch löst sich Casein besser in Salz- als in Salpetersäure. Diese Anionenwirkung auf Löslichkeit und Kohäsion muß streng von der Säurewirkung auf kolloidale Eigenschaften getrennt werden, denn die Löslichkeit ist eine Eigenschaft sowohl der Krystalloide wie der Kolloide.

Die alten Autoren, die davon überzeugt waren, daß die HOFMEISTERschen Ionenreihen die Wirkung der Säuren auf die Quellung wiedergeben, hatten die Bestimmung des p_H des Gels unterlassen und hielten daher die Wirkung von p_H-Differenzen für spezifische Wirkungen der Säureanionen. Zu welchen Fehlschlüssen man auf diese Weise gelangen kann, geht besonders deutlich aus einer neuen Arbeit[1]) aus dem Physikalisch-Chemischen Laboratorium in Leipzig hervor, deren Autor nachweisen will, daß die Wirkung verschiedener Säuren auf die Quellung der Gelatine nichts mit der Valenz, sondern mit der chemischen Natur des Säureanions zu tun hat: d. h. die HOFMEISTERschen Reihen sollten bestätigt werden. KUHN berechnet die Wasserstoffionenkonzentration seiner Proteingele nach den Tabellen von KOHLRAUSCH, als ob das p_H bei Gegenwart von Eiweißkörpern sich ebenso verhielte wie in einer wässerigen eiweißfreien Lösung, was allen Tatsachen widerspricht. KUHN hat ferner völlig übersehen, daß die Bedingungen für die Ausbildung eines Donnan-Gleichgewichtes vorliegen und dass das p_H innerhalb des Gels ganz anders sein muß als das der Außenflüssigkeit. Wenn man Vergleiche anstellen will, muß man aber das p_H im Innern des Gels nach eingestelltem Gleichgewicht kennen. Weiterhin hat KUHN es übersehen, daß man erst die Gelatine isoelektrisch machen muß, bevor man Säure zusetzt, weil man sonst aus den zugesetzten Säuremengen nichts für die Wasserstoffionenkonzentration der Eiweißlösungen entnehmen kann. Schließlich muß man darauf bestehen, die Aktivitätskoeffizienten (d. h. das p_H) einzuführen, denn nur diese und nicht die Leitfähigkeitsbeträge sind der wahre Ausdruck für die relative Wirkung der Säuren. Man braucht kaum noch hervorzuheben, daß aus so unkritischen Experimenten, wie aus denen von KUHN, Schlüsse nicht gezogen werden dürfen. Ähnliche Irrtümer sind anderen Untersuchern unterlaufen, die die HOFMEISTERschen Reihen zu bestätigen glaubten.

C. Viscosität.

Die Valenzregel, die uns den relativen osmotischen Druck der Eiweißlösungen vorauszusagen gestattet, gilt auch für die Viscosität der Gelatinelösungen.

[1]) KUHN A.: Kolloidchem. Beih. Bd. 14, S. 148. 1921/22.

Zuerst wollen wir den Einfluß der Gelatine auf die Viscosität des Wassers erläutern[1]). Wir bereiteten eine 4proz. Vorratslösung isoelektrischer Gelatine, erhitzten einen Teil dieser Lösung auf 45° und füllten mit Wasser auf, so daß eine 1,6proz. Lösung entstand, deren Quantum so bemessen war, daß sie den täglichen Bedarf deckte. Sie wurde den Tag über bei 24° gehalten. Zu 50 ccm dieser Lösung wurde die gewünschte Säure- oder Alkalimenge gegeben und mit destilliertem Wasser auf 100 ccm aufgefüllt. Die nunmehr 0,8proz. Lösung wurde dann rasch auf 45° erhitzt, eine Minute bei dieser Temperatur belassen und rasch auf 24° wieder abgekühlt. Während dieser Vorgänge wurde die Lösung ununterbrochen gerührt. Unmittelbar nachdem die Temperatur von 24° wieder erreicht war, wurde stets bei der gleichen Temperatur die Viscosität mittels des OSTWALDschen Viscosimeters gemessen. Bei destilliertem Wasser betrug die Ausflußzeit bei 24° genau eine Minute. Jede Bestimmung der Viscosität wurde mit der gleichen Gelatinelösung noch einmal wiederholt; zu Anfang und am Ende einer Versuchsreihe wurde außerdem noch die Viscosität der isoelektrischen Gelatine bestimmt, bei welcher die Zeiten stets auf 1 Sekunde genau übereinstimmten und nur zwischen 80 und 81 Sekunden schwankten. Die Versuche sind also gut reproduzierbar.

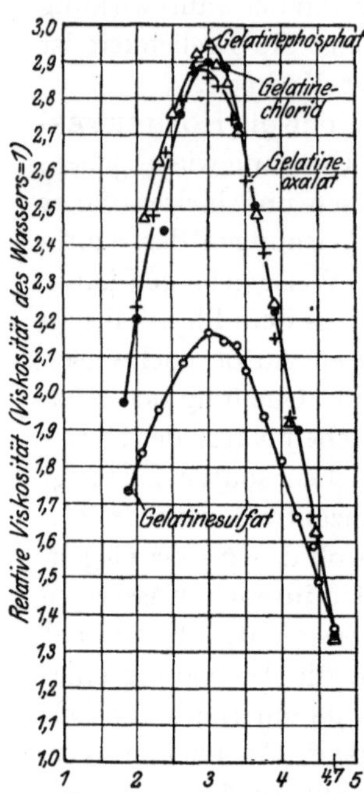

Abb. 36. Die Kurven zeigen die Änderungen der Viscosität von 0,8proz. Lösungen ursprünglich isoelektrischer Gelatine bei verschiedenem p_H. Beim Gelatinechlorid, -phosphat und -oxalat sind die Kurven so gut wie identisch und beträchtlich höher als beim Gelatinesulfat.

Die Ergebnisse können in kurzen Worten geschildert werden. Abb. 36 enthält die Kurven der relativen Viscosität 0,8proz. Lösungen von Gelatinechlorid, -sulfat, -oxalat und -phosphat. Die Abszissen sind wieder das p_H der Gelatinelösungen. Die Ordinaten sind die relativen Viscositäten, d. h. die für die Gelatinelösungen erforderlichen Ausflußzeiten dividiert durch die Ausflußzeit des Wassers. Die Kurven für die vier Säuren steigen sämtlich mit zunehmender Wasserstoffionenkonzentration vom isoelektrischen Punkt aus steil an, erreichen bei einem p_H von 3,0 oder etwas darüber ein Maximum und senken sich dann wieder.

[1]) LOEB, J.: Journ. of gen. physiol. Bd. 3, S. 85. 1920/21.

Die Kurven für die drei Salze Gelatinechlorid, -oxalat und -phosphat stimmen praktisch überein, während die Kurve für Gelatinesulfat beträchtlich tiefer liegt.

Die Abb. 37 enthält die Kurven für die Viscosität der Gelatinesalze mit Citronensäure, Weinsäure und Bernsteinsäure. Sie fallen praktisch zusammen und stimmen mit den Kurven des Gelatinechlorids und des Gelatinephosphates der Abb. 36 fast überein.

Abb. 38 gibt die Kurven der Viscosität 0,8 proz. Lösungen ursprünglich isoelektrischer Gelatine nach dem Zusatz von Essigsäure sowie

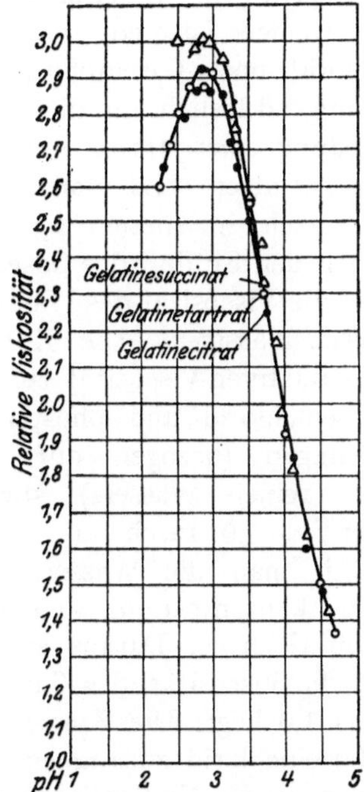

Abb. 37. Relative Viscosität von Gelatinesuccinat, -tartrat und -citrat.

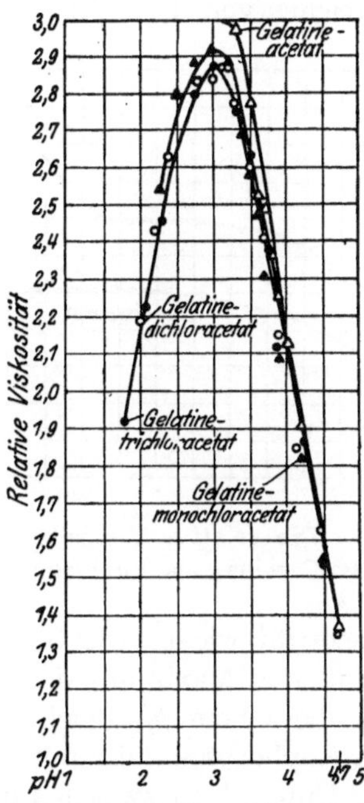

Abb. 38. Relative Viscosität von Gelatine-mono-, di-, -trichloracetat.

von Mono-, Di- und Trichloressigsäure wieder. Sie stimmen wiederum mit den Gelatinechlorid- und -phosphatkurven überein, nur liegt die Kurve der Essigsäure etwas höher als die der übrigen. Dies abweichende Verhalten der Essigsäure wurde auch bei der Quellung bemerkt, aber nicht beim osmotischen Druck. Die Säurewirkung auf die Viscosität der Gelatine ist in Wirklichkeit eine Wirkung auf die Quellung kleiner Gelaggregate in der Lösung, wie wir im zweiten Teil des Buches zeigen werden. Demnach könnte die exzessive Wirkung hoher Essigsäurekonzentrationen auf die Viscosität durch die gleichen Ursachen bedingt sein wie ihr abweichendes Verhalten bei der Quellung. Durch die bestehende hohe Konzentration nichtdissoziierter Säuremoleküle kommen sekundäre Wirkungen zustande, die möglicherweise die Kohäsionskräfte des Gels modifizieren.

Aus den Titrationskurven bei Alkalien hat sich ergeben, daß Calcium und Barium sich mit Proteinen nach äquivalenten Proportionen verbinden und wir müssen demnach erwarten, daß die Viscositätskurven für Ba- und Ca-Proteinate tiefer liegen als die für Li-, Na-, K- und NH_4-Proteinate. Wir fanden, daß dies in der Tat der Fall ist.

Bei Versuchen über die Viscosität von Caseinlösungen muß man den Löslichkeitsgrad der Caseinsalze berücksichtigen. Innerhalb des p_H-Bereiches von 4,7—3,0 oder noch etwas weniger ist weder Caseinchlorid noch Caseinphosphat genügend löslich, um die Herstellung einer 1proz. Lösung zu gestatten, und man kann demnach in diesem p_H-Bereich den Einfluß des Caseins auf die Viscosität des Wassers vernachlässigen. Die Kurve der relativen Viscosität 1proz. Caseinchlorid- und -phosphatlösungen (bezogen auf die des reinen Wassers) steigt bei p_H 3,0 rasch an. Erhöht man die Wasserstoffionenkonzentration, so sinkt die Viscosität wieder wie bei der Kurve für Gelatine. Daraus ergibt sich, daß das Maximum der Wirkung auf die Viscosität des Caseinchlorids bei einem p_H gleich oder größer als 3,0 liegt. Die Kurve für das Caseinphosphat fällt mit der für das Caseinchlorid zusammen.

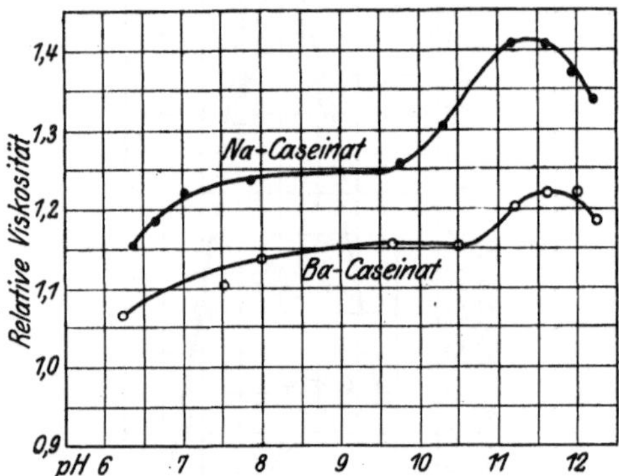

Abb. 39. Die relative Viscosität von Na- und Ba-Caseinat als Funktion des p_H.

Der Unterschied zwischen der Viscositätskurve für Na-Caseinat und für Ba-Caseinat (Abb. 39) ist ebenfalls ähnlich wie bei den entsprechenden Gelatinesalzen.

Bei krystallinischem Eiereiweiß beeinflussen Säuren und Alkalien die Viscosität nur wenig, solange die Temperatur und die Konzentration des Albumins nicht zu hoch ist. Diese Tatsache, die von großer theoretischer Bedeutung ist, wird noch in einem späteren Kapitel behandelt werden.

Die Ergebnisse all dieser Versuche können in folgender Weise zusammengefaßt werden. Setzt man Säuren zu einer Lösung oder zu einem Gel von isoelektrischem Protein, so ändern sich in ähnlicher Weise bei den Lösungen der osmotische Druck und (bei manchen Proteinen) die Viscosität und bei den Gelen die Quellung. Die Werte dieser drei Eigenschaften steigen mit zunehmender Wasserstoffionenkonzentration erst bis zu einem Maximum, dem bei weiterer Verminderung des p_H ein Absinken folgt. Sämtliche Säuren mit einwertigen Anionen wirken quantitativ gleich, wenn man ihre Wirkung bei gleichem p_H der Eiweißlösung oder des Eiweißgels in Betracht zieht; die zweibasischen Säuren wirken untereinander ebenfalls gleich, aber sie beeinflussen die drei Eigenschaften in beträchtlich geringerem Maße als die einbasischen. Somit ergibt sich, daß nur die Valenz, dagegen nicht die chemische Natur eines Säureanions diese drei Eigenschaften der Proteine beeinflußt. Dieses Ergebnis steht im Widerspruch zu den sogenannten HOFMEISTERschen Ionenreihen, deren Aufstellung nur durch einen methodischen Fehler möglich war. Die früheren Autoren hatten nämlich die Wasserstoffionenkonzentration der Proteinlösungen oder -gele nicht bestimmt und konnten demnach auch die Wirkungen der Säuren auf Eiweißlösungen oder Eiweißgele nicht bei gleichem p_H miteinander vergleichen. Die Valenzregel ist für die Theorie des kolloidalen Verhaltens von der größten Bedeutung, denn sie zwingt zu dem Schluß, daß das kolloidale Verhalten durch Donnan-Gleichgewichte bedingt ist, die als elektrostatische Gleichgewichte nur von der Valenz, aber nicht von den sonstigen chemischen Eigenschaften eines Anions abhängen. Was für die Wirkungen der Säuren gilt, ist mutatis mutandis auch für die Wirkung der Alkalien auf isoelektrisches Protein zu übertragen.

Achtes Kapitel.

Die Beeinflussung der physikalischen Eigenschaften durch Neutralsalze.

1. Die Wirkungen von Säuren, Alkalien und Salzen auf Proteine.

Der strengste Beweis für die angebliche Existenz spezifischer Ionenwirkungen auf Proteine (außer denen, die durch die Valenz des Ions bedingt sind), schien durch Versuche über den Einfluß neutraler Salze auf den osmotischen Druck, die Quellung und die Viscosität von Proteinlösungen erbracht zu sein.

Eine Reihe von Autoren hatte bemerkt, daß Neutralsalze die physikalischen Eigenschaften der Proteine anders als Säuren und Basen beeinflussen. Diese Unterschiede zu präzisieren ist mehrfach versucht worden. Manche glauben, daß Neutralsalze „Adsorptionsverbindungen“ mit „elektrisch neutralen“ (d. h. also nichtionisierten) Proteinmolekülen bilden, bei welchen gleichzeitig eine Adsorption beider Ionen des Salzes an dem „neutralen“ Proteinmolekül angenommen wurde[1]). Diese Vorstellung über die Wirkung von Salzlösungen ist nicht länger haltbar (solange die Salzkonzentrationen nicht zu hoch sind), denn die im zweiten Kapitel angeführten Versuche mit gepulverter Gelatine haben gezeigt, daß (praktisch) nur eins der beiden Ionen eines Neutralsalzes sich unter bestimmten Bedingungen mit einem Protein verbinden kann. Gelatine kann sich in ihrem isoelektrischen Punkt, d. h. bei $p_H = 4{,}7$, praktisch mit keinem der beiden Ionen eines Neutralsalzes verbinden. Steigt das p_H über 4,7, so kann nur das Metallion mit der Gelatine in Verbindung treten und so Metallgelatinat bilden. Bleibt das p_H unterhalb 4,7, so ist nur das Anion des Neutralsalzes imstande, sich mit dem Protein zu verbinden, d. h. Gelatinesäuresalze zu bilden.

R. S. LILLIE[2]) hat festgestellt, daß im Gegensatz zu Säuren und Basen, die den osmotischen Druck von Gelatinelösungen erhöhen, Neutralsalze ihn erniedrigen. Obgleich diese Feststellung auf Tatsachen beruht, die wirklich von LILLIE beobachtet sind, ist sie doch nicht völlig korrekt, und zwar deshalb nicht, weil die Wasserstoffionenkonzentration der Gelatinelösung nicht berücksichtigt wurde. Wir werden zeigen, daß Säurezusatz zu einer Gelatinelösung mit einem p_H von 2,5 oder darunter ebenso wirkt wie Zusatz eines Neutralsalzes, daß dann nämlich der osmotische Druck sinkt, und daß bei Zusatz etwa von KOH zu einer Metallgelatinatlösung mit einem p_H von 11,0 oder darüber in ähnlicher Weise eine Verminderung des osmotischen Druckes zustande kommt, als wenn wir KCl zugesetzt hätten.

Ebenfalls wird eine Verminderung des osmotischen Druckes bemerkt, wenn man etwas Säure einer Lösung von Metallgelatinat oder etwas Alkali einer Lösung von Gelatinesäuresalzen zusetzt, denn in beiden Fällen wird die Reaktion der Lösung dem isoelektrischen Punkt der Gelatine genähert.

Es ist demnach nicht korrekt, von einem Antagonismus zwischen den Wirkungen der Säuren und der Salze zu sprechen, denn die erwähnten Vorgänge zeigen, daß auch zwischen wenig und viel Säure ein Antagonismus besteht. Beträgt z. B. das p_H einer Gelatinesäuresalzlösung 3,0, so vermindert weiterer Zusatz der gleichen Säure den osmotischen Druck oder die Viscosität. Es handelt sich jetzt darum, diese Vorgänge in der richtigen Weise zu beschreiben.

Wir wollen annehmen, daß die Proteinlösung das p_H des isoelektrischen Punktes aufweist und daß Salzsäure zugefügt wird. Hierbei

---

[1]) PAULI, W.: Fortschr. d. naturwiss. Forschung Bd. 4, S. 223. 1912.
[2]) LILLIE, R. S.: Americ. journ. of physiol. Bd. 20, S. 127. 1907/08.

verwandelt sich das nichtionisierte Protein in Salz, und zwar um so reichlicher, je mehr Säure zugesetzt wird. Diese Salzbildung findet ihren Ausdruck in der Zunahme des osmotischen Druckes, der Quellung und der Viscosität. (Diese rein tatsächlichen Angaben entsprechen denen von LAQUEUR und SACKUR und von PAULI. Die Erklärung dieser Autoren läßt außer acht, daß sich diese Tatsachen am einfachsten als Begleiterscheinungen der Ionisation des Proteins deuten lassen. Wie wir im zweiten Teil zeigen werden, ist die Änderung der Ionisation der Grund für die Änderungen des kolloidalen Verhaltens.) Gleichzeitig wirkt das Anion der Säure in entgegengesetztem Sinne, d. h. depressorisch. Durch Zusatz von Säure zu isoelektrischem Protein kommen demnach zwei entgegengesetzt gerichtete Wirkungen auf den osmotischen Druck, die Viscosität und die Quellung der Proteine zustande, nämlich erstens eine vermehrende Wirkung wegen der reichlicheren Bildung von Proteinsalz mit zunehmender Wasserstoffionenkonzentration und zweitens eine vermindernde Wirkung, die durch das Anion, in unserem Beispiel Cl', bedingt ist. Die vermehrende Wirkung wächst anfangs rascher an als die vermindernde Wirkung, aus dem Grunde, weil bei Zusatz von wenig Säure zu isoelektrischem Protein sich Proteinsalz bildet. Nähert sich indessen das p_H der Lösung dem Wert 3,0, so wird der vermehrende Einfluß, der auf der Bildung neuen Gelatinechlorids beruht, bei abnehmendem p_H weniger rasch ansteigen, als die vermindernde Wirkung des Anions zunimmt, und daher überwiegt schließlich, wenn noch mehr Säure zugesetzt wird, die vermindernde Wirkung des Chlorions über die vermehrende Wirkung des H˙-Ions.

Setzt man eine Base, z. B. NaOH, einer isoelektrischen Proteinlösung, z. B. einer Gelatinelösung, zu, so geht zuerst mehr von dem nichtionisierten Protein in das ionisierte Metallproteinat, hier also in Natriumgelatinat, über. So steigt osmotischer Druck, Viscosität und Quellung rasch wegen der Konzentrationszunahme des ionisierten Proteins an. Der Mechanismus dieses Zusammenhanges wird später erläutert. Das Kation der Base, also das Natriumion, drückt die Werte der drei Eigenschaften herab, und diese depressorische Wirkung wird erkennbar, wenn das p_H einen bestimmten Wert überschreitet. Ist dieser erreicht, so nimmt auf weiteren Alkalizusatz die diese drei Eigenschaften herabsetzende Wirkung des Kations (also des Na˙) rascher zu als die sie begünstigende Wirkung des OH'-Ions.

Setzt man indessen einer Proteinlösung oder einem Proteingel ein Salz zu, so kann der osmotische Druck oder die Viscosität der Lösung oder die Quellung des Gels nicht vermehrt werden, denn irgendeine Vermehrung dieser Eigenschaften kann nur durch eine Zunahme der Ionisation des Proteins bedingt sein. Durch Versuche über Kataphorese von Proteinteilchen[1]) sowie über Osmose durch Gelatineschichten[2]) ist es erwiesen, daß Zusatz von Neutralsalzen, wie LiCl, NaCl, KCl, $MgCl_2$, $CaCl_2$, $SrCl_2$, $BaCl_2$, Na_2SO_4, zu isoelektrischem Protein weder Bildung von Proteinsalz noch von Proteinionen veranlaßt, wenn nur das p_H der Lösung auf dem isoelektrischen Punkt bleibt. Versuche über Membranpotentiale, die im zweiten Teil dieses Buches besprochen werden sollen, haben diese Ansicht bestätigt. Ist es richtig, daß die vermehrende Wirkung der Säuren und der Basen auf osmotischen Druck und Viscosität der Proteinlösungen und auf die Quellung von Proteingelen durch die Bildung von Proteinionen bedingt ist, so durften erwartungsgemäß Salze, wie NaCl und Na_2SO_4, den osmotischen Druck bei Lösungen isoelektrischer Gelatine oder anderer isoelektrischer Proteine nicht vermehren, und sie lassen ihn tatsächlich auch unverändert[3]). Nur Salze mit drei- oder vierwertigen Ionen vermehren den osmotischen Druck in ganz geringem Maße bei Lösungen isoelektrischer Gelatine; wahrscheinlich ändert sich jedoch hierbei das p_H etwas[4]). Andererseits muß Zusatz von NaCl oder $CaCl_2$ usw. zu einer Gelatinechloridlösung vom p_H 3,0, die einen relativ hohen osmotischen Druck hat, ein Absinken dieses Druckes bewirken, weil die Anionenkonzentration in der Proteinsalzlösung durch den Zusatz ebenso vermehrt wird, als wenn man noch mehr Salzsäure zugesetzt hätte. Ebenso wirkt Zusatz dieser Salze zu Natriumgelatinatlösung vom p_H 11,0 oder 12,0. Der hohe osmotische Druck einer solchen Lösung wird durch den Zusatz der Natriumionen des Salzes ebenso herabgesetzt wie durch die Natriumionen eines NaOH-Zusatzes. Die folgenden Experimente beweisen die Richtigkeit dieser Schlußfolgerung.

Es wurde eine ungefähr 1,6proz. Lösung isoelektrischer Gelatine hergestellt und auf ein p_H von 4,0 gebracht. Dann wurde die Lösung auf einen Gehalt von 0,8% in bezug auf isoelektrische Gelatine in der Weise eingestellt, daß zu 50 ccm der Ausgangslösung entweder 50 ccm Wasser oder das gleiche Volumen einer Salzlösung, z. B. Kochsalzlösung, von verschiedener, zwischen m/8192 bis 1 m abgestufter molarer Konzentration zugefügt wurde; die Wasserstoffionenkonzentration wurde dabei sorgfältig unverändert erhalten. Nun wurde die Ausflußgeschwindigkeit durch ein Viscosimeter nach der im fünften Kapitel beschriebenen Methode bestimmt, diese Zeit durch die für destilliertes Wasser erforderliche dividiert und die so erhaltenen Beträge als Ordinaten über den p_{Cl}-Werten als Abszissen eingetragen (die untere Kurve der Abb.40). Die Ordinatenwerte bedeuten die relative Viscosität. Der Zusatz des

---

[1]) Loeb, J.: Journ. of gen. physiol. Bd. 5, S. 395. 1922/23. [2]) Derselbe, Bd. 4, S.463. 1921/22. [3]) Derselbe: Bd.4, S.741. 1921/22. [4]) Derselbe: Bd. 5, S.505. 1922/23.

NaCl bedingt ein Abfallen der Viscosität, eine Erhöhung findet nicht statt.

Mischt man indessen die 1,6proz. Stammlösung vom $p_H = 4{,}0$ mit verschieden konzentrierten Salzsäurelösungen (die obere Kurve der Abb. 40), so steigt die Viscosität anfangs und fällt erst, wenn die Konzentration des Chlorions etwas über n/1000 ansteigt. In der Abb. 40 liegt der Knick bei einer Salzsäurekonzentration von ungefähr n/256. Nun muß man aber daran denken, daß sich ja ein Teil der Säure mit der Gelatine verbunden hat und das p_H der Lösung nur etwa 3,0 beträgt. Das heißt also: Vermehrung der H˙-Ionen vermehrt die Viscosität einer Gelatinechloridlösung vom $p_H = 4{,}0$ wegen der vermehrten Bildung von Gelatinechlorid, der Zusatz der Natriumionen hat nicht diese Wirkung, dagegen vermindert das Chlorion die Viscosität in beiden Fällen, gleichgültig ob man NaCl oder HCl zusetzt, und zwar ist diese vermindernde Wirkung des Chlorions um so stärker, je größer seine Konzentration ist. Ferner hört die Viscositätsvermehrung unter dem Einfluß der H˙-Ionen auf, sobald das p_H der Lösung ungefähr an 3,0 heranreicht.

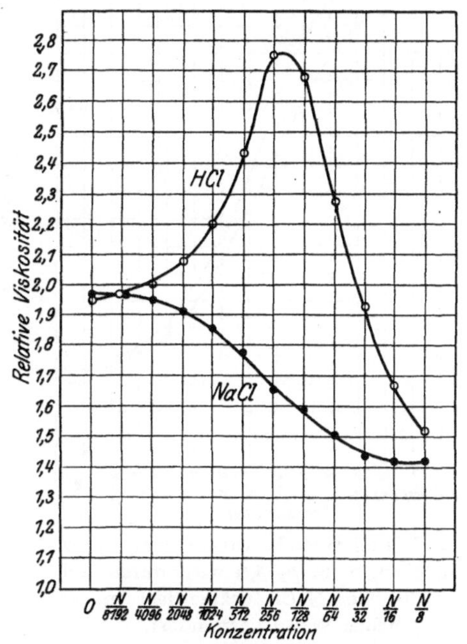

Abb. 40. Die Wirkung von NaCl und HCl in verschiedenen Konzentrationen auf die Viskosität von 0,8 proz. Gelatinechloridlösungen, deren p_H ursprünglich 4,0 beträgt. Die Abszissen sind das p_{Cl}, die Ordinaten die relative Viscosität.

Wiederholt man den Versuch, indem man von einer Gelatinelösung vom $p_H = 3{,}0$ ausgeht, so bewirkt Zusatz von NaCl ein sofortiges Abfallen, auch nach Zusatz von Salzsäure kommt eine Steigerung nicht mehr zustande, sondern nur eine Senkung, die indessen etwas später einsetzt als beim Zusatz von NaCl (Abb. 41).

Geht man von einer Gelatinelösung vom $p_H = 2{,}5$ aus, so sinkt die Viscosität sofort, gleichgültig ob man HCl oder NaCl zusetzt; die Kurven für diese beiden Substanzen fallen praktisch zusammen, wie dies unserer Theorie entspricht, denn bei diesem p_H ist die gesamte Gelatine als Gelatinechlorid vorhanden (siehe Abb. 9, S. 54, im vierten Kapitel).

Daher kann dann Salzsäurezusatz bei Gelatinechlorid vom $p_H = 2,4$ die Konzentration der Gelatineionen nicht mehr vermehren (Abb. 42).

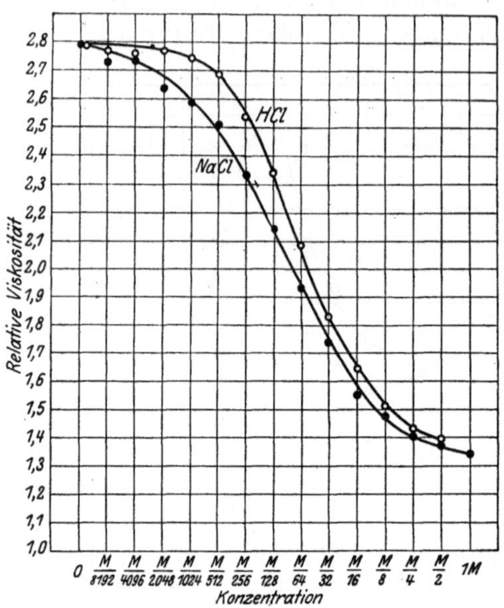

Abb. 41. Die relative Viscosität einer 0,8 proz. Gelatinelösung vom p_H 3,0 wird durch steigende HCl- oder NaCl-Zusätze fast in der gleichen Weise vermindert.

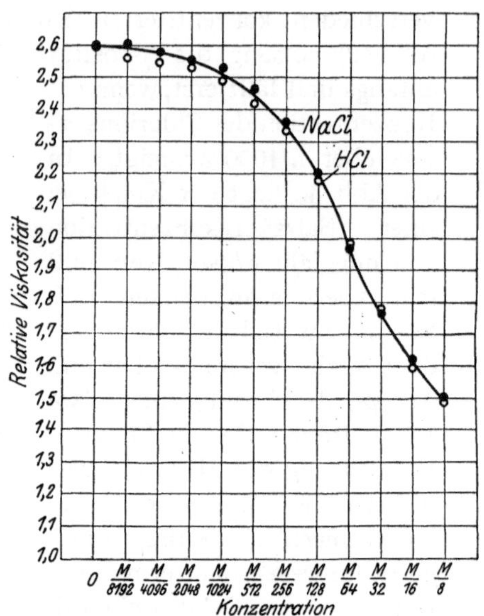

Abb. 42. Bei einem Ausgangs-p_H von 2,5 ist die Wirkung von HCl- und NaCl-Zusätzen auf die Viscosität von 0,8 proz. Gelatinelösungen identisch.

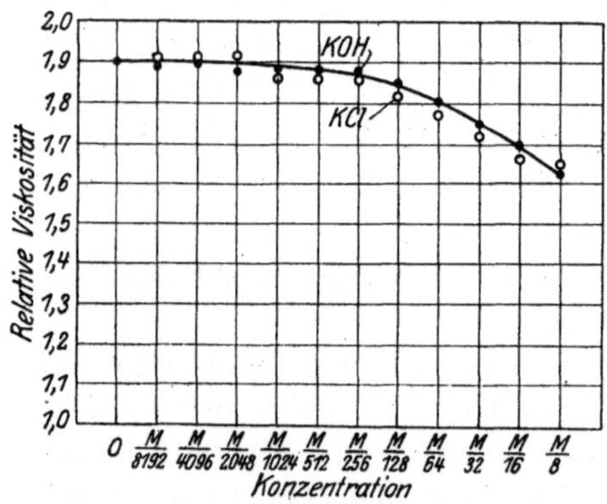

Abb. 43. Die vermindernde Wirkung von KOH und KCl auf die Viscosität einer Na-Gelatinatlösung vom p_H 12,0 ist die gleiche.

Die gleichen Unterschiede, die wir zwischen der Wirkung der Säuren und der Salze festgestellt haben, gelten auch für die Alkalien und ihre Salze. Verwandeln wir durch Zusatz hinreichender Mengen KOH zu isoelektrischer Gelatine die gesamte Gelatine in K-Gelatinat, so muß weiterer KOH-Zusatz genau wie KCl-Zusatz wirken. Verwendet man KOH, so ist bei $p_H = 12,0$ die gesamte isoelektrische Gelatine in K-Gelatinat verwandelt. Abb. 43 zeigt, daß Zusatz äquimolarer Mengen von KOH und KCl zu einer Lösung von K-Gelatinat vom $p_H = 12,0$ die Viscosität der Lösung quantitativ gleich beeinflußt.

Die depressorische Wirkung der Neutralsalze auf die physikalischen Eigenschaften der Proteine gibt sich demnach in der gleichen Erscheinung zu erkennen, die durch den Knick der Säure- oder Alkalikurven dieser Eigenschaften veranschaulicht wird und der dann eintritt, wenn die Menge der zugesetzten Säure oder Base ein bestimmtes Maß überschreitet. Bedingt wird diese Erscheinung dadurch, daß stets das Ion, dessen Ladung der des Proteinions entgegengesetzt ist, den osmotischen Druck, die Quellung und die Viscosität der Proteine herabsetzt.

2. Die Valenzregel und ihre Beziehungen zu der Wirkung der Salze auf die Proteine.

Nach dem Vorstehenden ist es selbstverständlich, daß bei einem bestimmten konstanten p_H einer Proteinlösung nur das eine der Ionen eines Neutralsalzes die kolloidalen Eigenschaften des Proteins beeinflussen kann, nämlich das Ion, dessen Ladung der des Proteinions entgegengesetzt ist, und zwar ist seine Wirkung eine depressorische. Wir werden jetzt zeigen, daß für den osmotischen Druck, die Quellung und die Viscosität diese Wirkung nur von der Valenz des depressorischen Ions abhängt und daß verschiedene Ionen der gleichen Valenzstufe die gleiche depressorische Wirkung entfalten. Dies widerspricht den in der kolloidchemischen Literatur allgemein vertretenen Anschauungen, nach welchen die beiden Ionen eines Salzes den osmotischen Druck, die Viscosität und die Quellung der Proteine beeinflussen und dieser Einfluß angeblich nicht nur von der Valenz, sondern auch von der sonstigen chemischen Natur des Ions abhängen soll. Die relative Wirkung verschiedener Anionen und Kationen findet ihren Ausdruck in den sogenannten HOFMEISTERschen Ionenreihen. Die Anhänger der HOFMEISTERschen Reihen stellen die Wirkung der Salze auf die Quellung der Gelatine folgendermaßen dar: SO_4, Tartrat, Citrat $<$ Acetat $<$ Cl $<$ Br, $NO_3 < I <$ CNS, wobei die Quellung beim CNS ein Maximum und beim SO_4 ein Minimum hat. „Oberhalb einer bestimmten Konzentration bewirken die Sulfate, Tartrate und Citrate Schrumpfung des Gelatinegels, Acetat wirkt ebenso, aber nicht so stark, während die anderen Anionen bei gleicher Konzentration die Quellung des Gels vermehren[1].“ Für die Wirkung der Kationen eines Salzes stellt HÖBER folgendes fest: „Bei den Kationen sind die Unterschiede ihrer Wirkungen weniger ausgesprochen. Man könnte etwa die Reihe Li $<$ Na $<$ K, NH_4 aufstellen; dann folgen die Erdalkalien mit Mg in einer Mittelstellung.“

HÖBER stellt fest, daß diese Anionen- und Kationenreihen für neutrale Reaktion gelten. Nun liegt aber der isoelektrische Punkt der

[1]) HÖBER, R.: Physikal. Chemie der Zelle und der Gewebe 5. Aufl., 1. Hälfte, S. 267. 1922.

Gelatine bei $p_H = 4,7$; bei neutraler Reaktion, d. h. bei einem p_H von etwa 7,0, haben wir die Gelatine als Metallgelatinat vor uns, dessen Eigenschaften überhaupt nicht durch die Anionen und nur durch die Valenz der Kationen des Salzes, nicht aber durch irgendwelche sonstigen Eigenschaften des Kations beeinflußt werden sollten. Bei der Besprechung des osmotischen Druckes zitiert HÖBER die Versuche von LILLIE, nach welchen die Wirkung der Ionen auf den osmotischen Druck bei neutralen Eiereiweißlösungen zu der Aufstellung folgender Reihe veranlaßte:

$$SO_4 > Cl > Br > I > NO_3 > CNS .$$

Wenn die Reaktion der Albuminlösung neutral ist, sollten Anionen den osmotischen Druck überhaupt unbeeinflußt lassen. Weder LILLIE noch die anderen Autoren haben das p_H ihrer Lösungen oder Gele gemessen, und die HOFMEISTERschen Ionenreihen für den osmotischen Druck und die Quellung sind nur durch diesen methodischen Fehler möglich gewesen; diese Autoren bezogen irrtümlich Wirkungen, die durch die p_H-Änderung bedingt waren, auf die Natur des Anions. Wenn wir den Einfluß der Anionen auf die drei physikalischen Eigenschaften der Proteine — den osmotischen Druck, die Quellung und die Viscosität — untersuchen wollen, so müssen wir zunächst einmal Proteinsäuresalze verwenden, deren p_H, z. B. bei der Gelatine, kleiner als 4,7 ist, und wir müssen weiterhin dafür sorgen, daß das p_H der Mischung der Proteinlösung mit dem Salz oder des Proteingels mit dem Salz konstant bleibt. Dies kann geschehen, wenn Lösungen von definiertem p_H, das mit der Wasserstoffelektrode festgestellt wird, verwendet werden. Wie dies geschieht, werden wir in den weiter unten angeführten Experimenten zeigen.

3. Der osmotische Druck.

Zu diesen Versuchen wurden drei Vorratslösungen, sämtlich vom p_H 3,8, hergestellt. Die erste war eine Lösung von Gelatinechlorid vom p_H 3,8, welche in je 100 ccm 2 g trockene isoelektrische Gelatine und 8 ccm n/10-HCl enthielt; zweitens m/2-Lösungen verschiedener Salze, deren p_H durch Salzsäurezusatz auf 3,8 gebracht war und drittens destilliertes Wasser, das gleichfalls mit Salzsäure auf p_H 3,8 angesäuert wurde. Die m/2-Salzlösungen wurden sukzessive mit unserem destillierten Wasser vom p_H 3,8 verdünnt; dabei erhielten wir Reihen verschieden konzentrierter Salzlösungen, deren p_H sämtlich 3,8 war. Nun wurden je 50 ccm unserer 2proz. Gelatinechloridlösung mit je 50 ccm der verdünnten Salzlösungen gemischt, so daß 1proz. Gelatinelösungen mit verschiedenem Salzgehalt resultierten, deren p_H jedoch durchweg 3,8 war.

Um die 100 ccm m/2-Lösungen der verschiedenen Salze auf p_H 3,8 zu bringen, waren, wie die Tabelle 8 zeigt, verschiedene Salzsäuremengen nötig. Bemerkenswert ist, daß geradezu enorme Salzsäuremengen nötig sind, um eine m/2-Lösung von Natriumacetat auf p_H 3,8 zu bringen. Die älteren Kolloidchemiker haben indessen die Wirkung des Natriumacetats mit der des Natriumchlorids verglichen, ohne die p_H-Differenz auszugleichen.

Tabelle 8.

Die Salzsäuremengen, die nötig waren, um 100 ccm m/2-Salzlösungen auf ein p_H von 3,8 zu bringen.

	n/10-HCl
NaCl	0,2 ccm
NaBr	0,6 „
NaI	0,3 „
$NaNO_3$	0,3 „
NaCNS	0,7 „
Na-Acetat	425,0 „
Na_2SO_4	1,0 „

Die 1 proz. Gelatinechloridmischungen wurden nun in Kollodiumsäckchen gebracht und diese in Bechergläser eingetaucht, die 350 ccm unseres destillierten Wassers vom p_H 3,8 enthielten. Das weitere Vorgehen bei diesen Versuchen geschah genau so, wie es vorher schon einmal beschrieben wurde.

Abb. 44 veranschaulicht die Wirkungen sechs verschiedener Salze mit einwertigen Anionen, nämlich NaCl, NaBr, NaI, $NaNO_3$, NaCNS und Na-Acetat und eines Salzes mit zweiwertigem Anion, Na_2SO_4, auf den osmotischen Druck einer Gelatinechloridlösung vom $p_H = 3,8$. Diese Salze wurden ausgewählt, um festzustellen, ob die HOFMEISTERschen Reihen in der Wirklichkeit oder nur in der Phantasie bestehen. Die Logarithmen der molaren Salzkonzentrationen bilden die Abszissen und die Ordinaten die beobachteten osmotischen Drucke in Millimetern Wasser.

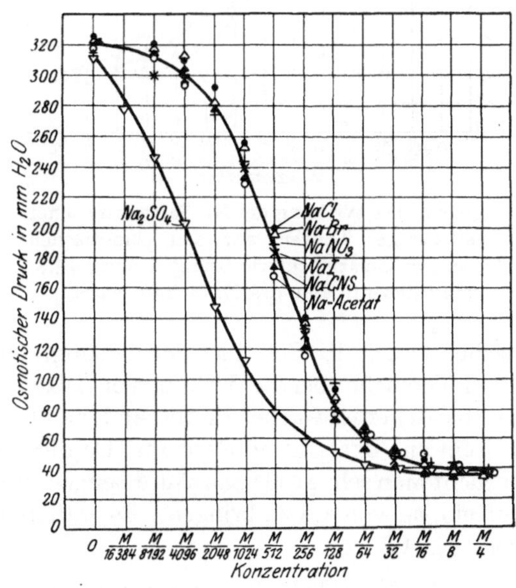

Abb. 44. Die Wirkung von Salzen auf den osmotischen Druck 1proz. Gelatinechloridlösungen vom p_H 3,8. Sämtliche Salze mit einwertigem Anion vermindern den osmotischen Druck innerhalb der Versuchsfehlergrenzen um den gleichen Betrag. Die Wirkung von Na_2SO_4 ist beträchtlich stärker.

Das eindrucksvolle Ergebnis dieser Versuche läßt sich dahin zusammenfassen, daß bei gleichem p_H der Einfluß der 6 Salze mit einwertigem Anion genau der gleiche ist, denn die Werte für die Wirkung auf den osmotischen Druck liegen sämtlich auf der gleichen Kurve. Die kleinen Unterschiede sind zufällige Abweichungen, die innerhalb der Fehlergrenze solcher Versuche liegen. Bei einwertigen Anionen ist der osmotische Druck etwas mehr als doppelt so hoch als bei zweiwertigen.

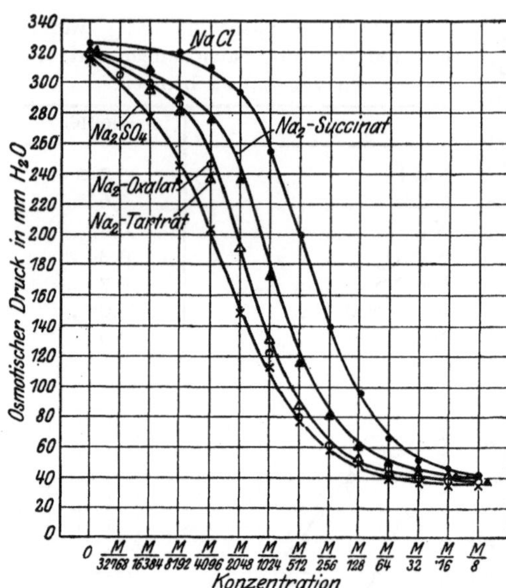

Abb. 45. Die Wirkung der Na-Salze schwacher zweibasischer Säuren auf den osmotischen Druck von Gelatinechloridlösungen vom p_H 3,8, verglichen mit der des NaCl und Na_2SO_4.

Daraus ergibt sich, daß bei gleichem p_H alle Salze mit einwertigem Anion die gleiche Wirkung auf den osmotischen Druck einer Gelatinechloridlösung haben und daß LILLIEs Anionenreihe falsch ist. Nur die Valenz, aber nicht die chemische Natur des Anions beeinflußt den osmotischen Druck der Gelatinechloridlösung. Diese Feststellung wird weiter durch Versuche über die Wirkung von Salzen gestützt, deren Anionen Reste zweibasischer schwacher Säuren sind, nämlich von bernsteinsaurem, weinsaurem und oxalsaurem Natrium. Da diese Substanzen Puffersalze sind, braucht man sehr große Salzsäuremengen, um ihre halbmolaren Lösungen auf ein p_H von 3,8 zu bringen. Es enthalten 100 ccm einer m/2-Lösung vom p_H 3,8 von

Na_2-Oxalat	55,0 ccm n/10-HCl
Na_2-Tartrat	150,0 „ „
Na_2-Succinat	430,0 „ „

Mischt man Salzsäure mit den Lösungen dieser Salze, so entstehen schwache zweibasische Säuren, die bei einem p_H von 3,8 hauptsächlich, aber nicht ausschließlich, als einbasische Säuren dissoziieren. Bringt man solche Puffersalze mit der Gelatinechloridlösung vom p_H 3,8 zusammen und sorgt durch Salzsäurezusatz dafür, daß das p_H unverändert bleibt, so wird ein Teil der zweiwertigen Anionen des Salzes durch einwertige Ionen ersetzt. Demnach muß die depressorische Wirkung dieser drei Salze auf den osmotischen Druck einer Gelatinechloridlösung vom p_H 3,8 zwischen der des Chlornatriums und der des Natriumsulfats liegen, wobei die Werte beim Natriumoxalat oder beim Natriumtartrat denen des Natriumsulfats, die des Succinats denen des Chlorids näherliegen. Aus der Abb. 45 ergibt sich, daß diese Überlegung richtig ist.

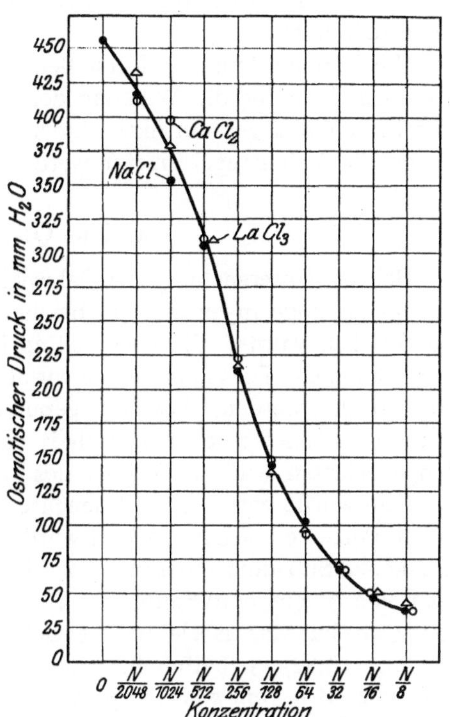

Abb. 46. Die Wirkung von NaCl, $CaCl_2$ und $LaCl_3$ auf den osmotischen Druck von 1proz. Gelatinechloridlösungen vom p_H 3,0. Die Ordinaten sind die osmotischen Drucke, die Abszissen das p_{Cl}. Die 3 Salze erniedrigen den osmotischen Druck in der gleichen Weise, woraus sich ergibt, daß in diesem Falle nur das Anion des Salzes wirkt.

Die früheren Autoren kümmerten sich nicht um das p_H und verglichen die Wirkung des Natriumtartrats mit der des Natriumsulfats bei völlig verschiedenen p_H-Werten. Erhält man das p_H konstant, so ergibt sich, daß die Wirkung der Salze auf den osmotischen Druck von Gelatinechloridlösungen nur von der Valenz des Anions und nicht von seiner chemischen Natur abhängt. Die HOFMEISTERschen Anionenreihen für die Wirkung auf den osmotischen Druck sind völlig fiktiv und verdanken ihr Dasein nur einer falschen Methode. Das gleiche gilt auch für die sogenannten Kationenreihen. Nach der Ansicht des Verfassers können die Kationen auf der sauren Seiten vom isoelektrischen Punkt keine Wirkung auf den osmotischen Druck einer Eiweißlösung haben. Daß dies richtig ist, geht aus der Abb. 46 hervor. Bei diesem Versuch handelte es sich um Gelatinechlorid- und Salzlösungen vom p_H 3,0. In der Abbildung ist die depressorische Wirkung von NaCl, $CaCl_2$ und $LaCl_3$ auf den osmotischen Druck einer 1proz. Gelatinechloridlösung vom p_H 3,0 in der Weise dargestellt, daß die Abszissen die Konzentrationen der Chlorionen der drei Salze darstellen und die Ordinaten die osmotischen Drucke, die sich innerhalb 18 Stunden bei 24° einstellten. Die Wirkung auf den osmotischen Druck ist bei gleicher Chlorionenkonzentration der drei Salze die gleiche, woraus hervorgeht, daß nur das Anion eines Salzes den osmotischen Druck einer Gelatinechloridlösung vom p_H 3,0 beeinflußt und das Kation ganz ohne Einfluß ist. Die gleiche Tatsache ergab sich auch aus Versuchen, die HITCHCOCK über den Einfluß dieser drei Salze auf dem osmotischen Druck von Edestinchloridlösungen angestellt hat[1]).

Wir können demnach feststellen, daß sowohl die Kationen- wie die Anionenreihen für die Wirkung der Salze auf den osmotischen Druck von Proteinlösungen nur fiktiv sind und daß die HOFMEISTERschen Reihen durch die Valenzregel ersetzt werden müssen.

4. Die Quellung.

Bei der Untersuchung der Salzwirkung auf die Quellung wurde die gleiche Methode angewandt, die bei den Versuchen über die Säurewirkung beschrieben wurde. Die Gele sollten im Gleichgewichtszustand ein p_H von 3,8 haben. Dies konnte, wie wir aus früheren Experimenten wußten, so erreicht werden, daß 1 g gepulverte isoelektrische Gelatine mit 150 ccm Wasser mit einem Gehalt von 4,5 ccm n/10-HCl hinreichend lange belassen wurde. Das p_H des Gels betrug dann 3,82.

Nun wurde vorbereitet: 1. feuchte gepulverte isoelektrische Gelatine, die in Portionen zu 8 g abgeteilt wurde, was ungefähr einer Menge von 1 g trockener Substanz entsprach; 2. eine Salzsäurelösung mit einem Gehalt von 3 ccm n/10-Säure auf 100 ccm Wasser (in diese Lösung eingetragen hat das isoelektrische Gelatinegel im Gleichgewichtszustand ein $p_H = 3{,}82$); 3. halbmolare Lösungen verschiedener Salze unter Zusatz von HCl, vom gleichen p_H wie die unter 2. beschriebene Salzsäurelösung. Zur Verdünnung der halbmolaren Salzlösungen wurde die verdünnte Salzsäure, die frei von Gel oder von Salzen war, verwendet.

Nun wurden, genau wie wir es im vorhergehenden Kapitel beschrieben haben, die Portionen von 8 g isoelektrischer feuchter Gelatine in 150 ccm der verschiedenen Salzlösungen eingetragen und 2 Stunden lang bei 15° darin gelassen. Die Quellung der Gelatine wurde dann, wie wir es im vorhergehenden Kapitel beschrieben haben, durch Wiegen des Gels bestimmt.

In den Abbildungen bedeuten die Abszissen die Konzentrationen der Salze und die Ordinaten die dazugehörigen Gelgewichte. In den Versuchen ohne Salzzusatz betrug das Gelgewicht am Ende des Versuches im allgemeinen etwa 27 g, bei den höchsten Salzkonzentrationen, die wir anwandten, sank es bis auf ungefähr 10 g.

Wir mußten uns vor allem Gewißheit darüber verschaffen, ob nur die Valenz des Anions des Salzes von Einfluß auf die Quellung ist oder ob die in der kolloidchemischen Literatur allgemein zitierte Anionenreihe

[1]) HITCHCOCK, D. I.: Journ. of gen. physiol. Bd. 4, S. 597. 1921/22.

maßgebend ist, nach welcher die Quellung beim NaCNS ein Maximum und beim Na-Acetat ein Minimum hat (wobei wir zunächst einmal die zweiwertigen Anionen beiseite lassen wollen).

Sieben Salze mit einwertigem Anion wurden untersucht: NaCl, NaBr, NaI, $NaNO_3$, NaCNS, Na-Acetat und Na-Lactat. Die Ergebnisse sind in der Abb. 47 dargestellt. Ohne weiteres kann man hieraus erkennen, daß die graphisch dargestellten Wirkungen dieser Salze sämtlich auf der gleichen Kurve liegen und daß die geringen Abweichungen zufällig sind und innerhalb der Fehlergrenzen liegen, wie besonders daraus hervorgeht, daß die gleichen Abweichungen auch ohne Salzzusatz vorkommen. Für die HOFMEISTERsche Anionenreihe ist aus dem Versuch auch nicht die leiseste Andeutung zu ersehen. Ein ganz geringer Einfluß der Salze auf die Kohäsion des Gelatinegels mag bestehen, er ist aber zu geringfügig, um eine nennenswerte Rolle zu spielen.

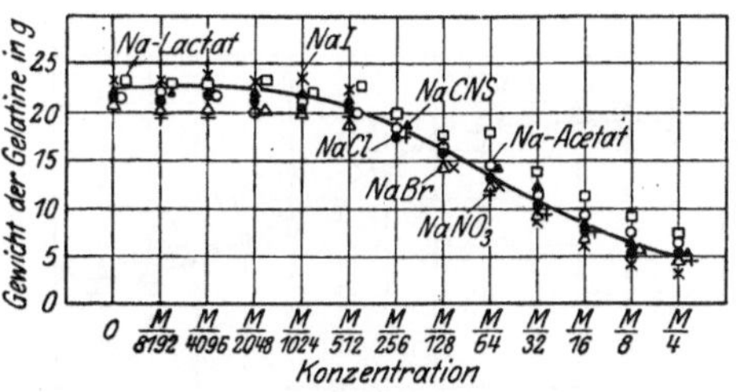

Abb. 47. Die Wirkung von Salzen auf die Quellung von Gelatinechlorid vom p_H 3,8. Innerhalb der Fehlergrenzen vermindern sämtliche Salze mit einwertigem Anion die Quellung in gleichem Maße.

Während sämtliche untersuchten Salze mit einwertigem Anion bei gleicher Anionenkonzentration die gleiche Wirkung auf die Quellung entfalten, ist diese Wirkung bei Salzen mit zweiwertigen Anionen sehr viel stärker. Dies geht aus der Abb. 48 hervor, welche die Wirkungen äquimolarer Konzentrationen von NaCl und Na_2SO_4 auf die Quellung erläutert. Bei Konzentrationen von m/1024 oder darunter vermindert NaCl die Quellung der Gelatine nicht, die NaCl-Wirkung fängt erst bei Konzentrationen von m/512 an bemerkbar zu werden. Das gleiche gilt auch für alle anderen Salze mit einwertigem Anion (Abb. 47). Hingegen vermindert Na_2SO_4 die Quellung schon bei Konzentrationen zwischen m/4000 und m/2000; die Kurve für die SO_4''-Wirkung sinkt auch viel steiler als die Cl′-Kurve bis zu ihrem Minimum ab.

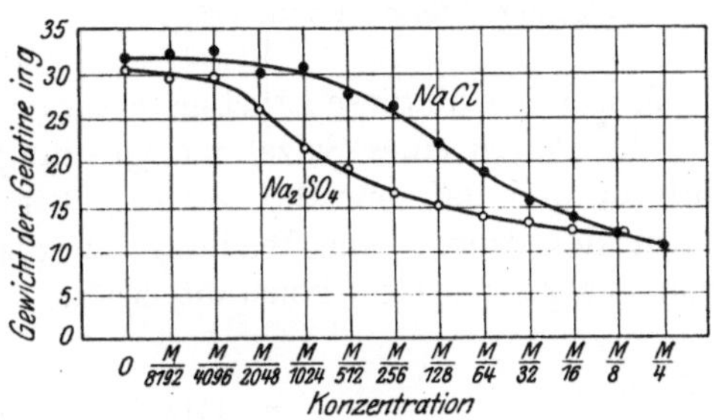

Abb. 48. Na_2SO_4 vermindert die Quellung von Gelatinechlorid vom p_H 3,8 erheblich stärker als NaCl.

Es mag noch besonders darauf hingewiesen werden, daß die Salze erst in relativ hohen Konzentrationen die physikalischen Eigenschaften von Proteinlösungen oder Gelen beeinflussen; bei NaCl sind Konzentrationen von mindestens m/512 und bei Na_2SO_4 von mindestens m/4000 erforderlich. Diese Ergebnisse sollten nun endlich die durch keine Tatsachen gestützten Behauptungen zum Schweigen bringen, daß schon die geringsten Salzspuren die physikalischen Eigenschaften der Proteine beeinflussen.

Die Salze LiCl, NaCl, KCl, $CaCl_2$ und $LaCl_3$ sollten die Quellung eines Gelatinegels bei gleichem p_H und bei gleicher Cl-Ionenkonzentration in der gleichen Weise beeinflussen. Aus der Abb. 49 ersehen wir, daß dies richtig ist. Die Wirkungen dieser 5 Salze auf die Quellung ergeben bei der graphischen Darstellung eine einzige Kurve, die beweist, daß die Wirkung der Salze auf die Quellung des Gelatinechlorids nur vom Anion des Salzes abhängt und daß das Kation des Salzes hierbei ohne Einfluß ist. Hierdurch ist die Unrichtigkeit der sog. Kationenreihe für diesen Fall nachgewiesen.

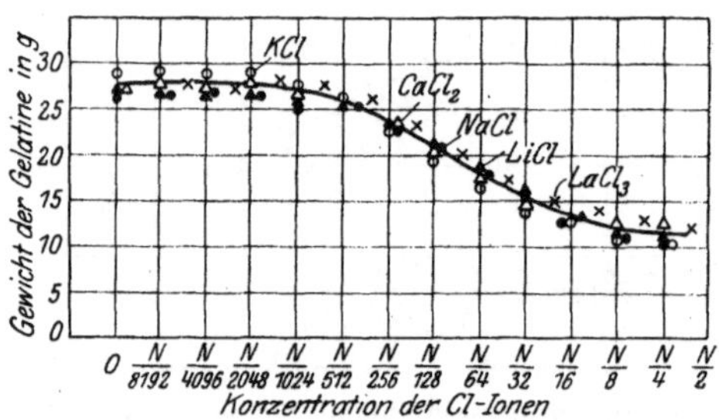

Abb. 49. Die Quellung von Gelatinechloridgel vom p_H 3,8 wird von Chloriden unabhängig von der Natur des Kations bei gleicher Cl'-Ionenkonzentration in der gleichen Weise vermindert.

Fassen wir all diese Ergebnisse zusammen, so stellt sich heraus, daß nur das Anion eines Salzes die Quellung eines Gelatinechloridgels beeinflußt und daß nur die Valenz, aber nicht die sonstige chemische Natur des Anions eine Wirkung auf diese Eigenschaft ausübt, wenn man das p_H des Gels konstant erhält.

5. Die Viscosität.

Was für die Wirkung der Salze auf osmotischen Druck und Quellung der Gelatine gilt, trifft gleichfalls für die Beeinflussung der Viscosität zu. Bei den hierhergehörigen Versuchen wurden Lösungen mit einem Gehalt von 1,6 g trockener, ursprünglich isoelektrischer Gelatine in 100 ccm verwendet. Durch Zusatz von Salzsäure wurde ein p_H von 3,0 oder 3,3 eingestellt. Je 50 ccm dieser Lösung wurden nun mit je 50 ccm einer Salzlösung ebenfalls vom p_H 3,0 versetzt. Diese letzteren wurden aus halbmolaren Vorratslösungen mit einem p_H von 3,0 durch Verdünnen mit Wasser von gleichem p_H hergestellt. Vor der Bestimmung der Viscosität wurde die Lösung rasch auf 45° erhitzt und dann ebenso rasch bis auf 24° abgekühlt und nun mittels des OSTWALDschen Viscosimeters die Bestimmung nach der in einem der vorigen Kapitel geschilderten Methode ausgeführt.

Unter den beschriebenen Versuchsbedingungen haben, wie Abb. 50 zeigt, NaCl und Na-Acetat die gleiche Wirkung auf die relative Viscosität

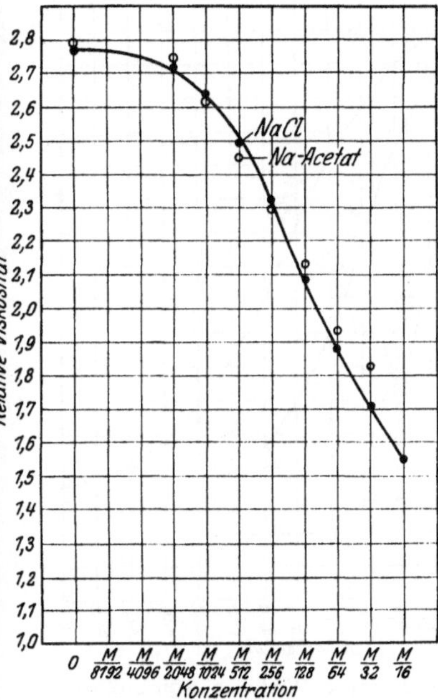

Abb. 50. Bei konstant gehaltenem p_H ist die Wirkung von NaCl und Na-Acetat auf die Viscosität von Gelatinechlorid- oder -acetatlösungen die gleiche ($p_H = 3,3$).

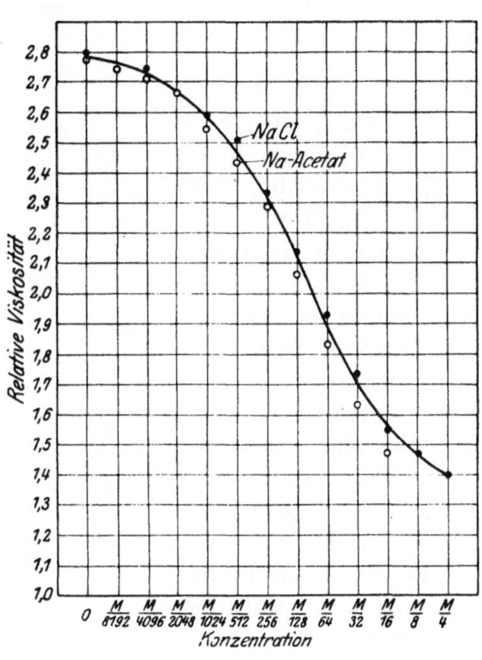

Abb. 51. Hier war $p_H = 3,0$, sonst die gleiche Anordnung wie bei Abb. 50.

einer Gelatinechloridlösung. Für diesen Versuch wurden 1,6proz. Gelatineacetatlösungen vom p_H 3,3 und Gelatinechloridlösungen, gleichfalls vom p_H 3,3, jede besonders für sich hergestellt. Die Viscosität dieser beiden Lösungen wurde in der beschriebenen Weise gemessen und erwies sich als identisch. Nun wurden 50 ccm der 1,6 proz. Gelatineacetatlösungen vom p_H 3,3 mit 50 ccm einer Natriumacetatlösung vom p_H 3,3 verdünnt; in der gleichen Weise wurden die Gelatinechloridlösungen vom p_H 3,3 mit 50 ccm NaCl-Lösung vom p_H 3,3 verdünnt. Die Na-Acetatlösung vom p_H 3,3 wurde aus einer m/16-Na-Acetatlösung in $1-{}^1/_2$ molarer Essigsäure hergestellt; die verschiedenen Verdünnungen dieser Na-Acetatlösungen vom p_H 3,3 wurden durch Verdünnung mit reiner Essigsäure vom p_H 3,3 gewonnen. Die nichtdissoziierten Essigsäuremoleküle haben ebensowenig Einfluß auf die physikalischen Eigenschaften der Proteine wie die Moleküle irgendeines Nichtelektrolyten. Die depressorische Wirkung des Na-Acetats auf Gelatineacetat vom konstanten p_H 3,3 geht aus der Abb. 50 hervor.

Die Gelatinechloridlösungen vom $p_H = 3,3$ wurden in genau der gleichen Weise mit verschieden konzentrierten NaCl-Lösungen versetzt. Ihre Wirkung auf die Viscosität des Gelatinechlorids ist ebenfalls in Abb. 50 dargestellt. Es liegt auf der Hand, daß die Wirkungen des Na-Acetats und des Na-Chlorids identisch sind, wenn man sie bei gleichem p_H vergleicht.

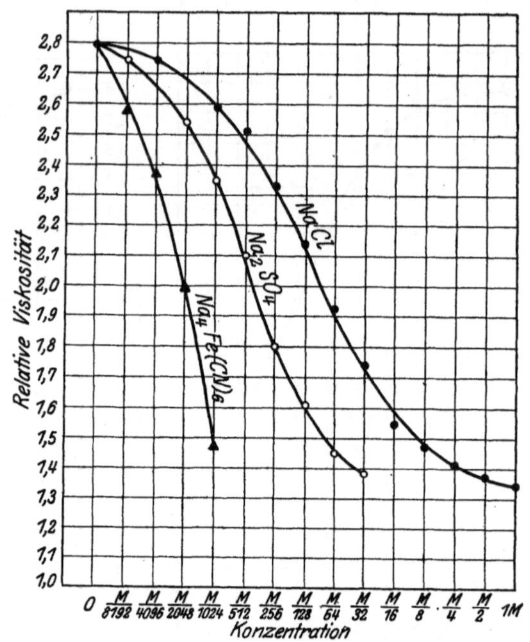

Abb. 52. Die relative Wirkung äquimolarer NaCl-, Na_2SO_4- und $Na_4Fe(CN)_6$-Mengen verhält sich ungefähr wie 1 : 4 : 16 (Gelatinechlorid, p_H 3,0).

Bei etwas andersartigem Vorgehen konnte das gleiche Resultat erzielt werden. Eine 1,6proz. Gelatinechloridlösung vom p_H 3,0 wurde unter Verwendung verschieden konzentrierter Na-Acetatlösungen vom gleichen p_H zubereitet. Diese Acetatlösungen wurden aus m/4-Na-Acetatlösung und m/4-Salzsäure und die verschiedenen für das Experiment notwendigen Verdünnungen mittels m/1000-HCl hergestellt.

Nun wurde die 1,6proz. Gelatinechloridlösung vom p_H 3,0 in Mengen von je 50 ccm mit den gleichen Volumina der Acetatsalzsäuremischungen versetzt. Die resultierenden 0,8proz. Gelatinechloridlösungen enthalten verschiedene Na-Acetatmengen (besser wohl verschiedene Mengen von NaCl und Na-Acetat). Die depressorische Wirkung bei dieser Anordnung ist aus der Abb. 51 zu ersehen, und es ergibt sich, daß das Na-Acetat genau so wirkt wie das NaCl.

Nach alledem können wir feststellen, daß Na-Acetat die Viscosität des Gelatinechlorids genau so beeinflußt wie irgend ein anderes Salz mit einwertigem Anion und daß die abweichenden Wirkungen, die man in der kolloidchemischen Literatur allgemein dem Acetatanion zuschreibt, in Wirklichkeit nur dadurch zustandekommen, daß das Na-

Acetat als Puffersalz die Wasserstoffionenkonzentration der Gelatinelösung vermindert.

Die Wirkung eines Salzes auf die relative Viscosität einer Gelatinechloridlösung nimmt rasch mit zunehmender Valenzstufe des Anions zu. Dies geht aus Abb. 52 hervor, deren Betrachtung ergibt, daß Na_2SO_4 die Viscosität erheblich stärker als NaCl herabsetzt, und daß $Na_4Fe(CN)_6$ wieder entsprechend stärker als Na_2SO_4 wirkt. Immerhin ist es möglich, daß beim Ferrocyannatrium Abweichungen des p_H vorgelegen haben, so daß die Kurve für dieses Salz nicht den gleichen Anspruch auf Exaktheit macht wie die übrigen.

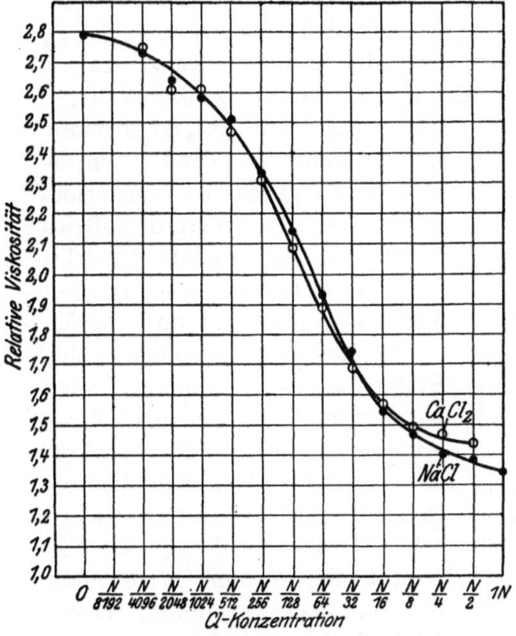

Abb. 53. Bei gleicher Cl-Ionnkonzentration beeinflussen NaCl und $CaCl_2$ die Viscosität von Gelatinechloridlösungen vom p_H 3,0 in gleicher Weise.

Die Salze NaCl, $CaCl_2$ und $LaCl_3$ haben bei gleicher Wasserstoff- und bei gleicher Chlorionenkonzentration die gleiche Wirkung auf die Viscosität einer Gelatinechloridlösung. Daraus ergibt sich, daß die Kationen der Salze hierbei ohne Einfluß sind. Aus den Kurven der Abb. 53 ergibt sich dies noch einmal. Hier sind die vermindernden Wirkungen von NaCl und $CaCl_2$ auf die relative Viscosität von Gelatinechloridlösungen vom p_H 3,0 aufgetragen, welche auf 100 ccm ungefähr 0,8 g ursprünglich isoelektrische Gelatine enthielten. Die Abszissen sind wiederum die Chlorionenkonzentration der Salze. Die Wirkungen beider Salze sind identisch und stimmen auch mit den Werten für $LaCl_3$ überein. Dieses Salz wurde ebenfalls untersucht, wurde aber auf dem Diagramm nicht besonders aufgeführt.

Diese Abbildungen beweisen zur Genüge die Gültigkeit der Valenzregel für die Wirkungen der Salze auf die Viscosität von Gelatinelösungen.

6. Die Wirkungen der Salze auf die Quellung von Natriumgelatinatgelen.

Die Wirkungen der Salze auf der alkalischen Seite des isoelektrischen Punktes der Gelatine auf die drei physikalischen Eigenschaften, nämlich den osmotischen Druck, die Viscosität und die Quellung, lassen sich in folgender Weise charakterisieren: Nur das Kation eines Salzes schwächt diese drei Eigenschaften ab, und zwar nimmt diese Wirkung mit der Valenz des Kations zu. Das Anion ist ohne jede Wirkung. Die Richtigkeit dieser Behauptung für die Quellung des Na-Gelatinats beim p_H 9,3 geht aus Abb. 54 hervor. $NaSO_4$ vermindert die Quellung in ungefähr halb so hoher Konzentration ebenso stark wie NaCl (dies gilt für Konzentrationen zwischen m/256 und m/32); beim $CaCl_2$ ist ungefähr nur der achte Teil der Konzentration für die gleiche Wirkung erforderlich, woraus sich ergibt, daß das Kation die Abschwächung bewirkt. Das p_H der Gelatine war bei allen Versuchen praktisch das gleiche.

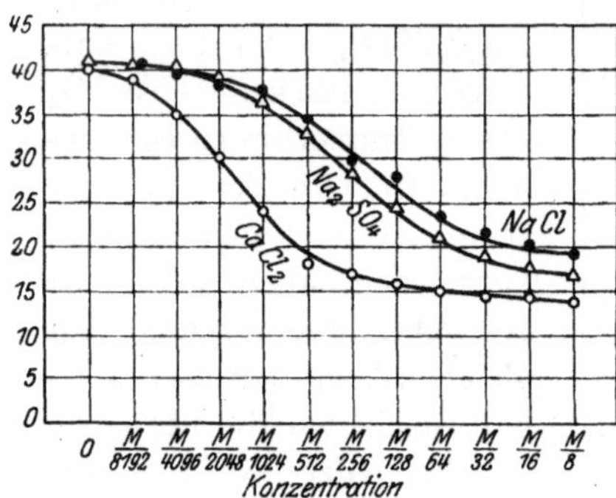

Abb. 54. Die Quellung von Na-Gelatinat vom p_H ungefähr 9,3 wird nur durch das Kation eines zugesetzten Salzes beeinflußt. NaCl wirkt in äquimolarer Konzentration halb so stark wie Na_2SO_4, der Einfluß von $CaCl_2$ ist wegen der Zweiwertigkeit des $Ca^{\cdot\cdot}$ beträchtlich stärker. Die Ordinaten bedeuten das relative Volumen des Gels.

All diese Ergebnisse bilden eine Stütze für unsere Valenzregel, nach welcher Ionen der gleichen Valenzstufe und mit dem gleichen Vorzeichen der elektrischen Ladung in gleicher Konzentration osmotischen Druck, Quellung und Viscosität der Proteine in ungefähr gleichem Maße vermindern. Dieser Einfluß steigert sich rasch mit zunehmender Valenz. Die Aufstellung der HOFMEISTERschen Ionenreihe beruht hauptsächlich darauf, daß man den Einfluß der Salze auf die Wasserstoffionenkonzentration der Gelatinelösungen und -gele außer acht ließ. Im zweiten Teil dieses Buches werden wir erkennen, daß die Valenzregel sich mit Notwendigkeit aus der auf das DONNANsche Membrangleichgewicht gegründeten Theorie des kolloidalen Verhaltens ergibt.

7. Die Wirkung der Nichtelektrolyte.

Frühere Untersucher hatten schon beobachtet, daß Nichtelektrolyte, wie Rohrzucker, keinen Einfluß auf physikalische Eigenschaften der Proteine, wie Viscosität, osmotischen Druck und Quellung, haben. Da in diesen Versuchen das p_H nicht berücksichtigt war und die Frage von sehr großer Bedeutung ist, erschien eine Wiederholung wünschenswert. Dabei ergab sich, dass Nichtelektrolyte, wie Rohrzucker, den osmotischen Druck oder die Viscosität von Gelatinelösungen nicht vermindern.

Zu diesen Versuchen wurden Gelatinechloridlösungen vom $p_H = 3{,}4$ mit einem Gehalt von 1 g ursprünglich isoelektrischer Gelatine in 100 ccm unter Verwendung von Rohrzucker in verschiedenen Mengen hergestellt, dann rasch auf 45° erhitzt und rasch auf 24° abgekühlt, schließlich sofort die Viscosität wie üblich bestimmt. Außerdem wurdedie Viscosität der reinen Zuckerlösung ohne Gelatine bei der gleichen Temperatur bestimmt, und der Quotient je zweier zueinander gehöriger Ausflußzeiten gebildet. In der Tabelle 9 sind die Resultate zusammengestellt, aus welchen sich ergibt, daß das Verhältnis der Viscosität einer Gelatinelösung zu der einer Rohrzuckerlösung durch Zusatz von Rohrzucker nicht vermindert wird; im Gegenteil kommt vielleicht bei Rohrzuckerkonzentrationen oberhalb m/8 eher noch eine leichte Vermehrung zustande.

Tabelle 9.

Der Einfluß von Rohrzucker auf die Viskosität und auf den osmotischen Druck 1proz. Gelatinechloridlösungen vom p_H 3,4.

	Rohrzuckerkonzentration										
	0	m/1024	m/512	m/256	m/128	m/64	m/32	m/16	m/8	m/4	M/2
Relative Viscosität .	2,33	2,31	2,33	2,35	2,30	2,31	2,31	2,30	2,39	2,44	2,57
Osmot. Druck in mm H_2O nach 21 Std.	434	390	380	405	408	400	407	432	397	401	395

Ähnliche Ergebnisse wurden bei der Untersuchung der Rohrzuckerwirkung auf den osmotischen Druck erzielt, wie die Tabelle 9 angibt.

Die eben festgestellte Tatsache ist eine unerläßliche Vorbedingung für die Gültigkeit der Theorie der Membrangleichgewichte, denn nur Ionen beeinflussen die Bedingungen eines Membrangleichgewichtes.

Eine zweite Voraussetzung ist die, daß Salzzusatz ohne Einfluß auf Viscosität, osmotischen Druck und Potentialdifferenz einer Proteinlösung ist, wenn sich diese im isoelektrischen Punkt befindet. Diese Voraussetzung für die Anwendbarkeit der DONNANschen Theorie ist nach diesen Ausführungen offenbar ebenfalls erfüllt.

8. Die Valenzregel und die Adsorptionshypothese.

Es scheint nicht überflüssig, darauf hinzuweisen, daß es für die Vorstellung von der Adsorption der Ionen seitens der Proteine nicht gleichgültig ist, wenn man die HOFMEISTERschen Ionenreihen über die Elektrolytwirkung auf Quellung, osmotischen Druck und Viscosität der Proteine verwirft. Solange man die HOFMEISTERschen Reihen als gültig ansah, konnte man noch den Glauben aufrechterhalten, daß beide Ionen eines Salzes von einem Protein adsorbiert werden können. Die im zweiten Kapitel beschriebenen Versuche haben Zweifel an der Richtigkeit dieser Vorstellung hervorgerufen. Es ergab sich nämlich, daß die Kationen eines Salzes nur auf der alkalischen und die Anionen eines

Salzes nur auf der sauren Seite des isoelektrischen Punktes sich mit einem Protein verbinden können. Die beiden entgegengesetzt geladenen Ionen eines Salzes verbinden sich bei einem und demselben p_H nicht gleichzeitig mit einem Protein. Diese Auffassung wird weiter gestützt durch die Versuche über die Beeinflussung bestimmter physikalischer Eigenschaften der Proteine durch Salze, wie osmotischen Druck, Quellung und Viscosität, die in diesem Kapitel geschildert sind. Auf der sauren Seite des isoelektrischen Punktes können die Kationen keinen Einfluß auf diese Eigenschaften der Proteine ausüben, und auf der alkalischen Seite sind die Anionen wirkungslos, was mit den Ergebnissen der im zweiten Kapitel geschilderten Versuche übereinstimmt.

Die Versuche haben ferner gezeigt, daß alle Salze, deren Anionen von gleicher Valenz sind, auf der sauren Seite des isoelektrischen Punktes die drei Eigenschaften der Proteine quantitativ gleichmäßig beeinflussen. Das gleiche gilt für die Kationen von gleicher Valenz: sie wirken sämtlich nur auf der alkalischen Seite des isoelektrischen Punktes, und zwar quantitativ gleichstark. Die chemische Natur des Ions ist hierbei ohne Bedeutung (höchstens in zweiter Linie, indem krystalloide Eigenschaften der Proteine, wie Löslichkeit oder Kohäsion, durch sie geändert werden können).

Offenbar ist die chemische Natur der Salzionen von überragender Bedeutung für jede Theorie der Adsorption. Die Anhänger der Adsorptionshypothese sind sich auch dessen bewußt, wie aus ihrem Widerstreben hervorgeht, die HOFMEISTERschen Ionenreihen für die Quellung, den osmotischen Druck und die Viscosität der Proteine fallen zu lassen. Da man sie nunmehr nicht mehr aufrechterhalten kann, muß man notwendigerweise zu dem Schluß kommen, daß die einzigen, durch ein Protein adsorbierbaren Ionen die $H^{\cdot}$- und OH'-Ionen sind, und tatsächlich suchen einige Anhänger der Adsorptionshypothese bei dieser Annahme Zuflucht. Sie sagen also beim Gelatinechlorid, daß das H-Ion von der Gelatine adsorbiert ist, beim Na-Gelatinat soll das OH-Ion adsorbiert sein. Die Kurven (die im vierten Kapitel erläutert worden sind), die die Ergebnisse der Titrationen wiedergeben und die Verbindungen der Säuren und Basen mit Eiweiß darstellen, lassen erkennen, daß diese Verbindungen stöchiometrisch vor sich gehen, so daß die Anhänger der Adsorptionshypothese FREUNDLICHs Adsorptionsregel zugunsten einer neuen Theorie über stöchiometrische Ionenadsorption fallen lassen müßten. Wäre es demgegenüber nicht vielleicht einfacher, davon auszugehen, daß die Proteine amphotere Elektrolyte sind, die sich genau so stöchiometrisch mit Säuren und Basen verbinden, wie dies bei ihren Bausteinen, den Aminosäuren, der Fall ist? Die Adsorptionshypothese ist ja doch nur so entstanden, daß unglücklicherweise die kolloidalen Eigenschaften der Proteine ein Gegenstand der Forschung geworden sind, bevor man die Methoden zur Messung der Wasserstoffionenkonzentration kannte. Hätte man von Anfang an die Versuche über die Titration und über die Proteinsäure- und Alkaliproteinatverbindungen des vierten Kapitels, die Versuche über die Löslichkeit (sechstes Kapitel) und die Versuche über die Valenzregel (siebentes und achtes Kapitel) gekannt, so wäre niemand darauf gekommen, daß die Proteine mit Säuren und Basen Adsorptionsverbindungen bilden. Daß der Ausdruck Adsorption immer weiter für Vorgänge angewendet wird, die offenbar nichts weiter als echte chemische Reaktionen sind, bestätigt nur die wohlbekannte Tatsache, daß die Gewohnheiten des Denkens und die Gewohnheiten der Ausdrucksweise dem Trägheitsgesetz unterliegen. Wie wenig damit gesagt ist, wenn man von einer Adsorption der $H^{\cdot}$-Ionen an ein Protein spricht, wird offenbar, wenn wir uns veranschaulichen, was hierbei nach der Elektronentheorie (nach den Vorstellungen von LEWIS, LANGMUIR und KOSSEL) vor sich geht. In dem Molekül NH_3 haben die drei Wasserstoffatome je ein Elektron mit dem N-Atom gemeinsam. Der Kern des Stickstoffatoms hat indessen eine elektrostatische Kraft, die zur Attraktion eines vierten H-Ions ausreicht, so daß beim Zusatz von HCl zu NH_3 das $H^{\cdot}$-Ion der Säure vom N-Atom angezogen und festgehalten wird und dieses dann von vier H-Ionen umgeben ist: $\overset{\displaystyle H}{\underset{\displaystyle H}{HNH}}$, während das Chlorion unbeeinflußt bleibt.

Die aus Aminosäuren aufgebauten Proteine enthalten Aminogruppen von der Form: $\underset{\displaystyle R}{HNH}$, wobei der positive Kern des N-Atoms ebenfalls imstande ist, ein weiteres H-Ion zu binden, so daß bei Gegenwart von Salzsäure das H-Ion der Säure elektrostatisch vom Kern des N-Atoms festgehalten wird. Dann bildet sich die Verbindung: $\overset{\displaystyle H}{\underset{\displaystyle R}{HNH}}$.

Im Lichte einer solchen Betrachtungsweise ist es schwierig, zu sagen, worin eigentlich der Unterschied zwischen der Adsorption eines H-Ions einer Säure durch die Aminogruppe und der chemischen Verbindung des Säure-H-Ions mit der Aminogruppe besteht.

9. Anhang.

Der Glaube an die HOFMEISTERschen Reihen hat eine Flut vager Spekulationen und Vermutungen über die Natur physiologischer und pathologischer Vorgänge veranlaßt. Diese Spekulationen stützten sich unglücklicherweise nur selten auf zulängliche Experimente; im übrigen wurde regelmäßig die Wasserstoffionenkonzentration vernachlässigt, und so kam es, daß die Grundlage dieser Spekulationen stets unsicher, wenn nicht sogar falsch war. Z. B. wurde behauptet, daß die Kontraktion der Muskeln durch Quellung zustande kommt, die ihrerseits durch Säurebildung hervorgerufen wird. Dies mag richtig sein oder falsch, es bleibt aber zu bedenken, daß Säurebildung im Muskel nur dann eine Quellung veranlassen kann, wenn das p_H des Muskels entweder mit dem isoelektrischen Punkt zusammenfällt oder etwas (aber nicht zu weit) unterhalb des isoelektrischen Punktes des Protein liegt, das man für die angebliche Quellung verantwortlich macht. Nur unter diesen Bedingungen kann Säurebildung im Muskel die Quellung vermehren. Ist das p_H der Proteine des ruhenden Muskels zu weit auf der alkalischen Seite ihrer isoelektrischen Punkte, so muß Säurebildung zunächst einmal die im ruhenden Muskel schon bestehende Quellung vermindern. Offenbar müssen wir zunächst einmal die isoelektrischen Punkte der Muskelproteine und das p_H des ruhenden und des arbeitenden Muskels kennen; erst dann kann eine Erörterung dieser Hypothese von Nutzen sein.

Man hat festgestellt, daß der Pepsinverdauung eines Eiweißes eine Quellung des Proteins vorangeht und daß die Wirkungen der Säure auf die Quellung und auf die Pepsinverdauung einander parallel gehen. Diese Feststellung ist falsch, der Fehler kommt daher, daß die Wasserstoffionenkonzentration der Proteinlösungen nicht gemessen wurde. NORTHROP[1]) hat gezeigt, daß die Digestionsgeschwindigkeit der Gelatine durch Pepsin bei gleichem p_H die gleiche ist, sowohl in Gegenwart von Salzsäure als auch von Schwefelsäure, während doch die Quellung bei $p_H = 3{,}0$ in Salzsäure ungefähr zweimal so hoch ist als in Schwefelsäure.

Diese Irrtümer der Kolloidchemiker auf Grund der Vernachlässigung des p_H sind an sich schon schlimm genug, ein schwererer Fehler war vielleicht noch die Nichtberücksichtigung der Zellmembran bei den Lebensvorgängen. Eine Reihe von Autoren glauben nicht an die Existenz solcher Membranen und haben daher Erscheinungen, die durch die selektive Permeabilität der Membran bedingt sind, auf eine imaginäre Säurewirkung, auf die Quellung zurückgeführt. So sollte die Wasserabsorption des quergestreiften Muskels (und anderer Zellen) in hypotonischen Lösungen durch eine kolloidale Quellung hervorgerufen sein, die auf eine hypothetische Säurebildung innerhalb der Zellen zurückgeführt wird; man kann aber zeigen, daß der lebende Muskel aufhört, Wasser zu absorbieren, wenn man durch Zuckerzusatz die Lösung isotonisch macht[2]). Dieses Verhalten beweist, daß die Wasserabsorption lebender

[1]) NORTHROP, J. H.: Journ. of gen. physiol. Bd. 5, S. 263. 1922/23.

[2]) HÖBER, R.: Physikalische Chemie der Zelle usw. S. 386. — LOEB, J.: Science Bd. 37, S. 427. 1912.

Muskeln und anderer lebender Zellen in hypotonischer Lösung deswegen zustande kommt, weil diese Gewebe der Zellen in semipermeablen Membranen eingeschlossen sind. Die Wasserabsorption der lebenden quergestreiften Muskeln oder anderer Zellen in hypotonischen Lösungen hat mit der kolloidalen Quellung nichts zu tun, denn die Quellung wird durch Zucker nicht vermindert.

Man hat auch das Ödem auf die Quellung der Proteine im Zellinnern durch Säurebildung zurückgeführt. Nun sind aber nicht allein sämtliche für die Aufstellung einer solchen Hypothese notwendigen p_H-Bestimmungen unterlassen worden, sondern es zeigen auch sämtliche Versuche und sämtliche klinischen Beobachtungen, soweit sie mit Kritik angestellt wurden, daß das Ödem durch eine Vermehrung der Flüssigkeit in den Zwischenräumen zwischen den Geweben und den Zellen zustande kommt. Es liegt kein Grund vor, anzunehmen, daß das Ödem mit der kolloidalen Quellung innerhalb der Zellen zusammenhängt[1]).

Diese Aufzählung von Irrtümern, die auf das Schuldkonto von Forschern kommen, die Spekulationen exakten Messungen vorziehen, besonders wenn man zu diesen Messungen die Wasserstoffelektrode verwenden muß, könnte noch fortgesetzt werden; hoffentlich genügen aber diese Bemerkungen.

Neuntes Kapitel.

Die Unzulänglichkeit der gegenwärtigen Theorien des kolloidalen Zustandes.

Als die Ära kolloidaler Spekulationen anbrach, hoffte man, daß dabei auch eine neue Chemie mit anderen Gesetze als den stöchiometrischen Regeln entstehen würde. Wir haben nun gesehen, daß diese Hoffnung, wenigstens für die Proteine, nicht in Erfüllung gegangen ist, denn diese Substanzen verbinden sich stöchiometrisch, ganz entsprechend den alten Gesetzen der klassischen Chemie, mit Säuren und Basen.

Ferner hatte man gefunden, daß genuine Proteine, wie krystallinisches Eiereiweiß oder Gelatine, nicht durch Vermittlung elektrischer Doppelschichten (die durch vorzugsweise Adsorption bestimmter Ionen zustande kommen sollten), sondern offenbar durch die gleichen Kräfte, die bei Krystalloiden wirksam sind, in Lösung gehalten werden. Diese beiden Resultate sind angesichts der Tatsache, daß die Proteine ja

---

[1]) Vgl. HIRSCHFELDER: Transact. of the Americ. pharm. and therapeut. med. assoc. 1917, S. 122; und A. R. MOORE: Americ. journ. of physiol. Bd. 37, S. 220. 1915.

peptidartig verkettete Aminosäuren sind nicht weiter überraschend. Es ist durchaus möglich, daß die Proteine auch noch bezüglich anderer Eigenschaften sich wie Krystalloide verhalten, wobei die Oberflächenspannung, die Kohäsion und die innere Reibung, die eine Eigenschaft sämtlicher Lösungen ist, in Frage kommen.

Wenn sich nun die Proteine bezüglich ihrer chemischen Reaktionen und oft sogar auch bezüglich ihrer Löslichkeit wie Krystalloide verhalten, so erhebt sich die Frage: In welcher Beziehung unterscheidet sich nun eigentlich ihr Verhalten von dem der Krystalloide? Hierauf muß man antworten, daß Elektrolyte bestimmte Eigenschaften von Proteinlösungen und von Proteingelen in eigentümlicher Weise ganz anders als von Krystalloiden beeinflussen. Die hierbei in Frage kommenden Eigenschaften der Proteine sind, wie wir gesehen haben, bei Proteinlösungen der osmotische Druck und die Viscosität und bei Proteingelen die Quellung. (Eine weitere Eigenschaft, nämlich das Membranpotential, findet ihre Erörterung im zweiten Teil dieses Buches.)

Es ist sehr auffällig, daß diese drei (oder besser vier) Eigenschaften sämtlich in ähnlichem Sinne durch Elektrolyte beeinflußt werden. Diese Wirkungen können wir in folgender Weise zusammenfassen:

1. Bei allmählichem Zusatz von Säure oder von Alkali zu isoelektrischem Protein (krystallisiertem Eiereiweiß, Gelatine, Casein, Edestin, Serumglobulin) wächst der osmotische Druck, eine bestimmte Art Viscosität (und, wie wir noch sehen werden, die Membranpotentiale) der Proteinlösungen und die Quellung der Proteingele, bis bei einer bestimmten Säure- oder Basenmenge sich ein Maximum einstellt. Vergrößert man den Zusatz an Säure oder Base, so nehmen diese Eigenschaften wieder ab.

2. Diese Wirkung der Säuren und Basen ändert sich nur, wenn sich beim Anion der Säure oder beim Kation der Base die Valenz ändert. Ionen mit gleichem Vorzeichen der elektrischen Ladung wirken gleich, ohne Rücksicht auf ihre sonstigen chemischen Eigenschaften. So haben z. B. Cl', NO_3', CH_3COO', H_2PO_4', HC_2O_4' usw. die gleiche Wirkung auf die obenerwähnten Eigenschaften der Proteine, vorausgesetzt, daß die Untersuchungen bei gleichem p_H und bei gleicher Konzentration an urspünglich isoelektrischem Protein angestellt werden. Ein weiteres Erfordernis ist, daß diese Ionen keine sekundären Wirkungen entfalten.

3. Ist das Säureanion oder das Alkalikation zweiwertig (z. B. SO_4'', $Ca^{\cdot\cdot}$, $Ba^{\cdot}$), so ist der osmotische Druck, die Viscosität und die Quellung beträchtlich kleiner, als wenn es sich um monovalente Ionen handelt (z. B. Cl' Br', NO_3', H_2PO_4', HC_2O_4', $Na^{\cdot}$, $K^{\cdot}$ usw.).

4. Zusatz eines Neutralsalzes vermindert bei einer Proteinlösung, die nicht im isoelektrischen Punkt ist, den osmotischen Druck, die Viscosität (und die Potentialdifferenz) und bei einem Proteingel die

Quellung. Diese Wirkung wächst mit der Valenz desjenigen Ions des Salzes, dessen elektrische Ladung das umgekehrte Vorzeichen hat wie das Proteinion, ist im übrigen unabhängig von der chemischen Natur des Ions.

Diese Wirkungen kann die Kolloidchemie nicht quantitativ erklären. Zwar macht ZSIGMONDY einen Versuch, die abschwächende Wirkung der Neutralsalze auf den osmotischen Druck von Gelatinelösungen qualitativ zu erklären, indem angenommen wird, daß durch den Salzzusatz die Teilchen sich mehr aggregieren, infolgedessen die Zahl der in Lösung befindlichen Teilchen kleiner wird, und daß diese Verminderung zu einer Erniedrigung des osmotischen Druckes führt[1]). Unzweifelhaft ist es richtig, daß Salze Proteine ausfällen können und daß Fällung auf zunehmender Aggregation der Teilchen beruht, aber das Aussalzen der Gelatine aus einer wässerigen Lösung hängt nicht von dem Ion ab, dessen Ladung der des Proteinions entgegengesetzt ist, während wir doch gesehen haben, daß die den osmotischen Druck vermindernde Wirkung eines Salzes eben gerade von dem Ion abhängt, dessen Ladung der des Gelatineions entgegengesetzt ist. Mit anderen Worten: Das Aussalzen der Gelatine ist ein ganz andersartiger Vorgang als die Abnahme des osmotischen Druckes einer Proteinlösung nach Zusatz eines Neutralsalzes. Man kann also unmöglich den zweiten Vorgang durch den ersten erklären.

Ferner versagen die auf die Micellentheorie gestützten Erklärungen über die Wirkung der Salze völlig bei den anderen Eigenschaften, die in gleichem Sinne wie der osmotische Druck sich ändern, nämlich der Viscosität und der Potentialdifferenz bei Proteinlösungen und der Quellung bei Proteingelen.

Im sechzehnten Kapitel werden wir sehen, daß, wenn in einer Gelatinelösung die Aggregation zunimmt — d. h. wenn isolierte Proteinmoleküle oder -ionen unter Bildung größerer Aggregate zusammentreten —, dann die Viscosität der Lösung zunimmt, und zwar deshalb, weil diese Aggregate verhältnismäßig große Wassermengen okkludieren, wobei dann das von der Gelatine in der Lösung eingenommene Volumen zunimmt. Diese Volumenzunahme der Micellen auf Kosten des Wassers bewirkt, wie wir sehen werden, eine Vermehrung der Viscosität. Nehmen wir also an, daß Salzzusatz den Aggregationsgrad vermehrt, so müssen wir weiter schließen, daß dann auch eine Vermehrung der Viscosität zustande kommt: in Wirklichkeit aber wird die Viscosität durch Salzzusatz verringert. Wenn man also die depressorische Wirkung der Salze auf den osmotischen Druck und auf die Viscosität von Proteinlösungen mit Hilfe der Aggregationstheorie erklären will, so kommt man zu Folgerungen, die in Widerspruch zu den Tatsachen stehen.

---

[1]) ZSIGMONDY, R.: Kolloidchemie 2. Aufl., S. 342. Leipzig 1918.

Pauli sucht die Beobachtung, daß wenig Säure oder Base die Viscosität von Albuminlösungen vermehrt und daß reichlicherer Zusatz von Säure oder Base sie wieder verringert, dadurch zu erklären, daß er (bis hierher mit Recht) annimmt, daß die Säure die Bildung eines Proteinsalzes veranlaßt und daß die Ionisation eine Vermehrung der Hydratation des Proteinions zur Folge hat. Die vermindernde Wirkung, die bei Zusatz größerer Säuremengen eintritt, wird durch die Annahme gedeutet, daß der Ionisationsgrad des Proteinsalzes durch Zusatz größerer Säuremengen oder durch Salzzusatz verringert wird. Diese Vorstellungen haben vor den vorher diskutierten zumindest den Vorzug, daß sie einer quantitativen Prüfung unterzogen werden können. Geschieht dies, so stellt sich heraus, daß diese Theorie für die Viscosität von Gelatinelösungen nicht aufrechterhalten werden kann.

Zur Erklärung der Viscositätszunahme bei zunehmender Ionisation der gelösten Proteine geht Pauli von der Annahme aus, daß das Proteinion von einer sehr großen Wasserhülle umgeben ist, das nichtionisierte Proteinmolekül dagegen nicht[1]). Die Wasserhülle kann das Zusammentreten der Proteinionen verhindern und so einen höheren Dispersitätsgrad aufrecht erhalten. Mit Hilfe der Hydratationstheorie können wir nun die Eigenart der p_H-Kurven folgendermaßen qualitativ erklären. Im isoelektrischen Punkt ist das Protein nicht ionisiert, also auch nicht hydratisiert. Folglich ist also in diesem Punkt der Dispersitätsgrad und der osmotische Druck ein Minimum. Die Viscosität und die Quellung haben ebenfalls hier ein Minimum, denn die Quellung kann direkt durch die Wasserhülle bedingt sein, und die Viscosität sollte ebenfalls zunehmen, wenn jedes Teilchen sich mit einer Wasserschicht umgibt. Setzt man nun eine Säure, z. B. Salzzäure, zu der isoelektrischen Gelatine, so bildet sich Gelatinechlorid, welches als Salz weitgehend dissoziiert ist. Je mehr Säure man zusetzt, um so mehr Gelatinechlorid bildet sich. Im siebenten Kapitel haben wir gezeigt, daß die Kurven für den osmotischen Druck, die Quellung und die Viscosität bei p_H-Werten zwischen 3,5 und 2,8 ihr Maximum erreichen und dann abfallen. Auf Grund seiner Versuche über Blutalbumin nimmt Pauli an, daß dieses Absinken auf einer Zurückdrängung der elektrolytischen Dissoziation des Gelatinechlorids oder irgendeines anderen Proteinsäuresalzes beruht, weil mit dem weiteren Säurezusatz die Konzentration des gemeinsamen Anions wächst. Indessen muß hervorgehoben werden, daß Pauli[2]) sowie Manabe und Matula[3])

---

[1]) Pauli, W.: Fortschr. d. naturwiss. Forschung Bd. 4, S. 223. 1912; Kolloidchemie der Eiweißkörper. Dresden und Leipzig 1920.

[2]) Pauli, W.: Kolloidchemie der Eiweißkörper. Dresden und Leipzig 1920.

[3]) Manabe, K. u. J. Matula: Biochem. Zeitschr. Bd. 53, S. 369. 1913.

das Maximum ihrer Kurven nicht bei einem p_H zwischen 3,5 und 2,8, sondern bei $p_H = 2,1$ oder 2,0 finden.

HITCHCOCK[1]) bestimmte bei einer Reihe von Proteinchloriden dasjenige p_H, bei welchem die Ionisation maximal wird. Diese Werte sind in der letzten Horizontalreihe der Tabelle 10 angegeben. Die oberen Horizontalreihen enthalten diejenigen p_H-Werte, welche den Maxima des osmotischen Druckes, der Quellung, der Viscosität und der Membranpotentiale entsprechen. Das Maximum der Ionisation wird erst bei einem viel kleineren p_H als das Maximum des osmotischen Druckes usw. beim gleichen Protein erreicht. Man kann also nicht gut mit PAULI annehmen, daß die abschwächende Wirkung höherer Salzsäurekonzentrationen auf Viscosität, osmotischen Druck oder Quellung auf einer Zurückdrängung der Ionisation des Gelatinechlorids beruht.

Tabelle 10.
Die p_H Werte, die den Maxima der verschiedenen Eigenschaften von 1 proz. Proteinchlorid-Lösungen ensprechen.

	Gelatine	Eieralbumin	Casein	Edestin	Serumglobulin
Osmotischer Druck	3,4	3,4	3,0	3,0	3,0
Schwellung	3,2	—	—	—	—
Viscosität	2,9	Kein Maximum	3,0	—	—
Membranpotential .	4,1	3,6	3,6	4,3	3,4
Ionisation	1,4	1,6	2,2	1,6	2,2

Man kann die Hydratationshypothese einer direkten Prüfung unterziehen, indem man die spezifische Leitfähigkeit bei Proteinsalzlösungen (z. B. Gelatinechlorid oder Albuminchlorid usw.) bestimmt. Da nach dieser Hypothese nur die Proteinionen hydratisiert sind, so sollten Änderungen des osmotischen Druckes, der Quellung und der Viscosität von entsprechenden Änderungen der Konzentration der in Lösung befindlichen Proteinionen begleitet sein. Es müßten also die Kurven, die man erhält, wenn man das Verhalten der elektrischen Leitfähigkeit von Lösungen mit gleichem Gehalt von ursprünglich isoelektrischer Gelatine bei verschiedenem p_H untersucht und die Werte graphisch darstellt, den Kurven für osmotischen Druck, Quellung und die Viscosität parallel laufen. Ferner müßte die Kurve für die Leitfähigkeit des Gelatinesulfats nur ungefähr halb so hoch wie die entsprechende Kurve des Gelatinechlorids, und die Kurve für die spezifische Leitfähigkeit des Gelatineoxalats beinahe, aber nicht ganz so hoch wie die des Gelatinechlorids sein. Wie die Versuche zeigen, ist dies aber nicht der Fall.

[1]) HITCHCOCK, D. I.: Journ. of gen. physiol. Bd. 5, S. 383. 1922/23.

Die Konzentration der in Lösung befindlichen ionisierten Gelatine kann man aus den Leitfähigkeitsmessungen der Lösung des Gelatinesalzes (etwa Gelatinechlorids) so bestimmen, daß man die Leitfähigkeit der in der Lösung enthaltenen freien Salzsäure von der gemessenen Leitfähigkeit subtrahiert, denn die nach der Methode des Verfassers aus gewaschener pulverförmiger isoelektrischer Gelatine hergestellten Gelatinechloridlösungen enthalten außer der freien Salzsäure und dem Gelatinechlorid praktisch sonst keine Elektrolyte. Dies geht aus den Bestimmungen des Aschengehaltes sowie daraus hervor, daß Lösungen der nach unserer Methode hergestellten isoelektrischen Gelatine den elektrischen Strom praktisch so gut wir gar nicht leiten. Bei diesen Untersuchungen wurde in folgender Weise verfahren:

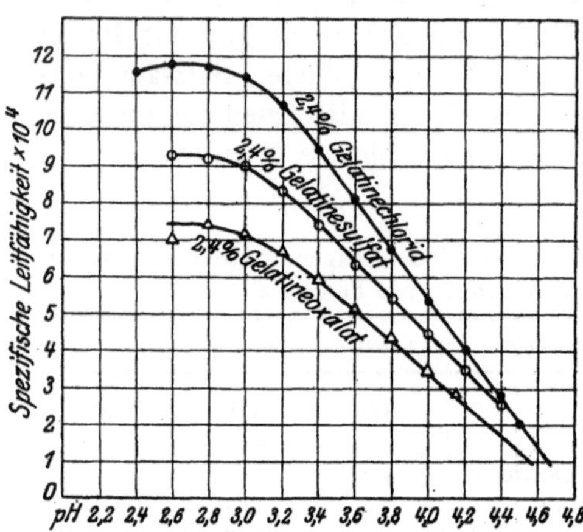

Abb. 55. Spezifische Leitfähigkeiten 2,4 proz. Gelatinechlorid-, -sulfat und -oxalatlösungen. Diese Kurven zeigen ein ganz andersartiges Verhalten, als sich aus den Kurven des osmot. Druckes der Abbildungen 26 und 27 ergibt.

Zwei Reihen verschiedener Gelatinesäuresalzlösungen wurden hergestellt, und zwar enthielt die eine 0,8 und die andere 2,4% ursprünglich isoelektrische Gelatine. Nun wurden die spezifischen Leitfähigkeiten dieser Gelatinesäuresalzlösungen bei verschiedenem p_H ermittelt. Außerdem wurden die Leitfähigkeiten wässeriger Verdünnungen der gleichen Säuren bei den gleichen p_H-Werten bestimmt. Die Leitfähigkeiten wurden in ein Koordinatensystem als Ordinaten über den p_H-Werten als Abszissen eingetragen. Durch Subtraktion der Leitfähigkeitswerte der wässerigen Lösungen von den entsprechenden Leitfähigkeiten der Gelatinesäuresalzlösungen ließ sich die Kurve der spezifischen Leitfähigkeit des Gelatinesäuresalzes ermitteln[1]). Die Kurven der Abb. 55, die den Anteil der Gelatineionen des Gelatinechlorids veranschaulichen, sind den Verbindungskurven der Abb. 8 insofern ähnlich, als bei beiden die Konzentration des ionisierten Proteins zunimmt, je mehr das p_H unter das des isoelektrischen Punktes sinkt. Es ist aber bei den Leitfähigkeitskurven kein Maximum bei p_H 3,4 bis 3,0 mit nachfolgendem Absinken vorhanden. Ein Absinken tritt erst bei p_H-Werten unterhalb

[1]) LOEB, J.: Journ. of gen. physiol. Bd. 3, S. 247. 1920/21.

2,0 auf. NORTHROP hat das gleiche Verhalten feststellen können. Man kann demnach also unmöglich das Absinken der Kurven des osmotischen Druckes, welches auftritt, sobald das p_H unterhalb 3,4 sinkt, auf eine Zurückdrängung der Ionisation des Proteinsalzes beziehen. Noch deutlicher geht dies aus Abb. 56 hervor. Die untere Kurve mit einem Maximum bei p_H 3,4 gibt das Verhalten des osmotischen Druckes einer 1proz. Albuminchloridlösung wieder. Die obere Kurve stellt das Verhalten der Leitfähigkeit einer 3proz. Lösung der gleichen Substanz dar. Es ist klar, daß diese letztere Kurve weder bei $p_H = 3,4$ noch bei 3,0 ein Maximum hat, sondern daß sie gleichmäßig bis zu einem p_H von 2,6 ansteigt. Erst bei p_H-Werten von 2,0 oder weniger kommt ein Absinken zustande. Das charakteristische Abfallen der Kurven für den osmotischen Druck, die Viscosität oder die Quellung, welches einsetzt, sobald das $p_H = 3,4$ oder 3,0 unterschreitet, kann also offenbar nicht dadurch erklärt werden, daß die spezifische Leitfähigkeit steil abfällt, wenn die p_H-Werte unterhalb 3,4 oder 3,0 sinken

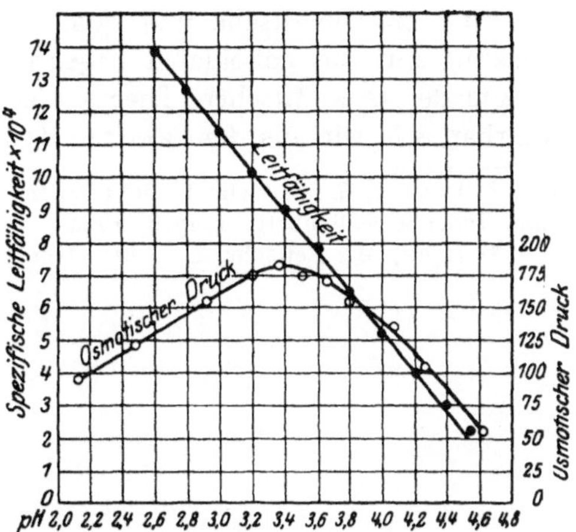

Abb. 56. Während der osmotische Druck einer 1proz. Albuminchloridlösung ein Maximum bei p_H 3,4 zeigt und bei kleinerem p_H absinkt, ist das Maximum der Leitfähigkeit einer 3proz. Albuminchloridlösung bei p_H 2,6 noch nicht erreicht.

Ebensowenig kann PAULIS Theorie die Valenzwirkung erklären. Die Kurven des osmotischen Druckes, der Viscosität oder der Quellung des Gelatinechlorids haben, wie wir gesehen haben, ein etwa doppelt so hohes Maximum als die entsprechenden Werte beim Gelatinesulfat und sind nur etwas höher als die Kurven des Gelatineoxalats. Wenn diese Erscheinung im Einklang mit PAULIS Theorie steht, so müßte die Leitfähigkeit des Gelatinechlorids etwa ebenso groß sein wie die des Gelatineoxalats, aber beträchtlich größer als die des Gelatinesulfats. Man ersieht indessen aus der Abb. 55, daß bei einem Vergleich der Leitfähigkeiten dieser drei Gelatinesalze die Werte beim Gelatinesulfat nur wenig kleiner als beim Gelatinechlorid und etwas größer als beim Gelatineoxalat sind.

Die Grundlage der Hydratationstheorie von PAULI ist eine Annahme von KOHLRAUSCH, nach welcher Unterschiede in der Ionenbeweglichkeit darauf beruhen sollen, daß das wandernde Ion Wassermoleküle mit sich schleppt. LORENZ[1]), BORN[2]) und andere Autoren sind nun zu dem Schluß gekommen, daß zwar die Vorstellung von KOHLRAUSCH bei einatomigen Ionen wahrscheinlich zutreffend, bei großen vielatomigen Ionen aber nicht haltbar ist. Man muß also wohl die Annahme einer hochgradigen Hydratation der Proteinionen und damit die PAULIsche Theorie fallen lassen. So ergibt sich, daß PAULIS Theorie für die Erklärung der depressorischen Wirkung der Elektrolyte auf die physikalischen Eigenschaften der Eiweißkörper nicht in Frage kommt.

Eine mathematische und quantitative Erklärung der Elektrolytwirkung auf die kolloidalen Eigenschaften gelöster Proteine ist auf Grund der DONNANschen Theorie der Membrangleichgewichte durchführbar, wie wir aus dem zweiten Teil dieses Buches ersehen werden.

---

[1]) LORENZ, R.: Zeitschr. f. Elektrochem. Bd. 26, S. 424. 1920; Raumerfüllung und Ionenbeweglichkeit. Leipzig 1922.

[2]) BORN, M.: Zeitschr. f. Elektrochem. Bd. 26, S. 401. 1920.

ZWEITER TEIL.

Theorie der kolloidalen Eigenschaften der Eiweißkörper.

Zehntes Kapitel.

Einleitende Bemerkungen über die Theorie.

Eine Theorie des kolloidalen Verhaltens der Proteine beschäftigt sich nicht mit ihren rein krystalloiden Eigenschaften, wie etwa mit ihrer Löslichkeit und ihren chemischen Reaktionen. Diese beiden Punkte sind im ersten Teil des Buches behandelt worden, auch brauchen wir uns hier nicht mit Eigenschaften, wie der Oberflächenspannung, zu befassen, die wahrscheinlich ebenfalls zu den krystalloiden Eigenschaften gehört. Hier beschäftigen uns lediglich zwei Fragen, erstens: Wie kommt es, daß Elektrolyte drei ganz verschiedene Eigenschaften der Proteine — den osmotischen Druck, die Quellung und eine bestimmte Art der Viscosität (vgl. siebentes und achtes Kapitel) — in ganz analoger Weise beeinflussen, und zweitens: Wie sind die charakteristischen Züge dieser Elektrolytwirkung, die im vorhergehenden Kapitel schon aufgezählt wurden, zu erklären.

Wir wollen hier noch einmal die zur Diskussion stehenden Resultate zusammenfassen:

1. Geht man von isoelektrischem Protein (Gelatine, krystallinischem Eiereiweiß, Casein, Edestin, Serumglobulin) aus und setzt allmählich eine Säure (oder ein Alkali) zu, so kommt zuerst bei Proteinlösungen eine Vermehrung des osmotischen Druckes und einer bestimmten Art der Viscosität zustande, während bei Proteingelen die Quellung zunimmt. Bei Gegenwart einer bestimmten Menge Säure oder Alkali haben diese drei Eigenschaften ein Maximum, und vermehrt man die Säure- oder Alkalimenge weiter, so sinken die Werte für diese drei Eigenschaften wieder ab (Abb. 57).

2. Diese Wirkung der Säuren und Basen ist nur von der Valenz der Säureanionen und Basenkationen, aber nicht von ihrer sonstigen chemischen Natur abhängig; Ionen mit gleichsinniger Ladung und gleicher Valenz, z. B. Cl', NO_3', CH_3COO', H_2PO_4', HC_2O_4', beeinflussen den

osmotischen Druck und die anderen Eigenschaften in gleicher Weise, wobei selbstverständlich die Proteinlösungen oder Proteingele bei gleichem p_H und bei gleicher Konzentration des ursprünglich isoelektrischen Proteins verglichen werden müssen (Abb. 57).

3. Zweiwertige Säureanionen oder Basenkationen (z. B. SO_4'', $Mg^{\cdot\cdot}$, $Ca^{\cdot\cdot}$, $Ba^{\cdot\cdot}$) beeinflussen den osmotischen Druck, die Viscosität und die Quellung der Proteine in beträchtlich geringerem Maße als einwertige Ionen (z. B. Cl', Br', NO_3', H_2PO_4', HC_2O_4', $Li^{\cdot}$, $Na^{\cdot}$, $K^{\cdot}$, $NH_4^{\cdot}$ usw.) (Abb. 57).

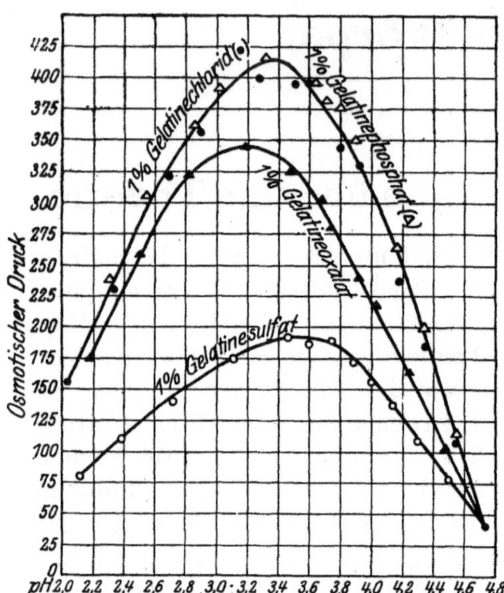

Abb. 57. Der osmotische Druck als Funktion p_H und der Valenz des Säureanions.

4. Bringt man ein Neutralsalz mit einem Protein zusammen, das sich nicht in seinem isoelektrischen Punkt befindet, so sinkt bei Lösungen der osmotische Druck und die Viscosität und bei Gelen der Quellungsgrad. Diese Wirkung des Neutralsalzes nimmt mit steigender Valenz desjenigen Ions des Salzes zu, dessen Ladung der des Proteinions entgegengesetzt ist, und ist im übrigen von der chemischen Natur des Ions unabhängig.

Die Ähnlichkeit dieser Elektrolytwirkungen legt den Gedanken nahe, daß vielleicht allen drei Erscheinungen die gleiche Ursache zugrunde liegen könnte. Dies ist, wie wir sehen werden, in der Tat der Fall, und zwar ist die Grundeigenschaft der osmotische Druck. Deswegen wollen wir uns bei einer vorläufigen Erörterung auf diese Eigenschaft beschränken. Wie kommt nun die Erscheinung zustande, daß mit allmählichem Zusatz einer Säure, etwa HCl, zu einer Lösung isoelektrischen Proteins anfänglich der osmotische Druck mit wachsender Wasserstoffionenkonzentration bis zu einem Maximum anwächst (bei Gelatine oder bei Eiereiweiß liegt dieses Maximum etwa bei p_H 3,4) und bei weiterem Säurezusatz wieder absinkt (Abb. 57). Einige Kolloidchemiker[1]) hielten es für erwiesen, daß diese Erscheinung durch eine Einwirkung der Elektrolyte auf irgendeine kolloidale Eigenschaft der Proteine, etwa den Dispersitätsgrad der in Lösung befindlichen

---

[1]) Zsigmondy, R.: Kolloidchemie. 2. Aufl. Leipzig 1918.

Micellen, zustande kommt. Eine solche Einwirkung der Säuren auf Proteine ist möglich, immerhin werden wir sehen, daß eine ganz andere Ursache für den eigentümlichen Einfluß des p_H auf den osmotischen Druck der Proteinlösungen besteht. Es handelt sich hier um folgende Tatsache: Füllen wir ein Kollodiumsäckchen mit einer Gelatinechloridlösung vom p_H 3,0 und tauchen dieses in verdünnte Salzsäure ebenfalls vom p_H 3,0, so finden wir, daß bei eingestelltem osmotischen Gleichgewicht zwischen der Proteinlösung und der wässerigen gelatinefreien Außenflüssigkeit die p_H-Werte innerhalb und außerhalb des Säckchens nicht mehr die gleichen sind. Es ist also der von dem Manometer angegebene Druck nicht allein der osmotische Druck der Proteinlösungen, sondern an diesem Druck sind auch noch die Konzentrationsunterschiede krystalloider Ionen (in unserem Beispiel $H^{\cdot}$- und Cl'-Ionen) beteiligt. Außer im isoelektrischen Punkt bestehen solche Konzentrationsunterschiede der krystalloiden Ionen bei jedem p_H. Bevor wir nun irgendeine Theorie über eine mögliche Ursache der p_H-Wirkung (oder der Elektrolytwirkung) auf den osmotischen Druck einer Eiweißlösung entwerfen, müssen wir zunächst einmal an unseren beobachteten osmotischen Drucken eine Korrektur anbringen, die dem Konzentrationsunterschied der krystalloiden Ionen innerhalb und außerhalb der Eiweißlösung entspricht. Es handelt sich darum, wie wir die Korrektur quantitativ bestimmen können. Möglich ist eine solche Bestimmung nur, wenn wir als Grundlage eine mathematische Theorie über die aus den p_H- und p_{Cl}-Messungen sichergestellte ungleiche Verteilung der krystalloiden Ionen innerhalb und außerhalb der Eiweißlösungen besitzen. Um zu einer solchen Theorie zu gelangen, mußten Messungen der bisher in der kolloidchemischen Forschung nur wenig berücksichtigten Membranpotentiale angestellt werden. Der Verfasser hatte gefunden, daß zwischen einer Proteinsalzlösung, z. B. Gelatinechloridlösung, und einer mit ihr in osmotischem Gleichgewicht befindlichen eiweißfreien Außenflüssigkeit eine Potentialdifferenz besteht. Bei unserem Versuch wurde die Proteinsalzlösung in ein Kollodiumsäckchen gebracht und dieses in eine wässerige eiweißfreie Lösung eingetaucht. Dann wurden die Membranpotentiale zwischen der Proteinsalzlösung (z. B. der Gelatinechloridlösung) und der Außenflüssigkeit mittels indifferenter und identischer Elektroden bestimmt und nach einer Beziehung zwischen diesen Potentialdifferenzen und der Verschiedenheit der Wasserstoffionenkonzentrationen innerhalb und außerhalb der Proteinlösung gesucht. Nun ergaben derartige Messungen, daß die Potentialdifferenzen, die man erhält, wenn man die Proteinlösung und die mit ihr im osmotischen Gleichgewicht befindliche Außenflüssigkeit mittels der Wasserstoffelektrode untersucht, identisch mit den unter Verwendung indifferenter

Elektroden festgestellten Membranpotentialen sind[1]). Da diese Übereinstimmung sich nur aus der im ersten Kapitel erörterten DONNANschen Theorie über die Membrangleichgewichte voraussehen läßt, so folgt, daß die Konzentrationsunterschiede der diffusiblen Elektrolyte auf beiden Seiten der Membran aus der DONNANschen Gleichung über die Membrangleichgewichte berechnet werden können. So wird es, wie wir sehen werden, möglich, die Wirkungen der Elektrolyte auf das kolloidale Verhalten der Proteine mathematisch und quantitativ herzuleiten.

Elftes Kapitel.

Die Membranpotentiale[2]).

Die Methoden ihrer Messung und Einfluß der Wasserstoffionenkonzentration.

Ist die Lösung eines Proteinsalzes, etwa eine 1proz. Gelatinechloridlösung, mittels einer Kollodiummembran von destilliertem Wasser getrennt, so bildet sich, während das osmotische Gleichgewicht sich einstellt, eine Potentialdifferenz zwischen den beiden Membranseiten aus. Diese Potentialdifferenz, die man mittels des COMPTONschen Quadrantenelektrometers unter Verwendung von gesättigten KCl-Kalomel-Elektroden bestimmen kann, wird ähnlich wie der osmotische Druck, die Quellung und die Viscosität durch Elektrolyte beeinflußt (vgl. Abb. 58). An sich würde hieraus nur hervorgehen, daß wir nunmehr noch eine weitere Eigenschaft der Proteine gefunden haben, deren Beeinflußbarkeit die gleichen, uns vom osmotischen Druck, von der Quellung und von der Viscosität her bekannten Charakteristika zeigt, wenn wir nicht die Änderungen dieser neuen Eigenschaft mit dem Donnan-Gleichgewicht in Zusammenhang bringen könnten.

Wir müssen an dieser Stelle kurz die Methoden zur Bestimmung der Membranpotentiale schildern und wollen annehmen, daß wir mit Gela-

[1]) Diese Erscheinung ist keineswegs als selbstverständlich zu betrachten, was jeder, der das Buch von BEUTNER: „Die Entstehung elektrischer Ströme in lebenden Geweben" kennt, zugeben wird. Das Membranpotential und das mit der Wasserstoffelektrode gemessene Potential kann nämlich in unserem Beispiel nur dann gleich sein, wenn die Proteine mit Säuren und Basen ionisierende Salze bilden und wenn die Proteinionen nicht durch die für die kleinen krystalloidalen Ionen permeable Membran diffundieren können. Diese Umstände scheint A. V. HILL (Proc. of the roy. soc. of London [A] Bd. 102, S. 705. 1923), wie schon HITCHCOCK hervorgehoben hat (Journ. of gen. physiol. Bd. 5, S. 383. 1922/23), übersehen zu haben.

[2]) Die Grundlagen dieses Kapitels finden sich bei J. LOEB: Journ. of gen. physiol. Bd. 3, S. 557, 667. 1920/21; Bd. 4, S. 351, 463, 617, 741. 1921/22; Journ. of the Americ. chem. soc. Bd. 44, S. 1920. 1922.

tinechloridlösungen arbeiten, die in je 100 ccm 1 g ursprünglich isoelektrischer Gelatine enthalten. Diese Lösungen befinden sich in Kollodiumsäckchen, die, wie im siebenten Kapitel beschrieben, mittels eines Gummistopfens verschlossen sind, durch dessen Bohrung ein als Manometer wirkendes Glasrohr führt. Sie sind in Bechergläsern mit 350 ccm wässeriger eiweißfreier Lösung von ursprünglich dem gleichen p_H wie die Gelatinelösung eingetaucht. Nun wird 20—24 Stunden lang bei 24° der Eintritt des osmotischen Gleichgewichtes abgewartet, das indessen gewöhnlich schon nach 6 Stunden erreicht ist. Frühestens 20 Stunden nach Beginn des Versuches wird die Potentialdifferenz zwischen der Gelatinechloridlösung, die wir im folgenden stets als Innenflüssigkeit bezeichnen wollen, und der eiweißfreien wässerigen Außenflüssigkeit unter Verwendung des COMPTONschen Quadrantenelektrometers bestimmt, welches bei einer Potentialdifferenz von einem Millivolt einen Ausschlag von ca. 2 mm der Skala bei einer Distanz von 2 m aufwies.

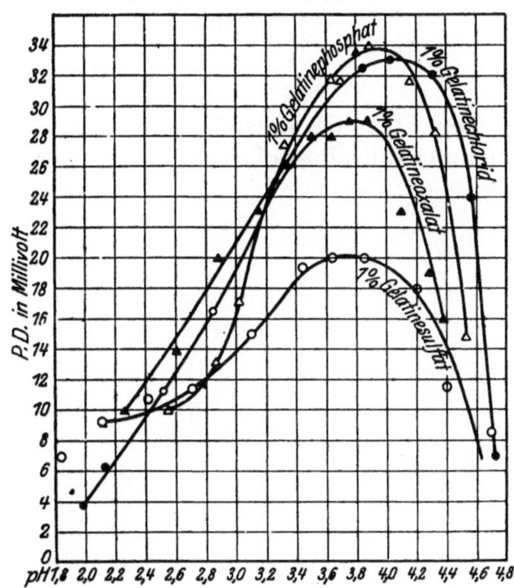

Abb. 58. Der Einfluß des p_H und der Anionenvalenz auf die Membranpotentiale verschiedener Gelatine-Säuresalze. Die Kurven dieser Abbildung sind denen der Abb. 57 ähnlich, aber nicht mit ihnen identisch.

Die ableitenden Elektroden waren (Abb. 59) identische, mit gesättigter KCl-Lösung gefüllte Kalomelelektroden. Die eine taucht mit einer capillaren Glasröhre in die Gelatinelösung, die andere gleichfalls unter Zwischenschaltung einer Glaskapillare in die Außenflüssigkeit.

Um das Eintauchen der ersten Elektrode zu ermöglichen, wurde das Manometerrohr durch einen Glastrichter ersetzt (Abb. 59). Die Innenflüssigkeit ist, wie die Zeichnung angibt, bis in den weiten Teil des Trichters gestiegen, was für die Ableitung von Vorteil ist. Sollte daher die Lösung nicht von selbst so hoch gestiegen sein, so kann man das Kollodiumsäckchen entsprechend stark gegen die Wand des Becherglases andrücken. Sehr bequem, aber nicht unbedingt erforderlich, ist ein an den Elektrodenröhren angebrachtes, gesättigte KCl-Lösung enthaltendes

Reservoir, welches eine Erneuerung der in der Capillare enthaltenen KCl-Lösung ermöglicht[1]). Es wurde also auf diese Weise die elektromotorische Kraft der folgenden Kette gemessen:

Kalomel-elektrode	Gesättigte KCl-Lösung	Außen-flüssigkeit HCl —	Kollodium-membran	Innen-flüssigkeit Gelatine-chlorid +	Gesättigte KCl-Lösung	Kalomel-elektrode

Bei einer derartigen Anordnung ist die Gelatinechloridlösung positiv und die Außenflüssigkeit negativ geladen; die Potentialdifferenz ändert

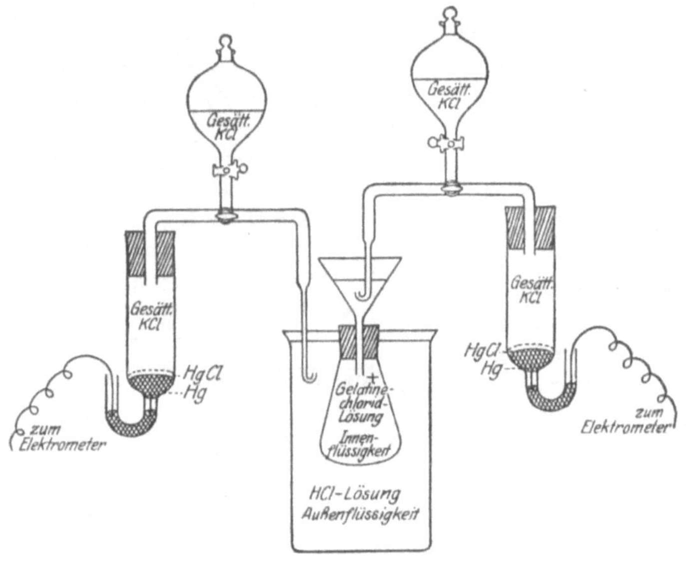

Abb. 59. Schema der Meßmethode des Membranpotentials.

sich mit dem p_H der Gelatinechloridlösung, wie aus Abb. 58 hervorgeht. Die Potentialdifferenz bei Gelatinephosphatlösungen stimmt praktisch mit den Werten bei Gelatinechloridlösungen von gleichem p_H überein und ist beträchtlich höher (ungefähr 50%, wie wir sehen werden) als bei Gelatinesulfatlösungen. Zusatz eines Neutralsalzes zu der Gelatinechloridlösung vermindert, wie wir noch zeigen werden, die Potentialdifferenz, und zwar um so ausgesprochener, je höherwertig das Anion des Salzes ist. D. h. also: Elektrolyte beeinflussen die Membranpotentiale zwischen Gelatinechloridlösungen und den Außenflüssigkeiten ähn-

[1]) Bei manchen Versuchen wurde die Potentialdifferenz durch die Manometerröhre bestimmt, ohne daß der hydrostatische Druck vermindert wurde. Diese Werte stimmten mit den nach der angegebenen Methode gewonnenen überein.

lich wie den osmotischen Druck und die Viscosität. So erhebt sich nunmehr die Frage nach dem Ursprung der Membranpotentiale. Wir beabsichtigen, den Nachweis zu führen, daß diese Potentialdifferenz durch ein Donnan-Gleichgewicht zwischen der Gelatinechloridlösung und der gelatinefreien Außenflüssigkeit zustande kommt.

Bei unserem Versuch hatten wir eine 1 proz. Gelatinechloridlösung in einem Kollodiumsäckchen in ein Becherglas mit verdünnter gelatinefreier Salzsäure eingetaucht; das p_H war in beiden Lösungen das gleiche. Nun befindet sich in der Innenflüssigkeit sowohl wie in der Außenflüssigkeit freie HCl, außerdem aber ist in dem Kollodiumsäckchen noch Gelatinechlorid enthalten, welches in Cl'-Ionen und positive Gelatineionen dissoziiert ist. Diese letzteren können im Gegensatz zu den H˙- und Cl'-Ionen nicht durch die Kollodiummembran diffundieren. Es sind also in diesem Fall sämtliche Bedingungen gegeben, die nach DONNANs Theorie zur Ausbildung eines Membrangleichgewichtes erforderlich sind, eines Gleichgewichtes, das dadurch charakterisiert ist, daß die Produkte aus den Konzentrationen der H˙-Ionen und der Cl'-Ionen auf beiden Seiten der Membran gleich sind. Dieser Zustand wird durch eine Gleichung beschrieben, die zuerst von PROCTER und WILSON bei ihren Untersuchungen über die Verteilung von freier Salzsäure zwischen einem festen Gelatinechloridgel und dem umgebenden Wasser benutzt wurde. Sie ist gleichfalls auf eine Anordnung anwendbar, bei der gelöstes Gelatinechlorid von einer Außenflüssigkeit mittels einer Kollodiummembran abgetrennt ist, durch welche wohl

Tabelle 11.

Einfluß des p_H auf die H˙-Potentiale und auf die Membranpotentiale von Gelatinechloridlösungen bei osmotischem Gleichgewicht. Die Lösungen enthalten 1% isoelektrische Gelatine.

100 ccm Lösung enthalten	ccm n/10-HCl											
	1	2	4	6	8	10	12,5	15	20	30	40	50
p_H innen	4,56	4,31	4,03	3,85	3,33	3,25	2,85	2,52	2,13	1,99	1,79	1,57
p_H außen	4,14	3,78	3,44	3,26	2,87	2,81	2,53	2,28	2,00	1,89	1,72	1,53
p_H innen minus p_H außen	0,42	0,53	0,59	0,59	0,46	0,44	0,32	0,24	0,13	0,10	0,07	0,04
H˙-Potentiale (Millivolt)	+24,7	+31,0	+34,5	+34,5	+27,0	+25,8	+18,8	+14,0	+7,6	+5,9	+4,1	+2,3
Membranpotentiale (Millivolt)	+24,0	+32,0	+33,0	+32,5	+26,0	+24,5	+16,5	+11,2	+6,4	+4,8	+3,7	+2,1

die H˙- und Cl′-Ionen, aber nicht die Gelatineionen diffundieren können. Die Gleichung lautet:

$$x^2 = y(y + z).$$

x bedeutet die molare Konzentration der H˙- und Cl′-Ionen in der Außenflüssigkeit, y die molare Konzentration der H˙- und Cl′-Ionen der freien Säure in der Innenflüssigkeit, und z die molare Konzentration der mit der Gelatine verbundenen Cl′-Ionen. (Aus Gründen der Einfachheit ist vollständige elektrolytische Dissoziation der Salzsäure und des Gelatinechlorids angenommen.)

Wir wollen jetzt beweisen, daß diese mittels indifferenter Kalomelelektroden gemessenen Membranpotentiale durch das Donnan-Gleichgewicht bestimmt sind. Der Nachweis kann in folgender Weise erbracht werden:

Nach Donnan folgt aus seiner Formel für das Membranpotential:

$$\pi = \frac{RT}{F} \log \frac{x}{y} = \frac{RT}{F} \log \frac{y + z}{x},$$

d. h. also, die Größe des Membranpotentials hängt von dem Unterschied der Konzentration irgendeines diffusiblen Ions (etwa des Wasserstoffions), in der Innen- und Außenflüssigkeit nach eingetretenem Gleichgewicht ab. Diese durch die p_H-Differenz zwischen der Innen- und Außenflüssigkeit bedingte Potentialdifferenz kann man direkt mittels der Wasserstoffelektrode bestimmen, und dieser Wert (welchen wir als H˙-Potentialdifferenz bezeichnen) muß ebenso groß sein wie die Potentialdifferenz zwischen den beiden Seiten der Membran bei der Messung mit indifferenten Elektroden. Messen wir die H˙-Potentialdifferenz, so bestimmen wir die elektromotorische Kraft der folgenden Kette:

Wasserstoff-elektrode	Außen-flüssigkeit HCl	Gesättigte KCl-Lösung	Innen-flüssigkeit Protein	Wasserstoff-elektrode

Hierbei ist das Vorzeichen der Potentialdifferenz umgekehrt wie bei dem Membranpotential.

Anstatt das H˙-Potential zwischen der Proteinlösung und der Außenflüssigkeit nach unserem Schema zu bestimmen, stellten wir für jede der beiden Lösungen das H˙-Potential besonders gegen eine Standardkalomelelektrode fest. Dies geschah vornehmlich aus dem Grunde, weil wir für die gleichzeitige graphische Darstellung sowohl der Membranpotentiale als auch der H˙-Potentiale das p_H der Proteinlösung kennen mußten.

Das p_H der Innen- und der Außenflüssigkeit wurde nach eingetretenem Gleichgewicht bestimmt. Da das p_H innen $-\log y$ und das

p_H außen $-\log x$ ist, so betragen die Werte für die H˙-Potentialdifferenz bei der Versuchstemperatur von 24°

$$59 \times (p_H \text{ innen} - p_H \text{ außen})$$

Millivolt. Die Werte der H-Potentialdifferenz stimmen innerhalb der Fehlergrenzen mit den Werten der Membranpotentiale (gemessen mit indifferenten Kalomelelektroden) überein. Zweifellos ist also entsprechend der DONNANschen Theorie die Ursache für die Membranpotentiale der Konzentrationsunterschied der Wasserstoffionen auf beiden Seiten der Membran.

Die Tabellen 11 (S. 143), 12 und 13 (S. 146) zeigen, daß die Membranpotentiale und die H˙-Potentiale bei verschiedenem p_H der Gelatinelösungen in der Tat übereinstimmen. Die beiden ersten Horizontalreihen geben das p_H innen und außen bei eingetretenem Gleichgewicht, berechnet aus Messungen mit der Wasserstoffelektrode, an. Die dritte Horizontalreihe enthält die Differenz der p_H-Werte (p_H innen minus p_H außen) und die vierte Reihe das H˙-Potential, d. h. also den Wert der vorigen Reihe multipliziert mit 59. Die letzte Reihe schließlich enthält die beobachteten Membranpotentiale, die in der Abb. 58 als Funktion des p_H graphisch dargestellt sind.

Vergleicht man die Werte für die Membranpotentiale und die H˙-Potentiale der letzten beiden Reihen der Tabellen 11, 12, 13, so ergibt sich, daß der Unterschied praktisch niemals größer und fast immer kleiner als 2 Millivolt ist. Dies bedeutet eine Übereinstimmung innerhalb der Fehlergrenzen der Messungen. Es ist somit erwiesen, daß die Einwirkung von Säuren auf die Membranpotentiale von Proteinlösungen durch ein Donnan-Gleichgewicht vermittelt wird.

Ferner ermöglicht die DONNANsche Theorie anschauliche Vorstellungen über die Wirkung des p_H auf die Membranpotentiale der Proteinlösungen.

Aus der Gleichung für das Gleichgewicht

$$x^2 = y\,(y + z) \tag{1}$$

folgt:

$$x = \sqrt{y\,(y + z)}\,.$$

Setzen wir $\sqrt{y\,(y+z)}$ an Stelle von x in dem Ausdruck $\frac{x}{y}$, so erhalten wir:

$$\frac{\sqrt{y\,(y+z)}}{y} = \frac{\sqrt{y+z}}{y} = \sqrt{1 + \frac{z}{y}}\,.$$

Bei 18° muß also die Potentialdifferenz gleich $\frac{58}{2} \log\left(1 + \frac{z}{y}\right)$ Millivolt betragen. Wir werden jetzt sehen, daß aus diesem Ausdruck sich der

Tabelle 12.

Einfluß des p_H auf die $H^{\cdot}$-Potentiale und auf die Membranpotentiale von Gelatinephosphatlösungen bei osmotischem Gleichgewicht. Die Lösungen enthalten 1% isoelektrische Gelatine.

100 ccm Lösung enthalten	ccm m/10-H_3PO_4													
	0	1	2	4	6	7	8	10	12,5	15	20	30	40	50
p_H innen	4,79	4,54	4,31	3,98	3,68	3,56	3,38	3,24	3,02	2,67	2,42	2,12	1,92	1,74
p_H außen	4,70	4,10	3,77	3,40	3,14	3,04	2,90	2,80	2,66	2,39	2,22	1,98	1,83	1,67
p_H innen minus p_H außen	0,09	0,44	0,54	0,58	0,54	0,52	0,48	0,44	0,36	0,28	0,20	0,14	0,09	0,07
$H^{\cdot}$-Potentiale (Millivolt)	+5,3	+25,8	+31,7	+34,0	+31,7	+30,5	+28,0	+25,8	+21,2	+16,4	+11,7	+ 8,2	+5,3	+4,1
Membranpotentiale (Millivolt).	+5,7	+27,0	+29,0	+30,0	+30,6	+29,6	+26,5	+24,4	+22,3	+17,7	+15,6	+11,4	+9,9	+7,3

Tabelle 13.

Einfluß des p_H auf die $H^{\cdot}$-Potentiale und auf die Membranpotentiale von Gelatinesulfatlösungen bei osmotischem Gleichgewicht. Die Lösungen enthalten 1% isoelektrische Gelatine.

100 ccm Lösung enthalten	ccm n/10-H_2SO_4													
	0	1	2	4	6	7	8	10	12,5	15	20	30	40	50
p_H innen	4,76	4,52	4,34	3,98	3,73	3,49	3,41	3,12	2,78	2,47	2,16	2,06	1,84	1,57
p_H außen	4,61	4,20	3,99	3,60	3,38	3,18	3,14	2,88	2,61	2,35	2,09	2,00	1,80	1,54
p_H innen minus p_H außen	0,15	0,32	0,35	0,38	0,35	0,31	0,27	0,24	0,17	0,12	0,07	0,06	0,04	0,03
$H^{\cdot}$-Potentiale (Millivolt)	+8,8	+18,8	+20,5	+22,2	+20,5	+18,1	+15,8	+14,0	+10,0	+7,0	+4,1	+3,5	+2,4	+1,8
Membranpotentiale (Millivolt)	+6,3	+16,3	+18,4	+19,0	+19,0	+17,4	+15,8	+13,7	+10,5	+8,4	+7,4	+5,8	+4,7	+3,7

Einfluß des p_H auf die Potentialdifferenz, den wir aus den Kurven der Abb. 58 kennen, ableiten läßt.

Bringen wir zu isoelektrischer Gelatine wenig Salzsäure, so vermehren wir die Menge des gebildeten Gelatinechlorids und damit den Wert von z. Daß dies der Fall ist, geht aus den graphischen Darstellungen und den daran anknüpfenden Erörterungen der Verbindungen der Gelatine mit Säuren (viertes Kapitel) hervor. Durch Zusatz kleiner Säuremengen zu isoelektrischer Gelatine muß also die Potentialdifferenz ansteigen, denn die Potentialdifferenz hängt von $\log\left(1+\frac{z}{y}\right)$ ab. Durch den Säurezusatz wächst allerdings auch der Wert von y, aber nicht in gleichem Maße wie z, denn bei isoelektrischer Gelatine und wenig Säure tritt anfangs ein größerer Teil der Säure mit der Gelatine in Verbindung, so daß z zuerst rascher anwächst. Bei weiterem Zusatz geschieht das Umgekehrte; nachdem ein beträchtlicher Teil der Gelatine in Salz übergeführt ist, wird nur ein kleiner Bruchteil der neuen Säure zur weiteren Bildung von Gelatinesalz in Anspruch genommen. Aus der Tabelle 14 ist zu ersehen, daß dies der Fall ist; es sind hier die Änderungen von z und y bei Zusatz verschiedener, immer größerer HCl-Mengen zu isoelektrischer Gelatine zusammengestellt.

Tabelle 14.

Die Lösungen enthielten 1% isoelektrische Gelatine.

ccm n/10-Säure in 100 ccm Lösung	p_H der Gelatinelösung im Gleichgewicht	Konz. y $\times 10^5$ N	Konz. z $\times 10^5$ N	$\frac{z}{y}$	$\log\left(1+\frac{z}{y}\right)$	Potentialdifferenz berechnet aus $29\log\left(1+\frac{z}{y}\right)$ in Millivolt	Beobachtete Potentialdifferenz in Millivolt
1,0	4,56	2,7	16,5	6,1	0,8513	24,7	24,0
2,0	4,31	4,9	51,4	10,5	1,0607	30,7	32,0
4,0	4,03	9,3	132,5	14,3	1,1847	34,4	33,0
6,0	3,85	14,1	200,0	14,2	1,1818	34,3	32,5
8,0	3,33	46,8	343,0	7,3	0,9191	26,1	26,0
10,0	3,25	56,2	372,0	6,6	0,8808	25,5	24,5
12,5	2,85	141,0	477,0	3,4	0,6435	18,7	16,5
15,0	2,52	302,0	608,0	2,0	0,4771	13,8	11,2
20,0	2,13	741,0	609,0	0,82	0,2601	7,5	6,4

Die fünfte Vertikalreihe der Tabelle zeigt, daß der Wert des Bruches $\frac{z}{y}$ mit zunehmender Säurekonzentration bis zum $p_H = 4{,}03$ ansteigt und, falls die Säurekonzentration weiter gesteigert wird, wieder abnimmt. Stellt man die Werte der letzten und vorletzten Vertikalreihe einander gegenüber, so erkennt man die gute Übereinstimmung zwischen den beobachteten und berechneten Potentialdifferenzen.

So erklärt uns die Gleichung des Donnan-Gleichgewichtes das Verhalten des Membranpotentials, welches bei allmählichem Zusatz von Salzsäure zu isoelektrischer Gelatine zunimmt, bis das p_H 4,03 erreicht und dann mit weiter abnehmendem p_H gleichfalls sinkt.

Die Valenzwirkung.

In der Abb. 58, S. 141 liegen die Kurven der Membranpotentiale für Gelatinechlorid und -phosphat beträchtlich höher als für Gelatinesulfat. Den gleichen Einfluß der Valenz kennen wir schon aus den Kurven für den osmotischen Druck, für die Viscosität und die Quellung. Man kann zeigen, daß nach der Donnan-Theorie bei gleicher Konzentration der ursprünglich isoelektrischen Gelatine und bei gleichem p_H die Membranpotentiale bei Gelatinechlorid und bei Gelatinesulfat sich wie 3 zu 2 verhalten müssen. Daß das Experiment diese Folgerung bestätigt, ist der strengste Beweis für die Richtigkeit der Theorie.

Daß die Membranpotentiale der Lösungen der beiden Gelatinesalze sich wie 3 zu 2 verhalten müssen, geht aus folgender Überlegung hervor: Die Gleichung für das Gleichgewicht des Gelatinechlorids ist vom zweiten Grade:

$$\frac{x}{y} = \frac{y+z}{x}$$

und wir haben eben gesehen, daß sich daraus für die Potentialdifferenz ergibt:

$$\pi = \frac{58}{2} \log\left(1 + \frac{z}{y}\right) \text{ Millivolt.}$$

Die Gleichung für das Gleichgewicht ist für ein einwertiges Anion zweiten Grades und für ein zweiwertiges (z. B. SO_4'' beim Gelatinesulfat) dritten Grades. Wenn x die molare Konzentration der $H^{\cdot}$-Ionen in der Außenflüssigkeit, y die molare Konzentration der $H^{\cdot}$-Ionen in der Innenflüssigkeit ist, so ist $\frac{x}{2}$ die molare Konzentration der SO_4''-Ionen in der Außenflüssigkeit und $\frac{y}{2}$ die molare Konzentration der SO_4''-Ionen der freien Schwefelsäure in der Innen- (gelatinehaltigen) Flüssigkeit. Die Konzentration der mit Gelatine verbundenen SO_4''-Ionen beträgt $\frac{z}{2}$. H_2SO_4 zerfällt in zwei Wasserstoffionen und ein SO_4''-Ion. Für ein Membrangleichgewicht ist charakteristisch, daß die Produkte aus den Konzentrationen für jedes entgegengesetzt geladene Ionenpaar auf beiden Seiten der Membran gleich sind. Die Gleichung nimmt also folgende Form an:

$$x^2\left(\frac{x}{2}\right) = y^2\,\frac{y+z}{2},$$

$$x^3 = y^2(y+z),$$

$$x = \sqrt[3]{y^2(y+z)}.$$

Uns interessiert der Wert $\frac{x}{y}$, d. h. das Verhältnis der Wasserstoffionenkonzentrationen.

Setzen wir $\sqrt[3]{y^2(y+z)}$ für x in den Bruch $\frac{x}{y}$ ein, so erhalten wir

$$\frac{x}{y} = \sqrt[3]{\frac{y^2(y+z)}{y^3}} = \sqrt[3]{\frac{y+z}{y}}. \tag{2}$$

Die Potentialdifferenz ist deshalb beim Gelatinesulfat

$$\pi = \frac{58}{3}\log\left(1+\frac{z}{y}\right) \text{ Millivolt},$$

während die Gleichung beim Gelatinechlorid

$$\pi = \frac{58}{2}\log\left(1+\frac{z}{y}\right) \text{ Millivolt}$$

lautete.

Daraus folgt, daß die Membranpotentiale der Gelatinesulfatlösungen nur zwei Drittel der Werte für Gelatinechloridlösungen von gleichem p_H und von gleichem Gehalt an ursprünglich isoelektrischer Gelatine haben müssen.

Offenbar gilt diese Beziehung nur, wenn man vom gleichen p_H der Gelatinelösung, aber nicht vom gleichen p_H der Außenflüssigkeit ausgeht.

Um diese Vorstellung einer Prüfung zu unterziehen, wurden die Wirkungen sieben einbasischer Säuren (HCl, HBr, HJ, HNO_3, Milch-, Essig- und Propionsäure) mit denen zweier starker zweibasischer Säuren (H_2SO_4 und Sulfosalicylsäure) auf die Membranpotentiale von Lösungen mit einem Gehalt von 1 g trockener isoelektrischer Gelatine in je 100 ccm verglichen. Die Potentialdifferenz wurde, wie angegeben, mittels der Kalomelelektrode gemessen. In der Abb. 60 sind die beobachteten Potentialdifferenzen der Gelatinelösungen als Ordinaten über den dazugehörigen p_H-Werten eingetragen. Die Messungen wurden vorgenommen, nachdem bei 24° sich das Gleichgewicht eingestellt hatte, was nach 18 Stunden der Fall war. Die Werte für die Wirkung der sieben einbasischen Säuren auf die Membranpotentiale der Gelatinelösungen liegen innerhalb der Versuchsfehlergrenzen auf der gleichen Kurve. Das gleiche gilt auch für die starken zweibasischen Säuren, doch liegt die Kurve der letzteren beträchtlich tiefer.

Als charakteristisch wurden die bei der Sulfosalicylsäure festgestellten Werte angesehen, denn bei einer Wiederholung des Versuches unter Verwendung von Schwefelsäure erhielten wir die gleichen Werte wie hier bei der Sulfosalicylsäure.

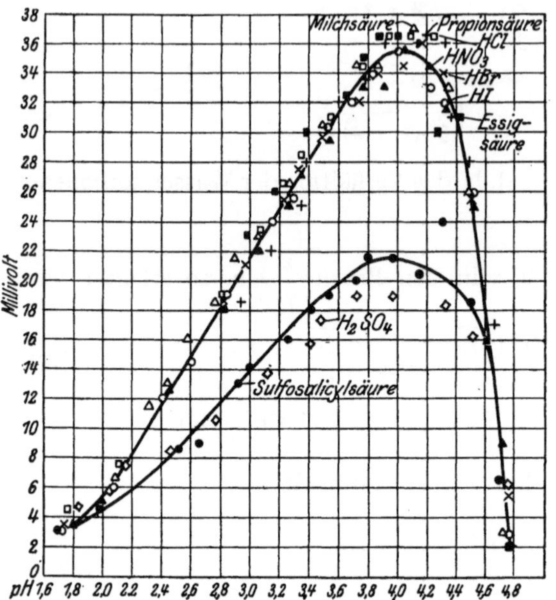

Abb. 60. Nur die Valenz des Säure-Anions beeinflußt die Membranpotentiale von Gelatinelösungen. Die Ordinaten sind die Membranpotentiale in Millivolt, die Abszissen die p_H-Werte der Gelatinelösungen (der Innenflüssigkeiten). Bei den sieben einbasischen Säuren liegen die Membranpotentiale auf der gleichen Kurve, dasselbe gilt für die zweibasischen Säuren, deren gemeinsame Kurve entsprechend tiefer liegt.

Tabelle 15.

Membranpotentiale bei zwei- und einbasischen Säuren.

p_H	Zweibasische Säuren Millivolt	Einbasische Säuren Millivolt	Quotient $\frac{\text{2 basisch}}{\text{1 basisch}}$
2,4	7,6	11,4	0,67
2,6	9,6	14,8	0,65
2,8	11,6	18,0	0,64
3,0	13,6	21,6	0,65
3,2	15,8	24,8	0,64
3,4	18,0	28,0	0,62
3,6	19,8	31,0	0,64
3,8	21,2	34,2	0,62
4,0	21,6	35,5	0,61
4,2	20,8	34,8	0,60
4,4	19,2	31,0	0,62

Das Verhältnis der Membranpotentiale für zweibasische und einbasische Säuren sollte bei gleichem p_H der Gelatinelösung ungefähr 0,66 betragen, und die Tabelle 15 zeigt, daß dies auch tatsächlich der Fall ist. Die Abweichungen liegen durchaus innerhalb der Fehlergrenzen. Der Verfasser erblickt hierin eine bedeutsame Bestätigung seiner Ansichten.

Bei diesen Versuchen wurde ferner das H˙-Potential zwischen der Gelatinelösung und der Außenflüssigkeit bestimmt. Diese Werte sind als Funktion des p_H in der Abb. 61 aufgezeichnet. Ein Vergleich mit den Kurven für die Membranpotentiale der Abb. 60 lehrt, daß die Kurven der H˙-Potentiale innerhalb der Fehlergrenzen mit denen der Membranpotentiale übereinstimmen.

Aus Gründen der Vollständigkeit wollen

wir noch die Wirkungen schwacher zwei- und dreibasischer Säuren, nämlich von Bernstein-, Wein- und Citronensäure, auf die Membranpotentiale von Gelatinelösungen mit einem Gehalt von 1 g trockener isoelektrischer Gelatine in je 100 ccm Lösung schildern. Diese Säuren dissoziieren sämtlich bei p_H 3,0 nur ein Wasserstoffion ab. Die Abb. 62 zeigt, daß in diesem p_H-Bereich die Kurven der drei Säuren mit der Kurve der Salzsäure zusammenfallen. Nimmt das p_H zu, so spaltet sich das zweite H'-Ion um so reichlicher ab, je stärker die Säure ist. Die Kurven für die Membranpotentiale bei den schwachen zwei- oder dreibasischen Säuren bleiben also bei p_H-Werten über 3,0 hinter der Salzsäurekurve zurück, und um so mehr, je stärker die Säure ist. Man könnte aus diesen Kurven geradezu ablesen, bei welchem p_H schwache zwei- und dreibasische Säuren ihr zweites oder drittes H'-Ion abdissoziieren und in

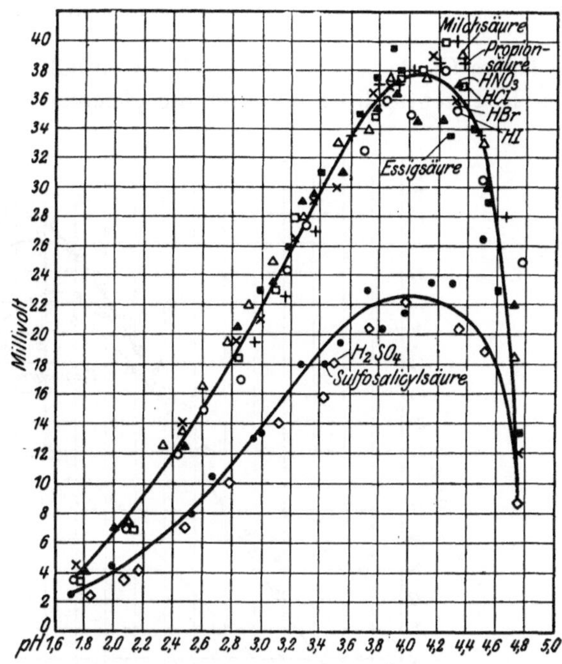

Abb. 61. Die Wirkung der Säuren auf das H'-Potential der Gelatinelösungen ist die gleiche wie ihre in der Abb. 60 dargestellte Wirkung auf die Membranpotentiale.

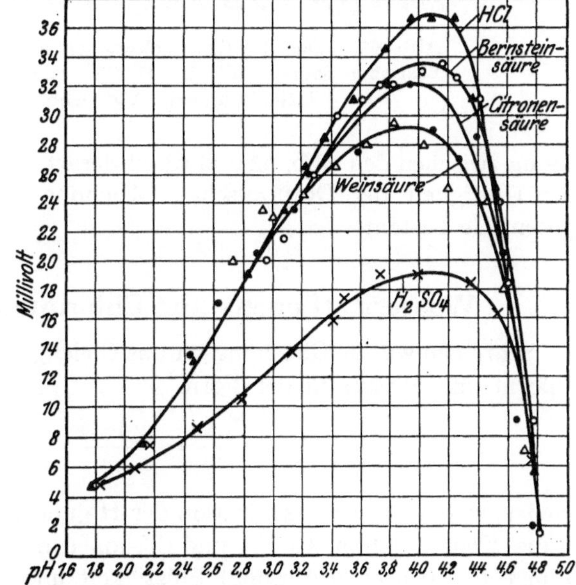

Abb. 62. Der Einfluß schwacher zwei- und dreibasischer Säuren auf die Membranpotentiale von Gelatinelösungen.

welchem Grade sie das tun. Abb. 63 enthält entsprechend die Kurven der H˙-Potentialdifferenzen für die gleichen Säuren. Die Übereinstimmung zwischen den Abb. 62 und 63 ist derart, daß kein Zweifel mehr an der Gültigkeit der DONNANschen Gleichung für derartige Membranpotentiale besteht.

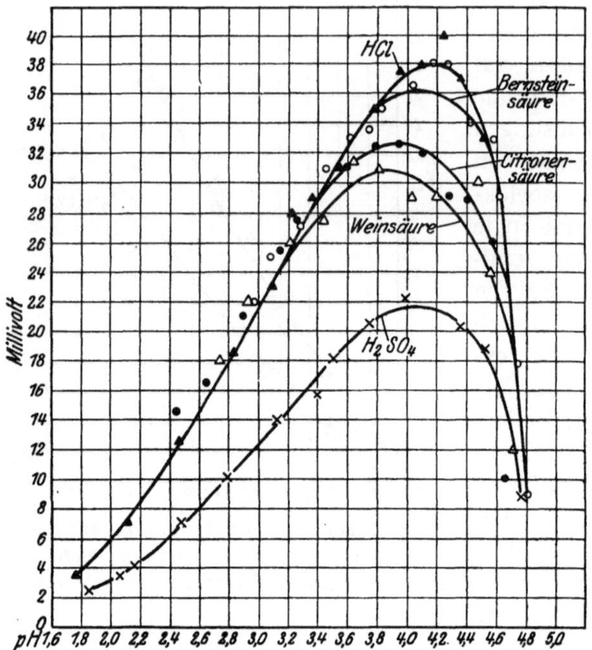

Abb. 63. Der Einfluß schwacher zwei- und dreibasischer Säuren auf die H˙-Potentiale von Gelatinelösungen. Vgl. Abb. 62.

Wasserstoffionen- und Chlorionenpotentiale.

Schreiben wir die Gleichung für das Gleichgewicht zwischen Gelatinechlorid und Wasser in der Form

$$\frac{x}{y} = \frac{y + z}{x}$$

nieder, wobei x die Konzentration der H˙- und Cl′-Ionen in der Außen-, y die Konzentration der H˙- und Cl′-Ionen der freien Salzsäure in der Innen- (Gelatinechloridlösung) Flüssigkeit und z die Konzentration der mit der Gelatine verbundenen Chlorionen bedeutet, so ist $\frac{x}{y}$ das Verhältnis der Wasserstoffionenkonzentrationen innen und außen und $\frac{y+z}{x}$ das Verhältnis der Chlorionenkonzentrationen innen und außen. Da nun

$$p_{\mathrm{H}} \text{ innen} = -\log y$$

und

$$p_{\mathrm{H}} \text{ außen} = -\log x,$$

folglich auch

$$\log \frac{x}{y} = p_{\mathrm{H}} \text{ innen minus } p_{\mathrm{H}} \text{ außen}$$

und

$$\log \frac{y+z}{x} = p_{\mathrm{Cl}} \text{ außen minus } p_{\mathrm{Cl}} \text{ innen}$$

ist, so folgt daß

$$p_{\mathrm{H}} \text{ innen} - p_{\mathrm{H}} \text{ außen} = p_{\mathrm{Cl}} \text{ außen} - p_{\mathrm{Cl}} \text{ innen} \qquad (2)$$

sein muß.

Wenn die ungleiche Verteilung der krystalloiden Ionen auf beiden Seiten der Membran tatsächlich durch ein Donnan-Gleichgewicht bedingt ist, so muß die Gleichung (2) sich durch das Experiment bestätigen lassen.

Hierzu wurden einige der in dem vorstehenden Teil dieses Kapitels beschriebenen Versuche verwendet. In den Kollodiumsäckchen befanden sich 1 proz. Gelatinechloridlösungen von verschiedenem p_{H}, die Außenflüssigkeit war Wasser, dessen p_{H} ursprünglich gleich dem der entsprechenden Gelatinelösung war. Nachdem innerhalb 18 Stunden sich das Gleichgewicht zwischen der Innen- und Außenflüssigkeit eingestellt hatte, wurden sowohl das p_{Cl} wie das p_{H} bestimmt. Die Bestimmung des p_{Cl} geschah in den beiden Versuchen nach zwei verschiedenen Methoden; in einem Versuch wurde es mittels der Kalomelelektrode gemessen, in dem anderen wurde es in der Gelatinechloridlösung durch Titration mit NaOH nach einer in einer früheren Arbeit[1]) beschriebenen Methode festgestellt. Nach beiden Methoden zur Bestimmung des p_{Cl} fanden wir, daß der Wert p_{Cl} außen minus p_{Cl} innen nach eingetretenem Gleichgewicht mit dem Wert für p_{H} innen minus p_{H} außen innerhalb der Versuchsfehlergrenzen übereinstimmt. Das p_{Cl} außen war mit dem p_{H} außen identisch, denn die Außenflüssigkeit enthielt nur freie Salzsäure. Die p_{H}-Werte wurden sämtlich elektrometrisch bestimmt (Tabelle 16).

Diese Ergebnisse beweisen, daß die Gleichung $x^2 = y(y+z)$ das Gleichgewicht zwischen Proteinsäuresalzen (bei einwertigem Säureanion) und Wasser richtig beschreibt und daß das Donnan-Gleichgewicht die zureichende Ursache für die beobachteten Membranpotentiale abgibt.

---

[1]) Loeb, J.: Journ. of gen. physiol. Bd. 1, S. 363. 1918/19.

Wir möchten noch hervorheben, daß wir ungefähr die gleichen Ergebnisse erhalten, gleichgültig, ob wir das p_{Cl} elektrometrisch oder durch Titration bestimmen. Die Übereinstimmung der Versuchsergebnisse mit der Theorie ist in beiden Fällen die gleiche, immerhin ist die Genauigkeit der p_{Cl}-Bestimmung weniger groß als die der p_H-Messung.

Tabelle 16.

Versuch 1: p_{Cl} titriert										
p_H der Gelatinechloridlösung im Gleichgewicht . . .	4,13	3,69	3,30	3,10	2,92	2,78	2,46	2,26	2,01	1,76
p_H innen minus p_H außen .	0,56	0,58	0,50	0,49	0,44	0,44	0,33	0,23	0,15	0,10
p_{Cl} außen minus p_{Cl} innen .	0,48	0,51	0,59	0,44	0,44	0,38	0,35	0,22	0,15	0,11
Versuch 2: p_{Cl} elektrometrisch bestimmt										
p_H der Gelatinechloridlösung im Gleichgewicht . . .	4,04	3,92	3,78	3,61	3,46	3,16	2,73	2,36	2,04	1,73
p_H innen minus p_H außen .	0,60	0,62	0,66	0,55	0,50	0,43	0,30	0,20	0,12	0,07
p_{Cl} außen minus p_{Cl} innen .	0,55	0,60	0,57	0,50	0,53	0,38	0,32	0,17	0,12	0,07

Die ungleiche Verteilung der krystalloiden Ionen auf beiden Seiten einer Membran wird also durch die DONNANsche Gleichung für die Membrangleichgewichte beherrscht.

Beseitigung einiger Schwierigkeiten der p_H-Messung in der Nähe des isoelektrischen Punktes durch Verwendung von Pufferlösungen.

Die Übereinstimmung zwischen den Membranpotentialen und den H˙-Potentialen war gut bei einem Neutralsalzgehalt der Lösungen oder in nicht zu großer Nähe des isoelektrischen Punktes; weniger befriedigend war sie in der Nähe des isoelektrischen Punktes der Gelatine, d. h. bei p_H 4,7 und bei Abwesenheit von Neutralsalzen. Die Quelle dieser Unstimmigkeiten schien die Ungenauigkeit der p_H-Messung der wässerigen gelatinefreien Außenflüssigkeit zwischen p_H-Werten von 4,0 und 7,0 zu sein. Wenn diese Voraussetzung zutraf, so konnte die Unstimmigkeit in diesem p_H-Bereich durch Verwendung von Pufferlösungen innen und außen beseitigt werden.

Es wurden nun die 1 proz. Lösungen der isoelektrischen Gelatine unter Verwendung von n/100-Na-Acetat-Lösungen mit wechselndem Gehalt an n/1-Essigsäure hergestellt. Das p_H der Gelatinelösungen schwankte am Schluß des Versuches zwischen 4,65 (d. h. praktisch isoelektrischer Gelatine) und 3,34 (Tabelle 17). Diese Lösungen wurden in Kollodiumsäckchen von ungefähr 50 ccm eingebracht und dann in Bechergläser mit 350 ccm einer Lösung getaucht, die n/100-Na-Acetat und n/1-Essigsäure im gleichen Verhältnis wie die Innenflüssigkeit enthielten. Der Unterschied zwischen der Innen- und Außenflüssigkeit bestand bei Beginn der Versuche, die bei 24° durchgeführt wurden, nur darin, daß die Außenflüssigkeit frei von Gelatine war. Nach 24 Stunden wurden die osmotischen Drucke, die Membranpotentiale und die H˙-Potentiale gemessen. Die Tabelle 17 zeigt die Übereinstimmung der beiden Potentialdifferenzen. Die übrigen Angaben der Tabelle bedürfen keiner näheren Erläuterung.

Tabelle 17.

Einfluß des p_H auf das Membranpotential von Gelatineacetatlösungen bei Gegenwart von Puffern.

In 100 ccm Innen- und Außenlösung waren	ccm n/1-Essigsäure									
	1,0	1,5	2,0	3,0	4,0	6,0	10,0	15,0	20,0	30,0
Osmot. Druck in mm H_2O . .	21	31	34	43	47	62	83	95	103	108
p_H innen . . .	4,65	4,52	4,40	4,23	4,14	3,99	3,76	3,61	3,49	3,34
p_H außen . . .	4,65	4,50	4,37	4,19	4,09	3,92	3,69	3,53	3,39	3,23
p_H innen minus p_H außen . .	0	0,02	0,03	0,04	0,05	0,07	0,07	0,08	0,10	0,11
H˙-Potentiale (Millivolt) . .	0	1,0	2,0	2,5	3,0	4,0	4,0	5,0	5,5	7,0
Membranpotentiale (Millivolt)	0,5	1,5	2,0	2,5	3,0	3,5	4,0	4,5	5,5	6,0

Ähnliche Ergebnisse fand HITCHCOCK bei Edestinlösungen[1]).

Die Potentialdifferenz bei Natriumgelatinat.

Nach der DONNANschen Theorie muß eine in ein Kollodiumsäckchen gebrachte Lösung von Natriumgelatinat NaOH durch die Membran in eine gelatinefreie Außenflüssigkeit treiben, wenn sich ein Gleichgewichtszustand einstellen soll. Das p_H der Innenflüssigkeit muß dann kleiner als das p_H der Außenflüssigkeit sein so daß der Wert p_H innen minus p_H außen beim Natriumgelatinat negativ ist, während er beim Gelatinechlorid positiv war. Wenn das Donnan-Gleichgewicht für die Potentialdifferenz maßgebend ist (was in der Tat zutrifft), so muß die Ladung des Natriumgelatinats umgekehrt sein wie die des Gelatinechlorids. Diese Annahme wird durch das Experiment bestätigt; der Punkt, in welchem das Vorzeichen wechselt, ist erwartungsgemäß der isoelektrische Punkt.

[1]) HITCHCOCK, D. I.: Journ. of gen. physiol. Bd. 4, S. 597. 1921/22.

Tabelle 18.

1proz. Na-Gelatinatlösungen.

Zahl der in 100 ccm der Gelatinelösung enthaltenen ccm NaOH	0	1	2	3	4	5	6	8	10	12,5	15	20
NaOH-Konzentration der Außenlösung	0	0	0	n/25600	n/12800	n/6400	n/3200	n/1600	n/800	n/400	n/200	n/100
Osmotischer Druck in mm	26	164	265	353	375	385	366	335	340	265	192	150
p_H innen	5,02	5,40	5,76	6,64	7,15	9,02	9,68	10,16	10,45	...	11,30	11,58
p_H außen	5,60	5,82	5,92	6,37	7,70	9,50	9,96	10,60	10,85	...	11,46	11,70
p_H innen minus p_H außen	− 0,58	− 0,42	− 0,16	+ 0,27	− 0,55	− 0,48	− 0,28	− 0,44	− 0,40	...	− 0,16	− 0,12
H'-Potential (Millivolt)	−34,0	−24,5	− 9,4	+15,8	−32,0	−28,0	−16,5	−25,7	−23,4	...	− 9,4	− 7,0
Membranpotential (Millivolt)	− 3,5	−19,5	−18,0	−37,5	−37,5	−36,0	−30,0	−22,0	−19,5	...	−10,0	− 7,0

Bei den Versuchen mit Natriumgelatinat müssen größere Vorsichtsmaßregeln als bei den Versuchen mit Gelatinechlorid getroffen werden. Man muß nämlich den Zutritt der Kohlensäure der Luft zu den alkalischen Lösungen verhindern; deshalb befanden sich die Außenflüssigkeiten in verschlossenen Flaschen, die mit der Atmosphäre durch Natronkalkröhren in Verbindung standen.

Kollodiumsäckchen von ungefähr 50 ccm Inhalt wurden also mit Natriumgelatinatlösungen angefüllt, welche in 100 ccm 1 g ursprünglich isoelektrische Gelatine und verschiedene Mengen n/10-Natronlauge enthielten. Nun wurden die Kollodiumsäckchen in Flaschen mit 500 ccm wässeriger, gelatinefreier, verschieden konzentrierter Natronlösungen eingetaucht. Die Flaschen wurden verschlossen und standen mit der Luft nur, wie erwähnt, durch ein Natronkalkrohr in Verbindung. Die Kollodiumsäckchen mit der Gelatine waren durch einen Gummistopfen verschlossen, durch dessen Bohrung ein Manometer führte. Die Versuche wurden 6 Stunden lang bei einer Temperatur von 24° durchgeführt. In der Tabelle 18 sind die Ergebnisse dieser Experimente zusammengestellt. Die oberste Horizontalreihe gibt an, wieviel ccm n/10-NaOH ursprünglich in 100 ccm der Gelatinelösung vorhanden waren, die zweite Reihe enthält die ursprüngliche NaOH-Konzentration der Außenflüssigkeit, die dritte Reihe den osmotischen Druck in Millimetern Wasser nach 6 Stunden. Die beiden nächsten Reihen enthalten das p_H innen und das p_H außen am Ende des Versuches (d. h. nach 20 Stunden), und die sechste Reihe die Differenz p_H innen minus p_H außen. Man bemerkt, daß die Differenz stets bis auf eine Ausnahme, die offenbar auf einem Fehler beruht, negativ ist. Die beiden letzten Reihen der Tabelle geben die Wasserstoffpotentiale und die Membranpotentiale an.

Die Bestimmung des Wasserstoffelektrodenpotentials zwischen der Innenflüssigkeit und der Außenflüssigkeit wird durch eine beträchtliche Fehlerquelle erschwert, deren Natur durch Betrachtung der Titrationskurve der Gelatine mit NaOH (Abb. 15, S. 60) offenbar wird. Diese Kurve verläuft nämlich bei p_H-Werten zwischen 6,0 und 8,5 fast parallel zur Abszissenachse. Dies bedeutet, daß eine Spur NaOH das p_H schon um eine oder zwei ganze Einheiten verschieben kann, daß also die Unterschiede zwischen den Membranpotentialen und den Wasserstoffpotentialen in diesem Bereich 50 Millivolt oder mehr betragen können. Da in größerer Nähe des isoelektrischen Punktes die p_H-Messungen gleichfalls unzuverlässig sind, so können wir nur bei p_H-Werten von über 8,0 eine Übereinstimmung zwischen den beiden Potentialdifferenzen erwarten. Dies geht auch aus der Tabelle 18, S. 156 hervor.

Offenbar besteht zwischen den Membranpotentialen und den Wasserstoffelektrodenpotentialen in der Nähe des isoelektrischen Punktes keine quantitative Übereinstimmung. Sowie das p_H den Wert 7 überschreitet, wird die Übereinstimmung zwischen den beiden Potentialdifferenzen besser. Wir dürfen also behaupten, daß die Potentialdifferenz zwischen einer Natriumgelatinatlösung und einer mit ihr fast oder ganz ausgeglichenen Außenflüssigkeit durch das Donnan-Gleichgewicht bedingt ist, nach welchem NaOH aus der Innenflüssigkeit in die Außenflüssigkeit treten muß. Das p_H innen ist demnach auch kleiner als das p_H außen.

Der Einfluß der Neutralsalze auf die Membranpotentiale von Gelatinechloridlösungen.

Im achten Kapitel hatten wir gesehen, daß Neutralsalze den osmotischen Druck oder die Viscosität von Proteinsalzlösungen und die Quellung von Proteingelen vermindern (außer wenn die Lösungen oder die Gele sich in ihrem isoelektrischen Punkt befinden). Es war nun von Interesse, zu untersuchen, ob die Neutralsalze die Potentialdifferenz zwischen beiden Seiten einer Kollodiummembran ebenfalls vermindern und ob eine eventuelle Verminderung mit der Abnahme des Wertes p_H innen minus p_H außen zusammenhängt. Die Richtigkeit dieser Überlegung ist durch den Ausfall der Versuche bestätigt worden.

Gelatinechloridlösungen mit einem Gehalt von 1% ursprünglich isoelektrischer Gelatine und einem p_H von 3,5 wurden unter Verwendung von verschieden konzentrierten $NaNO_3$-Lösungen hergestellt. Die Konzentrationen dieses Salzes waren zwischen m/4096 und m/32 abgestuft; das p_H betrug in allen Fällen 3,5. Diese Mischungen wurden in Kollodiumsäckchen gebracht und diese Säckchen in HCl-Lösungen vom p_H 3,0, die gleichfalls $NaNO_3$ in verschiedenen Konzentrationen enthielten, eingetaucht. Die Außenflüssigkeiten waren frei von Gelatine. Der Gehalt an $NaNO_3$ war außen und innen stets der gleiche.

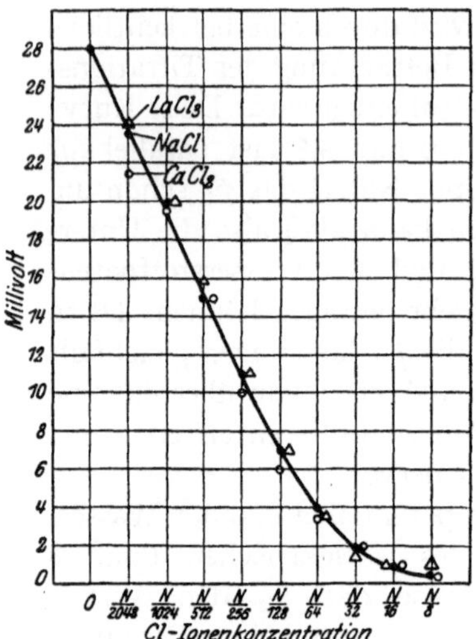

Abb. 64. Die depressorische Wirkung der Salze NaCl, $CaCl_2$ und $LaCl_3$ auf die Membranpotentiale von 1 proz. Gelatinechloridlösungen vom p_H etwa 3,0 gegen wässerige Außenlösungen der gleichen Salze, deren p_H bei Beginn des Versuches gleich dem der Innenflüssigkeit war. Die Lösungen waren durch Kollodiummembranen voneinander getrennt. Die Wirkung der 3 Salze ist die gleiche bei gleicher Cl'-Konzentration; hieraus ergibt sich, daß die Kationen ohne Einfluß auf die Membranpotentiale von Gelatinechloridlösungen sind.

Nach 18 Stunden (das Gleichgewicht war inzwischen eingetreten) wurde nun das Membranpotential bestimmt. Es war durch den Zusatz des Neutralsalzes vermindert, und zwar um so mehr, je höher die Salzkonzentration (Abb. 64). Daraus ergibt sich, daß die Neutralsalze die Potentialdifferenz in ähnlicher Weise beeinflussen wie bei Proteinlösungen den osmotischen Druck und die Viscosität und bei Proteingelen die Quellung.

Ferner war es von Interesse, daß die Wasserstoffelektrodenpotentiale ebenso wie die Membranpotentiale kleiner werden; die Werte der beiden stimmen ausgezeichnet überein (Tabelle 19).

Im achten Kapitel war auseinandergesetzt, daß ein Salz mit zweiwertigem Anion, etwa Natriumsulfat, eine viel größere Wirkung auf den osmotischen Druck und die Viscosität einer Gelatinechloridlösung hat als ein Salz mit einwertigem Anion, z. B. $NaNO_3$. Das gleiche finden wir auch hier bei den Membranpotentialen: Lösungen von Na_2SO_4 haben gleichfalls eine viel ausgesprochenere Wirkung auf die Membranpotentiale einer Gelatinechloridlösung als äquimolekulare Lösungen von $NaNO_3$ (Tabelle 20).

Als dritten Fall wollen wir noch die Wirkung von $CaCl_2$ auf die Membranpotentiale von Gelatinechloridlösungen in Betracht ziehen. Die depressorische Wirkung von $CaCl_2$ auf den osmotischen Druck von Gelatinechlorid ist, wie wir gesehen haben, 2 mal so groß wie die des NaCl in äquimolarer Konzentration. Aus der Tabelle 21 sehen wir, daß die depressorische Wirkung des $CaCl_2$ auf die Membranpotentiale ungefähr 2 mal so groß ist wie die des $NaNO_3$. Zwischen den Membranpotentialen und den Wasserstoffelektrodenpotentialen besteht ausgezeichnete Übereinstimmung.

Tabelle 19.

Depressorische Wirkung von Neutralsalzen auf das Membranpotential von Gelatinechloridlösungen.

	$NaNO_3$-Konzentration								
	0	m/4096	m/2048	m/1024	m/512	m/256	m/128	m/64	m/32
p_H innen	3,58	3,56	3,51	3,46	3,41	3,36	3,32	3,29	3,25
p_H außen	3,05	3,08	3,10	3,11	3,14	3,17	3,20	3,22	3,24
p_H innen minus p_H außen . .	0,53	0,48	0,41	0,35	0,27	0,19	0,12	0,07	0,01
H'-Potential (in Millivolt) . .	+31,2	+28,3	+24,0	+20,7	+16,0	+11,2	+7,0	+4,1	0
Membranpotential (in Millivolt)	+31,0	+28,0	+24,0	+22,0	+16,0	+12,0	+7,0	+4,0	0

Es ist bedeutsam, daß diese depressorische Wirkung der Salze auf die Membranpotentiale aus der DONNANschen Theorie abgeleitet werden kann. Die Potentialdifferenz war

$$\pi = \frac{58}{2} \log \left(1 + \frac{z}{y}\right) \text{ Millivolt.}$$

Fügen wir NaCl der Gelatinechloridlösung zu, so vermehren wir die Konzentration der nicht mit Gelatine verbundenen Chlorionen, also y, während die Konzentration z der mit der Gelatine verbundenen Chlorionen unverändert bleibt, vorausgesetzt daß das p_H den gleichen Wert behält (hierbei vernachlässigen wir, daß durch den NaCl-Zusatz die Ionisation des Gelatinechlorids etwas zurückgedrängt wird). Die Potentialdifferenz muß also um so kleiner werden, je mehr y anwächst. Bei stetig wachsendem y und konstantem z nähert sich der Ausdruck $1 + \frac{z}{y}$ dem Werte 1; d. h. bei einem hinreichend großen Salzzusatz muß die Potentialdifferenz Null werden, was auch in der Tat der Fall ist. Dies gilt auch bei Zusatz eines anderen Salzes, z. B. von $NaNO_3$. In diesem Fall ist die Annahme berechtigt, daß sich zum Teil Gelatinenitrat bildet. Die depressorische Wirkung eines NaCl-Zusatzes auf das Membranpotential einer Gelatinechloridlösung kann aus den Werten für p_H innen minus p_H außen berechnet werden. Nun erhebt sich die Frage, wieso hierbei das Natriumion nicht in Betracht gezogen wird. Der Verfasser hat eine Erklärung hierfür nicht gegeben, aber Herr Dr. J. A. WILSON hatte die Freundlichkeit, mir in einem Briefe den mathematischen Beweis zu liefern, der die Ansicht des Verfassers rechtfertigte. Dr. WILSON schreibt:

Tabelle 20.

Depressorische Wirkung von Na_2SO_4 auf das Membranpotential von Gelatinechloridlösungen.

	Na_2SO_4-Konzentration											
	0	m/4096	m/2048	m/1024	m/512	m/256	m/128	m/64	m/32	m/16	m/8	m/4
p_H innen	3,54	3,41	3,35	3,32	3,29	3,30	3,33	3,38	3,41	3,41	3,37	3,29
p_H außen	3,07	3,12	3,14	3,17	3,20	3,24	3,30	3,35	3,38	3,38	3,36	3,28
p_H innen minus p_H außen	0,47	0,29	0,21	0,15	0,09	0,06	0,03	0,03	0,03	0,03	0,01	0,01
H˙-Potential (in Millivolt)	+27,6	+17,0	+12,3	+8,8	+5,3	+3,5	+1,7	+1,7	+1,7	+1,7	+0,6	+0,6
Membranpotential (in Millivolt)	+26,5	+18,6	+12,5	+8,4	+4,7	+3,4	+1,5	0,0	0,0	0,0	0,0	0,0

Tabelle 21.

Depressorische Wirkung von $CaCl_2$ auf das Membranpotential von Gelatinechloridlösungen.

	$CaCl_2$-Konzentration										
	0	m/4096	m/2048	m/1024	m/512	m/256	m/128	m/64	m/32	m/16	m/8
p_H innen	3,55	3,45	3,41	3,36	3,30	3,28	3,26	3,25	3,25	3,25	3,22
p_H außen	3,05	3,06	3,09	3,12	3,15	3,17	3,20	3,22	3,24	3,24	3,22
p_H innen minus p_H außen	0,50	0,39	0,32	0,24	0,15	0,11	0,06	0,03	0,01	0,01	0,0
H˙-Potential (in Millivolt)	+29,5	+23,0	+18,9	+14,1	+8,8	+6,5	+3,5	+1,8	+0,6	+0,6	0,0
Membranpotential (in Millivolt)	+28,6	+23,4	+19,2	+14,5	+9,1	+5,7	+3,1	+1,8	+1,1	+0,5	+0,5

„Der richtige Ausdruck für die Potentialdifferenz einer Gelatinechloridlösung bei Gegenwart von NaCl ist:

$$\pi = \frac{RT}{F} \log \frac{[H^+] \text{ außen} + [Na^+] \text{ außen}}{[H^+] \text{ innen} + [Na^+] \text{ innen}}.$$

Das System möge die positiven Ionen A, B, C und die negativen Ionen M, N, O usw. enthalten, deren Konzentrationen in der Außenflüssigkeit a, b, c, m, n, o usw. und in der Innenflüssigkeit a', b' usw. sein mögen. Nach den Ergebnissen von PROCTER und WILSON muß das Produkt der Konzentrationen von je zwei entgegengesetzt geladenen Ionenarten in beiden Phasen gleich sein. Somit folgt:

$$a \cdot m = a' \cdot m',$$

$$b \cdot m = b' \cdot m',$$

$$(a + b + c + \cdots) m = (a' + b' + c' + \cdots) m',$$

$$(a+b+c+\cdots)(m+n+o+) = (a'+b'+c'+\cdots) \cdot (m'+n'+o'+\cdots),$$

folglich

$$\frac{a}{a'} = \frac{b}{b'} = \frac{c}{c'} = \frac{a+b+c+\cdots}{a'+b'+c'+\cdots}.\text{“}$$

Demnach ist es gleichgültig, welches Ion man für die Berechnung des Membranpotentials auf Grund des Donnan-Effektes benutzt. Weil man die Wasserstoffionenkonzentration besonders genau messen kann, wurde dieses Ion gewählt.

Es mag noch hervorgehoben werden, daß die Übereinstimmung der Membranpotentiale und der Wasserstoffelektrodenpotentiale bei den Neutralsalzexperimenten besser ist als in den Experimenten ohne Salz, besonders in der Umgebung des isoelektrischen Punktes.

Nach diesen Versuchen ist es also sicher, daß die depressorische Wirkung der Salze auf die Membranpotentiale dadurch zustande kommt, daß der Konzentrationsunterschied der krystalloiden Ionen auf beiden Seiten der Membran kleiner wird. Dieser Unterschied kann aus der DONNANschen Gleichung berechnet werden.

Die Wirkung der Art der elektrischen Ladung.

Daß das Membranpotential einer Proteinsäuresalzlösung eine Funktion des Ausdruckes $\log\left(1 + \frac{z}{y}\right)$ ist, wobei z die Konzentration des mit dem Proteinion verbundenen Anions und y die Konzentration des Anions der freien Säure bedeutet, erklärt eine Erscheinung, die für das kolloidale Verhalten von fundamentaler Bedeutung ist. Jedesmal, wenn ein Salz eine physikalische Eigenschaft eines Proteins (oder allgemein einer kolloidalen Lösung) verändert, hängt diese Wirkung von dem Ion des

Salzes ab, dessen Ladung der des Proteinions entgegengesetzt ist. Im achten Kapitel ist auseinandergesetzt worden, daß diese Tatsache für die Wirkungen der Salze auf die Viscosität, den osmotischen Druck und die Quellung zutrifft. Hierbei nahm die Wirksamkeit des Salzes mit steigender Valenz des wirksamen Salzions zu. Diese Regeln ergeben sich als eine notwendige Folge des DONNANschen Gleichgewichtes. Der Ausdruck $\log\left(1+\frac{z}{y}\right)$, der sich aus der Gleichung des Gleichgewichtes ergibt, stellt die Potentialdifferenz als Funktion von z und y dar. Sie ist also abhängig von demjenigen Ion, dessen Ladung der des Proteinions entgegengesetzt ist.

Daraus folgt, daß NaCl, $CaCl_2$ und $CaCl_3$ die gleiche depressorische Wirkung auf die Membranpotentiale von Gelatinechloridlösungen haben müssen, wenn die Lösungen in bezug auf Chlorionen gleich konzentriert sind. Die Richtigkeit der Überlegung bestätigen die Versuche. Je 1 g Gelatinechlorid vom p_H 3,0 wurde in je 100 ccm von Lösungen verschiedener Salze mit einem p_H von 3,0 aufgelöst, in Kollodiumsäckchen gebracht und diese in Bechergläser mit 350 ccm einer rein wässerigen Lösung des gleichen Salzes von gleicher Konzentration und gleichem p_H eingetaucht. Nun diffundierte Wasser in das Kollodiumsäckchen, bis sich das Gleichgewicht einstellte. Am nächsten Tag wurden die endgültigen osmotischen Drucke und die Potentialdifferenzen zwischen den Gelatinelösungen und den dazugehörigen wässerigen Außenflüssigkeiten bestimmt. Die Lösungen der drei Salze waren derart hergestellt, daß die Cl'-Konzentrationen stets die gleichen waren. In der Abb. 64 sind die Potentialdifferenzen als Ordinaten über den Chlorionenkonzentrationen als Abszissen dargestellt. Offenbar ist die Wirkung der drei Salze NaCl, $CaCl_2$ und $LaCl_3$ bei gleicher Chlorionenkonzentration die gleiche. Demnach beeinflußt nur das Chlorion dieser drei Salze das Membranpotential einer Gelatinechloridlösung vom p_H 3,0; das La-Ion oder ein anderes Kation bleibt ohne Wirkung.

Ferner folgt, daß alle Salze mit einem Anion der gleichen Valenzstufe die Membranpotentiale einer Gelatinechloridlösung in gleichem Maße vermindern müssen. Auch diese Folgerung ist bestätigt worden. Bei diesen Versuchen betrug das p_H der Gelatinechloridlösungen 3,8; es wurde dafür gesorgt, daß der Salzzusatz dieses p_H nicht änderte. Um dies zu erreichen, wurden drei Vorratslösungen sämtlich vom p_H 3,8 hergestellt: 1. Gelatinechloridlösungen vom p_H 3,8 mit einem Gehalt von 2 g trockener, ursprünglich isoelektrischer Gelatine und 8 ccm n/10-HCl in je 100 ccm; 2. m/2-Lösungen verschiedener Salze, die durch Salzsäurezusatz auf p_H 3,8 gebracht waren; und 3. destilliertes Wasser, das durch Salzsäure auf ein p_H von 3,8 gebracht war. Die m/2-Salzlösungen vom p_H 3,8 wurden mittels des destillierten

Wassers vom p_H 3,8 derart verdünnt, daß verschieden konzentrierte Lösungen sämtlich vom p_H 3,8 entstanden. Von diesen Lösungen wurden je 50 ccm mit je 50 ccm der 2proz. Gelatinechloridlösung vermischt so daß 1 proz. Lösungen von Gelatinechlorid in verschieden konzentrierten Salzlösungen entstanden, die sämtlich ein p_H von 3,8 hatten.

Diese Lösungen wurden in Kollodiumsäckchen von ungefähr 50 ccm Inhalt eingefüllt, mit Gummistopfen verschlossen, durch deren Bohrung ein Manometerrohr führte, dann wurden die Säckchen in Bechergläser gestellt, die 350 ccm einer proteinfreien Lösung des gleichen Salzes in der gleichen Konzentration und von gleichem p_H 3,8 wie in dem dazugehörigen Kollodiumsäckchen enthielten. Die Versuche wurden 18—24 Stunden bei 24° durchgeführt, nach welcher Zeit sich das osmotische Gleichgewicht eingestellt hatte. Dann wurde der osmotische Druck abgelesen und das Membranpotential zwischen der Proteinlösung innen und der Außenflüssigkeit mittels zweier indifferenter Kalomelelektroden (mit gesättigter KCl-Lösung) gemessen (vgl. S. 141). In der Abb. 65 sind die Wirkungen sechs verschiedener Salze mit einwertigem Anion, nämlich NaCl, NaBr, NaI, $NaNO_3$, NaCNS und Na-Acetat und eines Salzes mit zweiwertigem Anion: Na_2SO_4, dargestellt. Die Abszissen sind die Konzentrationen der Salze und die Ordinaten die beobachteten Membranpotentiale in Millivolt. Bei der Salzkonzentration Null betrugen die Schwankungen der Werte 3—4 Millivolt, welche die Fehlergrenzen der Methode bedeuten. Diese Fehlerbreite war selbstverständlich auch bei der Anwesenheit von Salz vorhanden. Die Kurven der Abb. 65 zeigen, daß die Unterschiede zwischen den Wirkungen der sechs Salze mit einwertigem Anion innerhalb der Fehlergrenzen der

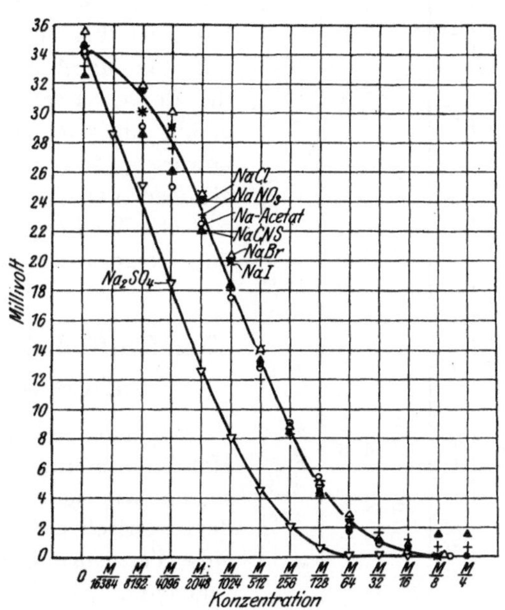

Abb. 65. Sämtliche Salze, deren Anion einwertig ist, vermindern die Membranpotentiale von Gelatinechloridlösungen bei p_H 3,0 gleichmäßig (innerhalb der Versuchsfehler). Die Wirkung von Na_2SO_4 ist viel stärker.

Tabelle 22.

Gelatinekonzentration in Proz.	2	2	1½	1½	1	1	¾	¾	½	½	¼	⅛
p_H innen	3,64	3,66	3,60	3,60	3,65	3,66	3,60	3,60	3,61	3,62	3,57	3,47
p_H außen	3,02	3,02	3,02	3,01	3,12	3,11	3,14	3,12	3,21	3,19	3,25	3,29
p_H innen minus p_H außen	0,62	0,64	0,58	0,59	0,53	0,55	0,46	0,48	0,40	0,43	0,32	0,18
H˙-Potential (in Millivolt)	+36,6	+38,7	+34,2	+34,8	+31,3	+32,4	+27,2	+28,3	+23,6	+25,3	+18,8	+10,6
Membranpotential (in Millivolt)	+34,0	+36,5	+32,3	+34,0	+31,8	+32,3	+28,6	+28,6	+22,7	+22,7	+19,0	+13,0

Messungen liegen und daß demzufolge die Werte der Wirkungen der sechs Salze auf das Membranpotential sämtlich auf der gleichen Kurve liegen. Dagegen ist die Kurve für Na_2SO_4 beträchtlich tiefer (etwas weniger als zwei Drittel) als die Kurve der sechs monovalenten Anionen. Demnach zeigen die Kurven der Abb. 65, daß die sechs Salze NaCl, NaBr, NaI, $NaNO_3$, NaCNS und Na-Acetat innerhalb der Fehlergrenzen die gleiche Wirkung auf das Membranpotential entfalten, während die depressorische Wirkung des SO_4''-Ions ungefähr um zwei Drittel stärker ist. So ist also bewiesen, daß Salze, deren Anionen von der gleichen Valenzstufe sind, die gleiche depressorische Wirkung auf die Membranpotentiale von Gelatinelösungen haben.

Der Einfluß der Proteinkonzentration auf die Membranpotentiale.

Wir hatten gesehen, daß Neutralsalze die Membranpotentiale einer Proteinlösung herabsetzen (wie sie auch die anderen Eigenschaften depressorisch beeinflussen). Demgegenüber hat eine Vermehrung der Proteinmenge den entgegengesetzten Einfluß auf die Potentialdifferenz zwischen den beiden Seiten der Membran (wie ja auch durch die Vermehrung des Proteins der osmotische Druck, die Quellung usw. zunehmen würden). Dieser Einfluß der Proteinkonzentration ergibt sich aus einer Diskussion der Gleichung über das DONNANsche Gleichgewicht. Da die Potentialdifferenz

$$\pi = \frac{58}{2} \log\left(1 + \frac{z}{y}\right)$$

beträgt, so muß offenbar bei konstantem y (d. h. bei Abwesenheit von Neutralsalzen und bei unverändertem p_H) und zunehmendem z, welches ja wächst, wenn die Proteinkonzentration zunimmt, auch die Potentialdifferenz zunehmen, wie sich experimentell bestätigen läßt.

Tabelle 23.

Die Lösungen enthalten 1% isoelektrisches Eieralbumin.

ccm n/10-HCl der Innenlösung	0	1	2	3	4	5	6	7	8	10	15	20	30	40
ccm n/10-HCl in 350 ccm Außenlösung	0	0,1	0,3	0,5	1	1,5	2,1	2,8	4	7,1	16,4	32	60	80
Osmotischer Druck in mm	155	100	52	114	178	205	214	219	218	180	138	100	81	74
p_H innen	5,80	5,40	4,70	4,30	4,00	3,75	3,64	3,42	3,24	3,00	2,53	2,20	1,89	1,73
p_H außen	6,14	5,64	4,67	4,06	3,65	3,38	3,22	3,07	2,91	2,71	2,37	2,10	1,82	1,70
p_H innen minus p_H außen	− 0,34	− 0,24	+0,03	+ 0,24	+ 0,35	+ 0,37	+ 0,42	+ 0,35	+ 0,33	+ 0,29	+ 0,16	+ 0,10	+0,07	+0,03
$H^{\cdot}$-Potential (in Millivolt)	−20,0	−14,0	+2,0	+14,0	+20,6	+22,4	+25,5	+21,0	+20,0	+17,5	+ 9,4	+ 6,0	+4,0	+2,0
Membranpotential (in Millivolt)	−24,0	−16,0	+3,0	+11,5	+19,0	+19,5	+20,5	+19,5	+18,5	+16,0	+11,0	+10,0	+4,0	+3,5

Tabelle 24.

Der Einfluß von Salzen auf Albuminchloridlösungen.

	NaCl-Konzentration									
	0	m/2048	m/1024	m/512	m/256	m/128	m/64	m/32	m/16	m/8
Osmotischer Druck in mm	210	181	156	131	107	87	73	61	54	45
p_H innen	3,35	3,32	3,32	3,27	3,25	3,20	3,19	3,22	3,21	3,22
p_H außen	3,04	3,04	3,07	3,10	3,11	3,13	3,14	3,18	3,21	3,23
p_H innen minus p_H außen	0,31	0,28	0,25	0,17	0,14	0,07	0,05	0,04	0,00	−0,01
$H^{\cdot}$-Potential (in Millivolt)	+18,0	+16,2	+14,5	+10,0	+8,0	+4,1	+2,9	+2,3	0,0	−0,5
Membranpotential (in Millivolt)	+18,5	+15,5	+13,5	+10,0	+7,5	+5,0	+3,0	+1,5	+1,0	+0,5

Kollodiumsäckchen von etwa 50 ccm Inhalt wurden mit Gelatinelösungen angefüllt, deren Gehalt an ursprünglich isoelektrischer Gelatine zwischen 0,125% und 2% betrug und deren p_H durch Zusatz von H_3PO_4 auf 3,5 gebracht war, in der üblichen Weise mit Gummistopfen und Manometerrohren versehen und in Bechergläser gebracht, die 350 ccm H_3PO_4-Lösung vom p_H 3,5 enthielten. Da der Proteingehalt der Innenflüssigkeiten konstant bleiben und nicht durch das Hineindiffundieren der proteinfreien Außenflüssigkeit vermindert werden sollte, wurde das Niveau im Manometer jeweils so hoch eingestellt, wie der nach früheren Versuchen zu erwartende osmotische Druck betrug. Ungefähr 20 Stunden später wurden die Wasserstoffelektrodenpotentiale und die Membranpotentiale gemessen. Einige Versuche wurden doppelt angestellt (Tabelle 22).

Aus der Tabelle 22 geht offenbar hervor, daß die Membranpotentiale mit steigender Gelatinekonzentration anwachsen und daß ferner in gleichem Maße wie die Membranpotentiale auch die $H^{\cdot}$-Potentiale zunehmen.

Die Membranpotentiale von Lösungen krystallinischen Eiereiweißes.

Die bisher angeführten Versuche sind zum größten Teil mit Gelatine angestellt worden. Es war demnach wichtig zu untersuchen, ob die an dem Beispiel der Gelatine gefundenen Tatsachen sich auch beim krystallisierten Eiereiweiß bestätigen lassen. Dies gelingt in der Tat: Die Versuche über Membranpotentiale von Lösungen krystallinischen Eiereiweißes ergeben quantitative Übereinstimmung mit den Forderungen der Theorie.

Kollodiumsäckchen von etwa 50 ccm Inhalt wurden mit Lösungen gefüllt, die 1% krystallinisches Eiereiweiß und abgestufte Mengen n/10-Salzsäure enthielten. Die Säckchen wurden wie üblich in Bechergläser mit 350 ccm Wasser eingestellt, die gleichfalls abgestufte Salzsäuremengen enthielten. Die beiden ersten Horinzontalreihen der Tabelle 23 geben die den entsprechenden Innen- und Außenflüssigkeiten zugesetzten Salzsäuremengen an. Bei den Versuchen, die bei einer Temperatur von 24° durchgeführt waren, wurde nach 22 Stunden der osmotische Druck, das Membranpotential und das p_H der Innen- sowie der Außenflüssigkeit bestimmt. Unser Eiweiß war nicht isoelektrisch, es war nach der Methode von Sörensen hergestellt worden und bestand deshalb zum Teil aus Ammoniumalbuminat. Sein p_H betrug etwa 6,0. Aus der Tabelle 23 ergibt sich, daß die Membran- und die Wasserstoffelektrodenpotentiale besonders auf der sauren Seite des isoelektrischen Punktes ausgezeichnet übereinstimmten, daß ferner das Membranpotential bei p_H 4,7 ein Minimum hat (der isoelektrische Punkt des Eieralbumins liegt bei p_H 4,8) und daß die Innenflüssigkeit auf der sauren Seite des isoelektrischen Punktes positiv und auf der alkalischen Seite negativ geladen ist. Diese Tatsachen stehen in Einklang mit den Folgerungen der DONNANschen Theorie über die Membrangleichgewichte.

Das nächste Problem bestand darin, den Einfluß von Neutralsalzzusätzen zu Eieralbuminchloridlösungen zu ermitteln. Hierzu wurden 1 proz. Lösungen von krystallinischem Eiereiweiß in verschieden konzentrierten Kochsalzlösungen unter Zusatz von 7 ccm n/10-HCl auf 100 ccm hergestellt, in die Kollodiumsäckchen in der üblichen Weise eingefüllt und diese in 350 ccm einer NaCl-Lösung eingetaucht. Die Außenflüssigkeit bestand aus n/1000-HCl, die NaCl in der gleichen Konzentration wie die zugehörige Innenflüssigkeit enthielt Die Einstellung des Gleichgewichtes erfolgte bei einer Temperatur von 24°; die Messungen wurden 22 Stunden nach dem Beginn der Versuche angestellt.

In der Tabelle 24 sind die Ergebnisse in der gleichen Weise wie bisher dargestellt, aus welchen wiederum die ausgezeichnete Übereinstimmung zwischen den Wasserstoffelektrodenpotentialen und den Membranpotentialen hervorgeht.

Membranpotentiale bei Caseinchloridlösungen.

Für das Caseinchlorid läßt sich ebenfalls nachweisen, daß bei Anwesenheit einer Membran und einer caseinfreien Außenflüssigkeit die Verteilung der diffusiblen Ionen der DONNANschen Gleichung unterliegen.

Zu diesem Zweck wurden 4-, 3-, 2-, 1-, 0,5 proz. Lösungen isoelektrischen Caseins durch Salzsäurezusatz auf ein p_H von 2,5 gebracht, in Kollodiumsäckchen in der üblichen Weise eingefüllt und diese in 350 ccm einer Salzsäurelösung vom anfänglichen p_H 2,3 eingetaucht. Nach 18 Stunden wurden die Potentialdifferenzen zwischen den Innen- und Außenflüssigkeiten mittels indifferenter Kalomelelektroden bestimmt und dann das p_H der Innen- sowie der Außenflüssigkeit in Wasserstoffelektroden gemessen. Die Tabelle 25 enthält die Ergebnisse. Die zweite und dritte Horizontalreihe enthält die mit der $H^\cdot$-Elektrode gemessenen p_H-Werte der Innen- und Außenflüssigkeiten nach eingetretenem Gleichgewicht. Die vierte Reihe gibt die Werte für p_H innen minus p_H außen, die fünfte Reihe die $H^\cdot$-Elektrodenpotentiale an. Diese letzteren Zahlen müssen mit den unter Verwendung indifferenter Elektroden gemessenen Werten der Membranpotentiale zwischen Innen- und Außenflüssigkeit übereinstimmen. Ein Vergleich der fünften und sechsten Reihe der

Tabelle 25 lehrt, daß eine gute Übereinstimmung der beiden Potentiale besteht, so daß die Membranpotentiale zweifellos durch ein Donnan-Gleichgewicht bedingt sind.

Tabelle 25.

Vergleich der Membranpotentiale und der Wasserstoffelektrodenpotentiale.

1. Caseinchlorid %	4	3	2	1	0,5	0,25
2. p_H innen	2,595	2,595	2,580	2,53	2,46	2,46
3. p_H außen	2,230	2,270	2,305	2,34	2,36	2,39
4. p_H innen minus p_H außen	0,365	0,325	0,275	0,19	0,10	0,07
5. $H^{\cdot}$-Potential in Millivolt	21,5	19,2	16,2	11,2	5,9	4,1
6. Membranpotential in Millivolt	20,0	18,0	15,0	10,8	7,2	3,1

Diese Beobachtungen bestätigen noch einmal die Tatsache, daß bei gleichem p_H das Membranpotential mit zunehmender Proteinkonzentration ansteigt, wie es die Theorie der Membrangleichgewichte verlangt.

Hitchcock hat ferner gezeigt, daß das Donnan-Gleichgewicht auch bei Edestin- und Globulinlösungen die ungleiche Verteilung der krystalloidalen Ionen bestimmt[1]).

Schlußbemerkung.

Der Wert des Membranpotentials ist, wie wir gesehen haben, gleich $29 \log\left(1 + \frac{z}{y}\right)$ Millivolt. Da Zusatz eines Nichtelektrolyten den Wert $\frac{z}{y}$ nicht beeinflußt, so sollte theoretisch Zusatz eines Nichtelektrolyten, wie etwa Rohrzucker, zu einer Gelatinechloridlösung das Potential nicht beeinflussen. Die Richtigkeit dieser Folgerung konnte experimentell bewiesen werden.

Das Membranpotential kann auf zwei Arten den Wert Null annehmen. Im isoelektrischen Punkt ist $z = 0$ und damit auch der Wert für $29 \log\left(1 + \frac{z}{y}\right)$. Andererseits kann das Membranpotential bei hinreichendem Neutralsalzzusatz Null werden, weil dann bei sehr großem y $29 \log\left(1 + \frac{z}{y}\right)$ zugleich mit dem Wert $\frac{z}{y}$ verschwindet.

Es ist oft behauptet worden, daß durch Salzzusatz Proteine auf ihren isoelektrischen Punkt gebracht werden können, zu Unrecht, denn der isoelektrische Punkt ist eine konstitutionelle Eigenschaft eines Proteins. Ein Protein ist nur bei einer ganz bestimmten $H^{\cdot}$-Ionenkonzentration

[1]) Hitchcock, D. I.: Journ. of gen. physiol. Bd. 4, S. 597. 1921/22; Bd. 5, S. 35. 1922/23.

isoelektrisch. Salze vernichten nur die Membranpotentiale, machen aber das Protein nicht isoelektrisch. Proteinlösungen oder -gele können ihre Ladung verlieren, ohne dabei isoelektrisch zu werden.

Die angeführten Zahlen beweisen eine Tatsache, die von grundsätzlicher Bedeutung für die Erklärung der Elektrolytwirkungen auf das kolloidale Verhalten der Proteine ist: daß nämlich die Verteilung krystalloider Ionen zwischen einer in einem Kollodiumsäckchen befindlichen Proteinlösung und einer wässerigen, proteinfreien Außenflüssigkeit durch das DONNANsche Gleichgewicht geregelt wird und daß diese Verteilung auf Grund der DONNANschen Gleichung für dieses Gleichgewicht berechnet werden kann. Weitere Tatsachen über die Membranpotentiale sollen in späteren Abschnitten noch behandelt werden.

Zwölftes Kapitel.

Der osmotische Druck[1]).

Der Einfluß der Wasserstoffionenkonzentration.

Wir sind nunmehr imstande, die Einwirkung der Elektrolyte auf den osmotischen Druck von Proteinlösungen, der in der Abb. 57 dargestellt ist, zu erklären. Wir wollen zuerst den Einfluß von Säure auf den osmotischen Druck 1 proz. Lösungen ursprünglich isoelektrischer Gelatine erörtern. Es wurden Lösungen mit einem Gehalt von 1 g trockener, ursprünglich isoelektrischer Gelatine in 100 ccm und verschiedenen n/10-Säuremengen hergestellt. Diese Lösungen wurden in unsere Kollodiumsäckchen eingefüllt, welche in Bechergläser mit 350 ccm Wasser eingetaucht wurden. Um die Einstellung des Gleichgewichtes zwischen der Innen- und Außenflüssigkeit zu beschleunigen, wurde der Außenflüssigkeit eine bestimmte Säuremenge zugesetzt (z. B. HCl bei den Versuchen mit Gelatinechlorid, H_3PO_4 beim Gelatinephosphat usw.). Jedes Kollodiumsäckchen wurde mit Gummistopfen und Manometerrohr versehen (vgl. Kapitel 7).

In der Abb. 66 ist die Wirkung von HCl, H_3PO_4 und H_2SO_4 auf den osmotischen Druck einer 1 proz. Lösung ursprünglich isoelektrischer Gelatine dargestellt. Die p_H-Werte der Gelatinelösungen, die bei osmotischem Gleichgewicht bestimmt wurden, sind als Abszissen und die osmotischen Drucke in mm Wasser als Ordinaten aufgetragen. Der osmotische Druck hat im isoelektrischen Punkt ein Minimum, er steigt mit zunehmender Säuremenge, bis bei einem p_H von ungefähr 3,4 der

[1]) LOEB, J.: Journ. of gen. physiol. Bd. 3, S. 691. 1920/21; Bd. 4, S. 741, 769. 1921/22; Journ. of the Americ. chem. soc. Bd. 44, S. 1930. 1922.

Gelatinelösung ein Maximum eintritt; bei weiterem Säurezusatz sinkt er dann wieder ab.

Bevor wir irgendwelche Theorien über das Wesen der Säurewirkung auf den osmotischen Druck aufstellen, müssen wir uns vergegenwärtigen, daß diese Kurven der beobachteten osmotischen Drucke nicht allein den durch die Proteinmoleküle und Proteinionen bedingten osmotischen Druck darstellen. Sie verzeichnen außerdem den Druck, der wegen des Donnan-Gleichgewichtes von den in der Innenflüssigkeit höher konzentrierten Ionen ausgeübt wird. Der beobachtete osmotische Druck einer Proteinlösung bedarf wegen des DONNANschen Gleichgewichtes einer Korrektur. Wir beabsichtigen, den zahlenmäßigen Wert dieser Korrektur zu berechnen. Wir beginnen mit der Kurve der Wirkung der Salzsäure auf den osmotischen Druck einer 1 proz. Lösung ursprünglich isoelektrischer Gelatine, und wir wollen nun überlegen, wie sich die Ionen zwischen der Innen- und Außenflüssigkeit bei eingetretenem osmotischen Gleichgewicht verteilen. Wir setzen komplette elektrolytische Dissoziation sämtlicher Elektrolyte voraus, des Gelatinechlorids sowohl wie der Salzsäure. Die molare Konzentration der Proteinmoleküle und -ionen wollen wir mit a bezeichnen, die molare Konzentration der mit dem ionisierten Protein verbundenen Chlorionen sei z, y die molare Konzentration der Wasserstoffionen der freien Salzsäure in der Innenflüssigkeit. Die molare Konzentration der Chlorionen dieser Salzsäure ist dann

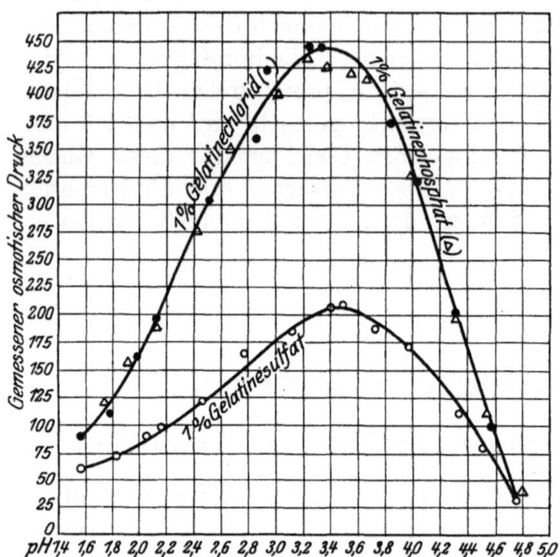

Abb. 66. Die Kurven geben die Wirkung des p_H und der Anionenvalenz auf die osmotischen Drucke von 1 proz. Gelatinesäuresalzlösungen wieder. Die Kurven für Gelatinechlorid und -phosphat sind identich, denn die Anionen, Cl und H_2' PO_4' sind einwertig. Die Kurve für Gelatinesulfat ist weniger als halb so hoch wie die Kurve der beiden anderen Verbindungen, weil das Anion hier zweiwertig ist. Beide Kurven erheben sich vom isoelektrischen Punkt bei p_H 4,7 bis zu einem Maximum bei p_H 3,4 oder 3,5 und sinken dann rasch ab.

ebenfalls y. Dann ist der osmotische Druck der Proteinlösung durch die Summe

$$a + 2y + z$$

gegeben. Von diesem Ausdruck müssen wir den osmotischen Druck der Salzsäure der Außenflüssigkeit abziehen. x möge die molare Konzentration der $H^{\cdot}$-Ionen der Außenflüssigkeit und selbstverständlich auch die der Cl'-Ionen bedeuten. Dann ist der beobachtete osmotische Druck einer Proteinlösung durch die Summe folgender Konzentrationen gegeben:

$$a + 2y + z - 2x.$$

Aus der Abb. 67 ergibt sich, daß dieser Betrag sich mit dem p_H der Proteinlösung (d. h. y) ändert. Um zu einer Theorie über die Wirkung der Salzsäure auf den osmotischen Druck von Proteinlösungen zu gelangen, muß man den Wert für $2y + z - 2x$ berechnen, den theoretischen osmotischen Druck daraus nach der Theorie von VAN'T HOFF ermitteln und diesen letzteren Wert von dem beobachteten osmotischen Druck der Proteinlösung subtrahieren. Wir wollen den durch die molaren Konzentrationen $2y + z - 2x$ bestimmten Druckwert die Donnan-Korrektur nennen[1]). In diesem Ausdruck sind y und x aus den Messungen des p_H bekannt, denn das p_H der Innenflüssigkeit ist $-\log y$ und das p_H der Außenflüssigkeit $-\log x$. z kann aus x und y mit Hilfe der Donnan-Gleichung (1) berechnet werden:

$$z = \frac{(x+y)(x-y)}{y},$$

denn wir haben im vorigen Kapitel gesehen, daß x und y durch das Donnan-Gleichgewicht bestimmt sind. Man kann nun diesen Wert $2y + z - 2x$ für verschiedene p_H-Werte einer Gelatinechloridlösung (deren Gehalt an ursprünglich isoelektrischer Gelatine in unserem Fall 1% betrug) berechnen, und daraus mittels der VAN'T HOFFschen Theorie bestimmen, welche Druckwerte diesen Überschüssen der Konzentration der krystalloiden Ionen in der Innen- (Protein-) Lösung entsprechen. Stellt man diese Werte graphisch dar, so ergibt sich, daß diese Kurve der Donnan-Korrektur fast genau mit der Kurve des beobachteten osmotischen Druckes übereinstimmt. Man erkennt also, daß die Zunahme des osmotischen Druckes einer 1 proz. isoelektrischen Gelatinelösung auf allmählichen Säurezusatz bis zu einem Maximum sowie das Wiederabsinken des osmotischen Druckes auf Zusatz von mehr Säure nur dadurch bedingt ist, daß die Proteinionen durch die Kollodiummembran, die für die krystalloiden Ionen leicht durchgängig ist, nicht diffundieren können und nichts mit einer Änderung des Dispersitäts-

[1]) Der Kürze halber wollen wir gelegentlich unter dem Ausdruck Donnan-Korrektur auch die Summe $2y + z - 2x$ verstehen.

grades des Proteins zu tun hat. Die molaren Konzentrationen der krystalloiden Ionen in der Proteinlösung müssen also stets größer sein als in der Außenflüssigkeit. Was sich mit dem p_H der Gelatinelösung ändert, ist die Größe des Überschusses von $2y + z$ über $2x$. Dies geht aus der DONNANschen Gleichung (1) hervor, nach welcher

$$x = \sqrt{y^2 + yz} \qquad \text{oder} \qquad 2x = \sqrt{4y^2 + 4yz}$$

und

$$2y + z = \sqrt{4y^2 + 4yz + z^2}$$

ist. Nun ist offenbar

$$\sqrt{4y^2 + 4yz + z^2} > \sqrt{4y^2 + 4yz},$$

d. h. die Konzentration der krystalloiden Ionen in der Proteinlösung $2y + z$ ist stets größer als die Konzentration der krystalloiden Ionen der Außenflüssigkeit.

Substituieren wir für $2y + z - 2x$, der Donnan-Korrektur, den identischen Ausdruck

$$\sqrt{4y^2 + 4yz + z^2} - \sqrt{4y^2 + 4yz}$$

so können wir uns veranschaulichen, weshalb der osmotische Druck im isoelektrischen Punkt ein Minimum hat und weshalb er bei allmählichem Säurezusatz bis zu einem Maximum ansteigt und dann bei weiterem Säurezusatz wieder absinkt.

Im isoelektrischen Punkt ist das Protein nicht ionisiert, dann ist $z = 0$, und der ganze Ausdruck

$$\sqrt{4y^2 + 4yz + z^2} - \sqrt{4y^2 + 4yz},$$

wird gleichfalls Null. Deshalb ist der im isoelektrischen Punkt beobachtete osmotische Druck allein durch das Protein bedingt. Er ist wegen des hohen Molekulargewichtes der Gelatine sehr klein.

Setzt man eine kleine Säuremenge (z. B. Salzsäure) zu einer Lösung von isoelektrischer Gelatine, so bildet sich Gelatinechlorid; etwas freie Säure bleibt wegen der hydrolytischen Dissoziation übrig. Es nimmt also sowohl z (die Konzentration der mit dem Protein verbundenen Chlorionen) als auch y (die Konzentration der Chlorionen der wegen der Hydrolyse vorhandenen freien Salzsäure) zu. z nimmt aber anfangs rascher als y zu, und daher wächst der Überschuß der Konzentration der Ionen der Innenflüssigkeit über die der Außenflüssigkeit, bis das Protein zum größeren Teil in Proteinchlorid umgewandelt ist. Dann ist der Überschuß an krystalloiden Ionen in der Innenflüssigkeit maximal. Wird nun noch mehr Säure zugesetzt, so nimmt z verhältnismäßig langsamer als y zu, so daß der Wert von z schließlich gegen y zu vernachlässigen ist. Die Donnan-Korrektur muß demnach also bei Anwesenheit einer hinreichend großen Säuremenge Null werden, und aus dem gleichen Grunde werden die beobachteten osmotischen Drucke dann wieder genau so klein wie im isoelektrischen Punkt.

Wir werden jetzt zeigen, daß diese mathematischen Ableitungen aus der DONNANschen Gleichung quantitativ durch die Versuchsergebnisse bestätigt werden. Hierzu müssen wir zunächst den numerischen Wert der Donnan-Korrektur $2y + z - 2x$ berechnen, d. h. den osmotischen Druck, der dadurch bedingt ist, daß die molare Konzentration der krystalloiden Ionen ($H^{\cdot}$ und Cl') in der Innenflüssigkeit größer ist als die Konzentration der gleichen Ionen in der gelatinefreien Außenflüssigkeit. Wie schon erwähnt, können y und x aus den p_H-Bestimmungen der Innen- und Außenflüssigkeit bezüglich berechnet werden; den Wert von z erhält man aus x und y nach der Gleichung (1):

$$z = \frac{(x + y)(x - y)}{y}.$$

Der theoretische osmotische Druck eines in 1 l gelösten Grammoleküls beträgt (bei 24°)

$$22{,}4 \cdot 760 \cdot 13{,}6 \cdot \frac{293}{273} = 2{,}5 \cdot 10^5$$

Millimeter Wasser.

Es entspricht also mit anderen Worten theoretisch ein Druck von 2,5 mm Wasser einer molekularen Konzentration von 10^{-5}, und um die Donnan-Korrektur in Millimetern Wasser auszudrücken, müssen wir also den Wert von $2y + z - 2x$ mit $2{,}5 \cdot 10^5$ multiplizieren. In der Tabelle 26 sind die Ergebnisse einer Versuchsreihe mit Gelatinechlorid zusammenge-

Tabelle 26.

1% Gelatinechlorid. Vergleich der beobachteten osmotischen Drucke und der Donnan-Korrektur.

p_H innen	4,56	4,31	4,03	3,85	3,33	3,25	2,85	2,52	2,13	1,99	1,79	1,57
p_H außen	4,14	3,78	3,44	3,26	2,87	2,81	2,53	2,28	2,00	1,89	1,72	1,53
$y = C_H$ innen $\times 10^5$	2,7	4,9	9,3	14,1	46,8	56,2	141,0	302,0	741,0	1023,0	1622,0	2692,0
$x = C_H$ außen $\times 10^5$	7,2	16,6	36,3	54,9	135,0	155,0	295,0	524,0	1000,0	1288,0	1905,0	2951,0
$z = \frac{(x+y)(x-y)}{y}$	16,5	51,4	132,5	200,0	343,0	372,0	477,0	608,0	609,0	600,0	612,0	544,0
$2y + z - 2x$	7,5	28,0	78,5	118,4	166,6	174,4	169,0	164,0	91,0	70,0	46,0	26,0
Donnan-Korrektur	19,0	70,0	196,0	296,0	416,0	436,0	422,0	410,0	227,0	175,0	115,0	65,0
Osmotischer Druck (beobachtet)	100,0	202,0	322,0	375,0	443,0	442,0	360,0	303,0	198,0	162,0	110,0	90,0

stellt. Die als p_H der Innenflüssigkeit angegebenen Werte sind die am Schluß des Versuches gemessenen p_H-Werte der Gelatinelösungen; entsprechend sind die als p_H der Außenflüssigkeit aufgeführten Werte die am Schluß des Experimentes (18 Stunden nach dem Beginn) in der gelatinefreien Außenflüssigkeit gemessenen p_H-Werte. Die nächsten Reihen geben die Werte von x, y und z an, die sechste Reihe die Werte für $2y + z - 2x$, die vorletzte Reihe den Wert der Donnan-Korrektur des osmotischen Druckes der Lösung, nämlich

$$2{,}5 \cdot 10^5\,(2y + z - 2x).$$

In der letzten Reihe stehen die beobachteten osmotischen Drucke. Es kommt nun vor allem darauf an, wie sich die Donnan-Korrektur zu den beobachteten osmotischen Drucken verhält. Der Vergleich dieser beiden Wertepaare wird durch ihre Darstellung in der Abb. 67 erleichtert. Die Abszissen bilden die p_H-Werte der Gelatinelösung (die erste Reihe der Tabelle 26), die Ordinaten der einen Kurve sind die beobachteten osmotischen Drucke $a + 2y + z - 2x$, die der zweiten Kurve sind die berechneten, der Donnan-Korrektur $2y + z - 2x$ entsprechenden Drucke. Die beiden Kurven sind einander sehr ähnlich; auf ihre Unterschiede kommen wir noch zu sprechen. Bei beiden finden wir ein Minimum im isoelektrischen Punkt, beide steigen bis zu ungefähr der gleichen Höhe von 440 mm Wasser und sinken dann wieder bis zu etwa den gleichen niedrigen, dem isoelektrischen Punkt entsprechenden Werten. Die beiden Kurven wären identisch, wenn auf den aufsteigenden Ästen zwischen p_H 4,7 bis p_H 3,4 die Werte des beobachteten osmotischen Druckes nicht um einen fast konstanten Betrag entsprechend höher wären als die entsprechenden Werte für die Donnan-Korrektur. Diese konstante Differenz ist wahrscheinlich durch a be-

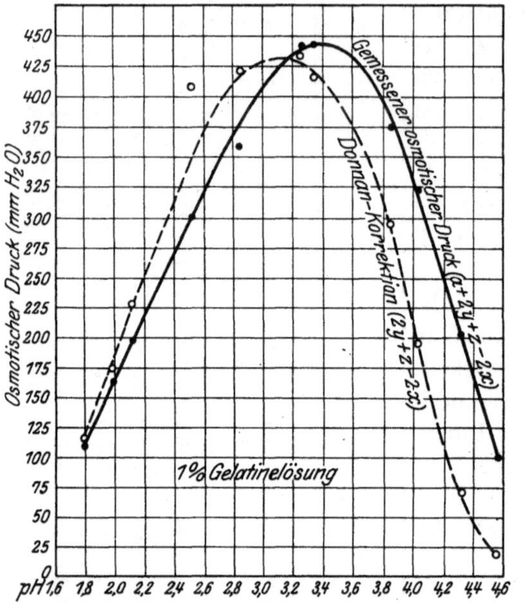

Abb. 67. Graphische Darstellung der gemessenen osmotischen Drucke von Gelatinelösungen und ihrer der nach DONNANschen Theorie berechneten Korrektur.

dingt, sie bedeutet also den osmotischen Druck der 1 proz. Gelatinelösung. Ist diese Annahme richtig, so ergibt sich, daß der osmotische Druck des in der Lösung befindlichen Proteins bei Änderungen des p_H konstant bleibt. Das Ansteigen und Absinken der Kurve des beobachteten Druckes ist nur dadurch bedingt, daß mit dem p_H auch der Konzentrationsüberschuß der in der Proteinlösung befindlichen H˙- und Cl′-Ionen über die der H˙- und Cl′-Ionen der Außenflüssigkeit, also der Wert $2y + z - 2x$ sich ändert. Würde sich dieser letztere Wert nicht mit dem p_H ändern, so würde der osmotische Druck der Proteinlösung konstant bleiben oder sich nur innerhalb enger Grenzen bewegen. Die Differenzen zwischen den Ordinaten der absteigenden Kurvenäste der Abb. 67 (zwischen p_H 3,4 und p_H 1,8) sind wahrscheinlich durch fehlerhafte Berechnung des Wertes von z bedingt. Wir werden noch erfahren, daß eine geringe Fehlerhaftigkeit der p_H-Messung der Innen- sowie der Außenflüssigkeit eine große Unsicherheit des Wertes z bedingt, wenn das p_H relativ klein ist.

Die Säure hat also gar keinen oder nur einen sehr geringen Einfluß auf den osmotischen Druck des Proteins an sich. Die Wirkung der Säure auf das Protein, die zunächst als spezifisch kolloidal erschien, ist nur der Ausdruck für das Donnan-Gleichgewicht zwischen den innerhalb und außerhalb der Membran befindlichen krystalloiden Ionen.

In der Tabelle 27 sind die osmotischen Drucke und die Donnan-Korrekturen für H_3PO_4 enthalten; offenbar stimmen die Wertepaare wieder gut überein. Die Abb. 68 enthält die ent-

Tabelle 27.

1% Gelatinephosphat. Vergleich der beobachteten osmotischen Drucke und der Donnan-Korrektur.

p_H innen	4,79	4,54	4,31	3,98	3,68	3,56	3,38	3,24	3,02	2,67	2,42	2,12	1,92	1,74
p_H außen	4,70	4,10	3,77	3,40	3,14	3,04	2,90	2,80	2,66	2,39	2,22	1,98	1,83	1,67
$y = C_H$ innen $\times 10^5$	1,6	2,9	4,9	10,5	20,9	27,5	41,7	57,5	95,5	213,8	380,2	758,6	1202,0	1820,0
$x = C_H$ außen $\times 10^5$	2,0	7,9	16,9	39,8	72,4	91,2	125,9	158,5	218,8	407,4	602,6	1047,0	1479,0	2138,0
$z = \frac{(x+y)(x-y)}{y}$	0,9	18,6	53,3	140,0	228,0	231,0	338,0	380,0	405,0	556,0	575,0	686,0	617,0	690,0
$2y + z - 2x$	0,1	8,6	31,3	81,4	125,0	103,6	169,6	178,0	158,0	169,0	130,0	109,0	63,0	54,0
Donnan-Korrektur	....	22,0	77,0	203,0	310,0	258,0	423,0	445,0	395,0	420,0	324,0	273,0	157,0	135,0
Osmotischer Druck (beobachtet)	34,0	111,0	199,0	328,0	416,0	420,0	426,0	436,0	401,0	350,0	275,0	190,0	158,0	121,0

sprechende graphische Darstellung. Die Abszissen sind die p_H-Werte der im Gleichgewicht befindlichen Phosphatlösungen, die Ordinaten der einen Kurve die beobachteten osmotischen Drucke der Gelatinephosphatlösungen und die Ordinaten der zweiten Kurve die berechneten Werte der Donnan-Korrektur für die Gelatinephosphatlösung (vgl. Tabelle 27).

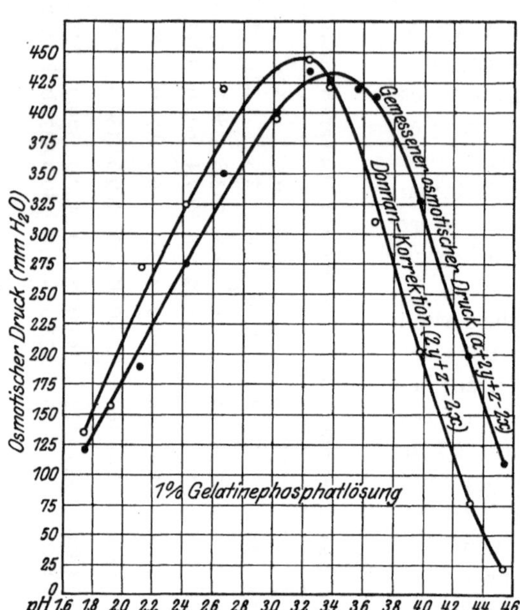

Abb. 68. Osmotischer Druck und Donnan-Korrektur bei Gelatinephosphatlösungen.

Auch hier bestehen wieder die gleichen Ähnlichkeiten und die gleichen Verschiedenheiten wie bei den ausführlich diskutierten Kurven für Gelatinechlorid. In der Tat ist auch die Kurve des beobachteten osmotischen Druckes beim Gelatinephosphat identisch mit der Kurve des beobachteten osmotischen Druckes beim Gelatinechlorid. Die Werte für die Donnan-Korrektur stimmen gleichfalls beim Gelatinechlorid und beim Gelatinephosphat miteinander überein. Diese letztere Tatsache ist von großer Bedeutung, denn aus ihr ergibt sich von selbst die Valenzregel, welche an die Stelle der HOFMEISTERschen Reihen über die Wirkungen der Ionen auf die kolloidalen Eigenschaften von Eiweißlösungen getreten ist. Wenn diese letztere Wirkung sich, wie wir überzeugt sind, nur aus der durch die DONNANsche Gleichung geforderten ungleichen Verteilung der krystalloiden Ionen auf beiden Seiten der Membran ergibt, so muß diese Wirkung für alle Säuren mit einwertigem Anion die gleiche sein, denn nur die Valenz, aber nicht die sonstige Natur des Anions, geht in die DONNANsche Gleichung für Proteinsäuresalze ein. Die Kolloidchemiker hatten zu Unrecht angenommen, daß das Anion der Säure die kolloidalen Eigenschaften des Proteins beeinflußt. Beim Gelatinephosphat reagiert das einwertige Anion H_2PO_4, und daher muß nach der DONNANschen Theorie die Wirkung der Phosphorsäure auf den osmotischen Druck der Gelatine identisch mit der Wirkung der Salzsäure sein. Daß dies wirklich der Fall ist, lehrt ein Vergleich der Abbildungen 67 und 68.

Der Einfluß der Valenzen.

Bei der Betrachtung der Wirkung mehrwertiger Ionen gehen wir von der Kurve des osmotischen Druckes einer Gelatinesulfatlösung aus, deren Maximum nur ungefähr halb so hoch ist als das der entsprechenden Kurve des Gelatinechlorids. Dieser Unterschied beruht darauf, daß das Anion des Gelatinesulfats zweiwertig ist.

Der Ausdruck für die Donnan-Korrektur $2y + z - 2x$ gilt für die Lösungen sämtlicher Gelatineverbindungen mit einem einwertigen Säureanion, also für Gelatinechlorid, -acetat, -phosphat, -tartrat, -citrat usw. Ist nun das Anion eines Gelatinesäuresalzes zweiwertig, wie etwa beim Gelatinesulfat, so ist die Gleichung für das Gleichgewicht vom dritten Grade, wie wir im vorigen Kapitel gesehen haben. Wenn x die molare Wasserstoffionenkonzentration der Außenflüssigkeit bedeutet, so ist die molare Konzentration der SO_4''-Ionen in der Außenflüssigkeit $\frac{x}{2}$, und wenn wir mit y die molare Konzentration der $H^{\cdot}$-Ionen der freien Schwefelsäure in der Innenflüssigkeit bezeichnen, so ist entsprechend die Konzentration der SO_4''-Ionen der freien Schwefelsäure in der Gelatinesulfatlösung $\frac{y}{2}$. Beim Gelatinechlorid bedeutete z die molare Konzentration der mit der Gelatine verbundenen Cl'-Ionen, folglich soll $\frac{z}{2}$ die molare Konzentration der mit der gleichen Anzahl Gelatineionen verbundenen SO_4''-Ionen bezeichnen.

Die Gleichung für das Gleichgewicht lautet also für das Gelatinesulfat folgendermaßen:

$$x^2 \cdot \frac{x}{2} = y^2 \frac{(y + z)}{2}.$$

Aus der Gleichung (2) (vgl. S. 149) folgt:

$$z = \frac{x^3 - y^3}{y^2}.$$

Die molare Konzentration der krystalloiden Ionen der Innenflüssigkeit ist demnach beim Gelatinesulfat um

$$\frac{3}{2}y + \frac{z}{2} - \frac{3}{2}x$$

höher als die molare Konzentration dieser Ionen in der Außenflüssigkeit.

Dieser Ausdruck wurde für die Berechnung der Donnan-Korrektur für Gelatinesulfat benutzt. Diese Werte sind in der Tabelle 28 aufgeführt. Der Unterschied zwischen den beobachteten osmotischen

Drucken und den Drucken, die der Donnan-Korrektur entsprechen, ist in der Abb. 69 graphisch dargestellt. Offenbar stimmen die aus der Donnan-Korrektur berechneten mit den beobachteten osmotischen Drucken sehr nahe überein, nur haben auf dem aufsteigenden Teil der Kurve die beobachteten osmotischen Drucke stets etwas höhere Werte. Das Maximum der Kurve des osmotischen Druckes einer Gelatinesulfatlösung beträgt nur 200 mm Wasser, es ist also nicht ganz halb so groß wie der maximale osmotische Druck sowohl bei Gelatinechlorid als auch bei Gelatinephosphat (immer bei gleicher Konzentration der ursprünglich isoelektrischen Gelatine). Der gleiche Unterschied besteht auch zwischen den Donnan-Korrekturen für Gelatinesulfat einerseits und Gelatinechlorid usw. andererseits. Die Übereinstimmung zwischen der Donnan-Korrektur und dem beobachteten osmotischen Druck beseitigt jeden Zweifel an der Tatsache, daß die stärker depressorische Wirkung des SO_4''-Ions — die in der kolloidchemischen Literatur allgemein auf spezifische „dehydratisierende" Eigenschaften dieses Ions zurückgeführt wurde — sich ganz einfach daraus ergibt, daß die Gleichung für das DONNANsche Gleichgewicht beim Gelatinesulfat eine Gleichung dritten Grades ist, während die entsprechenden Gleichungen beim Gelatinechlorid oder beim Gelatinephosphat vom zweiten Grade sind. Bei gleichem p_H und bei gleichem Gehalt an ursprünglich isoelektrischer Gelatine beträgt die Donnan-Korrektur beim Gelatinechlorid oder beim Gelatinephosphat etwa doppelt soviel wie beim Gelatinesulfat.

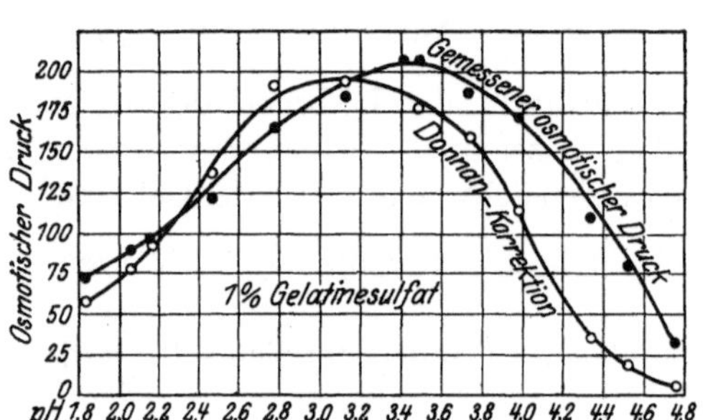

Abb. 69. Osmotischer Druck und Donnan-Korrektur bei Gelatinesulfatlösungen.

Es mag noch kurz hervorgehoben werden, daß die Wirkungen der sieben einbasischen Säuren HCl, HBr, HI, HNO_3, Milch-, Essig- und Propionsäure auf den osmotischen Druck von Gelatinelösungen mit einem Gehalt von 1% trockener ursprünglich isoelektrischer Gelatine identisch sind und daß die Drucke bei der graphischen Darstellung als Funktionen der p_H-Werte der Gelatinelösungen auf der gleichen Kurve liegen. Die gleiche Übereinstimmung besteht auch bei den beiden starken zweibasischen Säuren H_2SO_4 und Sulfosalicylsäure. Bei diesen beiden letzteren sind die Werte nur etwa halb so hoch als bei den entsprechenden Wasserstoffionenkonzentrationen der Gelatinesalze mit einbasischen Säuren.

Die Berechnung des p_H der Außenflüssigkeit aus den beobachteten osmotischen Drucken.

Der der Donnan-Korrektur entsprechende Druck P betrug beim Gelatinechlorid

$$P = 2{,}5 \times 10^5\,(2y + z - 2x) \text{ mm}$$

Wasser. Dr. Hitchcock hat den Verfasser darauf aufmerksam gemacht, daß die beobachteten Werte des osmotischen Druckes dazu dienen können, um das p_H der Innen- oder der Außenflüssigkeit mit Hilfe dieser Formel zu berechnen. Man kann dann diese p_H-Werte mit den direkt bestimmten vergleichen und hat damit eine neue Möglichkeit, die Richtigkeit der hier angewendeten Theorie zu prüfen.

Wir wollen vorübergehend die vereinfachende Annahme machen, daß der beobachtete osmotische Druck P einer Gelatinechloridlösung mit dem entsprechenden Wert der Donnan-Korrektur übereinstimmt. Dann ist

$$z = \frac{P}{2{,}5 \cdot 10^5} - 2y + 2x\,.$$

Setzen wir diesen Wert in die Donnan-Gleichung (1) ein, so erhalten wir

$$x^2 = y\left[y + \frac{P}{2{,}5 \cdot 10^5} - 2y + 2x\right].$$

Die Zulässigkeit unserer Annahme über die Übereinstimmung des beobachteten osmotischen Druckes mit der Donnan-Korrektur kann nun geprüft werden, indem wir den beobachteten Wert entweder für x oder für y einsetzen und die Gleichung bezüglich nach y oder nach x auflösen.

Tabelle 28.

1% Gelatinesulfat. Vergleich der beobachteten osmotischen Drucke und der Donnan-Korrektur.

p_H innen	4,76	4,52	4,34	3,98	3,73	3,49	3,41	3,12	2,78	2,47	2,16	2,06	1,84	1,57
p_H außen	4,61	4,20	3,99	3,60	3,38	3,18	3,14	2,88	2,61	2,35	2,09	2,00	1,80	1,54
$y = C_H$ innen $\times 10^5$	1,7	3,0	4,6	10,4	18,6	32,3	38,9	75,9	166,0	339,0	692,0	871,0	1445,0	2692,0
$x = C_H$ außen $\times 10^5$	3,1	6,3	10,2	25,1	41,7	66,0	72,4	131,8	245,5	447,0	813,0	1000,0	1585,0	2884,0
$z = \frac{x^3 - y^3}{y^2}$	8,3	24,7	45,8	136,0	191,5	243,0	212,0	322,0	390,0	435,0	433,0	449,0	466,0	620,0
$\frac{3}{2}y + \frac{z}{2} - \frac{3}{2}x$	2,0	7,35	14,5	46,0	64,0	71,0	55,8	77,0	77,0	55,0	37,9	31,0	23,0	20,0
Donnan-Korrektur	5,0	18,5	36,0	115,0	160,0	178,0	.....	192,0	192,0	138,0	94,5	77,5	57,5	50,0
Osmotischer Druck (beobachtet)	33,0	79,0	110,0	172,0	188,0	208,0	208,0	185,0	164,0	122,0	98,0	89,0	72,0	61,0

Wenn wir nach x auflösen, so erhalten wir

$$x^2 = y\left[y + \frac{P}{250\,000} - 2y + 2x\right] = -y^2 + 2xy + \frac{Py}{250\,000}$$

$$(x-y)^2 = \frac{Py}{250\,000},$$

wobei x und y gewöhnlich Mole pro Liter bedeuten. Hieraus folgt:

$$x = y + \frac{\sqrt{Py}}{500}.$$

Setzt man für y die gemessenen p_H-Werte der Innenflüssigkeit und für P die beobachteten osmotischen Drucke, so kann man aus der Gleichung (2) x berechnen. Drückt man das Ergebnis als p_H aus (das p_H der Außenflüssigkeit ist $= -\log x$), so kann man die gefundene Zahl mit den gemessenen Werten des p_H der Außenflüssigkeit vergleichen.

Die so aus den Angaben für P und für p_H der Innenflüssigkeit berechneten Werte für das p_H der Außenflüssigkeit sind in der Tabelle 29 den gemessenen p_H-Werten gegenübergestellt. Die Zahlen für P und für das p_H der Innenflüssigkeit sind der Tabelle 26 entnommen worden.

Tabelle 29.

1% Gelatinechlorid. p_H der Außenlösung aus der Formel $x = y + \frac{\sqrt{Py}}{500}$ berechnet.

Beobachtetes p_H außen . .	4,14	3,78	3,44	3,26	2,87	2,81	2,53	2,28	2,00	1,89	1,72	1,53
Berechnetes p_H außen . .	3,88	3,61	3,36	3,22	2,86	2,81	2,55	2,31	2,01	1,89	1,72	1,52

Bei allen p_H-Werten unterhalb 3,2 und sogar bei einem beobachteten p_H von 3,26 sind die Unterschiede zwischen den beobachteten und berechneten Werten für das p_H der Außenflüssigkeit gering. Die Differenz ist größer bei p_H-Werten der Außenflüssigkeit über 3,4, d. h. also, bevor das Maximum des osmotischen Druckes erreicht ist. Dieses Verhalten stimmt auch mit dem Kurvenbild der Abb. 67 überein.

In der gleichen Weise wurde für Gelatinephosphat aus den in der Tabelle 27 enthaltenen Werten für P und für das p_H der Innenflüssigkeit das p_H der Außenflüssigkeit berechnet und mit den gemessenen p_H-Werten für die Außenflüssigkeit verglichen. Tabelle 30 enthält diese Gegenüberstellung. Wieder stimmen berechnete und beobachtete Werte unterhalb p_H 3,14 miteinander gut überein, bei höheren p_H-Werten ist die Übereinstimmung schlechter.

Tabelle 30.

1% Gelatinephosphat. p_H der Außenflüssigkeit aus der Gleichung $x = y + \frac{\sqrt{Py}}{500}$ berechnet.

Beobachtetes p_H außen .	4,70	4,10	3,77	3,40	3,14	3,04	2,90	2,80	2,66	2,39	2,22	1,98	1,83	1,67
Berechnetes p_H außen .	4,20	3,85	3,61	3,32	3,10	3,02	2,90	2,80	2,66	2,41	2,23	2,00	1,83	1,67

Wenden wir uns nun zu den Kurven der Abb. 67 und 68, so ist unschwer einzusehen, daß die Differenzen zwischen den beiden absteigenden Kurvenästen, nämlich erstens der Donnan-Korrektur und zweitens des beobachteten osmotischen Druckes, durch Irrtümer bei der Berechnung von z bedingt sind. Die Unterschiede der Werte der aufsteigenden Äste stellen ganz oder zum Teil den wahren osmotischen Druck der Proteinlösung dar, der nicht in die Donnan-Korrektur eingeht. Dieser beträgt selbstverständlich nur einen Bruchteil des beobachteten osmotischen Druckes.

Diese Übereinstimmung bedeutet eine Bestätigung unserer Ansicht, nach welcher die Wirkungen der Säure auf den osmotischen Druck von Proteinlösungen durch die DONNANsche Theorie erklärt werden.

Der osmotische Druck bei Caseinchloridlösungen.

Ähnliche Versuche wurden mit Caseinchlorid angestellt. Verwandt wurde Casein, das aus abgerahmter Milch nach der Methode von VAN SLYKE und BAKER[1]) hergestellt war. Das von uns verwendete Casein stellte ein feines, nahezu isoelektrisches Pulver dar. Es ist in Wasser bei seinem isoelektrischen Punkt nur schwer löslich, wird aber bei hinreichendem Zusatz von Salz- oder Phosphorsäure löslicher. Von diesem Caseinpräparat wurden Portionen von je 1 g in je 100 ccm Wasser mit verschieden abgestuftem Gehalt von n/10-Salzsäure gebracht (vgl. die erste Horizontalreihe der Tabelle 31). Nach Verlauf von 24 Stunden war alles Casein in Lösung gegangen; die Lösungen enthielten mehr als 5 und weniger als 40 ccm n/10-Salzsäure in 100 ccm. Nachdem das Casein in Lösung gegangen war, wurde von jeder Caseinchloridlösung die Wasserstoffionenkonzentration bestimmt, dann wurde jede Lösung in ein Kollodiumsäckchen gefüllt und dieses in 350 ccm verdünnter Salzsäure eingetaucht, deren p_H zunächst das gleiche war wie das der dazugehörigen Caseinlösung.

Die erste Reihe der Tabelle 31 gibt an, wieviel ccm n/10-Salzsäure ursprünglich neben 1 g zunächst fast isoelektrischen Caseins in 100 ccm enthalten waren. In der nächsten Reihe ist angegeben, ob innerhalb

[1]) VAN SLYKE, L. L. u. J. C. BAKER: Journ. of biol. chem. Bd. 35, S. 127. 1918.

Tabelle 31.

Unterschiede der Wasserstoffionenkonzentration zwischen Caseinlösungen und den mit ihnen im Gleichgewicht befindlichen Außenflüssigkeiten.

1. Zahl der in 100 ccm Lösung enthaltenen ccm n/10HCl	1	2	3	4	5	6	7	8	10	12,5	15	17,5	20	25	30	40
2. Aussehen der Lösungen	Ungelöster Rückstand				Geringer Rückstand	Klare Lösung										Ungelöster Rückstand
						p_H bei Beginn des Versuchs										
3. p_H der Casein-(Innen-)Lösung	3,73	3,43	3,30	3,20	3,10	2,94	2,78	2,64	2,45	2,26	2,13	2,02	1,93	1,81	1,71	1,55
4. p_H der Außenlösung	3,90	3,80	3,50	3,40	3,20	3,00	2,90	2,60	2,50	2,30	2,20	2,10	1,95	1,80	1,70	1,60
						p_H nach 18 Stunden (im Gleichgewicht)										
5. p_H der Casein-(Innen-) Lösung	4,04	3,87	3,68	3,61	3,46	3,32	3,22	2,93	2,78	2,62	2,52	2,39	22,2	2,04	1,89	1,73
6. p_H der Außenlösung	3,84	3,69	3,42	3,28	3,13	2,97	2,88	2,67	2,57	2,42	2,35	2,26	2,14	2,00	1,88	1,73

Tabelle 32.

Gegenüberstellung der beobachteten Drucke von Caseinlösungen mit den aus der DONNANschen Gleichung berechneten Werten.

1. p_H der Caseinlösungen im Gleichgewicht	1,73	1,89	2,04	2,22	2,39	2,52	2,62	2,78	2,93	3,22	3,32	3,46	3,61	3,68	3,87	4,04
2. $C_H \times 10^5$ innen (y)	1862	1288	912	603	407	302	240	166	118	60,3	47,9	34,7	24,6	20,9	13,5	9,1
3. $C_H \times 10^5$ außen (x)	1862	1318	1000	724	550	447	380	269	214	132	107	74,1	52,5	38,0	20,4	14,5
4. $\frac{(x+y)(x-y)}{y} = z$	0	61	185	267	337	360	362	270	270	229	191	124	87,5	48,1	17,3	14,0
5. $2y + z - 2x$	0	1	9	25	51	70	82	64	78	86	73	45	32	14	3,5	3,2
6. Donnan-Korrektur	0	2,5	22,5	62,5	128	175	205	160	195	215	183	113	80	35	8,7	8
7. Beobachteter osmot. Druck in mm der Lösung	41	69	85	102	126	145	158	177	187	189	173	135	77	43	23	14

24 Stunden das Casein in Lösung gegangen war, d. h. ob in dem Becherglas mit der Lösung sich noch ein Caseinniederschlag befand oder nicht. Ein Niederschlag war nicht vorhanden, wenn der Gehalt der Lösung an n/10-Salzsäure zwischen etwas mehr als 5 und weniger als 40 ccm betrug. Die dritte Reihe gibt das p_H der Caseinlösungen zum Beginn des Versuches an und die vierte Reihe das p_H der Außenflüssigkeiten ebenfalls zu Beginn des Versuches. Dies letztere stimmte mit dem der dazugehörigen Innenflüssigkeit ungefähr überein.

Die letzten beiden Reihen (5 und 6) enthalten das Ergebnis des Versuches. Es sind die p_H-Werte der Innen- und der Außenflüssigkeit angegeben, nachdem das osmotische Gleichgewicht sich eingestellt hatte (also nach 18 Stunden). Sowohl in der Innen- wie in der Außenflüssigkeit ist das p_H anders geworden, ausnahmslos ist es in der Außenflüssigkeit kleiner als in der Innenflüssigkeit; mit anderen Worten: Im osmotischen Gleichgewicht hat die Außenflüssigkeit eine höhere Wasserstoffionenkonzentration als die Innenflüssigkeit, ein Ergebnis, das genau dem entspricht, was nach der DONNANschen Formel für die Membrangleichgewichte zu erwarten war.

In der Reihe 1 der Tabelle 32 stehen die nach eingestelltem Gleichgewicht gemessenen p_H-Werte der Caseinlösungen. Der in der letzten Reihe aufgeführte osmotische Druck ist in der Nähe des isoelektrischen Punktes (p_H 4,04) am kleinsten und steigt mit zunehmender Säuremenge bis zu einem Maximum an, das bei p_H 3,0 erreicht ist, dann sinkt er wieder, wenn die Wasserstoffionenkonzentration weiter ansteigt. Die Reihe 6 enthält die Donnan-Korrektur und die Reihe 7 die beobachteten osmotischen Drucke.

Vergleichen wir die entsprechenden Werte der beiden letzten Reihen der Tabelle 32, so ergibt sich, daß angesichts der Fehler, mit welchen die Messungen und Berechnungen notwendig behaftet sind, nur geringe Unterschiede zwischen je zwei Wertepaaren bestehen. Säuren beeinflussen demnach den osmotischen Druck von Caseinlösungen lediglich auf dem Umweg über ein Donnan-Gleichgewicht. Der Anteil des osmotischen Druckes, der bei diesem Versuch durch Caseinmoleküle, -ionen oder -aggregate hervorgerufen war, war so klein, daß sein Betrag innerhalb der Fehlergrenzen der Messungen und Rechnungen lag.

Bei der Betrachtung der beiden letzten Reihen der Tabelle 32 sind die Unstimmigkeiten anscheinend doch etwas groß. Diese sind aber einfach dadurch bedingt, daß schon kleine Unsicherheiten der p_H-Messungen in der zweiten Dezimale, die so klein sind, daß sie durchaus innerhalb der Fehlergrenzen liegen, in dem Wert der Donnan-Korrektur $2y + z - 2x$ eine beträchtliche Fehlerhaftigkeit hervorrufen.

Wenn wir wieder annehmen, daß der beobachtete osmotische Druck mit der Donnan-Korrektur übereinstimmt, so können wir das p_H der

Außenflüssigkeit aus dem gemessenen osmotischen Druck und dem gemessenen p_H der Innenflüssigkeit aus der oben abgeleiteten Formel

$$x = y + \frac{\sqrt{Py}}{500}$$

berechnen. Diese Werte sind in der Tabelle 33 zusammengestellt, und man erkennt die gute Übereinstimmung zwischen dem berechneten und beobachteten p_H der Außenflüssigkeit, solange dieses zwischen den Werten 3,42 und 2,14 liegt. Die Übereinstimmung ist bis zu p_H-Werten von 1,73 noch befriedigend. Innerhalb des p_H-Bereiches zwischen 4,7 (dem isoelektrischen Punkt des Caseins) und 3,42 geht 1 g Casein in 100 ccm Salzsäure nicht völlig in Lösung.

Tabelle 33.

Die gemessenen p_H-Werte der Außenlösungen und die für das p_H außen unter der Voraussetzung berechneten Werte, daß der beobachtete osmotische Druck nur durch das Donnan-Gleichgewicht entsteht.

p_H beobachtet	1,73	1,88	2,00	2,14	2,26	2,35	2,42	2,57
p_H berechnet	1,69	1,83	1,96	2,12	2,26	2,36	2,44	2,56
p_H beobachtet	2,67	2,88	2,97	3,13	3,28	3,42	3,69	3,84
p_H berechnet	2,67	2,84	2,98	3,11	3,28	3,40	3,61	3,79

Nach diesen Ergebnissen kann nicht mehr daran gezweifelt werden, daß der Einfluß von Säuren auf den osmotischen Druck nur durch das Donnan-Gleichgewicht bedingt ist.

Erwähnenswert ist noch, daß die Übereinstimmung zwar bei p_H-Werten oberhalb 3,4 mäßig ist, aber unterhalb dieses Wertes ausgezeichnet wird, eine Erscheinung, die auch bei den Gelatinelösungen zu beobachten war.

Die Wirkung von Neutralsalzen.

Die erste Angabe darüber, daß Neutralsalze den osmotischen Druck einer Gelatinelösung vermindern, hat R. S. Lillie[1]) gemacht. Es muß indessen hervorgehoben werden, daß diese depressorische Wirkung der Salze im isoelektrischen Punkt nicht zustande kommt. Setzen wir verschiedene Salze zu einer Gelatinechloridlösung mit einem Gehalt von 1 g ursprünglich isoelektrischer Gelatine in je 100 ccm Lösung und einem p_H von 3,5 bei Versuchsbeginn, so muß die Verminderung des osmotischen Druckes nach der Donnanschen Gleichung von dem Anion abhängen. Dies ist, wie die Abb. 70 zeigt, wirklich der Fall. Die Gelatine-

[1]) Lillie, R. S.: Americ. journ. of physiol. Bd. 20, S. 127. 1907/08.

chloridlösungen wurden hergestellt unter Verwendung verschieden konzentrierter Lösungen der Salze NaCl, $NaNO_3$, $CaCl_2$ und Na_2SO_4. Das p_H der Mischungen betrug stets 3,5. Mit ihnen wurden Kollodiumsäckchen von ungefähr 50 ccm Inhalt angefüllt, dann wurden die Säckchen in Bechergläser mit 350 ccm wässeriger Lösung eingetaucht, deren Gehalt an anorganischen Salzen der gleiche war wie der der dazugehörigen Gelatinelösungen. Zwischen den Innen- und Außenflüssigkeiten bestanden nur die Unterschiede, daß die Außenflüssigkeiten keine Gelatine enthielten und daß ihr p_H auf 3,0 eingestellt war, um die Ausbildung des Gleichgewichtes zu beschleunigen. Der osmotische Druck wurde nach ungefähr 20 Stunden abgelesen. Die Versuchstemperatur betrug wie üblich 24°.

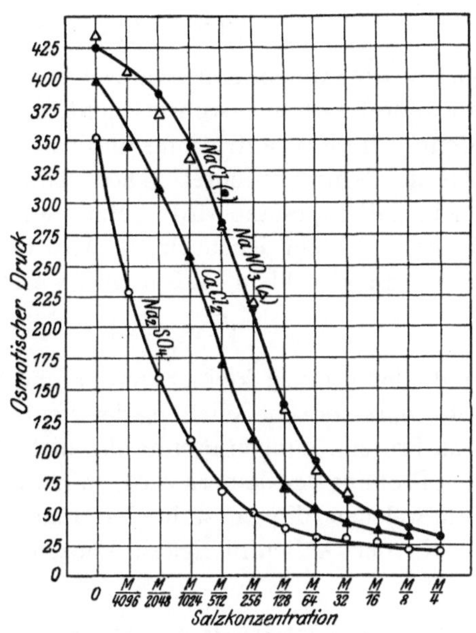

Abb. 70. Die depressorische Wirkung von Neutralsalzen auf die osmotischen Drucke 1 proz. Gelatinechloridlösungen vom p_H 3,5.

In der Abb. 70 sind die Abszissen die Konzentration der Salzlösungen beim Versuchsbeginn, die Ordinaten die osmotischen Drucke. Das Donnan-Gleichgewicht bewirkte eine Änderung sowohl des p_H wie auch der Verteilung der Neutralsalze auf beiden Seiten der Membran. Die Änderung des p_H bei diesem Versuch ist schon in den Tabellen 19, 20 und 21 aufgeführt und im elften Kapitel erörtert worden. Aus der Abb. 70 entnehmen wir, daß die depressorische Wirkung des $CaCl_2$ ungefähr doppelt so groß ist wie die äquimolekularer Mengen von NaCl, daß dagegen die Wirkung des Na_2SO_4, dessen Anion zweiwertig ist, ungefähr 8 mal so groß ist als die entsprechender NaCl-Mengen. Ohne Zweifel ist also die depressorische Wirkung durch das Anion bedingt, das Kation ist offenbar wirkungslos (sicherlich ist sein Einfluß dem des Anions auf keinen Fall entgegengesetzt).

Derartige Versuche haben weiter ergeben, daß NaCl, $CaCl_2$ und $LaCl_3$ den osmotischen Druck von Gelatinechloridlösungen von einem bestimmten p_H in genau der gleichen Weise beeinflussen, wenn die Chlorionenkonzentration der Lösungen dieser Salze gleich gemacht wird.

Nach der Theorie des Verfassers kann diese depressorische Wirkung der Salze auf den osmotischen Druck einer Proteinlösung nur so zustande kommen, daß durch den Salzzusatz der Wert der Donnan-Korrektur verkleinert wird. Bei Gelatinechlorid beträgt die Donnan-Korrektur:

$$2y + z - 2x.$$

Hierfür können wir einsetzen:

$$\sqrt{4y^2 + 4yz + z^2} - \sqrt{4y^2 + 4yz}.$$

Geben wir nun ein Salz, wie NaCl, zu einer Lösung von Gelatinechlorid, so ändert sich z bestimmt nicht, dagegen nimmt der Wert von y zu, wenn y die Konzentration sämtlicher freien Chlorionen des Salzes sowohl wie der Säure bedeutet. Diese Zunahme von y ist um so stärker, je mehr Salz zugesetzt wird. Setzt man also zu einer Gelatinechloridlösung mehr und mehr Kochsalz, so wird der Wert von z schließlich im Vergleich zu y so klein, daß man ihn vernachlässigen kann, der Ausdruck

$$\sqrt{4y^2 + 4yz + z^2} - \sqrt{4y^2 + 4yz}$$

muß dann immer kleiner werden und sich dem Grenzwert Null nähern. Die depressorische Wirkung der Neutralsalze auf den osmotischen Druck von Proteinlösungen beruht also nicht darauf, daß der osmotische Druck des Proteins verkleinert wird, sondern darauf, daß der Betrag abnimmt, um welchen die krystalloiden Ionen in der Innenflüssigkeit stärker als in der Außenflüssigkeit konzentriert sind.

Der Einfluß der Proteinkonzentration auf den osmotischen Druck.

Vermehrt man den Proteingehalt einer Proteinlösung bei konstantem p_H, so muß bei Abwesenheit von Neutralsalzen aus zwei Gründen der osmotische Druck geändert werden. Zunächst einmal muß der osmotische Druck der Lösung steigen, weil die Zahl der in ihr vorhandenen Proteinteilchen größer geworden ist. Zweitens muß sich eine weitere Steigerung des Druckes wegen der Zunahme des Wertes $2y + z - 2x$ oder $\sqrt{4y^2 + 4yz + z^2} - \sqrt{4y^2 + 4yz}$ ergeben, denn offenbar muß bei konstantem y, d. h. bei konstantem p_H der Gelatinelösung, der Wert des Ausdruckes $\sqrt{4y^2 + 4yz + z^2} - \sqrt{4y^2 + 4yz}$ in dem Maße wachsen, wie der Wert von z zunimmt. Diese beiden Erscheinungen können getrennt voneinander betrachtet werden, indem man den Wert des Ausdruckes $2y + z - 2x$ von dem beobachteten osmotischen Druck subtrahiert. Diese Differenz muß (innerhalb der Versuchsfehlergrenzen) mit steigender Proteinkonzentration zunehmen. Diese Folgerungen der DONNANschen Theorie werden durch das Experiment bestätigt.

Es wurden Gelatinephosphatlösungen mit einem Gelatinegehalt von 2—0,5% hergestellt, sämtlich vom p_H 3,5. Diese Gelatinephosphatlösungen wurden in unsere Kollodiumsäckchen von 50 ccm Inhalt eingefüllt, jedes Säckchen mit Gummistopfen und Manometerrohr versehen und dann in Bechergläser mit 350 ccm Wasser getaucht, deren p_H zu Beginn des Versuches durch Phosphorsäurezusatz auf 3,5 gebracht worden war. Wenn die Säckchen mit Gelatinephosphatlösung in Wasser gestellt werden, so diffundiert dieses rasch in den Innenraum und verdünnt die Gelatinelösung. Um diese Fehlerquelle zu vermeiden, füllten wir die Manometerrohre jedesmal bei Versuchsbeginn mit Gelatinephosphatlösung so hoch an, wie nach unseren Erfahrungen bei osmotischem Gleichgewicht der Druck betragen müßte. Sämtliche Versuche wurden doppelt angesetzt. Außer dem osmotischen Druck wurde nach eingestelltem Gleichgewicht noch das p_H der Innen- und der Außenflüssigkeit gemessen. Aus diesen beiden letzteren Angaben ließ sich die Donnan-Korrektur berechnen, welche

$$(2y + z - 2x) \cdot 2{,}5 \cdot 10^5 \text{ mm } H_2O$$

betrug. Durch Subtraktion dieses Wertes von den beobachteten osmotischen Drucken hofften wir einen Anhaltspunkt für den Anteil der Proteinteilchen an diesem osmotischen Druck zu gewinnen. Die Ergebnisse enthält die Tabelle 34.

Tabelle 34.

Einfluß der Gelatinephosphatkonzentration auf den osmotischen Druck. (p_H betrug ungefähr 3,6. Doppelversuch.)

Konzentration der Gelatine in %	2	2	$1^1/_2$	$1^1/_2$	1	1	$^3/_4$	$^3/_4$	$^1/_2$	$^1/_2$
p_H innen	3,64	3,66	3,60	3,60	3,65	3,66	3,60	3,60	3,61	3,62
p_H außen.	3,02	3,02	3,02	3,01	3,12	3,11	3,14	3,12	3,21	3,19
$y = C_H$ innen $\times 10^5$	22,9	21,9	25,1	25,1	22,4	21,9	25,1	25,1	24,6	24,0
$x = C_H$ außen $\times 10^5$	95,5	95,5	95,5	97,7	75,9	77,6	72,4	75,9	61,7	64,6
$z = \frac{(x+y)(x-y)}{y}$	375,0	395,0	338,0	355,0	235,0	253,0	184,0	204,0	130,0	150,0
$2y + z - 2x$ . . .	230,0	248,0	197,0	210,0	128,0	142,0	89,0	102,0	56,0	69,0
Osmotischer Druck (beobachtet) . .	860,0	860,0	715,0	680,0	420,0	445,0	314,0	316,0	186,0	186,0
Donnan-Korrektur .	576,0	620,0	493,0	523,0	320,0	355,0	222,0	255,0	140,0	172,0
Differenz (osmotischer Druck der Gelatine an sich)	284,0	240,0	222,0	157,0	100,0	90,0	92,0	61,0	46,0	14,0
Durchschnitt . . .	262,0		190,0		95,0		73,0		26,0	

Zunächst mag hervorgehoben werden, daß mit zunehmender Proteinkonzentration der Theorie entsprechend auch die Donnan-Korrektur ansteigt. Wir wenden uns nun zu den beiden letzten Zahlenreihen der Tabelle 34, welche die Differenzen zwischen den beobachteten osmotischen Drucken und den Donnan-Korrekturen enthält. Wenn diese Differenzen wirklich den osmotischen Druck der Gelatineteilchen darstellen, so müssen sie der Gelatinekonzentration annähernd proportional sein. Die als Doppelversuche angestellten Experimente geben eine Vorstellung von der Fehlergröße, und es wird auch offenbar, daß diese beträchtlich (zwischen 25% und darüber) sein kann, denn die Fehler der Beobachtung und der Berechnung addieren sich. So beträgt die Differenz bei der 0,75 proz. Lösung in einem Fall 92, im anderen Fall 61. Die Fehlerbreite beträgt also rund 50%! Ziehen wir dies in Betracht, so können wir zu dem Schluß kommen, daß die Unterschiede zwischen den beobachteten osmotischen Drucken und den berechneten Werten für die Donnan-Korrektur mit der Vorstellung vereinbar sind, daß diese Differenz dem Wert der durch die gelösten Gelatineteilchen allein bedingten osmotischen Druck entspricht.

Eine ähnliche Versuchsreihe wurde mit verschieden konzentrierten Lösungen des Chlorids von krystallinischem Eiereiweiß durchgeführt. Das p_H der Albuminchloridlösungen betrug beim Versuchsbeginn 3,5, das der dazugehörigen Außenflüssigkeiten 3,0. Bei eingestelltem Gleichgewicht hatte das p_H sowohl innen wie außen etwas andere Werte angenommen (vgl. Tabelle 35). Aus diesen Werten wurde $2y + z - 2x$ berechnet und den gemessenen osmotischen Drucken der 0,25—4 proz. Albuminchloridlösungen gegenübergestellt. Die Differenzen der beiden

Tabelle 35.

Einfluß der Albuminchloridkonzentration auf den osmotischen Druck (p_H ungefähr 3,4).

Prozentischer Albumingehalt	4	3	2	1	1/2	1/4
p_H innen } bei osmotischem Gleichgewicht	3,34	3,32	3,38	3,40	3,40	3,40
p_H außen } bei osmotischem Gleichgewicht	2,98	2,97	3,07	3,14	3,19	3,24
$y = C_H$ innen $\times 10^5$	45,7	47,9	41,7	39,8	39,8	39,8
$x = C_H$ außen $\times 10^5$	104,7	107,2	85,1	72,4	64,5	57,5
$z = \frac{(x+y)(x-y)}{y}$	194,0	192,0	132,0	92,0	64,6	43,3
$2y + z - 2x$	76,0	74,0	45,0	27,0	15,0	8,0
Beobachteter osmotischer Druck	776,0	555,0 +	375,0	163,0	75,0	36,0
Donnan-Korrektur	190,0	185,0	113,0	67,0	39,0	20,0
Differenz (osmotischer Druck des Albumins)	586,0	370,0 +	262,0	96,0	36,0	16,0

Wertepaare, die also dem osmotischen Druck der gelösten Albuminteilchen entsprechen würden, sind in der letzten Reihe der Tabelle angegeben. Sie stimmen mit den entsprechenden Werten bei gleich konzentrierten Gelatinechloridlösungen sehr nahe überein.

Die direkte Bestimmung von z.

Bei den vorstehenden Berechnungen gelangten wir zu dem Wert von z mit Hilfe der Donnan-Gleichung

$$z = \frac{(x + y)\,(x - y)}{y}.$$

x und y wurden aus den p_H-Messungen gewonnen. Für die Bestimmung von z gibt es noch eine andere Möglichkeit, indem man nämlich durch Titration die Konzentration der Chlorionen innerhalb einer 1 proz. Gelatinechloridlösung ermittelt. Das Chlorion der Innenflüssigkeit ist zum Teil mit $H^{\cdot}$ (freie Salzsäure) und zum Teil mit der Gelatine verbunden. Durch Titration mit NaOH bis zum Punkt p_H 7,0 und Korrektion auf den isoelektrischen Punkt erhalten wir den Wert $z + y$. y ist aus den p_H-Messungen bekannt, und wenn wir seinen Wert subtrahieren, so bekommen wir z. Solche Bestimmungen haben wir nach Abschluß eines Versuches über den osmotischen Druck angestellt und in dem gleichen Versuche z außerdem noch aus der DONNANschen Gleichung

$$z = \frac{(x + y)\,(x - y)}{y}$$

berechnet. Die beiden Wertepaare für z, die nach diesen beiden verschiedenen Methoden in dem gleichen Versuche bestimmt wurden, sind in der Tabelle 36 zusammengestellt.

Tabelle 36.

Die Werte $z \cdot 10^5$ (in Äquivalenten).

p_H der Gelatinelösung .	4,51	4,26	3,96	3,61	3,53	3,32	3,23	2,86	2,32	2,16	1,93
z berechnet aus $\frac{(x+y)(x-y)}{y}$ . .	30	90	166	223	252	316	387	493	570	687	687
z titriert	17	84,5	170	275	291	342	401	532	548	838	885

Man erkennt, daß die nach der Donnan-Gleichung berechneten Werte für z gut mit den durch Titration ermittelten Werten für z übereinstimmen, solange das p_H nicht zu klein wird. Diese letztere Einschränkung konnte vorhergesehen werden, denn eine Unsicherheit von einer oder zwei Einheiten in der zweiten Dezimale der p_H-Werte bedingt eine um so größere Unsicherheit der aus dem p_H berechneten Konzentrationen, je kleiner das p_H ist.

Wenn wir die Ergebnisse dieses Kapitels zusammenfassen, so können wir festhalten, daß die Wirkungen der Elektrolyte auf den osmotischen Druck von Proteinsalzlösungen — die Proteine waren Gelatine, krystallinisches Eiereiweiß, Casein und nach Versuchen von Dr. HITCHCOCK auch Edestin — dadurch zustande kommen, daß wegen der Unfähigkeit der Proteinionen, durch Membranen zu diffundieren, die für krystalloide Ionen leicht durchgängig sind, die molare Konzentration dieser krystalloiden Ionen innerhalb der Proteinlösung stets größer als außerhalb derselben ist. Dieser Unterschied ist abhängig vom p_H, von der Valenz der Ionen und von der Konzentration der Salze. Man kann ihn mit Hilfe der DONNANschen Gleichung für die Membrangleichgewichte berechnen. Schließlich konnte gezeigt werden, daß die gesamte Wirkung der Elektrolyte auf den osmotischen Druck von Proteinlösungen praktisch ausschließlich eine Wirkung auf die ungleiche Verteilung der Ionen auf beiden Seiten der Membran ist.

Dreizehntes Kapitel.

Die Quellung.

A. Die Membranpotentiale fester Gelatinegele.

1. Allgemeine Bemerkungen.

PROCTER und WILSON[1]) haben eine osmotische Theorie der Gelatinequellung auf Grund der DONNANschen Theorie der Membrangleichgewichte entwickelt. Die Theorie dieser Autoren, die den Untersuchungen des Verfassers über das gleiche Problem zeitlich vorausging, läßt sich in kurzen Worten dahin zusammenfassen, daß beim Zusatz von Salzsäure zu Gelatine sich elektrolytisch dissoziiertes Gelatinechlorid bildet, dessen Gelatineion nicht aus dem Gel diffundieren kann, während dieses für die Ionen der Säure leicht durchgängig ist. Es bildet sich demnach ein Membrangleichgewicht zwischen der Flüssigkeit im Gelinneren und der Außenflüssigkeit aus derart, daß die Konzentration der krystalloiden Ionen innerhalb des Gels größer ist als in der umgebenden wässerigen Flüssigkeit. Der osmotische Druck der Lösungen der krystalloiden Ionen innerhalb des Gels ist also größer als außerhalb desselben und bedingt eine Diffusion von Wasser in das

[1]) PROCTER, H. R. u. J. A. WILSON: Journ. of the Americ. chem. soc. Bd. 109, S. 307. 1916.

Gel, wobei dieses quillt. Die Quellung erreicht ihr Ende, wenn die Kohäsionskräfte zwischen den Molekülen des Gelatinegels den Diffusionskräften die Wage halten.

Die Autoren konnten ihre Theorie einer quantitativen Prüfung unterziehen, und sie haben in dieser ihrer Arbeit als erste DONNANs Theorie über die Membrangleichgewichte für die Erklärung kolloidaler Erscheinungen herangezogen. Ihre Auseinandersetzungen sind so überzeugend, daß man kaum versteht, weshalb ihre osmotische Theorie der Quellung nicht sofort allgemein angenommen wurde. Vielleicht sprachen zwei Gründe dagegen: Erstens widerstrebten viele Chemiker der Ansicht, daß Proteine mit Säuren und Basen echte ionisierende Salze bilden. Diese Schwierigkeit ist nunmehr behoben. Der zweite Grund war der, daß aus der DONNANschen Theorie der Membrangleichgewichte das Bestehen eines definierten Membranpotentials zwischen dem Gel und der dieses umgebenden wässerigen Flüssigkeit bestehen müßte, dessen Nachweis noch ausstand. Wir müssen also zunächst einmal nachweisen, daß diese Membranpotentiale existieren und daß ihr Betrag sich quantitativ aus den DONNANschen Gleichungen ergibt.

Damit sich ein Membranpotential ausbilden kann, ist für die Diffusion einer Ionenart ein Hindernis nötig, welches für die anderen Ionenarten nicht existiert. Setzen wir Säure zu fester isoelektrischer Gelatine, so ionisiert die feste Gelatine ebenso, als wenn sie sich in Lösung befände. Das Hindernis für die Diffusion der Gelatineionen aus dem Gel besteht in den Kohäsionskräften zwischen bestimmten („öligen") Gruppen der Gelatinemoleküle oder -ionen, die die Ursache für die Gelbildung sind. Dieses Hindernis veranlaßt das Auftreten eines Donnan-Gleichgewichtes, das eine Zunahme des osmotischen Druckes und die Entstehung einer Potentialdifferenz zwischen dem Gel und der dieses umgebenden Flüssigkeit zur Folge hat.

Bei unseren Versuchen gingen wir nach folgender Methode vor: Gepulverte isoelektrische Gelatine wurde in Säure- oder Alkalilösungen von einer Temperatur von 20° gebracht und darin einige Stunden belassen, um ganz oder angenähert ein Gleichgewicht zwischen dem Inneren der Micellen und der Außenflüssigkeit zu ermöglichen[1]). Die Versuchstemperatur soll 20° nicht überschreiten, damit sich die Gelatinekörnchen nicht zu schnell lösen.

Nach einigen Stunden wurden die suspendierten Gelatineteilchen durch Filtration von der Außenflüssigkeit getrennt, dann wurde die Gelatine geschmolzen und in Gefäße eingefüllt, die mit zwei gebogenen Röhren versehen waren (vgl. Abb. 71). Nachdem die Gelatine durch Abkühlen zu einem Gel erstarrt war, wurde die Potentialdifferenz

[1]) LOEB, J.: Journ. of gen. physiol. Bd. 4, S. 351. 1921/22.

zwischen dem Gel und der Außenflüssigkeit (dem Filtrat) mit dem Elektrometer bestimmt. Die gemessene Potentialdifferenz entsprach der folgenden Anordnung:

Kalomel-elektrode	Gesättigte KCl-Lösung	Außenlösung (wässerig)	Festes Gel	Gesättigte KCl-Lösung.	Kalomel-elektrode.

Bei dieser Kette wurde also, da die Anordnung sonst symmetrisch ist, die Potentialdifferenz zwischen den suspendierten Gelatineteilchen (dem

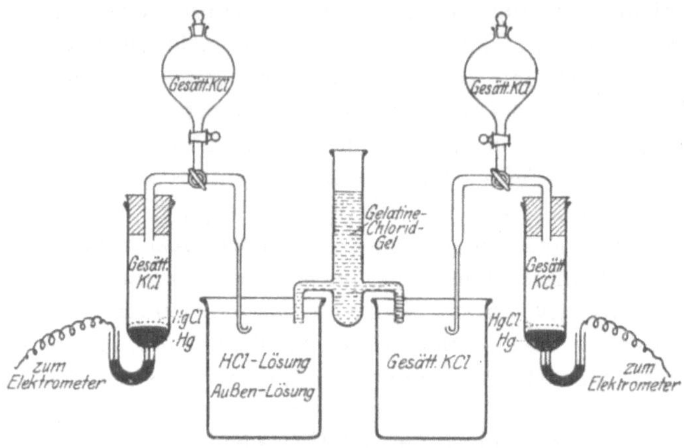

Abb. 71. Die Messung der Potentialdifferenz zwischen einem Gel und der mit ihm im osmotischen Gleichgewicht befindlichen Außenflüssigkeit.

festen Gel) und der Außenflüssigkeit bestimmt, mit welcher die Gelatinemicellen sich völlig oder so gut wie völlig ins Gleichgewicht gesetzt hatten.

Man kann so zeigen, daß das Membranpotential zwischen den Micellen und der Außenflüssigkeit durch das p_H, die Valenzstufe der mit dem Protein verbundenen Ionen und durch Salze in genau der gleichen Weise beeinflußt wird wie bei einer Proteinlösung, die von einer wässerigen Außenflüssigkeit durch eine Kollodiummembran getrennt ist. Nun mußte man sich vergewissern, ob diese Potentialdifferenz durch ein Donnan-Gleichgewicht bedingt ist, und hierfür wurde das p_H im Inneren der Gelatinemicellen (nachdem sie geschmolzen waren) und das p_H der Außenflüssigkeit mit Wasserstoffelektroden gemessen. Es stellte sich heraus, daß das Wasserstoffelektrodenpotential so nahe mit dem mittels indifferenter Elektroden bestimmten Membranpotential übereinstimmt, wie die Exaktheit der Messungen zuläßt. Das Membranpotential eines Gels ist demnach mit sehr großer Wahrscheinlichkeit durch ein Donnan-Gleichgewicht bedingt. Die Bestimmungen der

Membranpotentiale sind bei diesen Versuchen nicht so exakt wie bei den im vorhergehenden Kapitel geschilderten Versuchen; aus welchen Gründen, konnten wir bisher nicht ermitteln.

2. Der Einfluß des p_H auf die Membranpotentiale von Gelatinegelen.

1 g gepulverte isoelektrische Gelatine, welche das Sieb Nr. 30, aber nicht Sieb Nr. 60 passierte, wurde in Portionen zu je 1 g abgeteilt und diese in je 350 ccm Wasser mit verschiedenem Gehalt an Salzsäure gebracht (vgl. die erste Horizontalreihe der Tabelle 37) und in diesen Lösungen 24 Stunden lang bei einer Temperatur von 20° belassen. Die Mischungen wurden gelegentlich umgerührt. Nach 24 Stunden wurde das relative Volumen der Teilchen gemessen, dann wurden sie auf ein Filter gebracht und von der Flüssigkeit getrennt. Die Gelatine wurde durch Erhitzen auf 45° geschmolzen, in den geschilderten Glasgefäßen zum Erstarren gebracht und die Potentialdifferenz zwischen dem Gel und der wässerigen Lösung bestimmt. Die Gefäße, die die Gelatine enthielten, waren mit 2 Glasröhren versehen, von welchen eine in ein Becherglas mit der salzsäurehaltigen Außenflüssigkeit (dem Filtrat), mit welcher die Gelatine sich ins Gleichgewicht gesetzt hatte, die andere in ein Becherglas mit gesättigter KCl-Lösung tauchte. Die beiden Bechergläser waren mit Kalomelelektroden, die gesättigte KCl-Lösung enthielten, verbunden, deren Potentialdifferenz mit einem Compton-Elektrometer bestimmt wurde. Die letzte Reihe der Tabelle 37 enthält die beobachteten Potentialdifferenzen in Millivolt.

Dann wurde das p_H der geschmolzenen Gelatine mit der Wasserstoffelektrode bestimmt; dieser Wert wird in der Tabelle 37 als das p_H innen angeführt. Das p_H der Außenflüssigkeit (des Filtrates) wurde in der gleichen Weise bestimmt.

Aus den Tabellen 37 und 38 ersieht man, daß die Messungen nicht so exakt sind wie die der Membranpotentiale zwischen einer Gelatinelösung in einem Kollodiumsäckchen und der Außenflüssigkeit. Immerhin ist bei der Mehrzahl der Versuche der Tabelle 37 eine gute Übereinstimmung zwischen den Membranpotentialen der Gele und den Wasserstoffelektrodenpotentialen unverkennbar. Nur gelegentlich fällt der eine oder andere Wert aus der Reihe heraus. Der Verfasser ist überzeugt, daß diese vereinzelten Unstimmigkeiten durch experimentelle Fehler bedingt sind, die in Zukunft aller Wahrscheinlichkeit nach zu erkennen und dann zu vermeiden sein werden. Das gleiche gilt für die Zahlen der Tabelle 38. Im ganzen lassen diese Ergebnisse erkennen, daß trotz gelegentlicher fehlerhafter Zahlen die Potentialdifferenz zwischen dem Gel und der umgebenden Außenflüssigkeit durch ein Donnan-Gleichgewicht bestimmt ist.

Tabelle 37.

Einfluß von Säure auf die Quellung und das Membranpotential von Gelen.

Menge der n/10-HCl in 100 ccm H_2O	0,5	1	2	4	6	8	10	12	15	20	30	40 ccm
Relatives Volumen des Gels . . .	30	40	62	73	75	73	66	64	54	50	41	37
p_H der geschmolzenen Gelatine (innen)	4,58	4,27	3,76	3,26	2,92	2,57	2,41	2,29	2,11	1,96	1,78	1,59
p_H der überstehenden Flüssigkeit (außen)	3,89	3,45	3,04	2,65	2,44	2,27	2,16	2,07	1,95	1,82	1,65	1,49
p_H innen minus p_H außen	0,69	0,82	0,72	0,61	0,48	0,30	0,25	0,22	0,16	0,14	0,13	0,10
H˙-Potential (Millivolt)	+40,7	+48,4	+42,5	+36,0	+28,4	+17,7	+14,7	+13,0	+ 9,5	+ 8,3	+ 7,7	+ 5,9
Membranpotential (Millivolt) . . .	+37,5	+39,0	+38,0	+29,5	+22,0	+17,7	+17,7	+18,2	+17,0	+10,7	+ 8,6	+ 5,4

Tabelle 38.

Einfluß von Säure und Alkali auf Quellung und Membranpotential von Gelen.

Menge der n/10-HCl oder NaOH in 100 ccm der Lösung	HCl				NaOH						
	1,0	0,5	0,2	0,1	0	0,1	0,2	0,5	1,0	2,0	4,0 ccm
Relatives Volumen der Gelatine	28	20	18	16	17	18	28	37	40	47	48
p_H der geschmolzenen Gelatine (innen)	4,44	4,56	4,79	4,85	4,89	4,98	5,06	5,50	6,74	9,54	10,15
p_H der überstehenden Flüssigkeit (außen)	3,35	3,55	3,92	4,24	4,97	5,96	6,24	6,46	7,30	10,56	11,08
p_H innen minus p_H außen . . .	+ 1,09	+ 1,01	+ 0,87	+ 0,61	0,08	− 0,98	− 1,18	− 0,96	− 0,56	− 0,02	− 0,93
H˙-Potential (Millivolt)	+63,0	+58,6	+51,0	+36,0	− 4,5	−57,0	−68,0	−56,0	−33,0	−59,0	−48,0
Membranpotential (Millivolt) . .	+56,0	+55,5	+36,5	+15,0	−17,5	−59,0	−61,0	−70,0	−66,0	−46,0	−36,0

3. Der Einfluß von Säuren und Basen auf die Art der elektrischen Ladung der Gelatinegele.

Wir haben gesehen, daß eine Proteinlösung auf der sauren Seite ihres isoelektrischen Punktes eine positive und auf der alkalischen Seite eine negative elektrische Ladung annimmt. Das gleiche läßt sich für die Ladungen suspendierter Teilchen gepulverter Gelatine nachweisen. Bei der Umkehr der Ladung dieser Teilchen, die eintritt, wenn man von der sauren zur alkalischen Seite des isoelektrischen Punktes übergeht, ändert gleichzeitig der Wert (p_H innerhalb der Micellen minus p_H außen) sein Vorzeichen. 1 g der gepulverten isoelektrischen Gelatine von der erwähnten Körnchengröße wurde jedesmal in eine Reihe verschlossener Fläschchen gebracht, die 350 ccm destillierten Wassers mit variiertem Gehalt von n/10-Salzsäure oder Natronlauge enthielten (vgl. Tabelle 38). Nachdem das Gelatinepulver 4 Stunden bei einer Temperatur von 20° in den Lösungen belassen war, wurde es abfiltriert, geschmolzen und sowohl das p_H der geschmolzenen Gelatine wie das ihres Filtrates (der Außenflüssigkeit) bestimmt. Nun wurde die Gelatine zum Erstarren gebracht und in der beschriebenen Weise die Potentialdifferenz zwischen ihr und ihrem Filtrat (der Außenflüssigkeit) nach der beschriebenen Methode bestimmt. Die Ergebnisse dieser Versuche sind in der Tabelle 38 zusammengestellt. Die erste Reihe gibt an, wieviel ccm n/10-Salzsäure oder Natronlauge ursprünglich in 100 ccm Lösung enthalten waren. Die zweite Reihe gibt das relative Volumen, d. h. den Quellungsgrad, der abfiltrierten festen Gelatineteilchen an. Die übrigen Zahlen der Tabelle bedürfen keiner Erklärung. Es geht aus ihnen hervor, daß der Wert (p_H innen minus p_H außen) positiv ist, wenn das p_H der Gelatine sich auf der sauren Seite des isoelektrischen Punktes befindet, während dieser Wert negativ wird, sobald das p_H der Gelatine auf die alkalische Seite ihres isoelektrischen Punktes rückt. Die Vorzeichen wechseln etwa in der Gegend des isoelektrischen Punktes; die genaue Lage des Übergangspunktes läßt sich nicht feststellen, denn die Messungen sind in der Nähe des isoelektrischen Punktes offenbar durch Versuchsfehler und möglicherweise auch aus anderen Gründen entstellt, so daß der Ausfall dieses Versuches nur zeigt, daß ein Metallgelatinatgel anders als ein Gelatinechloridgel geladen ist. Bei diesem Übergang der positiven Ladung der Gelatine zur negativen wechselt auch gleichzeitig das Vorzeichen des Wertes p_H innen minus p_H außen, das positiv beim Gelatinechlorid und negativ beim Natriumgelatinat ist. Wir wollen noch hervorheben, daß das Minimum der Quellung (des Volumens) mit dem Minimum der Potentialdifferenz zusammenfällt.

4. Die Wirkung der Salze auf die Membranpotentiale fester Gele.

Von einer Theorie der elektrischen Ladungen fester Gele verlangt man vor allen Dingen, daß sie die Vernichtung dieser Ladungen durch Neutralsalze erklärt. Die Anhänger der Adsorptionstheorie nehmen an, daß die beiden Ionen eines Neutralsalzes an den Kolloidteilchen adsorbiert werden, wobei dasjenige Ion, dessen Ladung der des Kolloidteilchens entgegengesetzt ist, die Ladung des letzteren verkleinert und das Ion mit gleichsinniger Ladung die Ladung des Kolloidteilchens vermehrt, und zwar um so mehr, je höher die Valenzstufe des Ions ist. Diese Vorstellungen sind durch die im zweiten Kapitel angeführten Versuche (vgl. Abb. 1 und 2) endgültig widerlegt. Es könnte immerhin möglich sein, daß ein mit den Kolloidteilchen gleichsinnig geladenes Ion dessen Ladung in irgendeiner anderen Weise als gerade durch Adsorption vermehrt. Diese Möglichkeit, die bei einigen Autoren Anklang gefunden hat, mußte einer Prüfung unterzogen werden. Bei den Versuchen des Verfassers über anomale Osmose wurden Kollodiummembranen verwendet, die mit Gelatine überzogen waren. Auf der einen Seite befand sich eine verdünnte Salzlösung, auf der anderen Wasser; beide Flüssigkeiten waren durch Zusatz etwa von Salpetersäure auf das gleiche p_H gebracht worden. Es zeigte sich hierbei, daß der Betrag der Potentialdifferenz zwischen den beiden Membranseiten mit der Valenz des Kations des Salzes zunahm, und zwar in der Reihenfolge

$$Ce > Ca > Na.$$

Diese Erscheinung konnte auf das Bestehen von Diffusionspotentialen zurückgeführt werden[1]). Nichtsdestoweniger war es notwendig zu ermitteln, ob diese Kationen die Ladungen fester Gelatinechloridgele in der gleichen Weise beeinflussen. Es müßte dann nämlich der vermindernde Einfluß des $CeCl_3$ auf die Ladung des Gels kleiner sein als der des $CaCl_2$ und diese wieder kleiner als die depressorische Wirkung des NaCl sein, immer vorausgesetzt, daß das p_H auf der sauren Seite des isoelektrischen Punktes ist. Wenn aber andererseits nur der Donnan-Effekt allein die depressorische Wirkung der Salze auf die Ladung von festen Gelatinegelen bestimmt, so kann diese Wirkung der Salze nur durch das Anion des Salzes bedingt sein, wenn das p_H des Gels sich auf der sauren Seite des isoelektrischen Punktes der Gelatine befindet; das Kation dürfte keine Wirkung haben. Dies ergibt sich aus den Ausführungen des vorigen Kapitels, nach

[1]) Loeb, J.: Journ. of gen. physiol. Bd. 4, S. 213 u. 463. 1921/22.

Tabelle 39.

Einfluß der NaCl-Konzentration auf das Membranpotential eines Gelatinechloridgels.

	NaCl-Konzentration											
	0	m/8192	m/4096	m/2048	m/1024	m/512	m/256	m/128	m/64	m/32	m/16	m/8
Relatives Volumen der festen Gelatine	49	49	47	46	45	44	40	40	38	29	25	25
p_H innen	2,79	2,74	2,76	2,76	2,75	2,72	2,67	2,56	2,54	2,47	2,45	2,41
p_H außen	2,28	2,28	2,28	2,28	2,28	2,28	2,28	2,29	2,31	2,33	2,33	2,34
p_H innen minus p_H außen	0,51	0,46	0,48	0,48	0,47	0,44	0,39	0,27	0,23	0,14	0,12	0,07
$H^{\cdot}$-Potential (Millivolt)	+29,5	+26,6	+27,8	+27,8	+27,0	+25,5	+22,6	+15,6	+13,3	+8,0	+7,0	+4,0
Membranpotential (Millivolt)	+25,5	+23,0	+25,0	+25,0	+23,0	+21,5	+18,5	+14,0	+10,5	+7,0	+5,5	+2,5

Tabelle 40.

Einfluß der $CaCl_2$-Konzentration auf das Membranpotential eines Gelatinechloridgels.

	$CaCl_2$-Konzentration											
	0	m/8192	m/4096	m/2048	m/1024	m/512	m/256	m/128	m/64	m/32	m/16	m/8
Relatives Volumen der festen Gelatine	50	49	48	44	42	40	38	33	30	28	22	20
p_H innen	2,80	2,80	2,75	2,77	2,72	2,71	2,65	2,59	2,53	2,49	2,47	2,43
p_H außen	2,29	2,29	2,29	2,30	2,29	2,30	2,32	2,33	2,34	2,36	2,38	2,36
p_H innen minus p_H außen	0,51	0,51	0,46	0,47	0,43	0,41	0,33	0,26	0,19	0,13	0,09	0,07
$H^{\cdot}$-Potential (Millivolt)	+29,5	+29,5	+26,7	+27,2	+25,0	+23,8	+19,1	+15,1	+11,0	+7,5	+5,2	+4,1
Membranpotential (Millivolt)	+25,5	+25,5	+23,0	+24,0	+21,0	+19,0	+15,5	+11,5	+ 7,5	+5,0	+3,0	+2,5

Tabelle 41.

Einfluß der $BaCl_2$-Konzentration auf das Membranpotential eines Gelatinechloridgels.

	$BaCl_2$-Konzentration											
	0	m/8192	m/4096	m/2048	m/1024	m/512	m/256	m/128	m/64	m/32	m/16	m/8
Relatives Volumen der festen Gelatine	51	51	46	45	41	41	41	34	31	25	24	22
p_H innen	2,80	2,77	2,73	2,73	2,73	2,67	2,65	2,57	2,55	2,51	2,47	2,44
p_H außen	2,31	2,28	2,28	2,28	2,29	2,29	2,30	2,33	2,35	2,38	2,39	2,39
p_H innen minus p_H außen	0,49	0,49	0,45	0,45	0,44	0,38	0,35	0,24	0,20	0,13	0,08	0,05
$H^{\cdot}$-Potential (Millivolt)	+28,5	+28,5	+26,0	+26,0	+25,5	+22,0	+20,0	+14,0	+11,5	+7,5	+4,5	+3,0
Membranpotential (Millivolt)	+26,0	+25,0	+24,0	+23,0	+22,0	+18,5	+15,0	+11,0	+ 7,5	+5,5	+2,5	+2,0

Tabelle 42.

Einfluß der $CeCl_3$-Konzentration auf das Membranpotential eines Gelatinechloridgels.

	$CeCl_3$-Konzentration										
	0	m/8192	m/4096	m/2048	m/1024	m/512	m/256	m/128	m/64	m/32	m/16
Relatives Volumen der festen Gelatine	51	50	48	46	43	42	42	35	32	25	24
p_H innen	2,79	2,78	2,74	2,73	2,69	2,65	2,57	2,53	2,48	2,44	2,39
p_H außen	2,31	2,29	2,29	2,29	2,28	2,32	2,33	2,35	2,35	2,38	2,36
p_H innen minus p_H außen	0,48	0,49	0,45	0,44	0,41	0,33	0,24	0,18	0,13	0,06	0,03
$H^{\cdot}$-Potential (Millivolt)	+28,0	+28,5	+26,0	+25,5	+23,8	+19,0	+14,0	+10,5	+7,5	+3,5	+1,8
Membranpotential (Millivolt)	+26,0	+25,0	+22,0	+21,5	+19,0	+16,0	+11,5	+ 8,0	+5,0	+2,5	+2,5

welchen das Membranpotential zwischen einer Gelatinechloridlösung und Wasser durch den Wert $\log\left(1+\frac{z}{y}\right)$ bestimmt wird. z und y bedeuten hierbei die Konzentrationen von Anionen. Werte für die Kationen gehen auf der sauren Seite des isoelektrischen Punktes überhaupt nicht in diesen Ausdruck ein. Die Messungen der Potentialdifferenz zwischen Gel und Außenflüssigkeit sind, wie wir sehen werden, hinreichend exakt, um sicher zu beweisen, daß das Donnan-Gleichgewicht die Ladung des Gels vollständig bestimmt und daß das Kation eines zugesetzten Salzes die Ladung eines Gelatinechloridgels nicht vergrößert.

Da in der Nähe des isoelektrischen Punktes die Messungen der Potentialdifferenz ungenau sind, so verwendeten wir Gelatinechloridmicellen, deren p_H weit genug vom isoelektrischen Punkt entfernt war. Wir teilten Gelatinepulver, dessen p_H in der Nähe von 7,0 lag, in Portionen von 1 g ab; diese Portionen wurden durch Behandeln mit m/128-Essigsäure isoelektrisch gemacht und, wie im zweiten Kapitel beschrieben ausgewaschen. Hierbei verloren wir wahrscheinlich etwa 25% der Gelatine. Diese isoelektrischen Gelatineportionen wurden in 200 ccm Wasser oder in verschieden konzentrierte Lösungen der Salze NaCl, $CaCl_2$, $BaCl_2$, $CeCl_3$, Na_2SO_4 gebracht, die sämtlich 16 ccm n/10-HCl enthielten. Das p_H des Gels wurde auf diese Weise auf etwa 2,8 oder etwas darunter gebracht,

Tabelle 43.

Einfluß der Na_2SO_4-Konzentration auf das Membranpotential eines Gelatinechloridgels.

	Na_2SO_4-Konzentration											
	0	m/8192	m/4096	m/2048	m/1024	m/512	m/256	m/128	m/64	m/32	m/16	m/8
Relatives Volumen der festen Gelatine	52	51	49	47	44	40	38	34	28	24	23	22
p_H innen	2,80	2,75	2,75	2,74	2,69	2,68	2,66	2,66	2,68	2,75	2,83	2,92
p_H außen	2,33	2,29	2,30	2,32	2,32	2,36	2,41	2,45	2,56	2,67	2,79	2,89
p_H innen minus p_H außen	0,47	0,46	0,45	0,42	0,37	0,32	0,25	0,21	0,12	0,08	0,04	0,03
H'-Potential (Millivolt)	+27,3	+26,7	+26,1	+24,3	+21,5	+18,5	+14,5	+12,2	+7,0	+4,6	+2,3	+1,7
Membranpotential (Millivolt)	+25,0	+22,0	+22,5	+21,0	+18,0	+16,0	+11,5	+ 8,5	+6,5	+4,0	+3,0	+1,5

wie die Tabellen 39—43 zeigen. In diesen säurehaltigen Salzlösungen wurden die Gelatinepulver unter Umrühren 2 Stunden lang bei 20° belassen. Dann wurden die Mischungen filtriert und die Potentialdifferenz zwischen dem Gel und dem Filtrat mit dem COMPTON-Elektrometer bestimmt, wobei die Versuchsanordnung der Abb. 71 benutzt wurde. Die Tabellen 39—43 enthalten die Resultate. In der obersten Reihe ist die Art und die Konzentration des Salzes angegeben. Die zweite Zeile enthält die relativen Volumina der Gelatinegele und gibt die Wirkung des Salzes auf die Quellung an. Die nächsten drei Reihen geben das p_H innen, das p_H außen und die Differenz p_H innen minus p_H außen an, und die beiden letzten Reihen die Wasserstoffelektrodenpotentiale (H˙-Potentiale) und die unter Verwendung indifferenter Elektroden und des Quadrantenelektrometers nach der Versuchsanordnung der Abb. 71 bestimmten Membranpotentiale.

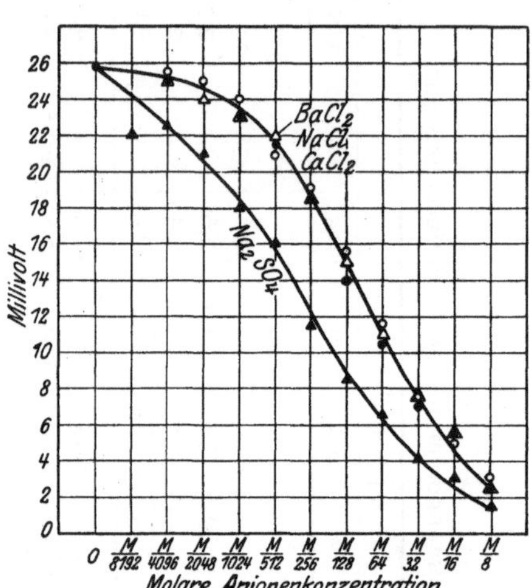

Abb. 72. Die depressorische Wirkung von Salzen auf die Membranpotentiale von Gelatinechloridgelen.

Bei allen diesen Versuchen besteht zwischen den beiden Potentialen befriedigende Übereinstimmung; das H˙-Potential ist durchschnittlich ungefähr 3 Millivolt größer als das Membranpotential, aus welchem Grunde, ist vorläufig noch nicht zu entscheiden. Die Differenz ist, wie dem auch sei, konstant und kann daher nichts mit der chemischen Natur des jeweils verwendeten Salzes zu tun haben.

Als Hauptergebnis halten wir fest, daß die depressorische Wirkung der 4 Salze NaCl, $CaCl_2$, $BaCl_2$ und $CeCl_3$ von der Chlorionenkonzentration abhängt und daß die Valenz des Kations nicht in Erscheinung tritt. Die Ladung eines festen Gelatinegels ist also zweifellos eine eindeutige Funktion des Donnan-Gleichgewichtes.

Die depressorische Wirkung von Na_2SO_4 ist ungefähr 4mal so stark wie die des NaCl (Abb. 72).

B. PROCTERs und WILSONs Theorie der Quellung.

Schon im ersten Teil des Buches ist erwähnt worden, daß wir innerhalb des großen Gelatinemoleküls „ölige" und „wässerige" Gruppen voneinander unterscheiden müssen. Befindet sich Gelatine in wässeriger Lösung, so können zwei Gelatinemoleküle aneinander hängen bleiben, wenn sie zufällig einander mit ihren öligen Gruppen berühren; in dieser Weise kommen Molekülaggregate zustande. Diese Aggregatbildung, bei welcher die Moleküle nur mittels ihrer öligen Gruppen in Verbindung treten, braucht nicht notwendig die Affinität der wässerigen Gruppen zum Wasser zu verändern. Wahrscheinlich geschieht dies auch nicht, und so bleibt die relative Entfernung zwischen den Mittelpunkten der in der Lösung befindlichen Gelatinemoleküle oder -ionen durch die Aggregatbildung unverändert. Geht dieser Prozeß weiter, so werden schließlich sämtliche Gelatinemoleküle auf diese Weise ein zusammenhängendes Gel bilden. Dabei ist allerdings nötig: erstens, daß die Gelatinekonzentration nicht zu gering ist und zweitens, daß die Molekularbewegung langsam genug, d. h. die Temperatur niedrig genug ist, damit nicht Moleküle, die mittels ihrer öligen Gruppen zusammenhängen, auseinandergerissen werden.

Bringt man ein trockenes isoelektrisches Gelatinegel in Wasser, so bedingen die Attraktionskräfte zwischen dem Wasser und den wässerigen Gruppen der Gelatinemoleküle einen Eintritt von Wasser in das Gel. Es löst sich also hierbei das Wasser sozusagen in der festen Gelatine auf. Da die isoelektrische Gelatine nicht ionisiert ist, tritt ein Donnan-Gleichgewicht nicht in Erscheinung; die Quellung isoelektrischer Gelatine in Wasser vom p_H 4,7 ist durch andere Ursachen bedingt als Änderungen des Quellungszustandes unter dem Einfluß von Säuren. Setzt man dem Wasser Säure oder Alkali zu, so bilden sich ionisierende Gelatinesalze, und es muß sich infolge der Ionisation ein Donnan-Gleichgewicht zwischen dem Gel und der Außenflüssigkeit ausbilden. Dieses ist dadurch gekennzeichnet, daß der osmotische Druck der krystalloiden Ionen im Inneren höher wird als der osmotische Druck in der Außenflüssigkeit. Diese durch das Donnan-Gleichgewicht bedingte höhere Konzentration der krystalloiden Ionen im Gelinneren bewirkt die unter dem Einfluß von Säuren vor sich gehende Quellung. Nach den oben erörterten Untersuchungen derartiger Membrangleichgewichte kann ein Zweifel hierüber nicht mehr bestehen.

PROCTER[1]) und PROCTER und WILSON[2]) haben die DONNANsche Theorie für die Erklärung der Säurequellung der Gelatine verwendet. Nach diesen Autoren verursachen osmotische Kräfte den Eintritt von Wasser und damit die Volumenzunahme eines in Säure gelegten Gelatineblockes. Die Kraft, die der Quellung ein Ende macht, ist die

---

[1]) PROCTER, H. R.: Journ. of the chem. soc. (London) Bd. 105, S. 313. 1914.

[2]) PROCTER, H. R. u. J. A. WILSON: Journ. of the chem. soc. (London) Bd. 109, S. 307. 1916.

Kohäsionskraft zwischen den Gelatinemolekülen oder -ionen, die das Netzwerk bilden, in dessen Maschen das Wasser eingeschlossen ist. Diese Kohäsionskräfte spielen also bei dem Quellungsgleichgewicht die gleiche Rolle wie der hydrostatische Druck auf die Membran bei den Versuchen über den osmotischen Druck.

Die Proteinionen eines Gelatinechloridgels können nicht mehr diffundieren und nach PROCTER und WILSON deshalb keinen meßbaren osmotischen Druck ausüben. Die mit ihnen verbundenen Chloranionen, die innerhalb des Gels durch elektrostatische Attraktion seitens der Gelatineionen zurückgehalten werden, bedingen dagegen einen bestimmten osmotischen Druck. Diese Verschiedenheit der Diffusionsfähigkeit der beiden entgegengesetzt geladenen Ionen des Gelatinechlorids ist die Voraussetzung für das Zustandekommen eines Donnan-Gleichgewichtes. Wenn x die Konzentration der $H^{\cdot}$- und Cl'-Ionen in der Außenflüssigkeit, y die Konzentration der freien $H^{\cdot}$- und Cl'-Ionen in dem festen Gel und z die Konzentration der mit der Gelatine verbundenen Chlorionen ist, so wird das DONNANsche Gleichgewicht durch die Gleichung

$$x^2 = y(y + z)$$

und der osmotische Druck e für die Absorption von Wasser seitens des Gels durch

$$e = 2y + z - 2x$$

dargestellt. Dies sind die gleichen Formeln, die der Verfasser später auf den osmotischen Druck übertragen hat (vgl. zwölftes Kapitel).

J. A. und W. H. WILSON[1]) haben den von PROCTER eingeschlagenen Weg weiter verfolgt und sind unter der Annahme, daß die Gelatine sich mit Salzsäure chemisch zu dem hochgradig ionisierten Gelatinechlorid verbindet, durch mathematische Überlegungen zu folgender Gleichung gekommen:

$$V(K + y)\left(CV + 2\sqrt{CVy}\right) - y = 0.$$

V bedeutet die Volumenzunahme in ccm eines Milliäquivalentgewichtes Gelatine; C ist eine Konstante, entsprechend dem Elastizitätsmodul der Gelatine, und die Konstante K ist durch die Gleichung definiert:

$$(\text{Gelatine})\,(H^+) = K\,(\text{Gelatineion}).$$

Kennt man die Konstanten, so kann man offenbar sämtlich Variablen des Gleichgewichtszustandes berechnen.

PROCTER und WILSON bestimmten bei Gelatinelösungen mittels der Wasserstoffelektrode den Wert von K zu 0,00015 und den Wert von C

---

[1]) WILSON, J. A. u. W. H. WILSON: Journ. of the Americ. chem. soc. Bd. 40, S. 886. 1918.

aus Versuchen über die Quellung von Gelatinegelen zu 0,0003 bei 18°. Aus PROCTERS Angaben berechnete WILSON[1]) das Äquivalentgewicht der Gelatine zu 768. Dieser Wert ist kleiner als der von HITCHCOCK[2]), der zu 1090 angegeben wird (vgl. S. 54, erster Teil). Mittels dieser Konstanten konnten WILSON und WILSON die Variablen *V*, *y* und *z* berechnen und mit den Versuchsergebnissen von PROCTER vergleichen. Die berechneten und beobachteten Werte sind in der Tabelle 44 zusammengestellt; die Übereinstimmung ist eine sehr gute, die Differenzen liegen innerhalb der Fehlergrenze der Versuche von PROCTER. Die Übereinstimmung wird noch offensichtlicher, wenn man eine graphische Darstellung benutzt. PROCTER und WILSON betrachten diese Übereinstimmung der Berechnung und der Beobachtung als quantitativen Beweis der Richtigkeit ihrer Theorie.

Tabelle 44[3]).

x	*V*		*y*		*z*	
	Berechnet	Beobachtet	Berechnet	Beobachtet	Berechnet	Beobachtet
0,0032	43,2	41,2	0,0005	0,0005	0,018	0,017
0,0073	40,8	44,5	0,002	0,002	0,022	0,018
0,0077	40,2	40,1	0,002	0,002	0,023	0,020
0,0120	37,5	39,9	0,005	0,006	0,026	0,021
0,0122	37,3	39,7	0,005	0,006	0,026	0,021
0,0170	34,5	31.1	0,008	0,009	0,028	0,028
0,0172	34,3	37,0	0,008	0,009	0,028	0,022
0,0406	26,7	28,0	0,026	0,030	0,037	0,031
0,0420	26,4	23,4	0,027	0,030	0,038	0,038
0,0576	24,0	26,1	0,041	0,043	0,041	0,036
0,0666	23,0	21,4	0,049	0,050	0,043	0,045
0,0680	22,8	22,4	0,050	0,053	0,044	0,039
0,0930	20,7	17,7	0,072	0,072	0,049	0,054
0,0944	20,5	20,3	0,073	0,072	0,049	0,049
0,1052	19,8	22,9	0,083	0,085	0,051	0,043
0,1180	18,9	18,7	0,095	0,090	0,053	0,058
0,1434	17,9	18,4	0,118	0,118	0,056	0,055
0,1435	17,9	18,6	0,118	0,118	0,056	0,054
0,1685	17,1	18,0	0,141	0,138	0,059	0,062
0,1925	16,3	15,8	0,164	0,161	0,061	0,068
0,1940	16,2	17,4	0,166	0,165	0,061	0,060
0,1945	16,2	17,0	0,167	0,164	0,061	0,062

[1]) WILSON, J. A.: Journ. of the Americ. Leather chem. assoc. Bd. 12, S. 108. 1917.

[2]) HITCHCOCK, D. I.: Journ. of gen. physiol. Bd. 4, S. 733. 1921/22.

[3]) Beobachtete Werte nach H. R. PROCTER: Journ. of the chem. soc. (London) Bd. 105, S. 313. 1914. Die beobachteten Werte für *V* in dieser Tabelle geben die Volumenzunahme von 0,768 Grammolekül. Gelatine in ccm an. Die Werte für *x*, *y* und *z* bedeuten Mole pro Liter.

Die Beziehungen zwischen V und e unterliegen dem Gesetz von HOOKE: Ut tensio sic vis. Da e einen nach allen Richtungen gleichmäßigen Druck bedeutet, so wird dadurch ein nach allen Dimensionen gleichmäßiger Zug bedingt. Die Beziehung wird dargestellt durch die Gleichung

$$e = CV,$$

wobei C durch den Elastizitätsmodul der Gelatine bestimmt ist.

PROCTER und WILSON beweisen, daß das spezifische Verhalten von e und demzufolge auch von V sich aus der DONNANschen Theorie ergibt. Durch geeignete Umformung der thermodynamischen und osmotischen Gleichungen folgt

$$e = -2x + \sqrt{4x^2 + z^2}.$$

„Wenn die Konzentration der Säure von Null bis zu einem kleinen, aber endlichen Wert zunimmt, so wächst z gleichfalls, aber mit einer viel größeren Geschwindigkeit als x. Dies zeigt sich besonders ausgesprochen bei sehr verdünnten Lösungen, in welchen dann fast die ganze zugesetzte Säuremenge sich mit der Gelatine verbindet. Dagegen besteht für z eine obere Grenze, die durch die Gesamtkonzentration der verwendeten Gelatine bedingt ist. z kann nun entweder diesem Grenzwert sich nähern oder verschwinden. Dies letztere würde geschehen, wenn die Ionisation des Gelatinechlorids hinlänglich zurückgedrängt würde. In beiden Fällen folgt

$$\lim_{x=\infty} \sqrt{4x^2 + z^2} = \sqrt{4x^2}$$

und weiter

$$\lim_{x=\infty} e = -2x + 2x = 0.$$

Daraus ergibt sich, daß, wenn x von Null an allmählich zunimmt, e anfangs ebenfalls zunehmen, ein Maximum erreichen, wieder abnehmen und schließlich sich dem Wert Null asymptotisch nähern muß, gleichgültig ob die Ionisation des Gelatinesalzes nennenswert zurückgedrängt wird oder nicht[1]).“

Was die depressorische Wirkung der Salze auf die Quellung anlangt, so sind PROCTER und WILSON nicht der Ansicht, daß diese durch Zurückdrängung der Ionisation zustande kommt.

„Zweifellos drängen Salze die Ionisation des Gelatinechlorids bis zu einem gewissen Grade zurück. Diese Eigenschaft der Salze reicht aber schwerlich zur Erklärung dafür hin, daß Salze das Volumen eines Gels fast bis auf das ursprünglich von der Trockensubstanz eingenommene verkleinern. Bei Salzzusatz erfolgt wahrscheinlich eine Zunahme des Wertes x, dessen Zunahme nach der eben diskutierten Gleichung eine

---

[1]) PROCTER, H. R. u. J. A. WILSON: Journ. of the chem. soc. (London) Bd. 109, S. 317. 1916.

Abnahme des Wertes e und damit auch eine Abnahme des Gelvolumens bewirkt[1])."

Offenbar wird die osmotische Theorie von PROCTER und WILSON dem Quellungsvorgang auch in quantitativer Beziehung gerecht; bisher ist noch keine Theorie veröffentlicht worden, die dieses leistete.

Die Kohäsionskräfte zwischen den Molekülen oder Ionen, aus welchen das Gel besteht, wirken der Quellung entgegen und lassen sie schließlich zum Stillstand kommen. Vermindert man diese Kohäsionskräfte, so muß die Quellung zunehmen. PROCTER und WILSON haben schon hervorgehoben, daß dies wirklich der Fall ist, denn die Quellung der Gelatine nimmt zu, wenn die Temperatur steigt[2]).

Die Kohäsionskräfte hängen außer von der Temperatur noch von der chemischen Konstitution ab. Sie sind von gleicher Art wie die Kräfte, die die Löslichkeit bedingen. Bekanntlich vermehrt der Ersatz eines $H^{\cdot}$ durch $Na^{\cdot}$ die Löslichkeit der Ölsäure; noch stärker als $Na^{\cdot}$ wirkt $K^{\cdot}$. Man müßte also a priori erwarten, daß die Kohäsionskräfte eines festen Gelatinegels erhebliche Änderungen, je nach der Natur des mit der Gelatine verbundenen Ions, erfahren könnten. Indessen bestätigen die Versuche diese Vermutung im allgemeinen nicht. Nur die Valenz, aber nicht die Natur des mit der Gelatine verbundenen Ions beeinflußt die Quellung. So ist also bei gleicher Temperatur, bei gleichem p_H und bei gleichem Gehalt an ursprünglich isoelektrischer Gelatine die Quellung von Gelatinechlorid, -nitrat, -phosphat, -bromid, -rhodanid, -acetat ungefähr gleich groß, die des Gelatinesulfats und des -sulfosalicylats beträchtlich kleiner. Ebenso ist die Quellung des $Li^{\cdot}$-, $Na^{\cdot}$-, $K^{\cdot}$- und $NH_4^{\cdot}$-Gelatinats bei gleichem p_H und bei gleicher Gelatinekonzentration praktisch die gleiche. Dagegen ist sie beim $Mg^{\cdot\cdot}$-, $Ca^{\cdot\cdot}$- und $Ba^{\cdot\cdot}$-Gelatinat erheblich geringer (vgl. siebentes Kapitel).

Im siebenten Kapitel hatten wir gesehen, daß die Valenz auf den osmotischen Druck in der gleichen Weise wirkt wie auf die Quellung; das gleiche gilt auch für die theoretische Betrachtung: Was wir im vorigen Kapitel über die Theorie der Valenzwirkung auf den osmotischen Druck auseinandergesetzt haben, läßt sich auf die entsprechenden Vorgänge bei der Quellung übertragen.

Bei den Caseinsäuresalzen, die schlechter löslich als Gelatinesäuresalze sind, besteht dagegen sehr wohl eine Beziehung zwischen der chemischen Natur des Anions und den Kohäsionskräften. Zum Beispiel ist Casein-Trichloracetat praktisch so unlöslich wie Caseinsulfat. Keines der beiden Salze ist imstande zu quellen, während bei dem

---

[1]) PROCTER, H. R. u. J. A. WILSON: Journ. of the chem. soc. (London) Bd. 109, S. 317. 1916.

[2]) PROCTER, H. R. u. J. A. WILSON: Journ. of the chem. soc. (London) Bd. 109, S. 315. 1916.

löslicheren Caseinchlorid und Caseinphosphat Quellung zu beobachten ist. Bei diesen beiden letzteren Beispielen ist die Valenzregel gültig, denn die Quellung des Caseinphosphats und des Caseinchlorids ist bei gleichem p_H, bei gleicher Temperatur und bei gleicher Konzentration des ursprünglich isoelektrischen Caseins gleich groß[1]). Die Valenzregel ist immer dann gültig, wenn es sich um das kolloidale Verhalten handelt, denn das kolloidale Verhalten ist lediglich eine Folge eines Donnan-Gleichgewichtes, und hierbei kommt nur das Vorzeichen der elektrischen Ladung des Ions und seine Valenz in Frage. Die Löslichkeit und die Kohäsion stehen nur in zweiter Linie mit dem kolloidalen Verhalten in Beziehung. Daß Löslichkeit und Kohäsion von der spezifischen Natur des Ions (außer seiner Ladung und seiner Valenz) abhängen, widerspricht nicht der Tatsache, daß bei den echten kolloidalen Erscheinungen nur der Sinn der elektrischen Ladung und die Valenz eines Ions in Betracht kommen.

Bei einem nicht isoelektrischen Gelatinegel ist ein Teil des Wassers durch die chemischen Attraktionskräfte zwischen den wässerigen Gruppen der Gelatine und dem Wasser gebunden; ein anderer Teil wird zurückgehalten, weil die im Inneren des Gels bestehende höhere Konzentration der krystalloiden Ionen einen osmotischen Druck bedingt, der höher ist als der der Außenflüssigkeit. Das p_H sowie die Valenz des Säureanions oder des Alkalikations müssen diesen osmotischen Druck in der gleichen Weise beeinflussen wie den eines in Lösung befindlichen Proteins. Es besteht eigentlich nur der Unterschied, daß bei der Quellung eines Gels die Kohäsionskräfte zwischen den Gelmolekülen die Quellung zum Stillstand kommen lassen, während das Eindringen von Wasser in eine Proteinlösung dann aufhört, wenn der hydrostatische Druck der Lösung einen bestimmten Betrag erreicht. Wir verstehen jetzt, warum die Wirkung der Säuren und Basen auf Quellung und osmotischen Druck ähnliche Funktionen des p_H und der Ionenvalenz sind. Es ist ferner klar geworden, weshalb Salze die Quellung vermindern: weil sie den Unterschied zwischen der Konzentration der diffusiblen Ionen innerhalb und außerhalb des Gels vermindern. Daß wirklich dies der Fall ist, geht aus den p_H-Messungen des Gels und der Außenflüssigkeit hervor. Die Ergebnisse sind hierbei ähnlich wie bei den Versuchen über den osmotischen Druck von Proteinlösungen. Der rätselhafte Parallelismus der Elektrolytwirkungen auf den osmotischen Druck von Proteinlösungen und auf die Quellung von Proteingelen erfährt so eine sehr einfache Erklärung.

Die HOFMEISTERschen Ionenreihen wurden zuerst auf Grund von Versuchen über Quellung aufgestellt[2]). HOFMEISTER legte feste Gela-

[1]) LOEB, J. u. R. F. LOEB: Journ. of gen. physiol. Bd. 4, S. 187. 1921/22.

[2]) HOFMEISTER, F.: Arch. f. exp. Pathol. u. Pharmakol. Bd. 28, S. 210. 1890/91.

tinestücke in sehr hochkonzentrierte Lösungen von verschiedenen Salzen und von Nichtelektrolyten, und fand, daß die Gewichtszunahme der Gelatinestücke je nach der Art der gelösten Substanz verschieden war.

Nach ihrer relativen Wirkung auf die Quellung wurden die Substanzen zu der folgenden Reihe, der ersten HOFMEISTERschen Reihe, zusammengestellt:

Natriumsulfat, -tartrat und -citrat
Natriumacetat, Traubenzucker, Rohrzucker
Wasser
Natriumchlorid, Kaliumchlorid, Ammoniumchlorid
Natriumchlorat, Natriumnitrat, Natriumbromid.

Die Konzentration der Lösungen dieser Substanzen betrug zwischen m/2 und m/4. Man braucht kaum noch hervorzuheben, daß die von HOFMEISTER gefundenen Wirkungen nichts mit der Förderung der Quellung durch Säure oder Alkali und mit ihrer Verminderung durch Salze zu tun haben, denn die durch Säure und Alkali bewirkte Quellung der Gelatine wird schon durch Salzkonzentrationen unterhalb m/2 völlig aufgehoben. Ferner bedingen Salze hierbei nur eine Verminderung, aber keine Zunahme der Quellung. Offenbar haben die von HOFMEISTER gefundenen Wirkungen keine Beziehung zu den von dem Donnan-Gleichgewicht abhängigen Salzwirkungen.

STIASNY und ACKERMANN[1]) fanden, daß trockenes Hautpulver in hochkonzentrierten Salzlösungen stärker als in Wasser quillt. Hierbei bestand der Einfluß der hohen Salzkonzentration wahrscheinlich in einer Vermehrung der Löslichkeit und in einer Verminderung der Kohäsion zwischen den Molekülen des festen Kollagens, wodurch ein Hineindiffundieren des Wassers in die sonst impermeable Substanz ermöglicht wurde.

Sowohl bei den HOFMEISTERschen wie bei den Versuchen von STIASNY beeinflußten die Salze offenbar Eigenschaften, die beim Donnan-Gleichgewicht nicht in Frage kommen. Unglücklicherweise wird das Wort Quellung ohne Unterschied angewendet, wenn ein fester Körper in Wasser sein Volumen ändert, ohne Rücksicht darauf, daß die diese Änderungen bedingenden Kräfte ganz verschiedener Art sein können. Behält man diese Möglichkeiten im Auge, so kann man festhalten, daß bei derjenigen Art von Quellung, die von einem Donnan-Gleichgewicht abhängt, nur die Valenzregel gilt; darüber hinaus kann die chemische Natur der Ionen nur dann von Bedeutung sein, wenn die Quellung mit Änderungen krystalloider Kräfte, wie der Kohäsion oder der Löslichkeit, zusammenhängt.

---

[1]) STIASNY, E. u. W. ACKERMANN: Kolloidchem. Beih. Bd. 17, S. 219. 1923.

Vierzehntes Kapitel.

Die Viscosität[1]).

1. Für das Verständnis der beiden folgenden Kapitel muß hervorgehoben werden, daß es zwei Arten von Viscosität gibt. Die eine Art findet man gleichmäßig bei allen Lösungen, sowohl von Krystalloiden als auch von Kolloiden; sie hat nichts mit kolloidalem Verhalten oder dem Donnan-Gleichgewicht zu tun. Die zweite Art ist durch das Volumen submikroskopischer, fester Teilchen in einer Lösung bedingt. Nur diese zweite Art der Viscosität ist für die kolloidalen Erscheinungen spezifisch, sie hängt, wie wir zeigen werden, mit dem Donnan-Gleichgewicht zusammen. Diese kolloidale Viscosität ist von einer viel beträchtlicheren Größenordnung als die erste, krystalloide. Wir wollen diese deshalb bei den folgenden Erörterungen außer acht lassen.

In dem siebenten und achten Kapitel ist auseinandergesetzt worden, daß Elektrolyte die Viscosität von Lösungen bestimmter Proteine, z. B. von Gelatine oder von Casein, ähnlich beeinflussen wie den osmotischen Druck, die Quellung und die Membranpotentiale. Die Wirkung der Elektrolyte auf die zuletzt angeführten Eigenschaften wird verständlich, wenn man von der DONNANschen Theorie der Membrangleichgewichte ausgeht. Man kann diese Theorie nur dann anwenden, wenn die Diffusion einer Ionenart unmöglich ist, die anderen Ionen aber ungehindert diffundieren können. Bei den Versuchen über den osmotischen Druck oder über das Membranpotential von Proteinlösungen hinderte die Kollodiummembran die Diffusion der Proteinionen; bei den festen Gelen waren es die Kohäsionskräfte, die die Proteinionen daran hinderten, in die umgebende proteinfreie Lösung zu wandern. Wie kann nun das Donnan-Gleichgewicht in Beziehung zu der Viscosität von Proteinlösungen treten? Die Antwort ist, wie wir beweisen wollen, folgende: Obwohl Proteinlösungen in erster Linie als echte Lösungen aufzufassen sind, die aus gleichmäßig in Wasser verteilten isolierten Proteinionen und -molekülen bestehen, so enthalten sie unter bestimmten Bedingungen doch submikroskopische Proteinteilchen. Wir werden sehen, daß die Viscosität von Proteinlösungen durch Elektrolyte nur dann in der gleichen Weise wie der osmotische Druck beeinflußt wird, wenn derartige feste Proteinteilchen in beträchtlicher Zahl zugegen sind. Ferner müssen diese Teilchen imstande sein zu quellen. Fehlen sie, sind sie nur in geringer Zahl vorhanden oder können sie nicht quellen, so beeinflussen Elektrolyte die Viscosität von Proteinlösungen nicht in der

---

[1]) LOEB, J.: Journ. of gen. physiol. Bd. 3, S. 827. 1920/21; Bd. 4, S. 73, 97. 1921/22.

gleichen Weise wie den osmotischen Druck oder das Membranpotential von Proteinlösungen oder die Quellung von Gelen. Die im folgenden erwähnten Bestimmungen der Viscosität von Proteinlösungen sind mittels des OSTWALDschen Viscosimeters ausgeführt worden; die Zeit, die die Proteinlösung zum Durchfließen der Capillare brauchte, wurde dividiert durch die für reines Wasser von gleicher Temperatur erforderliche Zeit; der Quotient ist im folgenden als relative Viscosität der Proteinlösung bezeichnet. Diese Methode der Viscositätsbestimmung ist zwar verbesserungsbedürftig, sie ist aber zur Prüfung unserer Theorie hinreichend.

EINSTEIN[1]) hat eine Theorie der Viscosität von Lösungen aufgestellt, nach welcher die Viscosität eine lineare Funktion des von der gelösten Substanz in der Lösung eingenommenen Volumens ist.

$$\eta = \eta_0 (1 + 2{,}5\, \varphi). \tag{1}$$

In dieser Formel bedeutet η_0 die Viscosität des Wassers bei der Versuchstemperatur, η die Viscosität der Lösung und φ den Bruchteil des Volumens der Lösung, der von der gelösten Substanz eingenommen wird. Nach EINSTEIN gilt diese Formel nur dann, wenn φ sehr klein ist und die Teilchen der dispersen Phase kugelförmig und groß im Verhältnis zu den Molekülen des Lösungsmittels sind. Bei Proteinlösungen treffen diese Voraussetzungen nicht zu, sobald das von dem Protein eingenommene Volumen zu groß wird.

Verschiedene Autoren haben die EINSTEINsche Formel erweitert, um sie auf höher konzentrierte Proteinlösungen anwenden zu können. HATSCHEK[2]) wollte die Konstante 2,5 der EINSTEINschen Formel durch die Konstante 4,5 ersetzen, indessen sind seine Ableitungen von SMOLUCHOWSKI[3]) und von ARRHENIUS[4]) abgelehnt worden. ARRHENIUS hat gezeigt, daß eine logarithmische, aus der EINSTEINschen hergeleitete Formel sich den Beobachtungen in befriedigender Weise anpaßt. Die Formel heißt

$$\log \eta - \log \eta_0 = \vartheta\, \varphi, \tag{2}$$

wo φ wiederum den von dem Protein in der Lösung eingenommenen Bruchteil des Volumens, ϑ eine Konstante und η und η_0 dieselbe Bedeutung haben wie in der EINSTEINschen Gleichung. Bei höheren Viscositäten werden wir uns der Gleichung (2) von ARRHENIUS bedienen.

---

[1]) EINSTEIN, A.: Ann. d. Physik Bd. 19, S. 289. 1906; Bd. 34, S. 591. 1911.

[2]) HATSCHEK, E.: Kolloid-Zeitschr. Bd. 11, S. 280. 1912.

[3]) SMOLUCHOWSKI, M.: Kolloid-Zeitschr. Bd. 18, S. 190. 1916.

[4]) ARRHENIUS, S.: Meddelanden K. Vetenskapsakademiens, Nobelinstitut, Bd. 3, Nr. 21. 1917.

Bei diesen beiden Formeln ist die Viscosität eine Funktion des von dem gelösten Körper eingenommenen relativen Volumens. Unsere Aufgabe ist, eine Beziehung zu finden zwischen der Wirkung der Elektrolyte auf die Viscosität und ihrer Wirkung auf das Volumen des in Lösung befindlichen Proteins. Nun erhebt sich die Frage, wie die gleiche in Lösung befindliche Masse der Proteinteilchen ihr relatives Volumen unter dem Einfluß der Elektrolyte ändern kann. Dies ist nur dann denkbar, wenn das von dem Protein eingenommene Volumen durch Eintritt von Wasser in die Micellen der gelösten Substanz vergrößert wird. Wir müssen also untersuchen, ob in dieser Weise eine Wasserverschiebung vom Lösungsmittel zum gelösten Stoffe derart möglich ist, daß das Volumen des gelösten Stoffes auf Kosten des Volumens des Lösungsmittels zunimmt. Weitverbreitet ist die Ansicht, daß der Mechanismus einer solchen Wasserverschiebung durch die in diesem Buch wiederholt erwähnte PAULIsche Hydratationstheorie erklärt wird. Nach PAULI sind die ionisierten Proteinmoleküle von einem Wassermantel umgeben, die nichtionisierten Moleküle aber nicht. Wird das Protein etwa durch Zusatz von Säure oder Alkali zu isoelektrischem Protein ionisiert, so soll sich dabei gleichzeitig ein Wassermantel um jedes einzelne Proteinion bilden. Mit Hilfe dieser Vorstellung wird es erklärlich, weshalb die Viscosität einer Lösung isoelektrischen Proteins durch Zusatz von Säure oder Alkali ansteigt. Indessen ist nach den Arbeiten von LORENZ, BORN und anderen die Hypothese einer allgemeinen Hydratation mehratomiger Ionen erschüttert worden. Außerdem liegen aber noch einige andere Tatsachen vor, aus welchen sich ergibt, daß nur die Ionisation und Hydratation der einzelnen Proteinmoleküle doch nicht das Wesen der p_H-Wirkung auf die relative Viscosität von Gelatinelösungen erklären können.

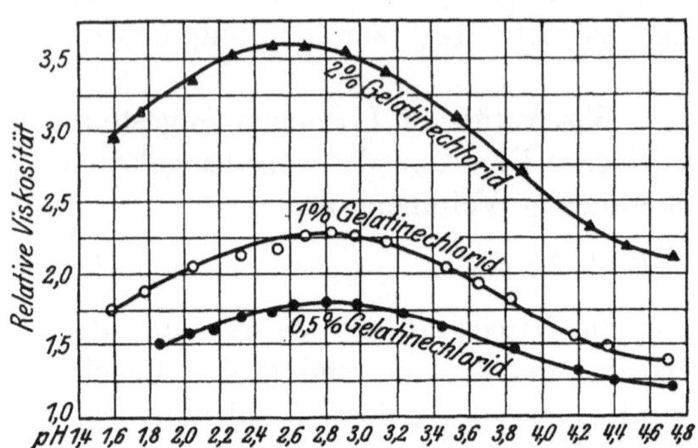

Abb. 73. Die Viscosität frisch hergestellter Gelatinechloridlösungen als Funktion des p_H.

Gelatinelösungen lassen die charakteristischen Wirkungen des p_H auf ihre Viscosität erkennen. Ihr Verhalten ist in Abb. 73 graphisch dargestellt. Vergleicht man das Verhalten der Viscosität von Gelatinelösungen mit den Forderungen der PAULIschen Hydratationstheorie, so findet man, daß die Viscosität der Theorie qualitativ entspricht, mit der einzigen Ausnahme, daß das Maximum der Viscosität nach der PAULIschen Theorie mit dem Maximum der Ionisation zusammenfallen müßte, was in der Tat nicht der Fall ist. Das Maximum der Viscosität liegt in Wirklichkeit bei einem höheren p_H als das der Ionisation. Wäre die Hydratation der einzelnen Proteinionen der Grund für die Änderungen der Viscosität von Gelatinelösungen, so müßte auch die Viscosität von Lösungen einfacher Aminosäuren, wie Glykokoll oder Alanin, sich bei p_H-Änderungen ähnlich verhalten. Zur Prüfung dieser Überlegung wurden demnach 5 proz. Glykokoll- und Alaninlösungen hergestellt, deren p_H durch Salzsäurezusatz zwischen 5,0 und 2,0 variiert wurde. Im Laboratorium des Verfassers fand Frl. BRAKELEY, daß bei diesen 5 proz. Aminosäurelösungen Änderungen des p_H zwischen 5,0 und 1,16 keinen meßbaren Einfluß auf die Viscosität der Lösungen hatten. G. HEDESTRAND[1]), der in EULERS Laboratorium die Viscosität von n/2-Glykokollösungen unter dem Einfluß von Säuren und Basen untersuchte, konnte kleine Unterschiede feststellen. Das Minimum der Viscosität betrug ungefähr 1,36 und lag bei p_H 6,4, bei p_H 3,0 betrug die Viscosität 1,38. Demnach ist die Wirkung des p_H auf die Viscosität solcher Lösungen von einer beträchtlich kleineren Größenordnung als bei Gelatine- oder Caseinlösungen.

Bei den Versuchen des Verfassers konnte die Viscosität einer 1proz. Gelatinelösung mit Leichtigkeit von 1,2 durch Säurezusatz bis auf 3,0 oder 4,0 gebracht werden. Eine 1proz. Gelatinelösung ist höchstens $^1/_{1200}$ molar, wahrscheinlicher aber $^1/_{2400}$ molar. Da die Wirkung von Säuren auf die Viscosität bei Gelatinelösungen mehr als 1000 mal stärker ist als bei Aminosäurelösungen, so ist zweifellos der Einfluß der Säure auf die Viscosität in beiden Fällen ganz verschiedenartig.

Die Viscosität von Aminosäuren ist in ihrem isoelektrischen Punkt wahrscheinlich deshalb ein Minimum, weil deren Ionisation hierbei gleichfalls ein Minimum hat. Der Einfluß der Ionisation auf die Viscosität von Aminosäuren steht indessen in keiner Beziehung zum Donnan-Effekt, während bei den Gelatinelösungen die Wirkung der Säure auf die zweite Art von Viscosität durch die Quellung submikroskopischer fester Gelteilchen bedingt ist.

Man muß sich stets vor Augen halten, daß für alle mit der Ionisation zusammenhängenden Eigenschaften der Proteine im isoelektrischen Punkt ein Minimum existiert; der Zusammenhang mit der Ionisation kann aber direkt oder indirekt sein. Eine direkte Beziehung besteht bei der Löslichkeit und bei einer bestimmten Art von Viscosität, die wir die gewöhnliche Viscosität nennen wollen, wahrscheinlich auch bei der Oberflächenspannung. Indirekt ist diese Beziehung bei den Membran-

[1]) HEDESTRAND, G.: Zeitschr. f. anorg. u. allg. Chem. Bd. 124, S. 153. 1922.

potentialen, beim osmotischen Druck, bei der Quellung und bei der Art von Viscosität, die von der Quellung suspendierter Teilchen abhängt.

Nach diesen Überlegungen ist es kaum anzunehmen, daß die Eigentümlichkeiten der Viscositätskurve der Gelatine (Abb. 73) durch Änderungen der Hydratation der einzelnen Gelatineionen bedingt sein sollten. Unsere Zweifel wurden durch den Ausfall von Versuchen über den Einfluß des p_H auf die Viscosität des krystallinischen Eiereiweißes bestärkt. Wir fanden hierbei nur ganz geringe, fast zu vernachlässigende Unterschiede. In der Abb. 74 ist ein solcher Versuch graphisch dargestellt. Verwendet wurden 3 proz. Lösungen ursprünglich isoelektrischen Eiereiweißes, die durch Salzsäurezusätze auf bestimmte p_H-Werte gebracht waren. Bei der Darstellung ist der Maßstab der Ordinaten ein größerer als der der Abb. 73, die Ordinaten selbst bedeuten die Quotienten aus den Viscositäten der Albuminlösungen und der Viscosität des Wassers, die Abszissen das p_H der Lösung. Offenbar hat im Verhältnis zur Gelatine das p_H innerhalb der Grenzen 4,6 und 1,0 nur einen sehr geringfügigen Einfluß auf die Viscosität von Albuminlösungen. Vermindern wir das p_H noch weiter, so steigt die Viscosität plötzlich an; wir kommen auf diese Erscheinung noch zu sprechen.

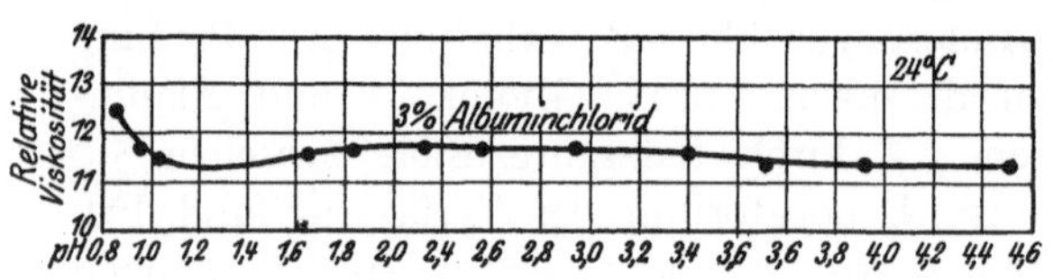

Abb. 74. Lösungen von Eieralbumin haben im Vergleich zu Gelatinelösungen eine geringe Viscosität, die durch das p_H bei Werten über 1,0 bei gewöhnlicher Temperatur nur wenig beeinflußt wird.

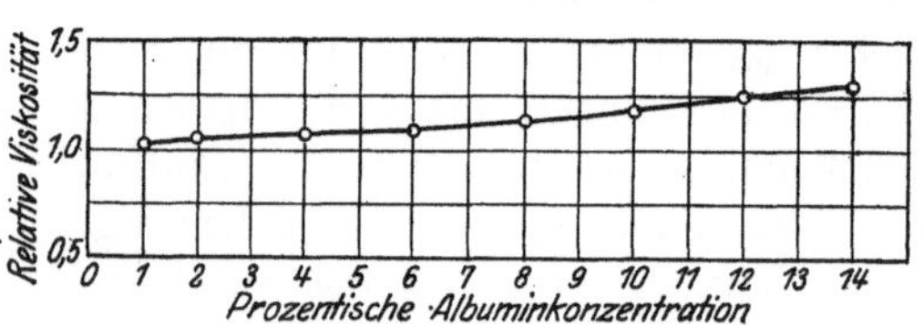

Abb. 75. Die Viscosität von Eieralbuminlösungen vom p_H 5,1 bei 15° C. Die relative Viscosität ist in dem untersuchten Konzentrationsbereich der Konzentration nahezu direkt proportional.

Bei diesen Versuchen gingen wir folgendermaßen vor: Je 50 ccm einer 6 proz. Lösung von isoelektrischem, krystallinischem Eiereiweiß wurden mit je 50 ccm verschieden konzentrierten Salzsäurelösungen vermischt und das p_H der Mischung gemessen. Dann wurden die Lösungen rasch auf 24° erwärmt und sofort ihre Viscosität bestimmt.

Wie kommt es nun, daß Aminosäuren und zumindest ein Eiweißkörper, das krystallinische Eiereiweiß, sich so ganz anders als Gelatine bezüglich der p_H-Wirkung auf die Viscosität verhalten? Diese Verschiedenartigkeit ist gar nicht zu verstehen, solange wir bei der Annahme bleiben, daß der Einfluß der Wasserstoffionenkonzentration auf die Viscosität von Gelatinesäuresalzlösungen durch die Hydratation der einzelnen Proteinionen zustande kommt. Die Aminosäuren sowohl wie das krystallinische Eiereiweiß müßten sich nämlich dann ebenso verhalten wie die Gelatine.

Das Problem wird noch schwieriger, wenn wir bedenken, daß der osmotische Druck von Gelatinelösungen sowohl wie von Lösungen krystallinischen Eiereiweißes in genau der gleichen Weise von der Wasserstoffionenkonzentration beeinflußt wird (siebentes Kapitel). Wie kommt es, daß die p_H-Wirkung auf die Viscosität dieser beiden Eiweißkörper eine so verschiedenartige ist?

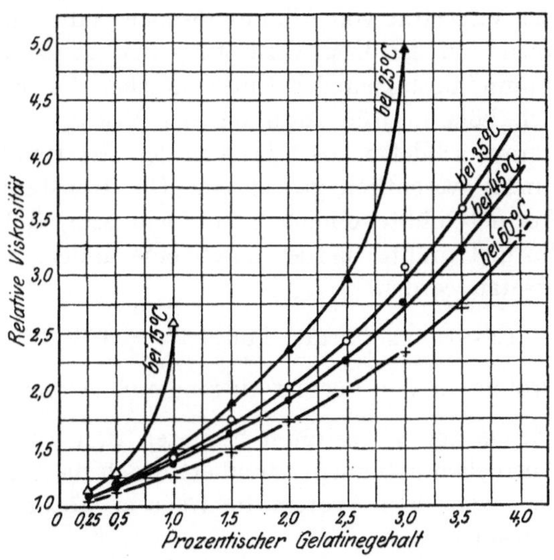

Abb. 76. Der Einfluß der Gelatinekonzentration auf die Viscosität von Lösungen isoelektrischer Gelatine bei verschiedenen Temperaturen.

Diese Frage wird einer Klärung nähergeführt, wenn wir die Größenordnungen der Viscosität dieser beiden Eiweißkörper miteinander vergleichen. Die Viscosität von Albuminlösungen ist relativ klein im Vergleich zu der gleich konzentrierter Gelatinelösungen von gleichem p_H. Wir bestimmten die Viscosität von Albuminlösungen vom $p_H = 5,1$, d. h. in der Nähe des isoelektrischen Punktes, bei einer Temperatur von 15°. Die Konzentrationen der Lösungen betrugen zwischen 1 und 14%. Die Viscositäten sind klein und stehen praktisch in geradliniger Beziehung zur Konzentration (Abb. 75). In entsprechender Weise sind die Viscositäten verschieden konzentrierter Gelatinelösungen bei verschiedenen Temperaturen in der Abb. 76 dargestellt. Sämtliche Lösungen wurden unter Verwendung der gleichen Vorratslösung von isoelektrischer Gelatine hergestellt, dann rasch auf 45° erhitzt und rasch auf die gewünschte Temperatur abgekühlt. Dann wurde die Viscosität mittels des OSTWALDschen Viscosimeters ermittelt. Rasches Arbeiten war notwendig, damit nicht bei längerem Stehen die Viscosität zunahm, ein Verhalten, das bei Lösungen isoelektrischer Gelatine besonders ausgesprochen ist. Aus Gründen der Konformität wurde bei den Albuminlösungen die gleiche Methode angewendet. Offenbar ist die Viscosität der Gelatinelösungen, die vom p_H in der gleichen Weise wie der osmotische Druck beeinflußt wird, von einer ganz anderen Größenordnung als bei den Eieralbuminlösungen, bei denen das p_H die Viscosität nicht in der Weise ändert.

Wir wollen jetzt zeigen, daß diese Verschiedenheit der Größenordnung mit dem von dem gelösten Protein in der Lösung eingenommenen relativen Volumen zusammenhängt. Die geringe Größenordnung der Viscosität von Albuminlösungen läßt ein kleines relatives Volumen vermuten; ist diese Vermutung richtig, so müssen die Viscositäten von Albuminlösungen der EINSTEINschen Formel gehorchen. Die wesentlich höhere Größenordnung der Viscosität von Gelatinelösungen läßt darauf schließen, daß das von den Gelatineteilchen eingenommene Volumen wesentlich größer ist. Die Konstante 2,5 der EINSTEINschen Formel müßte demnach zu klein sein, d. h. also, die EINSTEINsche Formel müßte hierbei durch eine andere, etwa die von ARRHENIUS, ersetzt werden.

EINSTEINs Formel lautet $\frac{\eta}{\eta_0} = 1 + 2,5\,\varphi$, wobei φ das von dem Protein in der Lösung eingenommene relative Volumen, $\frac{\eta}{\eta_0}$ das Verhältnis der Viscositäten bedeutet, d. h. die Zeit, die die Lösung zum Ausfließen gebraucht, dividiert durch die für Wasser erforderliche Zeit. Das von dem Protein in 100 ccm Lösung eingenommene Volumen beträgt

$$\varphi = \left(\frac{\eta}{\eta_0} - 1\right)\frac{100}{2,5}.$$

Tabelle 45.

Konzentration des krystallirischen Eieralbumins in %	$\frac{\eta}{\eta_0} - 1$	Berechnetes Volumen des Albumins in ccm	Berechnetes spezif. Gew. des Albumins
14	0,290	11,6	1,20
12	0,240	9,6	1,25
10	0,185	7,4	1,35
8	0,132	5,3	1,51
6	0,100	4,0	1,50
4	0,074	2,96	1,36
2	0,042	1,7	1,17

Wenn wir das Gewicht des in der Lösung befindlichen Albumins durch das von ihm eingenommene Volumen dividieren, so erhalten wir das spezifische Gewicht des Albumins. Direkte Bestimmungen des spezifischen Gewichtes von Eieralbumin ergeben 1,36 (ARRHENIUS). Wir haben nun das spezifische Gewicht des Eieralbumins mittels der EINSTEINschen Beziehung berechnet. Die Werte sind in der Tabelle 45, zusammengestellt und man ersieht, daß sie nur innerhalb der Fehlergrenzen von dem durch direkte Bestimmung gefundenen Wert 1,36 differieren. Bei diesen Versuchen betrug die Ausflußzeit des Wassers aus dem Viscosimeter bei 15° 227 Sekunden. Die geringe Größenordnung der Viscosität der Albuminlösungen hängt also damit zusammen, daß das von dem Albumin in der Lösung eingenommene Volumen klein genug für die Anwendbarkeit der EINSTEINschen Formel mit der Konstanten 2,5 ist.

Wenden wir die EINSTEINsche Formel in der gleichen Weise auf die Viscositätsmessungen von isoelektrischen Gelatinelösungen an, so finden wir, daß die aus dem relativen Volumen der gelösten Gelatine und aus ihrem spezifischen Gewicht sich ergebenden Werte ganz unmöglich sind. So ist wahrscheinlich das spezifische Gewicht der Gelatine nicht sehr verschieden von dem des Eieralbumins, es dürfte etwa 1,4 betragen. Die mittels der EINSTEINschen Formel berechneten Zahlen, die in der Tabelle 46 enthalten sind, sind etwa 20—40 mal zu klein. Das relative Volumen der Gelatine in diesen Lösungen ist also viel zu groß, als daß man die Formel von EINSTEIN anwenden könnte. Dagegen gibt die Formel von ARRHENIUS eine befriedigende Übereinstimmung. Nach dieser Formel müßten die Logarithmen der relativen Viscositäten bei der Darstellung als Funktion der Gelatinekonzentration eine gerade Linie bilden. Die Übereinstimmung unserer Werte für Temperaturen zwischen 35 und 45° mit der ARRHENIUSschen Formel sind befriedigend, wenn man die Fehlergrenzen der Bestimmungen im Auge behält. Die Logarithmen der Viscositäten sind praktisch den Gelatinekonzentrationen (d. h. dem relativen Volumen) direkt proportional (Tabelle 47). Bei 60° ist die Übereinstimmung nicht mehr so gut, aber doch noch deutlich. Bei einer Temperatur von 25° indessen besteht nur bei den niedrigsten

Tabelle 46.

Konzentration der isoelektrischen Gelatine in %	$\frac{\eta}{\eta_0} - 1$ bei 35°	Berechnetes Volumen der Gelatine in ccm	Berechnetes spezif. Gew. der Gelatine
0,5	0,170	6,8	0,077
1,0	0,405	16,2	0,06
1,5	0,725	29,0	0,05
2,0	1,020	40,8	0,05
2,5	1,405	56,2	0,045
3,0	2,042	81,7	0,037
3,5	2,560	102,4	0,034

Tabelle 47.

Konzentration der isoelektrischen Gelatine in %	$\log \frac{\eta}{\eta_0}$			
	60°	45°	35°	25°
0,25	0,0236	0,0306	0,0269	0,0374
0,5	0,0504	0,0682	0,0682	0,0792
1,0	0,0930	0,1350	0,1475	0,1685
1,5	0,1656	0,2135	0,2367	0,2765
2,0	0,2350	0,2796	0,3057	0,3701
2,5	0,2953	0,3512	0,3811	0,4691
3,0	0,3094	0,4409	0,4832	0,6941
3,5	0,4321	0,5051	0,5514	erstarrt.
4,0	0,5214	0,5660	0,6043	erstarrt.

Konzentrationen befriedigende Übereinstimmung, bei höheren Konzentrationen steigt die Viscosität stärker an. Der Grund für dieses Verhalten ist leicht einzusehen, denn bei dieser Temperatur erstarren Gelatinelösungen so rasch, daß Viscositätsbestimmungen bei Konzentrationen von 3,5% Gelatinegehalt nicht mehr durchführbar waren. Deshalb sind auch die Viscositätswerte von 2- oder 3 proz. Lösungen bereits zu hoch wegen der durch die partielle Erstarrung bedingten mechanischen Behinderung des Durchfließens durch das Viscosimeter.

Wir kommen somit auf Grund dieser Versuche zu folgenden zwei Ergebnissen:

a) Da die Viscositätsmessungen bei Lösungen von krystallinischem Eiereiweiß und von Gelatine befriedigend mit der EINSTEINschen resp. der ARRHENIUSschen Formel übereinstimmen, so ist die Viscosität dieser Proteinlösungen offenbar in erster Linie eine Funktion des von dem Protein in der Lösung eingenommenen relativen Volumens.

b) Die beiden Proteine befanden sich bei diesen Untersuchungen in der unmittelbaren Nähe ihres isoelektrischen Punktes. Der Unterschied zwischen der Viscosität der Gelatinelösungen und der Albuminlösungen kann demnach nicht durch den Hydratationsgrad der einzelnen Proteinionen erklärt werden, denn im isoelektrischen Punkt ist das Protein praktisch nicht ionisiert.

Somit ergibt sich, daß die sehr viel größere Viscosität bei der Gelatine im Vergleich zu der des Eieralbumins dadurch bedingt sein muß, daß bei der Gelatine ein besonderer Mechanismus besteht, durch welchen ihr relatives Volumen in gelöstem Zustande erheblich vergrößert wird. Dieser Mechanismus ist beim Eiereiweiß nicht vorhanden, solange die Konzentration und die Temperatur nicht zu hoch sind und das p_H über 1,0 ist. Bei der Gelatine scheint dieser Mechanismus mit ihrer Tendenz zur Gelbildung in Beziehung zu stehen.

Nach ZSIGMONDY hat SMOLUCHOWSKI die Viscositätszunahme einer Aluminiumoxydlösung bei eintretender Gerinnung durch die Annahme von Flüssigkeitseinschlüssen zwischen den Teilchen erklärt. Aus der Zunahme der Viscosität während der Gerinnung von Aluminiumoxydlösungen berechnet SMOLUCHOWSKI, daß die gerinnenden Teilchen ein 400—500 mal so großes Volumen einnehmen als die trockene Substanz[1]). Diese offenbare Volumenvermehrung wird so erklärt, daß bei der Aggregatbildung aus nadelförmigen Teilchen Wasser zwischen diesen Teilchen eingeschlossen wird. Allem Anschein nach hat SMOLUCHOWSKI diese Wasserokklusion nicht mit dem Donnan-Gleichgewicht in Beziehung gebracht.

[1]) Zitiert nach ZSIGMONDY (S. 98). Die Arbeit von SMOLUCHOWSKI war dem Verfasser nicht zugänglich, denn die Nummer der Zeitschrift, in welcher diese Arbeit erschien, ist im Institut in der Kriegs- und Nachkriegszeit nicht eingetroffen.

Wenn wir diese Vorstellung für die Erklärung der hohen Viscosität von Gelatinelösungen im Vergleich zu der von Eieralbuminlösungen heranziehen, so kommen wir zu dem Ergebnis, daß Gelatinelösungen submikroskopische, feste Gelteilchen enthalten müssen (d. h. Micellen), die relativ große Wassermengen einschließen. Demnach ist dann das relative Volumen, das die Gelatine in der Lösung einnimmt, vermehrt. Beim Eiereiweiß sind solche Teilchen nicht oder nur spärlich vorhanden. Diese submikroskopischen Gelteilchen sind die Vorläufer des zusammenhängenden Gels, in welches Gelatinelösungen überzugehen streben. Daß diese Teilchen bei Eieralbuminlösungen fehlen oder spärlich sind, hängt damit zusammen, daß diese Lösungen bei gewöhnlicher Temperatur und bei einem p_H über 1,0 kein Gel bilden. Sinkt das p_H unterhalb 1,0 und steigt die Temperatur, so bilden die Lösungen von krystallinischem Eiereiweiß nunmehr ein Gel. Dann ist ihre Viscosität von der gleichen hohen Größenordnung wie bei den Gelatinelösungen.

Diese Annahme würde gleichfalls erklären, weshalb p_H-Änderungen bei Gelatinelösungen ähnliche Änderungen der Viscosität wie des osmotischen Druckes bedingen, während die Viscosität von Eieralbuminlösungen einen solchen Einfluß des p_H nicht erkennen läßt. Zwischen diesen submikroskopischen festen Gelteilchen und der umgebenden Lösung muß sich nämlich ein Donnan-Gleichgewicht ausbilden, und von diesem Donnan-Gleichgewicht hängt die Wassermenge ab, die das in der Gelatinelösung schwimmende submikroskopische feste Gelteilchen einschließt. Da die geringe Größenordnung der Viscosität von Albuminlösungen das Vorhandensein einer beträchtlicheren Zahl solcher fester submikroskopischer Teilchen ausschließt, so kann offenbar auch das Donnan-Gleichgewicht sich bei der Viscosität von Lösungen dieses Proteins nicht bemerkbar machen, solange dieses nicht zu konzentriert, seine Temperatur nicht zu hoch und sein p_H über 1,0 ist.

2. Wir müssen nun untersuchen, ob zwischen festen Gelatineteilchen und einer diese umgebenden verdünnten Lösung eines Gelatinesalzes, etwa von Gelatinechlorid, ein Donnan-Gleichgewicht besteht. Versuche hierüber wurden so angestellt, daß wir Gelatinepulver in Gelatinelösungen brachten und dann die Membranpotentiale und die Wasserstoffelektrodenpotentiale zwischen den Teilchen des Gelatinepulvers und der Außenflüssigkeit bestimmten. Wenn sich hierbei ein Donnan-Gleichgewicht einstellt, so müssen die beiden Potentiale übereinstimmen.

Es mag zuerst seltsam erscheinen, daß zwischen festen isoelektrischen Gelatinekörnchen und einer Gelatinechloridlösung sich ein Donnan-Gleichgewicht ausbilden kann. Hierbei müßten dann die $H^{\cdot}$- und Cl'-Ionen innerhalb der festen Körnchen anders konzentriert sein als in der umgebenden Gelatinelösung. Indessen bildet sich hierbei tatsächlich ein solches Donnan-Gleichgewicht aus, wie sich aus der Tabelle 48 ergibt. Der Grund hierfür ist leicht einzusehen. In dem festen Gelatinekörnchen ist die Konzentration der Proteinmoleküle viel höher als in der schwachen, die Körnchen umgebenden Gelatinelösung. Setzt man Salzsäure zu, so muß die Konzentration der Gelatineionen im Inneren der festen Körnchen höher sein als in der verdünnten Gelatinelösung, in welcher die Körnchen suspendiert sind. Aus der DONNANschen Theorie ergibt sich, daß dieser Unterschied der Proteinkonzentrationen zwischen dem Inneren der Pulverkörnchen und der Lösung ein Membrangleichgewicht bedingen muß. Somit muß dann auch ein Membranpotential bestehen, das innerhalb der Fehlergrenzen derartiger Messungen mit dem H'-Potential übereinstimmen muß.

Tabelle 48.

Donnan-Gleichgewicht zwischen Gelatineteilchen und einer sie umgebenden Gelatinelösung.

Feste Gelatine in 100 ccm . g Gelöste Gelatine in 100 ccm g	0 0,8	0,1 0,7	0,2 0,6	0,3 0,5	0,4 0,4	0,5 0,3	0,6 0,2	0,7 0,1	0,8 0
p_H des Gelatinepulvers	—	3,30	3,26	3,28	3,24	3,28	3,24	3,30	3,26
p_H der Gelatinelösung .	2,99	2,97	2,90	2,88	2,83	2,77	2,72	2,69	2,62
p_H der festen minus p_H der flüssigen Gelatine	—	0,33	0,36	0,40	0,41	0,51	0,52	0,61	0,64
H'-Potential (Millivolt)	—	19,0	21,0	23,0	24,0	29,5	30,0	35,5	37,0
Membranpotential (Millivolt)	—	14,5	17,0	17,0	17,5	23,0	26,0	30,0	33,0

Die Richtigkeit dieser Überlegung wurde durch das folgende Experiment bestätigt. Es wurden Mischungen aus Lösungen isoelektrischer Gelatine und aus gepulverten isoelektrischen Gelatinekörnchen derart hergestellt, daß 100 ccm der Lösung stets insgesamt 0,8 g isoelektrische Gelatine enthielten. Das Verhältnis der festen und der flüssigen Gelatine wurde variiert, wie in der Tabelle 48 angegeben ist. In je 100 ccm der Mischung waren 8 ccm n/10-HCl enthalten. Die Mischungen wurden 2 Stunden lang bei 20° gehalten und häufig geschüttelt, um die Ausbildung des Gleichgewichtes zwischen Körnchen und Lösung zu beschleunigen. Dann wurde die gepulverte Gelatine von der flüssigen Phase durch Filtration getrennt. Um das Membranpotential zwischen den festen Gelatineteilchen und der Gelatinelösung zu bestimmen, wurden die festen Teilchen geschmolzen und in den für die Bestimmung des Membranpotentials zwischen Gel und Außenflüssigkeit geeigneten Gefäßen zur Erstarrung gebracht. In diesem Fall handelte es sich, abweichend von den früheren Untersuchungen, um die Ermittlung der Potentialdifferenz zwischen dem festen Gel und der mit ihm im Gleichgewicht befindlichen Gelatinelösung. Die in der

Tabelle 48 zusammengestellten Ergebnisse zeigen, daß zwischen Gelatinekörnchen und einer schwachen Gelatinelösung beträchtliche Membranpotentiale bestehen und daß diese Potentialdifferenz erwartungsgemäß zugleich mit der relativen Zunahme der festen Gelatine ansteigt.

Die Bestimmungen des H˙-Potentials beweisen, daß die Membranpotentiale durch ein Donnan-Gleichgewicht bedingt sind[1]). Jedoch besteht zwischen den Membranpotentialen und den H˙-Potentialen eine fast konstante Differenz, deren Wesen noch nicht aufgeklärt ist. Nach diesen Ergebnissen ist es sicher, daß die Säurewirkung auf die Viscosität von Suspensionen gepulverter Gelatineteilchen in einer Gelatinelösung durch die Quellung dieser Teilchen bedingt ist und daß diese Erscheinung durch Ausbildung eines Donnan-Gleichgewichtes zustande kommt.

3. Eine Suspension gepulverter Gelatine in Wasser müßte also nach unseren Ausführungen eine größere Viscosität haben als eine Lösung der gleichen Gelatinemenge in dem gleichen Volumen Wasser bei gleicher Temperatur. Im zweiten Fall hätten wir nämlich eine echte Lösung vor uns (dies haben wir im ersten Teil des Buches gesehen), und hierbei kann die Gelatine ihr Volumen durch Wasseraufnahme nicht vergrößern. Ferner müssen Elektrolyte die Viscosität von Gelatinesuspensionen ebenso beeinflussen wie den osmotischen Druck von Gelatinelösungen. Es läßt sich experimentell zeigen, daß diese Überlegungen richtig sind.

Gelatinepulver wurde in Portionen zu 0,5 g abgeteilt. Die Portionen wurden in je 100 ccm wässeriger Lösung mit einem Gehalt von 0, 1, 2, 3, 4, 5, 6, 7, 8, 10, 12,5, 15 und 20 ccm n/10-HCl gebracht, so daß Gelatinesuspensionen mit abgestuftem p_H entstanden. Diese Suspensionen blieben 1 Stunde lang bei 20° stehen, um die Teilchen zur Quellung zu bringen, dann wurde bei 20° die Viscosität der Suspensionen mittels eines geraden Viscosimeters bestimmt. Die Ausflußzeit für Wasser betrug bei diesem Viscosimeter bei 20° 48,5 Sekunden. Die obere Kurve der Abb. 77 stellt die relativen Viscositäten dieser Suspensionen in bezug auf die des Wassers bei 20° dar (wenn die Viscosität hoch ist, so sind die Werte etwas zu groß, denn die festen Gelatineteilchen sammeln sich dann unter der Gravitationswirkung an der oberen Öffnung der Capillare und vermehren deshalb während eines Teiles der Messungszeit vorübergehend die Dichtigkeit der Suspension). Nachdem in dieser Weise die Viscosität einer Suspension bestimmt war, wurde die Suspension durch Erhitzen für 10 Minuten auf 45° in eine Lösung übergeführt. Dann wurde die Lösung rasch auf 20° abgekühlt und nun ihre

[1]) Die Potentialdifferenz zwischen fester Gelatine und Gelatinelösung läßt sich nicht so exakt bestimmen wie zwischen zwei, durch eine Membran getrennten Flüssigkeiten.

Viscosität sofort mit dem gleichen Viscosimeter bei der gleichen Temperatur bestimmt. Man ersieht aus der unteren Kruve der Abb. 77, daß jetzt die Viscosität viel kleiner geworden ist. Die Abszissen bedeuten das p_H der Lösungen resp. der Suspensionen. Vergleicht man die Abb. 77 und 73, so wird offenbar, daß das p_H die Viscosität der Gelatinesuspension viel stärker als die der Gelatinelösungen beeinflußt. Wenn man eine Suspension zum Schmelzen bringt, rasch auf 20° abkühlt und sofort untersucht, so ersieht man, wie ein Vergleich der oberen mit der unteren Kurve der Abb. 77 lehrt, daß die Wirkung des p_H fast vollständig fehlt.

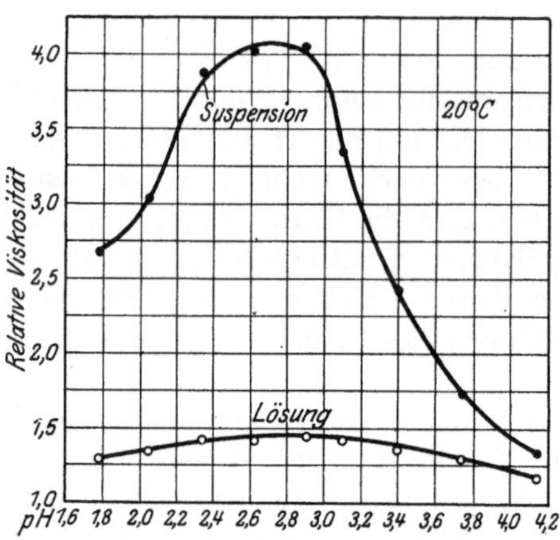

Abb. 77. Die obere Kurve gibt das Verhalten der Viscosität von 0,5 proz. Gelatinesuspensionen wieder, die untere Kurve die Viscositäten der gleichen Flüssigkeiten, nachdem durch Erhitzen die Suspension in eine Lösung übergeführt war. Sämtliche Messungen werden bei 20° C vorgenommen.

Bestimmen wir das Volumen der suspendierten Teilchen, so stellt sich heraus, daß es sich ähnlich wie die Viscosität ändert. Portionen zu 0,5 g von gepulverter käuflicher Gelatine (COOPER), deren p_H ungefähr 6,0 betrug, wurden in je 100 ccm Wasser mit variiertem Salzsäuregehalt gebracht. Die Pulverkörnchen waren von ungefähr gleicher Größe (sie passierten Sieb 100, aber nicht Sieb 120), dagegen war ihre Form sehr unregelmäßig. Sie wurden einige Stunden bei 20° in den Lösungen belassen, dann wurde die Ausflußzeit des Gemisches durch eine Capillarröhre bei 20° bestimmt. Die Ausflußzeit für Wasser betrug bei dem Viscosimeter bei der gleichen Temperatur 24 Sekunden. Selbstverständlich wurden die Suspensionen gründlich umgerührt, bevor sie in das Viscosimeter eingesaugt wurden, da die Gelatineteilchen sich sonst rasch zu Boden

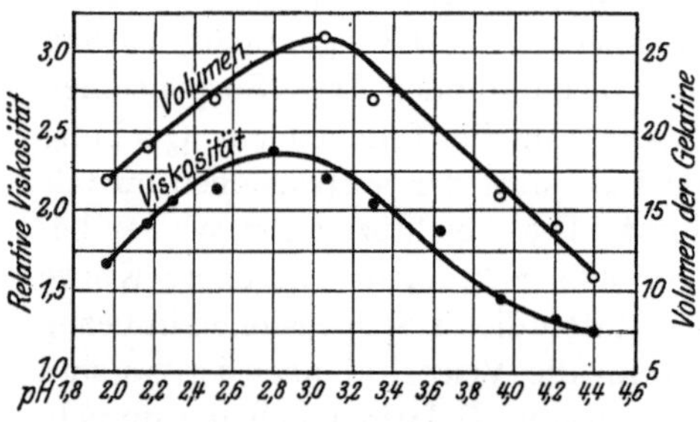

Abb. 78. Die Wirkung des p_H auf die Viscosität 0,5 proz. Gelatinesuspensionen und die p_H-Wirkung auf das Volumen der Gelatine.

senkten. Nach der Bestimmung der Viscosität wurden die Suspensionen durch ein baumwollenes Filter gegeben. Das Volumen des Filtrates wurde gemessen; wenn wir dieses von dem Ausgangsvolumen der Suspension, das in allen Fällen 100 ccm betrug, subtrahierten, so konnten wir das Volumen bestimmen, das die Gelatine einnahm (selbstverständlich ist eine solche Bestimmung nicht sehr genau). Nun wurde die Gelatine geschmolzen und ihr p_H sowie das des Filtrates elektrometrisch bestimmt. In der Abb. 78 sind die Ergebnisse eines solchen Versuches dargestellt. Die untere Kurve gibt die Wirkung des p_H (der Gelatine) auf die Viscosität, die obere Kurve die p_H-Wirkung auf das Volumen der Gelatine wieder. Beide Kurven sind ähnlich.

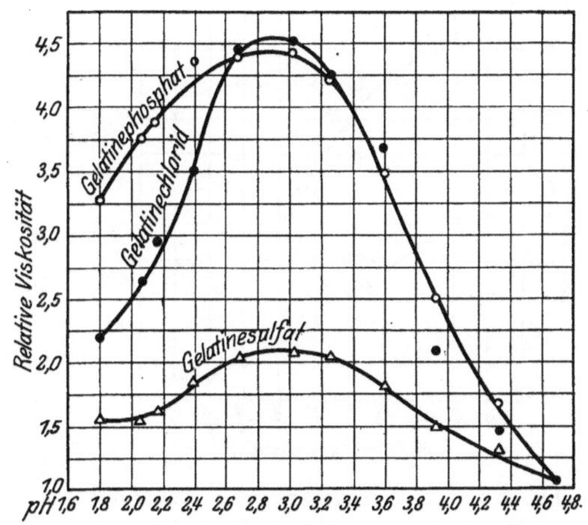

Abb. 79. Die Viscositäten von 0,5 proz. Gelatinechlorid-, -phosphat, und -sulfatsuspensionen. Die Chlorid- und Phosphatkurven fallen praktisch zusammen, die Sulfatkurve liegt erheblich tiefer.

Die Valenz des Säureanions beeinflußt die Viscosität von Proteinsuspensionen in ähnlicher Weise wie die Viscosität von Proteinlösungen, wie sich aus den Kurven der Abb. 79 ergibt. Bei diesen Versuchen wurden Gelatineportionen zu 0,5 g, die sehr fein gepulvert waren (so daß sie das Sieb 100, aber nicht das Sieb 120 passierten) und ein p_H von 7,0 hatten, in eine Reihe Bechergläser mit je 100 ccm verdünnter Salzsäure mit verschiedenem p_H gebracht und in diesen Lösungen über Nacht bei einer Temperatur von 20° gelassen. Gleichzeitig wurden analoge Versuche unter Verwendung entsprechender Phosphorsäure- und Schwefelsäuremengen angestellt. Bei diesen letzteren beiden Versuchsreihen enthielten je 100 ccm Lösung ebenfalls 0,5 g Gelatinepulver. Sie unterschieden sich von der ersten Reihe nur dadurch, daß an die Stelle der Salzsäure Phosphorsäure resp. Schwefelsäure getreten war. Nach 19 Stunden wurden bei 20° die Viscositäten sämtlicher Suspensionen bestimmt. Die Ergebnisse sind in der Abb. 79 dargestellt, in der die Ordinaten die relativen Viscositäten (bezogen auf Wasser) und die Abszissen das p_H der Gelatineteilchen nach eingetretenem Gleichgewicht bedeuten. Man sieht, daß bei Suspensionen von Gelatinesulfat die Viscosität etwas weniger als halb so groß ist als bei Suspensionen von Gelatinechlorid oder -phosphat von gleichem p_H. Die Kurven des Gelatinechlorids und -phosphats fallen, mit Ausnahme eines Teiles des absteigenden Kurvenastes, zusammen. Die Abweichung ist wahrscheinlich durch die unvollständige elektrolytische Dissoziation der Phosphorsäure bedingt. Wir hatten schon gesehen, daß diese drei Säuren die Quellung von Gelatine in ganz ähnlicher Weise beeinflussen. Die Kurven des relativen Volumens von Gelatinepulver in Lösungen dieser drei Säuren (Abb. 32, S. 100) entsprechen den Viscositätskurven der Abb. 79. Das relative Volumen des Gelatinesulfats war nämlich ungefähr halb so groß wie das des Gelatinechlorids oder Gelatinephosphats von gleichem p_H.

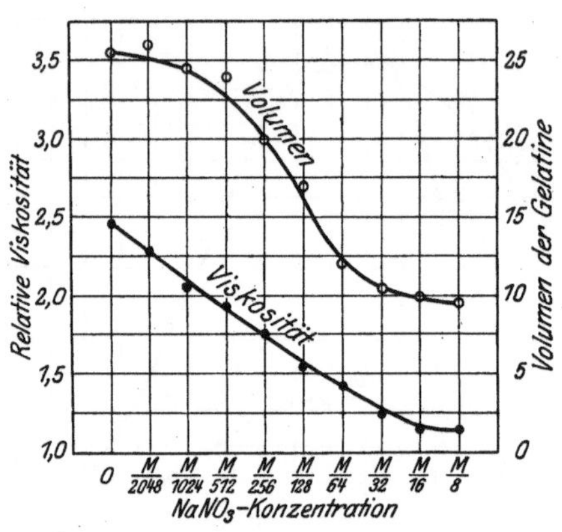

Abb. 80. Die depressorische Wirkung von Neutralsalzen auf die Viscosität von Gelatinepulversuspensionen und auf das von den Gelatineteilchen in der Suspension eingenommene Volumen.

Die Viscosität einer Gelatinechloridlösung etwa vom $p_H = 3{,}0$ wird, wie wir gesehen haben, durch Neutralsalzzusatz bei konstantem p_H verkleinert (Abb. 52, S. 122). Das gleiche gilt auch für die Viscosität von Gelatinepulversuspensionen. Wir brachten wiederum Portionen zu 0,5 g unseres Gelatinepulvers von $p_H = 6{,}0$, welches das Sieb 100, aber nicht das Sieb 120 passiert hatte, in je 100 ccm Wasser mit einem Gehalt von 6 ccm n/10-HCl und verschiedenen $NaNO_3$-Mengen; die Konzentration dieses Salzes war in den Lösungen zwischen m/8 und m/2048 abgestuft. Eine Lösung war salzfrei. Das p_H der Gelatine betrug um 3,0 herum, die Versuchstemperatur war 20°. Nun wurde $2^1/_2$ Stunden lang die Ausbildung des Donnan-Gleichgewichtes abgewartet, die Viscosität jeder Suspension bei 20° gemessen und das von den suspendierten Gelatineteilchen eingenommene Volumen nach der beschriebenen Methode bestimmt. Es ergab sich, daß das relative Volumen der Gelatineteilchen sowohl wie die Viscosität vermindert sind (Abb. 80). Die beiden Kurven laufen einander in denjenigen Bezirken nicht parallel, bei denen das Gelatinevolumen groß ist. Dieses Verhalten konnte man voraussagen, denn in diesen Fällen ist die EINSTEINsche Formel nicht mehr gültig. Die p_H-Bestimmungen der Gelatine und der Außenflüssigkeit ergaben, daß die Differenz der beiden Werte entsprechend der DONNANschen Theorie durch den Salzzusatz verkleinert wird (Tabelle 49).

Tabelle 49.

	NaNO$_3$-Konzentrationen								
	0	m/2048	m/1024	m/512	m/256	m/128	m/64	m/32	m/16
p_H der Gelatineteilchen	3,04	3,04	3,03	3,02	3,00	3,02	2,97	2,94	2,85
p_H der überstehenden Lösung . .	2,74	2,76	2,76	2,76	2,77	2,80	2,78	2,77	2,70
Differenz p_H innen minus p_H außen	0,30	0,28	0,27	0,26	0,23	0,22	0,19	0,17	0,15

Diese Versuche beweisen die Richtigkeit unserer Ansicht, daß die Viscosität von Suspensionen gepulverter Gelatine in Wasser von verschiedenem p_H in der gleichen Weise durch Elektrolyte beeinflußt wird wie die Viscosität von Lösungen der gleichen Gelatinesalze, und daß diese Erscheinungen bei den Suspensionen durch die Wirkung des DONNANschen Gleichgewichtes auf den Quellungszustand der Teilchen zustande kommen.

Wir bestimmten das Volumen V, das die Gelatine in 100 ccm der Suspension einnahm, indem wir filtrierten und das Volumen des Filtrates von dem Gesamtvolumen der Suspension subtrahierten. Wenn wir die Viscosität kennen, so kann man die EINSTEINsche Konstante c nach der Formel

$$\left(\frac{\eta}{\eta_0} - 1\right)\frac{100}{V} = c$$

berechnen. Wenn V hinreichend klein ist, so muß $c = 2{,}5$ sein. Die Ergebnisse einer Reihe solcher Rechnungen sind in der Tabelle 50 zusammengestellt. Man sieht, daß die EINSTEINsche Formel die Werte für die Viscosität richtig wiedergibt, wenn das Volumen der Gelatine klein ist. In solchen Fällen ist c gleich oder fast gleich 2,5.

Tabelle 50.

V ccm	$\frac{\eta}{\eta_0}$	c
12,0	1,292	2,5
17,0	1,480	2,8
18,0	1,792	4,4
20,5	2,064	5,1
20,5	2,020	4,9
20,0	1,855	4,2
18,0	1,625	3,5
16,5	1,542	3,3

Wird nun das Volumen der Gelatine größer, so wächst auch der Wert für c. Daß der Wert von c größer als 2,5 wird, wenn das von den suspendierten Teilchen eingenommene Volumen groß ist, hatten schon HATSCHEK, SMOLUCHOWSKI und ARRHENIUS gefunden. Wir haben schon hervorgehoben, daß HATSCHEK den Wert 2,5 der EINSTEINschen Formel durch einen größeren, nämlich 4,5, ersetzen wollte. Durch diese Änderung können indessen Übereinstimmungen nicht erzielt werden, denn der Wert c läßt bei unseren Versuchen einen Gang erkennen. Er hat ein Maximum, wenn das Volumen der Gelatineteilchen ein Maximum ist. Diese Schwierigkeit ist in der Gleichung von ARRHENIUS weitgehend vermieden; wir müssen also von der EINSTEINschen Formel zu der von ARRHENIUS übergehen, wenn das relative Volumen der gelösten oder suspendierten Teilchen so groß wird, daß die EINSTEINsche Formel nicht mehr angewendet werden kann. Im nächsten Kapitel werden wir hierüber noch eingehender berichten.

Die Versuche über die Viscosität von Suspensionen gepulverter Gelatine in Wasser haben also folgende Ergebnisse gezeitigt: 1. Die Wirkung des p_H, der Ionenvalenz und der Konzentration zugesetzter Neutralsalze auf die Viscosität von wässerigen Suspensionen feingepulverter Gelatine ist ähnlich der Wirkung dieser drei Faktoren auf die Viscosität von Gelatinelösungen. 2. Die Elektrolytwirkung auf die Viscosität von Suspensionen kommt auf dem Umweg über Änderungen des Quellungsgrades (oder des relativen Volumens) der suspendierten Teilchen zustande. 3. Aus dieser letzteren Tatsache ergibt sich, daß das Donnan-Gleichgewicht auch die Viscositätsänderungen solcher Suspensionen bestimmt.

Fünfzehntes Kapitel.

Die Viscosität (Fortsetzung).

1. In dem vorigen Kapitel ist über Versuche mit wässerigen Suspensionen gepulverter Gelatine berichtet worden. Wir müssen nunmehr der Frage nähertreten, ob die hohe Viscosität von Gelatinelösungen ebenfalls durch gequollene feste, in der Gelatinelösung suspendierte Gelatineaggregate bedingt ist. Wenn dies zutreffen sollte, so müßte die Viscosität einer Gelatinelösung um so mehr zunehmen, je länger man sie bei einer hinreichend tiefen Temperatur sich selbst überläßt, denn hierbei müßten sich immer mehr isolierte Moleküle zu Aggregaten vereinigen. Die submikroskopischen festen Aggregate, die man als Vorläufer des zusammenhängenden Gels, in welches Gelatinelösungen unter geeigneten Bedingungen übergeht, ansehen könnte, sind nicht bloße Fiktionen; ihre Existenz ist durch die Beobachtungen von MENZ sichergestellt[1]). Dieser Autor konnte auch feststellen, daß die Anzahl und die Größe dieser Teilchen mit der Zeit zunehmen.

Erhitzt man eine 0,5 proz. Lösung isoelektrischer Gelatine rasch auf 45°, kühlt sie dann rasch auf eine niedrigere Temperatur, etwa 20°, ab und hält sie bei dieser Temperatur, so erstarrt die Lösung schließlich zu einem zusammenhängenden Gel. Inzwischen nimmt ihre Viscosität stetig zu. Die natürlichste Erklärung dieses Verhaltens ist die Annahme, daß der Bildung eines zusammenhängenden Gels

[1]) MENZ, W.: Zeitschr. f. physikal. Chem. Bd. 66, S. 129. 1909.

die Bildung submikroskopischer Gelstückchen vorangeht, deren Zahl und Größe zunimmt, bis schließlich ein zusammenhängendes Gel entstanden ist. Je länger also eine Lösung von isoelektrischer Gelatine bei 20° gehalten wird, um so größer wird die Zahl der in der Lösung sich bildenden submikroskopischen Gelteilchen. Diese Gelteilchen, die von einer echten wässerigen Lösung isolierter Gelatinemoleküle umgeben sind, schließen eine gewisse Menge Wasser ein, deren Betrag durch die DONNANschen Gleichungen bestimmt wird. Setzen wir also einer 0,5 proz. isoelektrischen Gelatinelösung etwas Salzsäure zu, so müßten wir eine höhere Viscosität finden, wenn die Lösung vorher einige Stunden bei 20° gestanden hätte, als wir finden, wenn die gleiche Säuremenge der Gelatine sofort nach dem Erhitzen auf 45° und dem raschen Abkühlen auf 20° zugesetzt hätten.

Das Resultat eines solchen Versuches entspricht den Erwartungen, wie sich aus Abb. 81 ergibt. Eine 0,5 proz. Lösung isoelektrischer Gelatine wurde rasch auf 45° erhitzt, dann rasch auf 20° abgekühlt und durch Salzsäurezusatz auf abgestufte p_H-Werte gebracht. Die bei 20° gemessene Viscosität dieser Lösungen wird durch die unterste Kurve der Abb. 81 dargestellt. Ließ man dagegen die 0,5 proz. isoelektrische Gelatinelösung 3 Stunden bei 20° stehen, bevor die Säure zugesetzt wurde, so wurden bei der Messung der Viscosität bei 20° andere Werte erhalten. Sie sind in der mittleren Kurve der Abb. 81 dargestellt; die Kurve läuft der unteren Kurve etwa parallel, ist aber beträchtlich höher. Der Grund dafür ist der, daß sich innerhalb der 3 Stunden eine größere Anzahl fester, quellungsfähiger Gelteilchen gebildet hatte. Wartete man mit dem Salzsäurezusatz zu der bei 20° aufbewahrten isoelektrischen Gelatinelösung 17 Stunden lang, so erhält man aus den Messungen eine Kurve die noch höher liegt und mit Ausnahme des Gipfelteiles der untersten Kurve, annähernd parallel läuft. Wahrscheinlich wächst bei dem Stehenlassen der Lösung außer der Anzahl der Gelteilchen auch deren Größe. Der Verfasser hat beobachtet, daß bei seinen Versuchen die Viscosität um

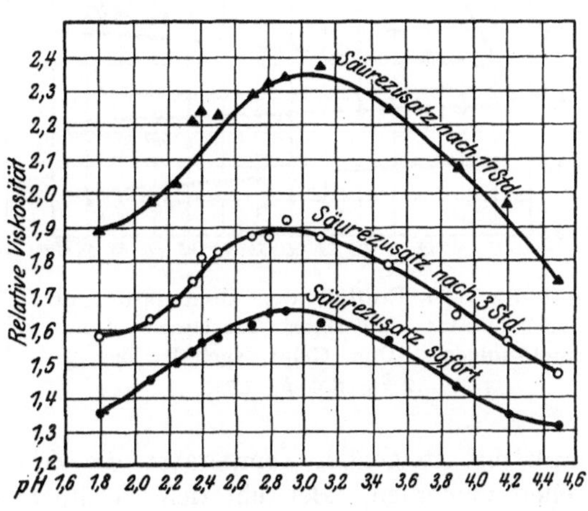

Abb. 81. Beschreibung dieses Versuches im nebenstehenden Text.

so größer war, je größer die Körnchengröße ist, denn die Viscosität ist hauptsächlich, wenn auch nicht ausschließlich, eine Funktion des relativen Volumens der Teilchen.

Nun ist die Gelbildung der Gelatine ein reversibler Vorgang; es müssen sich also in einer Gelatinelösung bei ruhigem Stehen zwei einander entgegengesetzte Vorgänge gleichzeitig abspielen; erstens die Bildung fester Gelteilchen durch Aggregation vorher isolierter Gelatinemoleküle oder -ionen, jedesmal wenn ihre öligen Gruppen einander berühren, und zweitens die Dissoziation solcher Aggregate (Micellen) unter Bildung isolierter Moleküle und Ionen unter dem Einfluß der von der Temperatur abhängigen Molekularbewegung. Man kann leicht zeigen, daß sich Gelatinepulver von einem bestimmten p_H um so rascher löst, je höher die Temperatur ist. Wenn unsere Annahme richtig ist, nach welcher in einer Gelatinelösung zwei einander entgegengesetzte Vorgänge sich abspielen, so muß mit steigender Temperatur die Zerfallsgeschwindigkeit der Micellen zunehmen. Bei sehr tiefer Temperatur müßte demnach die Viscosität einer sich selbst überlassenen Gelatinelösung sehr rasch zunehmen, weil sich fortwährend neue Micellen bilden, die dann so gut wie gar nicht zerfallen. Überschreitet die Temperatur, bei welcher man die Lösung sich selbst überläßt, einen bestimmten Betrag, so kann die Zerfallsgeschwindigkeit der Micellen größer werden als ihre Bildungsgeschwindigkeit. Bei einer solchen Temperatur müßte dann die Viscosität einer sich selbst überlassenen Gelatinelösung kleiner werden.

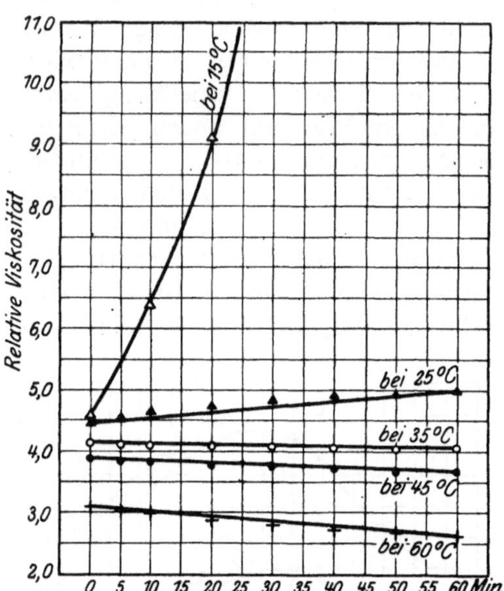

Abb 82. Der Einfluß der Temperatur auf die Viscosität sich selbst überlassener Gelatinelösungen. Der Gelatinegehalt beträgt 2 %, das p_H 2,7.

Wir unterzogen diese Schlußfolgerungen einer experimentellen Prüfung und konnten ihre Richtigkeit erweisen. Eine 2proz. Gelatinechloridlösung vom p_H 2,7 wurde rasch auf 45° erhitzt und dann rasch auf diejenige Temperatur abgekühlt, bei welcher die zeitliche Änderung der Viscosität beobachtet werden sollte. In bestimmten

Zeitabschnitten wurde die Viscosität der Lösung gemessen. Die Abb. 82 enthält die Ergebnisse. Bei 15° nahm die Viscosität der sich selbst überlassenen Lösung rasch zu, bei 25° war eine weniger rasche Zunahme festzustellen, während bei 35° oder darüber die Viscosität beim Stehen abnahm, und zwar um so mehr, je höher die Temperatur war. Die beiden einander entgegengesetzten Vorgänge, nämlich die Bildung und die Rückbildung der Micellen, halten bei einer Temperatur nahe 35° einander die Wage (bei einer 2proz. Gelatinechloridlösung vom $p_H = 2,7$). DAVIS und OAKES[1]) geben hierfür eine Temperatur von etwa 38° an.

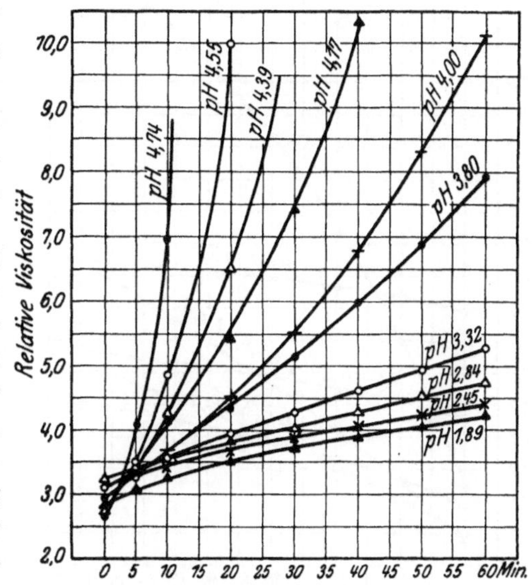

Abb. 83. Die Zunahme der Viscosität von Gelatinesulfatlösungen von abgestuftem p_H. Am raschesten ist die Zunahme im isoelektrischen Punkt, woraus hervorgeht, daß die Anwesenheit von Säure die Bildungsgeschwindigkeit von Micellen vermindert.

Wenn wir zu einer Lösung von isoelektrischer Gelatine von einer bestimmten Temperatur Säure zusetzen, so nimmt die Geschwindigkeit, mit der die Teilchen in Lösung gehen, mit zunehmender Wasserstoffionenkonzentration der Lösung zu und läßt im Gegensatz zur Quellung kein Maximum erkennen. Demnach müßte die Viscosität einer 0,5 proz. Lösung isoelektrischer Gelatine, die man bei einer bestimmten Temperatur, etwa 20°, sich selbst überläßt, um so weniger rasch zunehmen, je beträchtlicher der Säurezusatz gewesen ist; denn je größer die Wasserstoffionenkonzentration ist, um so ausgesprochener ist die Lösungstendenz schon gebildeter Gelteilchen, während der umgekehrte Vorgang, das Zusammentreten isolierter Moleküle oder Ionen, nicht beschleunigt wird. Die Viscosität einer bei 20° sich selbst überlassenen 0,5 proz. Gelatinechlorid- oder -sulfatlösung müßte also um so langsamer zunehmen, je kleiner ihr p_H ist. Daß dies der Fall ist, ergibt sich aus der Abb. 83.

Wir hatten im ersten Teil des Buches gesehen, daß die Lösungsgeschwindigkeit von Gelatinepulver in Wasser durch verschiedene Salze

[1]) DAWIS, C. E. u. E. T. OAKES: Journ. of the Americ. chem. soc. Bd. 44, S. 464. 1922.

verschiedenartig beeinflußt wird. Die Lösungsgeschwindigkeit von Gelatinechloridpulver wird durch Na_2SO_4 vermindert, sobald dessen Konzentration m/64 übersteigt, und diese Verminderung ist um so ausgesprochener, je höher die Salzkonzentration ist. Demgegenüber vermehrt $CaCl_2$ die Lösungsgeschwindigkeit des Gelatinechloridpulvers, sobald die Salzkonzentration den Wert m/4 übersteigt.

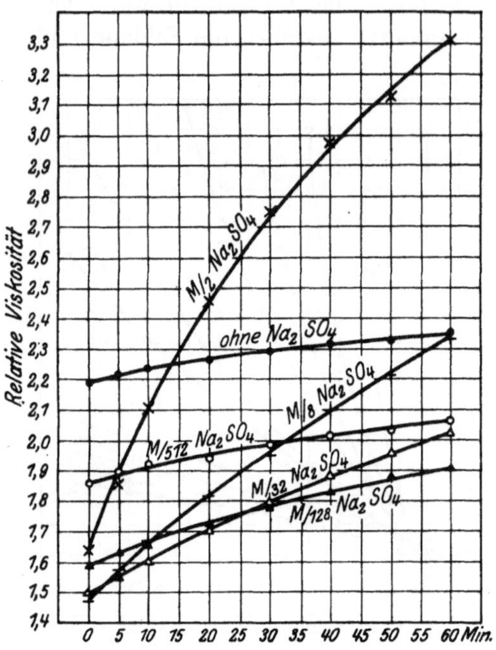

Abb. 84. Na_2SO_4 in Konzentrationen von m/64 und darüber vermehrt die Viscosität von Gelatinechloridlösungen vom p_H 3,4 bei 20°.

Es wurden nun Gelatinechloridlösungen vom p_H 3,4 mit einem Gehalt von 1 g ursprünglich isoelektrischer Gelatine in 100 ccm unter Verwendung von Na_2SO_4 und $CaCl_2$ in verschiedenen Konzentrationen hergestellt. Die Lösungen wurden rasch auf 45° erhitzt, dann rasch auf 20° abgekühlt und bei dieser Temperatur 1 Stunde sich selbst überlassen. Während dieser Zeit wurde in Abständen von 5—10 Minuten die Ausflußzeit der Lösungen aus einem Viscosimeter bestimmt. Die Ausflußzeit von Wasser von 20° betrug bei diesem Viscosimeter 61 Sekunden.

Die Viscosität einer Gelatinechloridlösung vom $p_H = 3{,}4$ steigt nur sehr langsam an (die oberste Kurve der Abb. 84); die Geschwindigkeit der Viscositätszunahme wird durch die Anwesenheit von m/512-Na_2SO_4 so gut wie gar nicht und durch die Anwesenheit von m/128-Na_2SO_4 nur wenig geändert. Bei Gegenwart von m/32-Na_2SO_4 wächst die Viscosität schon rascher, noch deutlicher bei m/8 und äußerst rasch bei m/2-Na_2SO_4. Dieses Ergebnis konnten wir voraussehen, denn Na_2SO_2 bewirkt eine Verminderung der Lösungsgeschwindigkeit des Gelatinechlorids, sobald seine Konzentration m/64 überschreitet. In solchen Lösungen werden die Micellen immer weniger rasch in Lösung gehen. Nun bilden sich bei 20° fortwährend neue Micellen; beträgt die Na_2SO_4-Konzentration mehr als m/64, so muß die Viscosität rascher zunehmen, als wenn der Na_2SO_4-Gehalt kleiner als m/64 oder Null ist.

Aus der Abb. 85 sehen wir, daß $CaCl_2$ in Konzentrationen bis zu m/8 die zeitliche Änderung der Viscosität einer Gelatinechloridlösung nicht beeinflußt. Wächst indessen die $CaCl_2$-Konzentration der Gelatinechloridlösung bis auf m/2 oder m/1 an, so verschwindet die zeitliche Viscositätszunahme. Es kann dann sogar zu einer leichten Vermehrung der Löslichkeit des Gelatinechlorids kommen.

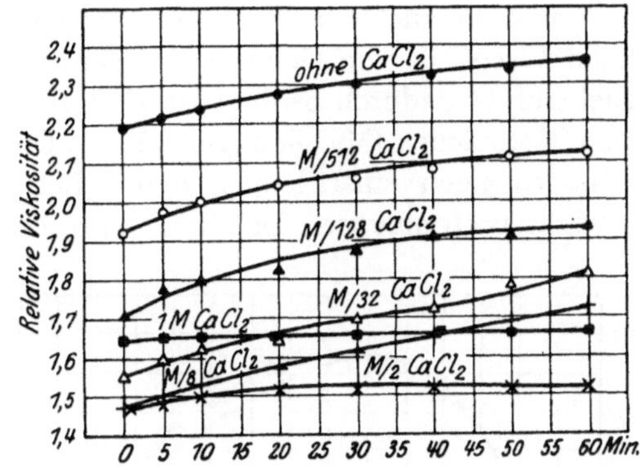

Abb. 85. $CaCl_2$ in Konzentrationen von m/2 und darüber bewirkt, daß die Viscosität sich selbst überlassener Gelatinechloridlösungen vom p_H 3,4 bei 20° nicht weiter zunimmt.

Beim NaCl tritt keine Änderung der Lösungsgeschwindigkeit des Gelatinechlorids ein, solange die NaCl-Konzentration unterhalb m/1 bleibt. Steigert man die Konzentration über diesen Wert, so tritt Gerinnung ein, die Viscosität kann dann nicht mehr bestimmt werden. Man muß demnach erwarten, daß NaCl in Konzentrationen bis zu m/1 die Geschwindigkeit der Viscositätszunahme sich selbst überlassener Gelatinechloridlösungen nicht ändert. Daß dies auch wirklich der Fall ist, zeigt Abb. 86.

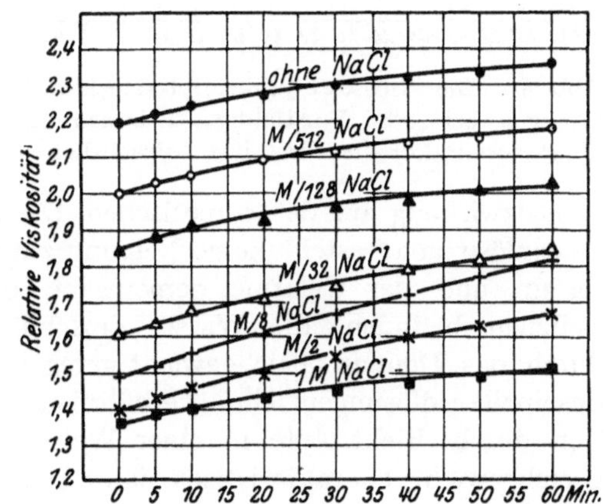

Abb. 86. NaCl ändert die zeitliche Zunahme der Viscosität von Gelatinechloridlösungen vom p_H 3,4 bei 20° nicht, selbst wenn seine Konzentration bis auf m/1 gesteigert wird.

Die einfachste Methode, feste Gelteilchen zum Zerfall zu bringen, ist das Erhitzen auf 45°. Wenn also die auffallende Viscositätszunahme einer bei 10° sich selbst überlassenen 0,5 proz. isoelektrischen Gelatinelösung durch die Bildung fester Gelteilchen bedingt ist, so müßte nach Erhitzung dieser Lösung auf 45° (bzw. nach Schmelzung und Lösung der festen Teilchen) und nach Abkühlung auf 20° die Viscosität viel geringer gefunden werden. Die Viscosität muß viel kleiner sein als die der gleichen Lösung, die direkt von der Ausgangstemperatur 10°

auf die Untersuchungstemperatur 20° gebracht war. Ein solcher Versuch ist in der Abb. 87 dargestellt; sie zeigt, daß unsere Vermutungen richtig waren.

Diese Versuche bedeuten eine Stütze für unsere Ansicht, daß die hohe Viscosität von Gelatinelösungen und ihre Beeinflußbarkeit durch Elektrolyte dadurch bedingt ist, daß diese Lösungen submikroskopische feste Gelteilchen (Micellen) enthalten. Diese Micellen können erhebliche Wassermengen einschließen, deren Betrag durch ein Donnan-Gleichgewicht bestimmt ist. Das heißt also, die Beeinflussung der Viscosität durch Elektrolyte ist in letzter Linie eine Wirkung auf die Quellung, also auf den osmotischen Druck im Inneren der Gelteilchen mittels des Donnan-Gleichgewichtes.

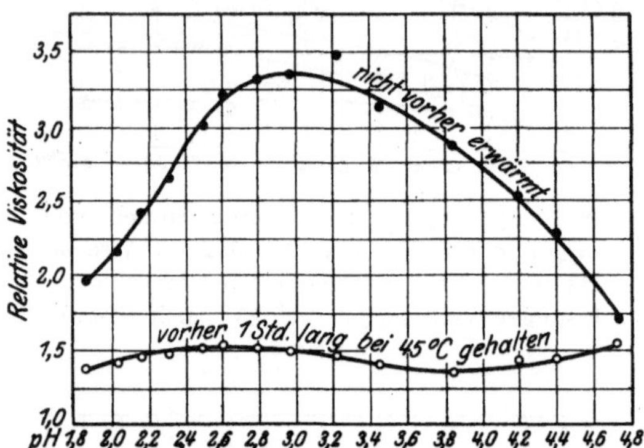

Abb. 87. Die Viscosität 5 proz. Gelatinechloridlösungen bei 20°. Einstündiges Erhitzen auf 45° vermindert die Viscosität beträchtlich.

2. Bei Caseinlösungen wird die Viscosität durch das p_H in der gleichen Weise wie bei Gelatinelösungen beeinflußt. Die verminderte Wirkung der Neutralsalze auf die Viscosität von Caseinchloridlösungen ist ähnlich der Neutralsalzwirkung auf den osmotischen Druck des Gelatinechlorids. Bei Caseinlösungen besteht keine Neigung zur Gelbildung, indessen ist dem Casein und der Gelatine gemeinsam, daß in ihren Lösungen sich Teilchen befinden, die Wasser einschließen können, dessen Menge durch das Donnan-Gleichgewicht geregelt wird. Folglich haben auch Caseinchloridlösungen eine verhältnismäßig hohe Viscosität, welche sich durch Elektrolyte in einer Weise ändert, die für ein Donnan-Gleichgewicht charakteristisch ist. Daß solche Teilchen in Caseinchloridlösungen vorhanden sind, zeigt schon das Aussehen einer solchen Lösung.

Bei unseren Versuchen verwandten wir ein sehr feines, trockenes, fast isoelektrisches Caseinpulver, das nach den Angaben von VAN SLYKE und BAKER hergestellt war. Das Pulver wurde gesiebt und Teilchen von gleicher Größe (die Sieb 100 eben noch und Sieb 120 nicht mehr passierten) in Mengen von je 1 g in je 100 ccm verschieden konzentrierter Salzsäurelösungen gebracht. Die mikroskopische Untersuchung der Körnchen ergab das Bestehen einer Quellung, die im isoelektrischen Punkt ein Minimum hatte, mit zunehmender Wasserstoffionenkonzentration ein Maximum erreichte und dann bei weiterem Steigen der Wasserstoffionenkonzentration wieder geringer wurde (vgl. neunzehntes Kapitel). Das Volumen der in der Salzsäure suspendierten Caseinteilchen hing also von dem p_H der Lösung in ähnlicher Weise wie das Volumen suspendierter Gelatineteilchen ab.

Man konnte diese Quellung auch in der Weise verfolgen, daß man die Lösung in 100-ccm-Meßzylinder brachte und die Teilchen sich absetzen ließ. Im isoelektrischen Punkt betrug das Volumen des Sedimentes ein Minimum, es wuchs mit steigender Wasserstoffionenkonzentration der Lösung und nahm schließlich wieder ab. Die Kurven für die Quellung und für das Volumen des Sedimentes verliefen aber nur zu Beginn des Versuches parallel, denn von der gequollenen Gelatine (die Quellung setzte sofort ein) ging ein Teil in Lösung oder in Suspension. Das Volumen des Sedimentes wurde mit zunehmender Versuchsdauer kleiner, entsprechend der immer größeren, in der überstehenden Flüssigkeit befindlichen Caseinmenge. Dieses Verhalten ist in der Abb. 88 dargestellt. Die obere Kurve gibt die Sedimentvolumina nach 1 Stunde wieder. Die Suspensionen aus 1 g Caseinpulver in 100 ccm verschieden konzentrierten Salzsäurelösungen wurden 1 Stunde lang bei 20° belassen. Während dieser Zeit wurde wiederholt, aber nicht oft, geschüttelt. Dann wurden die Suspensionen in 100-ccm-Meßzylinder überführt und bei 20° 2 Stunden lang die Bildung des Sedimentes abgewartet. Das Sedimentvolumen wurde nun abgelesen und als Ordinaten über den p_H-Werten dargestellt (die Kurve „nach 1 Stunde" der Abb. 88). Bei einer analogen Versuchsreihe wurde die Caseinsuspension 22 Stunden lang bei 20° gehalten und 6 Stunden bei 20° im Meßzylinder belassen. Die hierbei gefundenen Volumina sind die Ordinaten der zweiten Kurve der Abb. 88 („nach 22 Stunden"). Die p_H-Angaben beziehen sich auf die gesamte Suspension.

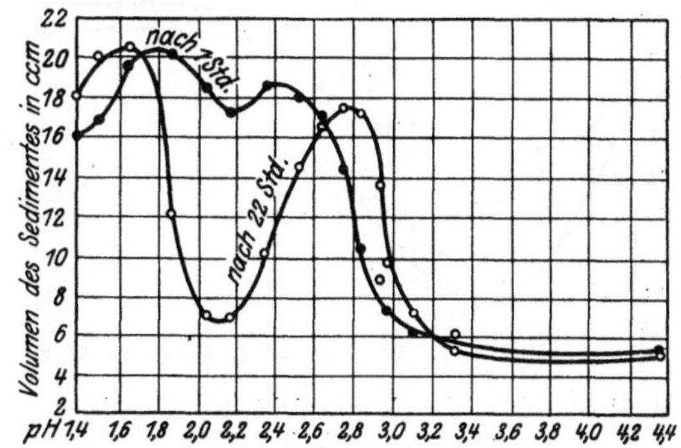

Abb. 88. Quellung und Lösung von Caseinchlorid bei 20° innerhalb von 1 und 22 Std.

Die Kurve „nach 1 Stunde" ist leicht zu deuten. Sie ist hauptsächlich der Ausdruck des verschiedenen Quellungsgrades der Caseinteilchen. Es ist längst nicht soviel Casein in Lösung gegangen als bei dem anderen, langdauernden Versuch. Das Volumen der festen Teilchen ist im isoelektrischen Punkt ein Minimum, bei p_H 3,1 steigt es steil an, sinkt etwas ab bei p_H 2,2 und dann weiter bei p_H 1,8. Die beiden Senkungen haben nicht dieselbe Ursache. Der Knick bei p_H 1,8 ist durch die Verminderung der Quellung des Sedimentes bedingt, während das Minimum bei 2,2 durch die bei diesem p_H maximale Löslichkeit des Caseinchlorids verursacht ist. Hierbei war ein besonders großer Teil des Caseinchlorids in Lösung gegangen. Mit dieser Auffassung stimmt die Tatsache überein, daß das Minimum bei 2,2 mit der Zeit größer wird und in dem 22-Stunden-Versuch sehr ausgesprochen ist (Abb. 88). Im übrigen unterscheiden sich die Kurven dieser beiden Versuche nicht wesentlich. Daß diese Deutung der Volumkurven der Abb. 88 richtig ist, geht aus der Abb. 89 hervor, bei welcher die Ordinaten die Gewichte der getrockneten Sedimente bedeuten, deren Volumina die Abb. 88 wiedergibt.

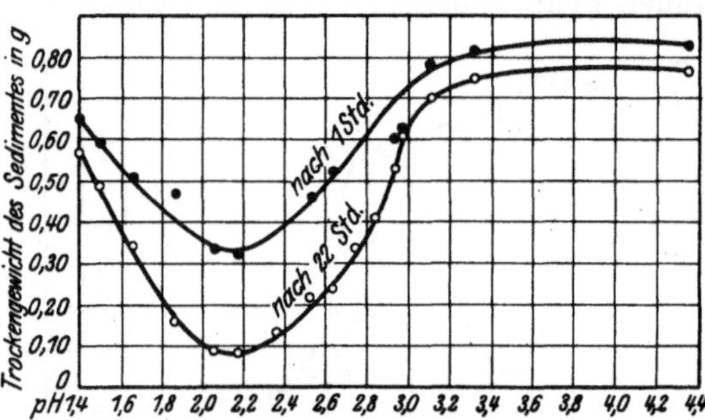

Abb. 89. Das Trockengewicht der Caseinsedimente (vergl. Abb. 88).

1 g Caseinpulver hatte nach 24stündigem Trocknen bei einer Temperatur zwischen 90 und 100° ein Gewicht von 0,87 g. Der in die überstehende Flüssigkeit übergegangene Anteil des Caseinchlorids (d. h. also der bei der Messung des Sedimentes nicht mitbestimmte) findet sich in zwei Formen, nämlich erstens als submikroskopische suspendierte Teilchen, die sich bei hinreichend langer Versuchsdauer abgesetzt hätten, und zweitens als isolierte Caseinionen und -moleküle. Die festen suspendierten Teilchen machen unter dem Einfluß des Donnan-Gleichgewichtes den gleichen Quellungsprozeß durch wie die sedimentierten Teilchen (es sei denn, daß sie zu klein sind, um Wasser einschließen zu können). Außerdem haben wir in der Lösung noch Caseinionen — die Caseinmoleküle sind wahrscheinlich unlöslich, denn isoelektrisches Casein löst sich so gut wie gar nicht im Wasser. — Diese Ionen können aber nicht quellen und kommen somit nicht für das Volumen, das das Casein einnimmt, und für die Viscosität in Betracht. Das von dem Casein in der Lösung eingenommene relative Volumen muß folglich um so kleiner sein, je mehr feste Caseinchloridteilchen in isolierte Caseinionen oder in Teilchen zerfallen, die zu klein sind, um Wasser einschließen zu können. Dementsprechend muß sich also auch die Viscosität verhalten. Wenn unsere an dem Beispiel der Gelatine geprüfte Theorie richtig ist, so muß also beim Casein die Viscosität an der Stelle ein intermediäres Minimum haben, wo die Löslichkeit ein Maximum ist. Die

Richtigkeit dieser Annahme ergibt sich aus den Viscositätskurven der Abb. 90, welche die Viscosität nach 1 Stunde und nach 22 Stunden wiedergeben. Diese Viscositäten beziehen sich auf die gleichen Experimente, die in den Abb. 88 und 89 dargestellt worden sind. Wir bestimmten die Viscosität unserer Objekte, die sowohl Suspensionen wie Lösungen darstellten, mittels eines geraden Viscosimeters. Wasser von 20° hatte in diesem Apparat eine Ausflußzeit von 48,4 Sekunden. Die Kurven der Viscositäten für den 1stündigen Versuch entsprechen hauptsächlich den Quellungen, denn bei 20° löst sich Caseinchlorid nur langsam. Die Kurve ist fast ohne jede Unregelmäßigkeit; ihr Maximum liegt zwischen p_H 2,1 und 2,4, einem Bezirk, in welchem die Quellung ebenfalls ein Maximum hat. Indessen ist doch ein kleiner Sattel bei p_H 2,2, vorhanden entsprechend dem Löslichkeitsmaximum des Caseins.

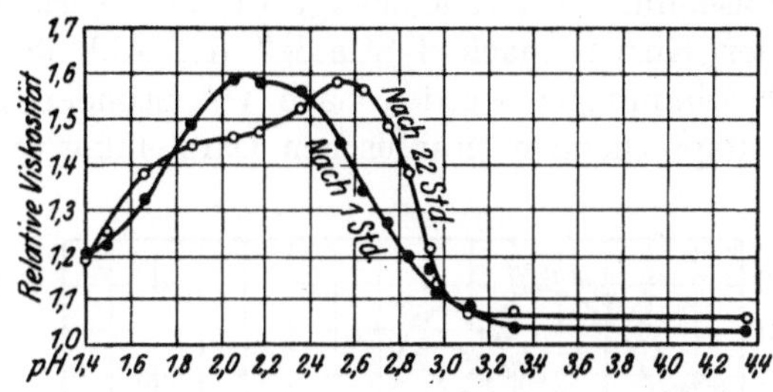

Abb. 90. Die Viscosität von 1proz. Caseinchloridlösungen nach 1 und 22 Std. (20°).

Die Viscositätskurve des 22stündigen Versuchs läßt bei p_H 2,2, also bei der maximalen Löslichkeit des Caseinchlorids, einen ausgesprochenen Sattel erkennen. Somit ist die Annahme gerechtfertigt, daß die hohe Viscosität durch gequollene Caseinteilchen bedingt ist, von denen eine bestimmte Anzahl bei oder in der Nähe von p_H 2,2 in Lösung gegangen ist. Es sind also quellfähige Teilchen zerfallen, deren Fragmente zu klein sind, um noch Wasser einschließen zu können, daher muß das relative Volumen des Caseins und damit auch die Viscosität sinken. Unterhalb von p_H 1,8 ist die Löslichkeit des Caseins beträchtlich kleiner, und daher zeigen auch die Viscositätskurven des 1stündigen und des 22stündigen Versuches (Abb. 90) von diesem Punkt ab keine nennenswerten Unterschiede mehr. Wegen des Sattels liegt bei dem 22stündigen Versuch das Maximum der Viscosität nunmehr bei $p_H = 2,6$.

Unsere Ansicht, daß die Verminderung der Viscosität so zustande kommt, daß submikroskopische, quellfähige Teilchen in kleinere zerfallen, die Wasser nicht mehr einschließen können, wird durch folgenden Versuch noch besser gestützt. Wir untersuchten das Verhalten von 1proz. Caseinchloridlösungen, die aus sehr feinem Caseinpulver (die Caseinteilchen passierten das Sieb 200) in einer Konzentration von 1% hergestellt wurden. Um die Teilchen rascher in Lösung zu bringen, wurde bei einer Temperatur von 40° gearbeitet. Bei den Viscositätsbestimmungen wurde ein Viscosimeter verwendet, aus welchem Wasser bei 40° innerhalb 35,5 Sekunden ausfloß. In der Abb. 91 sind die Ergebnisse dargestellt. Die Viscositäten wurden in vier verschiedenen Zeitpunkten gemessen: sofort nachdem das Caseinpulver in die Salzsäure gebracht war, dann nach $1^1/_2$, 3 und 6 Stunden. Die Caseinchloridlösungen wurden während dieser ganzen Zeit auf 40° gehalten. Die Kurve der sofort nach der Herstellung der Suspensionen bestimmten Viscositäten hat eine ähnliche Gestalt wie etwa die Kurve für den osmotischen Druck; sie ist aber der Ausdruck für die Quellung, die in wenigen Minuten zwischen der Herstellung der Lösung und der Viscositätsbestimmung vor sich ging. Das Maximum der Quellung liegt ungefähr bei p_H 2,3. Bei dieser Messungsreihe konnte die in Caseinionen übergegangene Caseinmenge vernachlässigt werden. Diese Kurve entspricht ungefähr der Kurve „nach 1 Stunde" der Abb. 90. Die zweiten Viscositätsbestimmungen wurden nach $1^1/_2$ Stunden ausgeführt, und aus ihrer entsprechenden graphischen Darstellung in der Abb. 91 erkennt man, daß nunmehr die Viscosität um p_H 2,2 herum, d. h. innerhalb des p_H-Bereiches der größten Löslichkeit des Caseinchlorids erheblich geringer geworden ist. Der tiefste Punkt dieser Senkung liegt bei p_H 2,1, hier liegt auch das Maximum der Löslichkeit. Bei tieferen p_H-Werten ist die Viscosität dann wieder größer. Bei der $1^1/_2$-Stunden-Messungsreihe liegt das Maximum der Viscosität bei p_H 2,7 oder 2,8, also an derselben Stelle wie bei dem 22-Stunden-Versuche der Abb. 90. Die später vorgenommenen Viscositätsbestimmungen — nach 3 und 6 Stunden (Abb. 91) — bestätigen diese Ergebnisse.

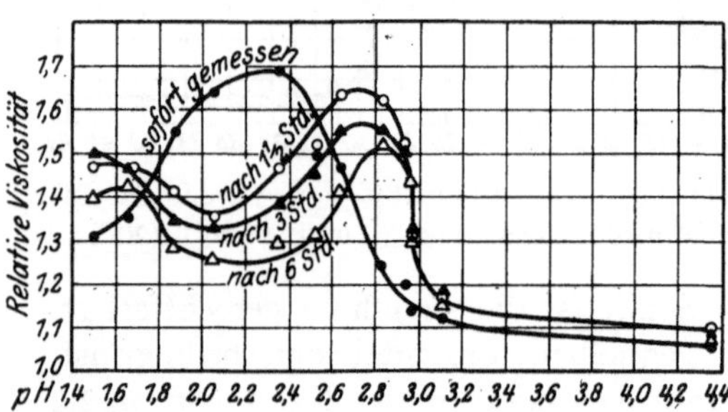

Abb. 91. Die Viscosität 1 proz. Caseinchloridlösungen bei 40°. Die Viscosität nimmt allmählich ab, weil die Caseinteilchen in Lösung gehen.

3. Wir wollen nun sehen, ob diese Wirkung der Elektrolyte auf die Viscosität der Caseinsuspensionen durch die Formel von Arrhenius wiedergegeben wird oder nicht. Die Kurven für $\log \frac{\eta}{\eta_0}$ müßten dann den Kurven parallel laufen, die das vom Casein in der Lösung eingenommene Volumen darstellen. Aus unseren Bestimmungen der relativen Viscosität erhalten wir $\frac{\eta}{\eta_0}$, woraus wir leicht $\log \frac{\eta}{\eta_0}$ berechnen können. Das Volumen des Caseins ergibt sich gleich dem Volumen des Sedimentes. Hierzu muß indessen noch eine Korrektur angebracht

werden, die das Volumen des in der überstehenden Flüssigkeit befindlichen Caseins berücksichtigt. Wir finden diesen Wert, wenn wir das Trockengewicht des Sedimentes von dem (bekannten) Trockengewicht der gesamten in die Lösung gebrachten Caseinmenge subtrahieren (1 g Caseinpulver hat ein Trockengewicht von 0,87 g). Wir nehmen in diesem Fall an, daß das Casein in der überstehenden Flüssigkeit in Form von suspendierten Teilchen vorhanden ist. Eine solche Annahme ist mit guter Annäherung für einen 1stündigen Versuch bei 20° gültig. Die Ordinaten der Volumenkurve der Abb. 92 geben die derart korrigierten Volumenwerte wieder, in der zweiten Kurve sind die Werte für $\log \frac{\eta}{\eta_0}$ dargestellt; die Abszissen bedeuten das p_H der Suspensionen. Die beiden Kurven verlaufen fast parallel.

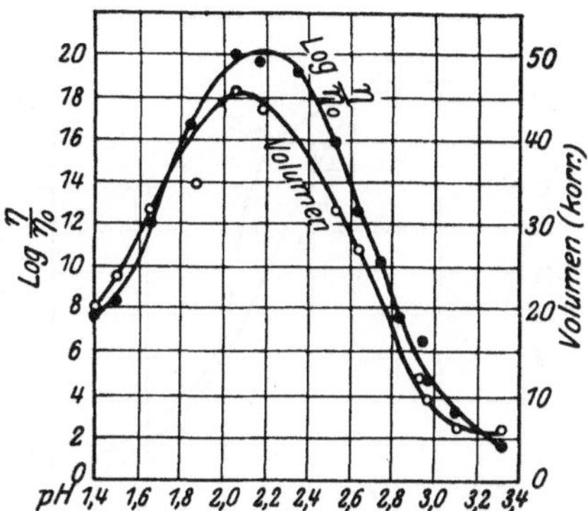

Abb. 92. Die Ähnlichkeit der Kurven für $\log \frac{\eta}{\eta_0}$ und für das relative Volumen von Caseinchlorid in 1proz. Lösungen.

Die derartig korrigierten Werte für das Volumen des Caseins enthalten noch eine bestimmte Wassermenge, die sich zwischen den Körnchen befindet. Indessen betreffen unsere Überlegungen nur das relative, von dem Casein eingenommene Volumen, dessen absoluter Wert außer Betracht bleiben kann.

Setzen wir NaCl in verschiedenen Konzentrationen zu Caseinchloridlösungen, so wird ebenso wie bei Gelatinechloridlösungen die Viscosität vermindert. Im neunzehnten Kapitel werden wir sehen, daß diese Abnahme der Viscosität einhergeht mit einer ihr parallellaufenden Abnahme der Quellung der einzelnen Caseinteilchen.

Je 1 g Caseinpulver wurde in 100 ccm einer wässerigen Lösung mit einem Gehalt von 12,5 ccm n/10-HCl und von Kochsalz in Konzentrationen zwischen 0 bis m/4 gebracht. Die Mischungen wurden unter gelegentlichem Schütteln 16 Stunden bei 20° aufbewahrt. Dann wurde die Viscosität, das Volumen des Sedimentes (nach 24stündigem Absetzen), das Trockengewicht des Sedimentes (ohne das in ihm enthaltene NaCl) bestimmt. Stellt man nun die Volumina und die Werte für $\log \frac{\eta}{\eta_0}$ als Funktionen der Kochsalzkonzentrationen dar, so erhält man zwei Kurven, die sich nur wenig voneinander unterscheiden (Abb. 93). Größere Unterschiede sind nur bei fehlendem oder sehr kleinem Salzzusatz vorhanden, was darauf zurückzuführen ist, daß einzelne Caseinteilchen völlig in Lösung gegangen sind. Das berechnete Volumen war also hier zu groß, was in unseren Kurven zum Ausdruck kommt. Wir sind durch diese Versuche berechtigt, den Schluß zu ziehen, daß die Elektrolytwirkung auf die Viscosität von Caseinlösungen oder -suspensionen durch die Quellung der suspendierten Caseinteilchen bedingt und daß deren Volumen durch das Donnan-Gleichgewicht bestimmt ist.

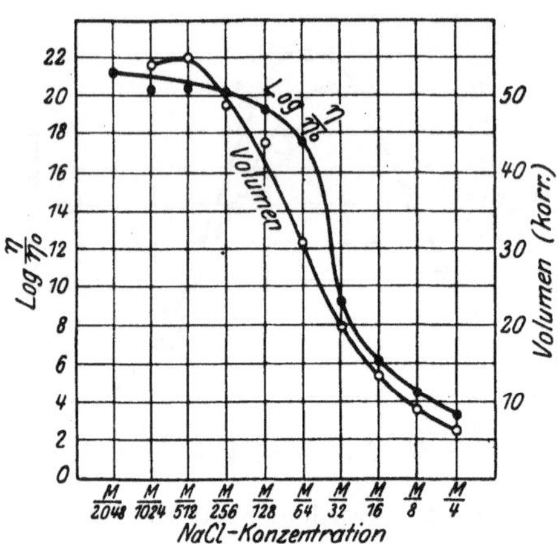

Abb. 93. Die Ähnlichkeit der Kurven für $\log \frac{\eta}{\eta_0}$ und für das relative Volumen von Caseinchlorid in 1 proz. Lösungen vom p_H 2,18 und abgestuftem NaCl-Gehalt.

4. Die Wassermengen, die ein festes Gelatinegel einschließen kann, sind enorm. Wenn wir das Molekulargewicht der Gelatine der Größenordnung nach zu 12 000 annehmen, so würde ein festes Gel mit 1% ursprünglich isoelektrischer Gelatine pro Gelatinemolekül über 60 000 Wassermoleküle enthalten. Derartige Wassermengen können unmöglich durch die Kräfte der Nebenvalenzen zwischen den Gelatine- und Wassermolekülen gebunden werden. Caseinteilchen schließen viel weniger Wasser ein, deshalb ist auch die Viscosität von Caseinchloridlösungen niemals so hoch wie die von Gelatinechloridlösungen von gleicher prozentischer Proteinkonzentration.

Sämtliche hier beschriebenen Versuche stehen mit der Okklusionstheorie, aber nicht mit der Hydratationstheorie im Einklang. Daß die Viscosität einer 0,5 proz. Lösung isoelektrischer Gelatine bei einer Temperatur von 20° oder darunter rasch mit der Zeit anwächst, kann z. B. nicht mittels der Hydratationstheorie erklärt werden, denn die isoelektrische Gelatine ist nicht ionisiert. Diese Erscheinung könnte mittels der Annahme erklärt werden, daß Gelatinelösungen eine ähnliche Struktur haben wie feste Gelatinegele. Verfolgt man diesen Gedanken weiter, so müssen wir schließlich annehmen, daß außer der Viscosität, die von dem relativen Volumen des Proteins abhängig ist, noch eine andere Viscosität existiert, die nur bei Proteinlösungen anzutreffen ist und nicht in Beziehungen zu dem relativen Volumen steht.

„Es besteht die Möglichkeit, daß Proteinlösungen eine bestimmte molekulare Struktur haben, ähnlich wie Gele oder Koagula, die sich aus den Lösungen bilden. Diese Möglichkeit gewinnt eine gewisse

Wahrscheinlichkeit, wenn wir uns das Verhalten der Viscosität solcher Eiweißlösungen vergegenwärtigen. Schreiben wir z. B. einer solchen Lösung eine netzartige Struktur zu (etwa wie ein Tennisnetz), so würden rasch bewegte, im Verhältnis zu den Netzmaschen kleine Körper nur so weit behindert werden, als der zu ihrer Bewegung notwendige Raum durch Bestandteile des Netzwerkes eingenommen wird. Dagegen würden Einflüssen, die auf eine Deformation der ganzen Struktur abzielen, sehr viel erheblichere Widerstände entgegengesetzt werden; solche Widerstände würden auftreten wenn z. B. eine derartige Lösung durch ein enges Rohr gepreßt wird[1])."

Diese Theorie wird unhaltbar, wenn es sich um Suspensionen von gepulverter Gelatine oder von Caseinchlorid handelt, die keine Neigung zur Gelbildung zeigen. Ferner versagt sie, wenn die Tatsache erklärt werden soll, daß bei Gelatinelösungen die Wirkung des p_H auf die Viscosität dieselbe ist wie die auf den osmotischen Druck. Es ist unnötig, eine zweite, von dem relativen Volumen der gelösten Substanz unabhängige Art der Viscosität anzunehmen, denn die Theorien von Einstein und von Arrhenius, die die Viscosität aus dem relativen Volumen herleiten, erklären hinreichend sämtliche beobachteten Erscheinungen.

Wir kommen demnach zu dem Schluß, daß überall da, wo die Wasserstoffionenkonzentration, die Ionenvalenz und die Konzentration von Salzen die Viscosität von Proteinlösungen ähnlich beeinflussen wie den osmotischen Druck, dieser Einfluß auf die Viscosität in Wirklichkeit eine Elektrolytwirkung auf die Quellung fester, submikroskopischer, in der Lösung suspendierter Proteinteilchen ist.

Sechzehntes Kapitel.

Der osmotische Druck, die Viscosität und die Membranpotentiale bei Anwesenheit von Gelatineaggregaten[2]).

1. Genuine Proteine bilden echte Lösungen, in welchen außer den isolierten Ionen und Molekülen noch submikroskopische Teilchen vorhanden sein können, die imstande sind zu quellen und Wasser einzuschließen. Nur dann, wenn in einer Proteinlösung derartige Teilchen vorhanden sind, besteht eine verhältnismäßig hohe Viscosität, welche

---

[1]) Robertson, T. B.: The Physical Chemistry of Proteins. S. 324—325. New York, London, Bombay, Kalkutta, Madras 1918.

[2]) Loeb, J.: Journ. of gen. physiol. Bd. 4, S. 97, 796. 1921/22.

durch Elektrolyte ähnlich wie der osmotische Druck beeinflußt wird. Nicht zu konzentrierte Lösungen von krystallinischem Eieralbumin sind von verhältnismäßig kleiner Viscosität, die nicht in der typischen Weise durch Elektrolyte geändert wird. Solche Lösungen müssen daher hauptsächlich aus einzelnen Ionen und Molekülen oder aus Teilchen bestehen, die zu klein sind, um Wasser einschließen zu können. Nun beeinflussen aber Elektrolyte den osmotischen Druck von Eieralbuminlösungen in der gleichen Weise wie den von Gelatinelösungen. Bei der Beeinflussung des osmotischen Druckes durch Elektrolyte muß es sich also um eine Wechselwirkung zwischen diesen und den isolierten Proteinionen handeln, nicht aber den submikroskopischen quellfähigen Teilchen. Bei Gelatinelösungen, in welchen sowohl isolierte Ionen als auch submikroskopische Micellen angenommen werden, würden dann die isolierten Ionen ausschlaggebend sein für die Elektrolytwirkungen auf den osmotischen Druck der Lösung, während die submikroskopischen quellfähigen festen Gelteilchen für den Elektrolyteinfluß auf die Viscosität in Frage kommen. Wenn man also in einer Gelatinelösung die submikroskopischen, festen Gelteilchen in isolierte Moleküle oder Ionen überführt, so muß die Viscosität sinken, der osmotische Druck steigen und umgekehrt. Versuche an Gelatinelösungen stimmen hiermit überein.

Im vorigen Kapitel haben wir gesehen, daß beim Stehenlassen einer Gelatinechloridlösung die Viscosität nicht immer zunimmt. Bei hinreichend hohen Temperaturen wird sogar eine Abnahme beobachtet. Daß dies der Fall ist, wurde von einer 2proz. Gelatinechloridlösung vom p_H 2,7 gezeigt (Abb. 82). Bei einer solchen Lösung steigt die Viscosität sehr rasch an, wenn man sie bei 15° hält, sie steigt viel langsamer an bei 25°, bei Temperaturen oberhalb 35° wird sie kleiner, und zwar um so ausgesprochener, je höher die Temperatur ist. Dieses Verhalten führten wir darauf zurück, daß bei Temperaturen über 35° die Zerfallsgeschwindigkeit submikroskopischer fester Gelteilchen größer ist als die Geschwindigkeit ihrer Bildung aus isolierten Ionen oder Molekülen. Mehrere Liter einer 0,55proz. Lösung isoelektrischer Gelatine wurden 48 Stunden lang bei ungefähr 10° und die nächsten 24 Stunden bei 20° aufbewahrt. Dann wurde diese Lösung in zwei Teile geteilt. Die eine Hälfte wurde in Portionen von je 90 ccm eingeteilt, jede Portion wurde dann auf ein verschiedenes p_H gebracht, indem je 10 ccm verschieden konzentrierter Salzsäure zugesetzt wurde. Auf diese Weise betrug der Gehalt an ursprünglich isoelektrischer Gelatine jedesmal 0,5%. Der zweite Teil der Lösung wurde in derselben Weise aufgearbeitet, mit dem Unterschied, daß vor dem Säurezusatz die Gelatine 1 Stunde bei 45° gehalten wurde, um die submikroskopischen Gelteilchen zum Teil zum Schmelzen zu bringen und so die Konzentration der isolierten Ionen und Moleküle zu vermehren. Nach dieser Erhitzung wurde dieser Teil der Ausgangslösung rasch auf 20° abgekühlt, genau wie vorher abgeteilt und jedem Teil Salzsäure zugesetzt. Nun wurden sämtliche Gelatinelösungen zur Messung des osmotischen Druckes in Kollodiumsäckchen gebracht, deren Inhalt etwa 50 ccm betrug. Für beide Versuchsreihen wurde eine Temperatur von 20° innegehalten. Von Anfang an war zu erkennen, daß die osmotischen Drucke der für 1 Stunde auf 45° erhitzten Lösungen, in welchen man eine geringere Anzahl fester Gelteilchen vermuten mußte, höher als der der nicht vorher erhitzten Gelatinelösungen war. In der Abb. 94 sind die nach 22 Stunden abgelesenen Werte dargestellt. Bei den erhitzten Gelatinelösungen steigt der osmotische Druck bis auf 200 mm Wasser, bei den anderen Lösungen nur bis auf 170 mm.

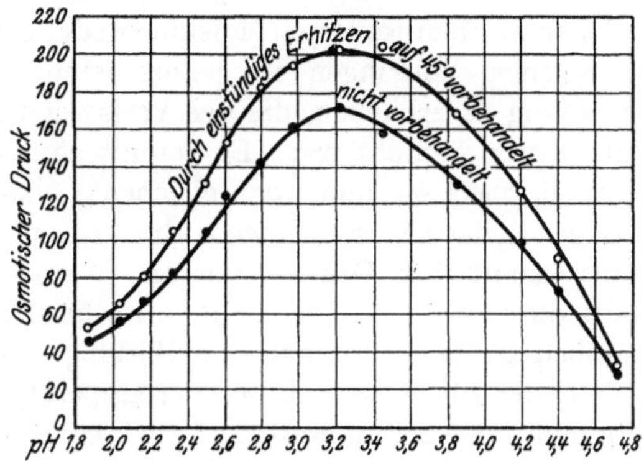

Abb. 94. Der osmotische Druck von 0,5 proz. Gelatinechloridlösungen bei 20° ist höher, wenn die Lösungen 1 Std. lang auf 45° erhitzt werden.

Nun wurden bei 20° die Viscositäten bestimmt, die sich umgekehrt verhielten (Abb. 87 des vorigen Kapitels). Die Viscositäten der vorher nicht erhitzten Lösungen waren beträchtlich höher als die der vor dem Versuch auf 45° erhitzten. Es müssen sich also unserer Erwartung gemäß in der einen Versuchsreihe feste submikroskopische Gelteilchen in isolierte Proteinionen und -moleküle verwandelt haben, wobei die Viscosität der Lösung kleiner und der osmotische Druck größer wird.

In quantitativer Beziehung sind die Unterschiede der Viscosität (Abb. 87) größer als die Unterschiede der osmotischen Drucke (Abb. 94), wahrscheinlich deshalb, weil die Viscosität sofort, nachdem die Temperatur wieder auf 20° gebracht war, gemessen wurde, während der osmotische Druck dieser Lösungen erst nach 22stündigem Verweilen bei 20° abgelesen werden konnte. Während dieser Zeit hatte sich wahrscheinlich eine beträchtliche Anzahl submikroskopischer fester Gelteilchen in den vorher auf 45° erhitzten Lösungen rückgebildet.

Ferner wurde folgender Versuch angestellt: Eine 1proz. Gelatinelösung vom p_H 3,5 wurde in zwei Teile geteilt, der erste Teil wurde in ein Becherglas gebracht und in diesem auf 20° gehalten. Der andere

Teil wurde 1 Stunde lang auf 45° erhitzt, dann rasch auf 20° abgekühlt, in ein Kollodiumsäckchen gebracht und in diesem in den anderen Teil der Gelatinelösung eingetaucht. Hierbei diffundierte erwartungsgemäß Wasser in die vorher erhitzte Gelatinelösung hinein.

Diese Versuche rechtfertigen die im vorigen Kapitel ausgesprochene Ansicht, daß Proteinlösungen echte Lösungen sind, die außerdem noch feste quellfähige Proteinteilchen enthalten können.

Bei Gelatinelösungen ist die Bildung submikroskopischer, fester Gelteilchen aus den isolierten Molekülen oder Ionen ein reversibler Vorgang. In solchen Vorgängen ist wahrscheinlich der Grund für eine Erscheinung zu erblicken, die der Verfasser lange Zeit hindurch erfolglos aufzuklären bemüht war. Es kommt nämlich vor, daß Gelatinelösung vom gleichen p_H und vom gleichen Gehalt an ursprünglich isoelektrischer Gelatine anscheinend ohne erkennbaren Grund Unterschiede ihres osmotischen Druckes zeigten. Wahrscheinlich war diese Erscheinung durch einen damals nicht in Rechnung gezogenen Faktor bedingt, nämlich durch die allmähliche Bildung größerer Aggregate aus Molekülen oder Ionen, die bei Zimmertemperatur vor sich geht. Bei diesem Vorgang muß der osmotische Druck sinken und die Viscosität steigen. Wir hatten diesen Faktor bei den Viscositätsversuchen ausgeschaltet, bei welchen wir die Gelatinelösungen vorher stets auf 45° erhitzten und dann sofort auf die für die Messungen erforderlichen Temperaturen abkühlten. Wahrscheinlich muß man bei Versuchen über den osmotischen Druck die Lösungen in der gleichen Weise vorbehandeln.

Na-Caseinatlösungen sind weniger opak als Caseinchloridlösungen von gleichem Gehalt an isoelektrischem Casein. Wir können also vermuten, daß Na-Caseinatlösungen mehr isolierte Caseinionen und weniger submikroskopische feste Teilchen enthalten als Caseinchloridlösungen.

In einem früheren Kapitel hat der Verfasser gezeigt, daß die maximale Viscosität einer 1proz. Caseinchloridlösung höher als die maximale Viscosität von Na-Caseinatlösungen von gleichem Gehalt an isoelektrischem Casein ist. Beim osmotischen Druck dieser Lösungen ist das Verhalten genau umgekehrt, denn der maximale osmotische Druck einer 1proz. Na-Caseinatlösung beträgt fast 700 mm Wasser gegen nur ungefähr 200 mm bei 1proz. Caseinchloridlösungen.

Lösungen aus krystallinischem Eiereiweiß bestehen anscheinend bei gewöhnlicher Temperatur und bei nicht zu hoher Albumin- und Wasserstoffionenkonzentration ausschließlich oder fast ausschließlich aus isolierten Molekülen oder Ionen. Da diese durch eine Kollodiummembran nicht diffundieren können, bildet sich bei Anwesenheit einer solchen Membran ein Donnan-Gleichgewicht aus, und daher wird nur der osmotische Druck von gelösten Salzen des krystallinischen Eieralbumins durch Elektrolyte in der von der DONNANschen Theorie verlangten Weise beeinflußt. Die Viscosität solcher Lösungen läßt derartige Wirkungen nur in ganz geringfügigem Maße erkennen.

2. Die geschilderte Beziehung zwischen Viscosität und osmotischem Druck muß sich noch besser demonstrieren lassen, wenn wir in einer Gelatinelösung einen Teil der gelösten Gelatine durch das gleiche Gewicht gepulverter Gelatine ersetzen. Durch eine solche Substitution müßte die Viscosität der Lösung zu- und der osmotische Druck abnehmen.

Abb. 95 zeigt, daß der osmotische Druck einer 1proz. Lösung ursprünglich isoelektrischer Gelatine um so mehr abnimmt, in je stärkerem Maße man die gelöste Gelatine durch kleine Teilchen gepulverter Gelatine ersetzt. Die Ordinaten der höchsten Kurve stellen die Werte der osmotischen Drucke von Gelatinelösungen mit einem Gehalt von 1% ursprünglich isoelektrischer Gelatine bei verschiedenem p_H dar, wobei das p_H wie üblich die Abszissen der Kurve bildet. Zum Ansäuern wurde Salzsäure verwendet; die Kurve läßt die gewohnte Gestalt erkennen. Die Gelatinelösungen wurden vor dem Versuchsbeginn rasch auf 45° erhitzt, dann rasch auf 20° abgekühlt und während des ganzen Versuches auf dieser Temperatur gehalten. Die p_H-Werte beziehen sich auf die Gelatinelösungen am Ende des Versuches. Die mittlere Kurve stellt eine Versuchsreihe dar, bei welcher 0,5 g der in der Lösung befindlichen isoelektrischen Gelatine durch 0,5 g isoelektrischen Gelatinepulvers ersetzt war. Dieser Ersatz hatte keinen Einfluß auf den osmotischen Druck. Der beobachtete osmotische Druck ist lediglich verursacht durch die einzelnen Ionen der 0,5% gelösten Gelatine, welche das Zustandekommen des Donnan-Effektes bedingen. Einen Beitrag dazu liefern noch die isolierten Gelatineionen und -moleküle. Theoretisch müßten selbstverständlich die groben Gelatinestückchen ebenfalls am osmotischen Druck teilhaben, indessen ist wegen der kleinen Anzahl dieser Teilchen ihre Wirkung zu vernachlässigen (die verwendeten Gelatineteilchen hatten eine Körnchengröße von etwas über 0,042 cm Durchmesser). Vor dem Beginn der Versuche wurden die Gelatinelösungen rasch auf 45° erhitzt, rasch auf 20° wieder abgekühlt und dann soviel Gelatinepulver zugefügt, daß der gesamte Gelatinegehalt 1% betrug. Die angegebenen p_H-Werte sind die der Gelatinelösungen am Ende des Versuches.

Die tiefste Kurve stellt die osmotischen Drucke von Suspensionen aus 1 g isoelektrischem Gelatinepulver in 100 ccm verschieden konzentrierter Salzsäurelösungen dar. Die geringen Drucke sind wahrscheinlich dadurch bedingt, daß sich allmählich etwas Gelatine löste. In einer Wiederholung dieses Versuches ging wahrscheinlich noch weniger Gelatine in Lösung; die beobachteten Drucke waren noch kleiner als die Ordinatenwerte der untersten Kurve der Abb. 95. Diese Versuche über den osmotischen Druck wurden sämtlich in einem Thermostaten von 20° durchgeführt.

Wenn man einen Teil der gelösten Gelatine durch feste Gelatineteilchen ersetzt, so ändert sich die Viscosität in genau der umgekehrten Weise wie der osmotische Druck. Die Viscosität ist um so höher, je größer der Anteil der festen Körnchen an der gesamten Gelatinemenge ist; ein Ergebnis, das nach dem Vorstehenden zu erwarten war.

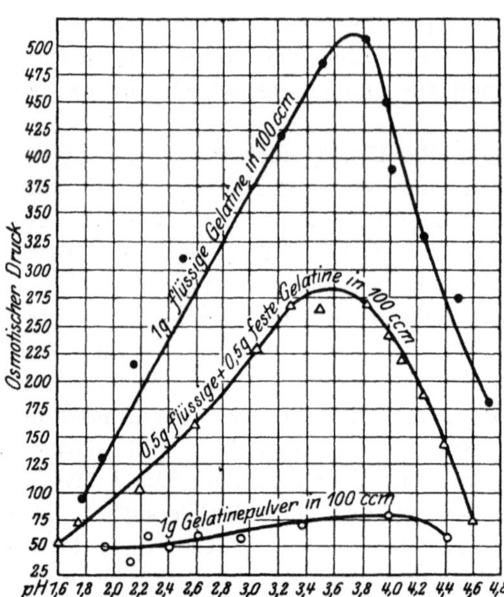

Abb. 95. Eine 1proz. Suspension von feingepulverter Gelatine hat nur einen sehr kleinen osmotischen Druck (unterste Kurve), während eine 1proz. Lösung der gleichen Gelatine einen sehr hohen osmotischen Druck bis über 500 mm Wasser zeigt (obere Kurve). Eine Suspension von 0,5 g Gelatinepulver in 100 ccm einer 0,5proz. Gelatinelösung hat etwa den einer 0,5proz. Gelatinelösung zukommenden osmotischen Druck (mittlere Kurve).

Lösungen mit einem Gehalt von 0,5, 0,625, 0,750, 0,875 und 1,0 g isoelektrischer Gelatine in 100 ccm wurden rasch auf 45° erhitzt, rasch auf 20° abgekühlt und dann so viel Gelatinepulver vom p_H 7,0 zugesetzt, daß der gesamte Gelatinegehalt 1% betrug. Es wurden also zu der 0,5 proz. Lösung 0,5 g Gelatinepulver gesetzt (die Teilchen hatten Sieb 100 bis 120 passiert), der 0,875proz. Lösung wurde 0,125 g Gelatinepulver zugesetzt, während die 1proz. Lösung ohne Zusatz blieb. Diese Mischungen wurden durch Zusatz verschiedener Salzsäuremengen auf verschiedenes p_H gebracht und vor der Messung der Viscosität 1 Stunde stehen gelassen, um Quellung der Gelatinekörnchen zu ermöglichen. Die Endergebnisse der Messungen sind in der Abb. 96 dargestellt. Man erkennt, daß innerhalb des p_H-Bereiches zwischen 3,6 und 1,4 die Viscosität um so höher ist, je höher der Anteil der gepulverten Gelatine am Gesamtgelatinegehalt ist. Dies bestätigt die Richtigkeit der Ansicht, daß die Beeinflussung der Viscosität von Gelatinelösungen durch Elektrolyte so zustande kommt, daß die Quellung submikroskopischer, in der Lösung befindlicher fester Gelteilchen modifiziert wird.

Die Kurven der Abb. 96 bedürfen für den p_H-Bereich zwischen 4,6 und 3,8 noch einer Erklärung. Hier liegen die Kurven um so tiefer, je mehr gelöste Gelatine durch feste Gelatine ersetzt ist. Der Grund hierfür ist, daß wir vor den Viscositätsbestimmungen die Suspensionen mindestens 1 Stunde stehen lassen mußten, damit die Gelatineteilchen quellen konnten. Während dieser Zeit nimmt im isoelektrischen Punkt oder in seiner Nähe die durch gelöste Gelatine bedingte Viscosität rasch zu; diese Zunahme der Viscosität ist bei höherer Wasserstoffionenkonzentration weniger ausgesprochen. Daß diese Erklärung richtig ist, zeigt die Abb. 97, in welcher die nach 1 stündigem Stehen gemessenen Viscositäten der überstehenden Flüssigkeiten, d. h. ohne suspendierte Teilchen, dargestellt sind. Die Viscosität hatte bei p_H 4,6 eine stärkere Zunahme als bei p_H 4,4 gezeigt. Dies bedeutet, daß im isoelektrischen Punkt oder in seiner Nähe sich aus den Molekülen fortwährend neue submikroskopische feste Gelteilchen bilden. Dieser Vorgang ist um so langsamer, je höher die Wasserstoffionenkonzentration ist. Während bei stärkerer Säurekonzentration die Bildungsgeschwindigkeit neuer Micellen kleiner ist, ist die Quellung der be-

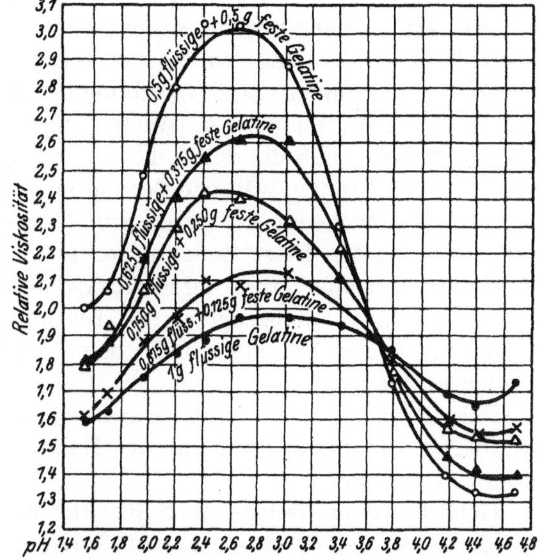

Abb. 96. Der Ersatz gelöster durch suspendierte Gelatine beeinflußt die Viscosität in der entgegengesetzten Weise wie den osmotischen Druck. Die Viscosität ist um so höher, je mehr gelöste Gelatine durch feste Gelatinekörnchen ersetzt ist.

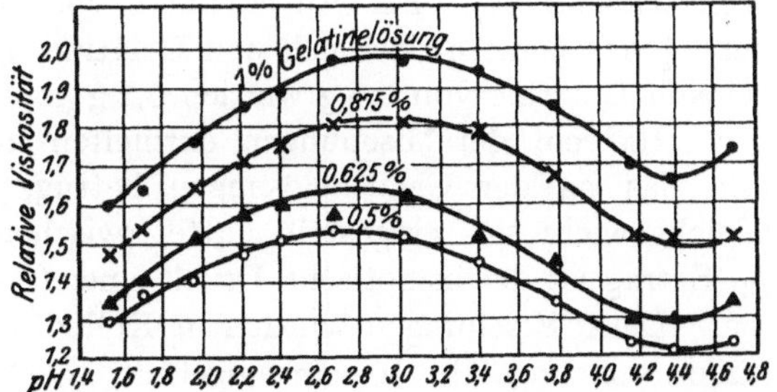

Abb. 97. Die Viscosität von Gelatinelösungen, die 1 Std. lang bei 20° sich selbst überlassen waren. Das Minimum liegt bei p_H 4,4, weil im isoelektrischen Punkt (4,7) die Viscosität wegen der Bildung von submikroskopischen Gelteilchen zugenommen hatte.

stehenden Gelteilchen entsprechend größer, während andererseits die Teilchen gepulverter isoelektrischer Gelatine in wässeriger Lösung vom p_H 4,7 beim Stehen ihr Volumen nicht vergrößern.

Wir haben schon im vorigen Kapitel ausgeführt, daß man durch Säurezusatz zu einer Lösung isoelektrischer Gelatine die Bildung neuer fester Teilchen bei längerem Stehen verhindern oder verzögern kann.

Wir kehren nun zu der Besprechung der Kurven der Abb. 96 zurück. Die Kurventeile, die den p_H-Werten über 3,8 entsprechen, sind der Ausdruck dafür, daß die durch die gelöste Gelatine bedingte Viscosität innerhalb der Stunde, während der die Lösung bei 20° sich selbst überlassen blieb, nachdem sie vorher auf 45° erhitzt war, allmählich zugenommen hatte. Diese Zunahme hatte im isoelektrischen Punkt ihr Maximum; bei p_H-Werten unterhalb 3,4 war sie fast Null. Der Säurezusatz hat den entgegengesetzten Einfluß auf die festen Gelatinekörnchen, deren Volumen nach den Gesetzen des Donnan-Gleichgewichtes zunimmt.

Ferner wurden noch einige Untersuchungen über den Einfluß suspendierter Gelatineteilchen auf die Membranpotentiale von Gelatinelösungen angestellt.

Gelatinepulver (welches Sieb 30, aber nicht Sieb 60 passiert hatte) wurde in der früher beschriebenen Weise isoelektrisch gemacht. Ein Teil der isoelektrischen Gelatine wurde geschmolzen und die geschmolzene und die gepulverte isoelektrische Gelatine gemischt. In sämtlichen Versuchen betrug das Gesamtgewicht der verwendeten isoelektrischen Gelatine in 100 ccm der Lösung 0,8 g. Das Verhältnis der gepulverten zu der gelösten Gelatinemenge war indessen abgestuft (vgl. Tabelle 51). Bei Anwesenheit von 0,5 g gepulverter Gelatine betrug das Gewicht der gelösten Gelatine 0,3 g, bei einem Gehalt an gelöster Gelatine von 0,6 g wurden 0,2 g gepulverter Gelatine zugesetzt usw. 100 ccm der Mischungen enthielten außerdem 8 ccm n/10-HCl; und das p_H der Gelatinelösungen betrug, nachdem das osmotische Gleichgewicht sich eingestellt hatte, zwischen 3,2 und 3,3. Bei diesem p_H-Betrag ist der osmotische Druck einer Gelatinelösung nahezu maximal. Diese Mischungen wurden in Kollodiumsäckchen mit einem Volumen von ungefähr 50 ccm eingefüllt, welche mit Gummistopfen verschlossen wurden, durch deren Bohrung ein gläsernes Manometerrohr führte. Die Säckchen wurden über Nacht in Bechergläser mit je 350 ccm wässeriger n/1000-HCl eingebracht. Die Versuchstemperatur betrug 21°. Am nächsten Tag wurde der osmotische Druck abgelesen, das Membranpotential zwischen der Gelatinechloridlösung und der wässerigen gelatinefreien Außenflüssigkeit mit einem COMPTON-Elektrometer mittels indifferenter gesättigter KCl-Kalomel-Elektroden gemessen und schließlich das p_H innen und außen mittels der Wasserstoffelektrode bestimmt. Die Beobachtungen sind in der Tabelle 51 zusammengestellt.

Zunächst ergibt sich bei einer Betrachtung der Tabelle, daß die osmotischen Drucke um so kleiner sind, je größer der auf das Gelatinepulver fallende Anteil der gesamten Gelatine ist. Die Gelatinekörnchen tragen offenbar nichts zu dem osmotischen Druck bei.

Ferner ergibt sich aus der Tabelle, daß die im Gleichgewicht gemessenen Membranpotentiale viel geringere Verschiedenheiten zeigen als die osmotischen Drucke. Wenn die Membranpotentiale durch ein Membrangleichgewicht bedingt sind, so mußten wir erwarten, daß diese Potentiale wirklich dem Unterschied der Wasserstoffionenkonzentrationen zwischen innen und außen entsprechen. Aus dem Grunde wurden aus den p_H-Messungen die H˙-Potentiale berechnet. Man sieht, daß die gemessenen Membranpotentiale und die berechneten H˙-Potentiale nur um etwa 0,5 Millivolt differieren. Demnach sind zweifellos diese Membranpotentiale durch die Unterschiede der Wasserstoffionenkonzentration zwischen den beiden Seiten der Kollodiummembran bedingt; die Beobachtungen stehen also in Einklang mit der DONNANschen Theorie. Aus diesen Feststellungen ergibt sich weiter, daß Proteinaggregate bei einem Donnan-Gleichgewicht fast in demselben Ausmaß wie die isolierten

Tabelle 51.

Einfluß der Substitution festen Gelatinepulvers für gelöste Gelatine auf den osmotischen Druck und auf das Membranpotential.

Suspendierte Gelatine pro 100 ccm (g)	0,8	0,7	0,6	0,5	0,4	0,3	0,2	0,1	0
Gelöste Gelatine pro 100 ccm (g)	0	0,1	0,2	0,3	0,4	0,5	0,6	0,7	0,8
Osmotischer Druck	85	132	181	230	268	310	342	406	398
p_H innen	3,16	3,20	3,18	3,19	3,22	3,27	3,28	3,30	3,33
p_H außen	2,82	2,85	2,85	2,83	2,83	2,85	2,82	2,84	2,87
p_H innen minus p_H außen	0,34	0,35	0,33	0,36	0,39	0,42	0,46	0,46	0,46
H˙-Potential (Millivolt)	20,0	20,5	19,0	21,0	22,5	24,5	26,5	26,5	26,5
Membranpotential (Millivolt)	zwischen 23,0 und 18,0 (Keine konstante Einstellung)	zwischen 22,0 und 18,0 (Keine konstante Einstellung)	23,0	21,0	22,5	25,0	26,0	26,5	27,0

Gelatinemoleküle oder -ionen beteiligt sind. Dies findet darin seinen Ausdruck, daß die Membranpotentiale relativ wenig vermindert werden, wenn gelöste Gelatine durch gepulverte ersetzt wird. Indessen beteiligen sich diese Teilchen nicht an der Herstellung des osmotischen Druckes, weil nämlich ihr Anteil an dem Überschuß von Chlorionen in ihrem Inneren festgehalten wird, wo er dazu dient, die Quellung der Teilchen zu vermehren. Bei unseren Versuchen gibt jedes Gelatineteilchen zu einem Donnan-Gleichgewicht Veranlassung, wodurch die Cl'-Ionenkonzentration innen größer als außen und so ein osmotischer Druck bedingt wird. Es wird also Wasser in jedes Körnchen so lange hineindiffundieren, bis die Kohäsionskräfte des Gelatineteilchens dem durch das Donnan-Gleichgewicht bedingten osmotischen Druck im Inneren die Wage halten: Die Teilchen werden also quellen. Bei einer Mischung aus gelöster und gepulverter Gelatine stellen sich zwei verschiedene osmotische Drucke ein: 1. der osmotische Druck der in echter Lösung befindlichen Gelatine und 2. der osmotische Druck im Inneren jedes festen Gelatineteilchens. Den ersten bestimmen wir als hydrostatischen Druck der Wassersäule, die der Diffusion durch die Membran die Wage hält. Diese osmotischen Drucke sind in der Tabelle 51 angegeben. Die osmotischen Drucke im Inneren jedes Teilchens fester gepulverter Gelatine äußert sich in der Quellung, d. h. in einer Vermehrung (Anspannung) der Kohäsionskräfte zwischen den Molekülen des Gelteilchens. Dieser Betrag erscheint nicht in dem abgelesenen osmotischen Druck der Lösung. Nur der Teil der osmotischen Kräfte einer Proteinlösung erscheint als hydrostatischer Druck, der direkt oder indirekt durch isolierte Proteinmoleküle bedingt ist. Dieser hydrostatische Druck wird kleiner, wenn man einen Teil des in Lösung befindlichen Proteins durch Proteinaggregate oder -micellen ersetzt.

Es wird nach diesen Ergebnissen offenbar, daß die Elektrolytwirkungen auf den osmotischen Druck einer Gelatinesalzlösung in erster Linie von den isolierten Proteinionen abhängt. Der ähnliche Einfluß der Elektrolyte auf die Viscosität von Gelatinesalzlösungen steht hauptsächlich in Beziehungen zu den zum Teil oder ganz aus Ionen bestehenden Aggregaten, welche die Lösung enthält. Bei den Elektrolytwirkungen auf die Membranpotentiale von Gelatinesalzlösungen kommen dagegen sowohl die isolierten Gelatineionen als auch die ionisierten Aggregate in Betracht.

Der osmotische Druck und die Viscosität von Gelatinesalzlösungen hängen in verschiedenem Sinne mit dem Dispersitätsgrad der ionisierten Gelatineteilchen zusammen. Die Ähnlichkeit der Elektrolytwirkung auf die Viscosität und auf den osmotischen Druck von Gelatinelösungen kann man also unmöglich durch die Annahme verschiedener Dispersitätsgrade erklären.

Siebzehntes Kapitel.

Membranpotentiale und kataphoretische Potentiale bei Proteinen[1]).

1. Im Jahre 1900 beobachtete HARDY, daß Teilchen denaturierten (gekochten) Eiereiweißes im elektrischen Feld in saurer Lösung kathodisch, in alkalischer Lösung anodisch wanderten und bei einem bestimmten Punkt zwischen diesen zwei Reaktionen, nämlich in dem sogenannten isoelektrischen Punkt[2]), stillstanden. Im elften Kapitel hatten wir gesehen, daß der gleiche Einfluß des p_H auf die Ladung des Proteins bei den Membranpotentialen vorhanden ist, indem nämlich eine in ein Kollodiumsäckchen gebrachte Proteinlösung, die sich mit einer wässerigen proteinfreien Außenflüssigkeit ins Gleichgewicht setzen konnte, auf der sauren Seite des isoelektrischen Punktes positiv und auf seiner alkalischen Seite negativ geladen ist, während im isoelektrischen Punkt keine Ladung vorhanden ist. Es fragt sich nun, wodurch die Ähnlichkeit der p_H-Wirkung auf die beiden Potentiale bedingt ist. Die Membranpotentiale beruhen auf dem Konzentrationsunterschied eines diffusiblen Ions (etwa des $H^{\cdot}$-Ions) zwischen der Innen- und Außenflüssigkeit. Dies ist dadurch bewiesen, daß die Membranpotentiale von Proteinlösungen mit den $H^{\cdot}$-Potentialen übereinstimmen. Die kataphoretischen Potentiale sind dagegen durch die Potentialdifferenz zwischen den beiden Lagen einer elektrischen Doppelschicht bestimmt, die sich an der Grenzfläche zwischen den Teilchen und dem Wasser befindet, aber ausschließlich dem Wasser angehört. Diejenige Lage dieser Doppelschicht, die den festen Teilchen zunächstliegt, ist mit ihm fest verbunden und bewegt sich mit ihm. Die Ladung dieses Wasserhäutchens bestimmt die kataphoretische Bewegung der Teilchen.

Die Theorie dieser elektrischen Doppelschichten ist von QUINCKE und HELMHOLTZ entwickelt und in einer wesentlichen Beziehung von PERRIN abgeändert worden. Man kann die Potentialdifferenz derartiger elektrischer Doppelschichten aus der Wanderungsgeschwindigkeit solcher Teilchen in einem elektrischen Feld mit Hilfe folgender Gleichung berechnen:

$$v = \frac{\varepsilon \cdot E \cdot K}{4 \pi \eta},$$

v ist die Wanderungsgeschwindigkeit des Teilchens in cm pro Sekunde, ε ist die Potentialdifferenz zwischen den beiden Lagen der das Teilchen

[1]) LOEB, J.: Journ. of gen. physiol. Bd. 5, S. 505. 1922/23.
[2]) HARDY, W. B.: Proc. of the roy. soc. of London Bd. 66, S. 110. 1900.

umgebenden Doppelschicht, E das Potentialgefälle in elektrostatischen Einheiten pro cm des elektrischen Feldes, K die Dielektrizitätskonstante des Wassers oder der Lösung und η die Viscosität des Wassers. Es mag hervorgehoben werden, daß diese Formel den Tatsachen gut entspricht, denn die Ausflockung von Suspensionen einer gegebenen Substanz erfolgt stets bei der gleichen, vorher zu berechnenden, kataphoretischen Potentialdifferenz. Dies würde nicht der Fall sein, wenn die HELMHOLTZ-PERRINsche Gleichung nicht wenigstens angenähert richtig wäre.

Über den Ursprung des Potentials dieser Doppelschicht sind wir nicht so gut unterrichtet. Wir können indessen mit ziemlicher Wahrscheinlichkeit folgendes annehmen: Die Potentialdifferenz ist dadurch bedingt, daß zwei entgegengesetzt geladene Ionen eines Elektrolyten in den beiden Lagen der Doppelschicht in ungleicher Konzentration enthalten sind, indem Kräfte, die in der Natur des Wassers bedingt sind, eine Ionenart — im allgemeinen das OH-Ion oder ein anderes negatives Ion — in die äußerste Oberfläche des Wassers, d. h. in das Häutchen oder diejenige Lage der Grenzfläche drängen, die an dem festen Teilchen haftet und sich mit ihm bewegt. Da von diesem Häutchen das kataphoretische Verhalten des Teilchens abhängt, so finden wir, daß häufig in Wasser suspendierte Teilchen negativ geladen sind, während das Wasser selbst, das einen entsprechenden Überschuß positiver Ionen besitzt, positiv geladen ist.

Offenbar hat im allgemeinen das kataphoretische Potential einen ganz anderen Ursprung als das Membranpotential. Es erscheint demnach sehr schwierig, die Tatsache zu erklären, daß der Sinn der elektrischen Ladung bei den Membranpotentialen und bei den kataphoretischen Potentialen von Proteinteilchen bei Änderungen der Wasserstoffionenkonzentrationen sich in gleicher Weise ändert.

Zunächst mußten wir uns vergewissern, wieweit sich die beiden Potentiale tatsächlich gleichartig verhalten. Die hierfür erforderlichen Messungen über die Wirkung von Salzen auf die kataphoretischen Potentiale fester Proteinteilchen wurden nach der mikroskopischen Methode von ELLIS[1]) zur Bestimmung der Wanderungsgeschwindigkeit und unter Verwendung der Apparatur von NORTHROP[2]) mit unpolarisierbaren Elektroden durchgeführt.

Wir untersuchten in der Weise vier verschiedene Proteine: Casein, denaturiertes Eiereiweiß, mit Gelatine überzogene Kollodiumteilchen und Kollodiumteilchen, die mit genuinem Eiereiweiß überzogen waren[3]).

---

[1]) ELLIS, R.: Zeitschr. f. physikal. Chem. Bd. 78, S. 321. 1911/12; Bd. 80, S. 597. 1912.

[2]) NORTHROP, J. H.: Journ. of gen. physiol. Bd. 4, S. 629. 1921/22.

[3]) LOEB, J.: Journ. of gen. physiol. Bd. 5, S. 395. 1922/23.

Bei allen vier Proteinen war die Salzwirkung auf das kataphoretische Potential praktisch die gleiche, wir können uns demnach darauf beschränken, nur die an Caseinteilchen gefundenen Ergebnisse wiederzugeben.

Das Casein wurde in folgender Weise zubereitet: Eine 1proz. Caseinlösung in Salzsäure mit einem p_H von ungefähr 2,8 wurde ganz allmählich mit n/10-NaOH versetzt, bis die Lösung sehr milchig wurde und das Casein fast ausflockte. Die Suspension wurde dann zentrifugiert, das Sediment in einem Mörser mit wenig Wasser vom p_H ungefähr 4,0 zu einer rahmigen Suspension verrieben, die als Ausgangsmaterial diente. Vier Tropfen dieser Suspension wurden 50 ccm verschieden konzentrierter Salzlösungen mit bekanntem p_H zugefügt. Die Teilchen blieben bei Zimmertemperatur 20 Minuten lang in diesen Lösungen, dann wurde ihre Wanderungsgeschwindigkeit im elektrischen Feld nach der Methode von NORTHROP bestimmt.

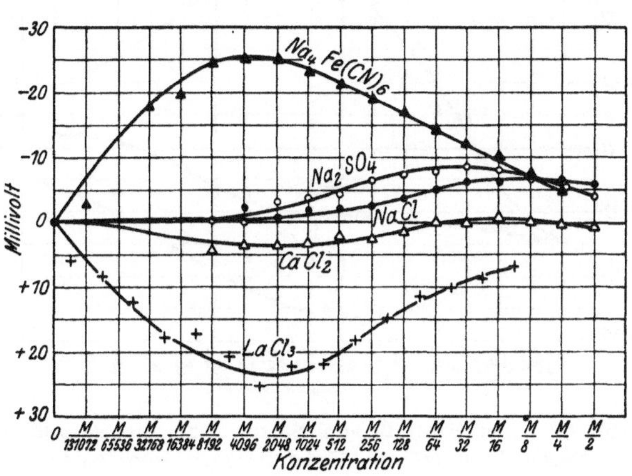

Abb. 98. Die Wirkung von Salzen auf die kataphoretische Ladung von isoelektrischen Caseinteilchen (p_H 4,7). Bei Abwesenheit von Salzen tragen die Teilchen keine Ladung. $Na_4Fe(CN)_6$ ladet sie negativ, $LaCl_3$ positiv.

In der Abb. 98 sind die Wirkungen von fünf Salzen auf die kataphoretische Potentialdifferenz isoelektrischer Caseinteilchen dargestellt (p_H 4,7). Die Abszissen bedeuten die Salzkonzentrationen, die Ordinaten den Potentialsprung der Doppelschicht in Millivolt. Positive Ladungen sind als negative Ordinaten und negative Ladungen als positive Ordinaten abgetragen. Offenbar ist die Ladung der Teilchen bei Abwesenheit von Salzen Null. NaCl, Na_2SO_4 und $CaCl_2$ beeinflussen die Ladung sehr wenig; bei $CaCl_2$ werden sie ganz schwach positiv und bei Na_2SO_4 ganz schwach negativ. Die Wirkungen dieser beiden Salze sind zwar sehr geringfügig, sie sind aber bei sämtlichen bisher untersuchten Proteinen gefunden worden.

Viel ausgesprochener waren die Wirkungen von $LaCl_3$ und $Na_4Fe(CN)_6$. Bei Anwesenheit von Ferrocyannatrium waren die Teilchen stark negativ, bei Lanthanchlorid stark positiv (Abb. 98).

In der Abb. 99 sind die Ergebnisse einer derartigen Versuchsreihe bei p_H 4,0 dargestellt. Hierbei sind Proteinteilchen (etwa Gelatine-, Casein- und Albuminteilchen) bei Abwesenheit von Salzen positiv. Die Potentialdifferenz beträgt etwa 15 Millivolt. Die Ladung der Teilchen wird durch $LaCl_3$, $CaCl_2$ und NaCl um so mehr vermindert, je höher die Salzkonzentration ist. Wesentlich ausgesprochener ist diese Erscheinung bei Anwesenheit von Na_2SO_4. Die bisher besprochenen Wirkungen der Salze auf die kataphoretische Potentialdifferenz sind den Wirkungen dieser Salze auf die Membranpotentiale bei dem gleichen p_H sehr ähnlich. Abweichend ist indessen die Wirkung des Ferrocyannatriums, welches die kataphoretische Ladung der Teilchen schon bei Konzentrationen von m/65000 umkehrt. Wir werden später sehen, daß eine solche Umkehrung der elektrischen Ladung von Proteinteilchen nur bei den kataphoretischen, aber nicht bei den Membranpotentialen der Proteine bei einem p_H von 4,0 vorkommt.

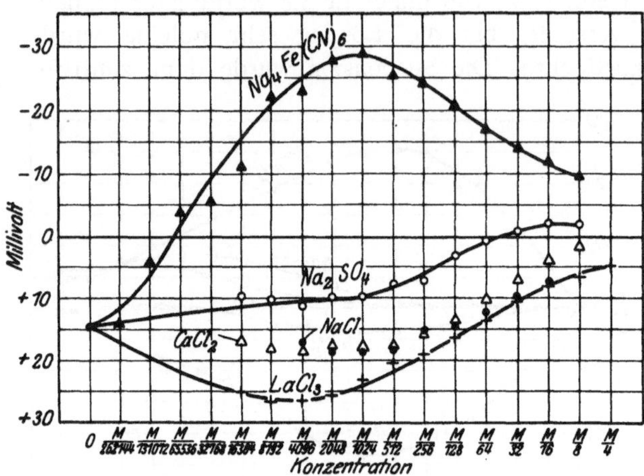

Abb. 99. Der Einfluß von Salzen auf die kataphoretische Ladung von Caseinteilchen vom p_H 4,0.

Die Wirkungen der gleichen Salze bei einem p_H von 3,0 sind in der Abb. 100 dargestellt. Bei diesem p_H mußte indessen die Untersuchung von Ferrocyannatrium wegen der hierbei auftretenden chemischen Veränderungen dieses Salzes unterbleiben. Bei Abwesenheit von Salz sind die Caseinteilchen beim p_H 3,0 positiv, die Potentialdifferenz beträgt ungefähr 20 Millivolt. Die vier Salze vermindern die Ladung, Na_2SO_4 rascher als die Chloride. Die Wirkung dieser Salze auf die kataphoretische

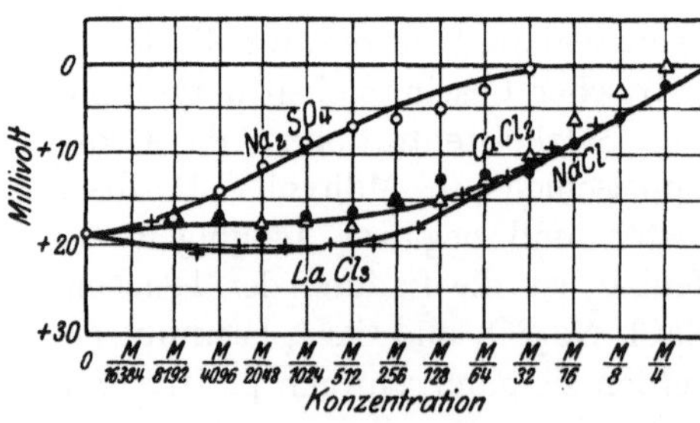

Abb. 100. Der Einfluß von Salzen auf die kataphoretische Ladung von Caseinteilchen vom p_H 3,0.

Potentialdifferenz ist ähnlich wie ihre Wirkung auf die Membranpotentiale bei dem gleichen p_H.

In der Abb. 101 sind die Wirkungen der fünf Salze bei einem p_H von 5,8 dargestellt. Bei Abwesenheit von Salz war die Ladung der Teilchen im Betrage von ungefähr 12 Millivolt negativ. Lanthanchlorid ändert das Vorzeichen der Ladung schon in Konzentrationen von m/30000; bei NaCl, $CaCl_2$ und Na_2SO_4 tritt keine Umkehrung ein. $Na_4Fe(CN)_6$ vergrößert die negative Ladung der Teilchen sehr stark, Na_2SO_4 bewirkt eine geringe Zunahme derselben. $CaCl_2$ vermehrt bei p_H 5,8 die Ladung der Teilchen nicht. Bei den Membranpotentialen hatten wir weder die Umkehrung der Ladung durch Lanthanchlorid noch die Zunahme der Ladung durch $Na_4Fe(CN)_6$ bei einem p_H 5,8 beobachtet.

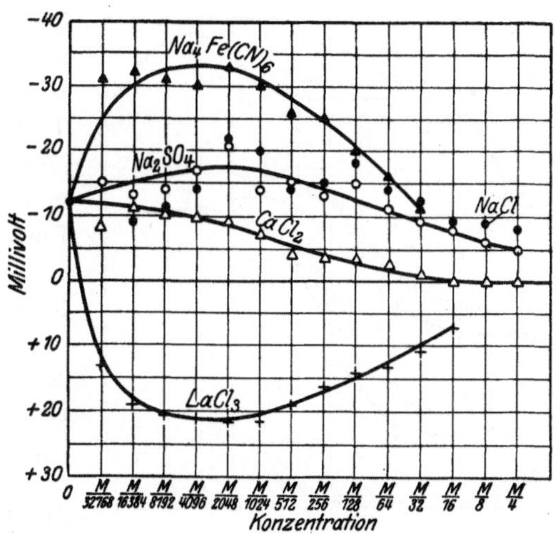

Abb. 101. Der Einfluß von Salzen auf die kataphoretische Ladung von Caseinteilchen vom p_H 5,8. Bei Abwesenheit von Salzen sind die Teilchen negativ geladen. $LaCl_3$ kehrt die Ladung um.

Es geht also aus diesen Versuchen hervor, daß sich die Membranpotentiale und die kataphoretischen Potentiale in einer ganz bestimmten Weise voneinander unterscheiden.

2. Um diese Unterschiede zu bestätigen, wurden Versuche über die Wirkungen von $Na_4Fe(CN)_6$ und $LaCl_3$ auf die Membranpotentiale von 3- und 1proz. Lösungen krystallinischen Eieralbumins bei p_H 4,0 und bei p_H 5,8 angestellt. Die Membranpotentiale wurden 18 Stunden nach dem Beginn des Versuches, wie im elften Kapitel beschrieben, bestimmt.

In der Abb. 102 sind die Wirkungen verschiedener Konzentrationen von $Na_4Fe(CN)_6$ auf die Ladung albuminüberzogener Kollodiumteilchen (obere Kurve) und auf die Membranpotentiale einer 3proz. und einer 1proz. Lösung von Eieralbumin bei einem p_H 4,0 gleichzeitig dargestellt. Die Ordinaten bedeuten die Potentialdifferenzen in Millivolt, die Abszissen die Konzentrationen des Ferrocyannatriums. Bei positiver Ladung des Proteins sind die Ordinaten wieder nach unten, bei negativer Ladung derselben nach oben aufgetragen.

Bei Abwesenheit von Salzen ist das Protein bei einem p_H 4,0 in beiden Fällen positiv geladen, das Membranpotential ist aber höher als das kataphoretische Potential. Während schon eine Ferrocyannatriumkonzentration von m/200 000 bei den kataphoretischen Potentialen die Ladung des Proteins umkehrt, ist etwas Derartiges bei den Membranpotentialen der 3proz. Albuminlösung nicht vorhanden. Das Salz vermindert hier die Potentialdifferenz, der DONNANschen Theorie entsprechend, die bei einer Salzkonzentration von m/1034 Null wird und auf diesem Punkt bleibt, selbst wenn man die Salzkonzentration bis auf m/64 oder noch höher steigert.

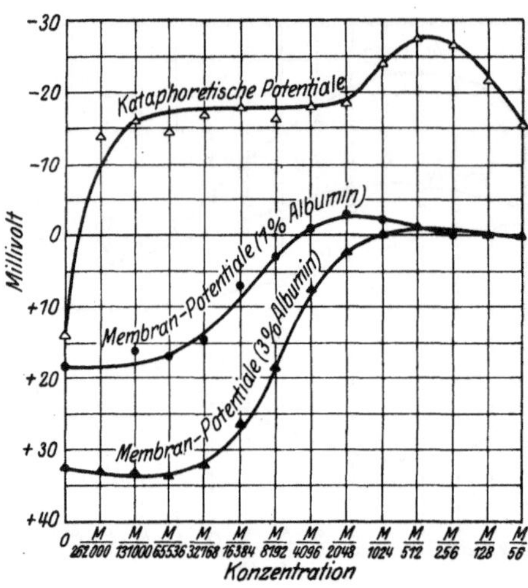

Abb. 102. Die Wirkung von $Na_4Fe(CN)_6$ auf das Membranpotential von 1- und 3 proz. Eieralbuminlösungen und auf das kataphoretische Potential von Kollodiumteilchen, die mit Albumin überzogen sind. Das p_H betrug 4,0. Die kataphoretische Ladung wird im Gegensatz zum Membranpotential schon durch kleine Salzmengen umgekehrt.

Eine Umkehr der Ladung scheint bei den Membranpotentialen der 1proz. Albuminlösungen bei einer Salzkonzentration von m/2048 eben nachweisbar zu sein, diese Umkehr muß aber in Wirklichkeit durch eine Verschiebung des p_H der Proteinlösung bedingt sein, die bei längerem Stehen durch das Ferrocyannatrium eintritt. Wenn man das p_H der Proteinlösung bestimmt, so ergibt sich, daß es innerhalb 18 Stunden über das des isoelektrischen Punktes steigt, und dadurch ändert sich der Sinn der Ladung bei Konzentrationen zwischen m/4096 und m/2048. Bei höheren Salzkonzentrationen wird das Membranpotential durch die depressorische Wirkung des Salzes wieder Null. Diese Umkehr des Membranpotentials trat bei der 3 proz. Lösung nicht ein, wahrscheinlich weil das Protein sich p_H-Änderungen gegenüber wie ein Puffer verhält, und zwar um so wirksamer, je höher es konzentriert ist. Bei den Bestimmungen des kataphoretischen Potentials wurden derartige Änderungen des p_H nicht beobachtet; die kataphoretischen Potentiale wurden aber auch schon nach 20 Minuten bestimmt (die Membranpotentiale erst nach 18 Stunden). Innerhalb von 20 Minuten ändert sich das p_H nicht meßbar.

In der Abb. 103 ist die Wirkung des Lanthanchlorids auf die kataphoretischen und Membran-Potentiale bei p_H 5,8 dargestellt. Bei Abwesenheit dieses Salzes sind bei dem p_H des Versuches die Proteinteilchen sowohl wie die Proteinlösung negativ geladen. Das Salz kehrt schon in sehr geringen Konzentrationen, bei m/32 000 oder sogar noch weniger, die Ladung der Teilchen um, bei den Membranpotentialen findet auch bei hohen Salzkonzentrationen eine solche Umkehr nicht statt. Das $LaCl_3$ kann die Membranpotentiale von Proteinlösungen bei p_H 5,8 nur bis auf Null vermindern, aber den Sinn der Ladung nicht umkehren.

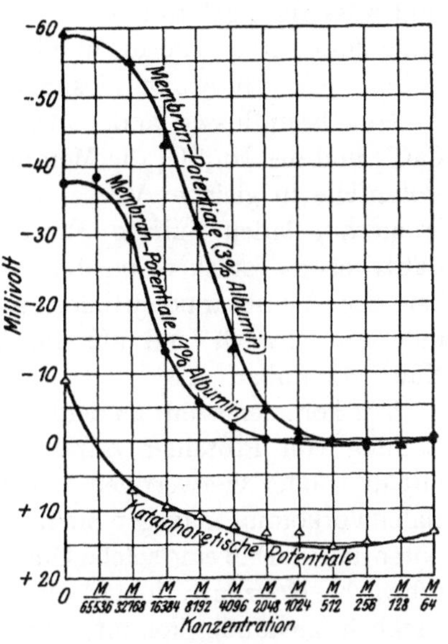

Abb. 103. Die Wirkung von $LaCl_3$ auf die kataphoretischen Potentiale und auf die Membranpotentiale von Eieralbumin bei p_H 5,8.

In der Nähe des isoelektrischen Punktes bewirkt $Na_4Fe(CN)_6$ in niedrigen Konzentrationen eine beträchtliche negative Ladung der Teilchen, während geringe Konzentrationen von $LaCl_3$ eine erhebliche positive kataphoretische Ladung des Albumins verursachen (vgl. Abb. 109, S. 270). Aus der Abb. 104 ersehen wir, daß diese beiden Salze bei den Membranpotentialen einer im isoelektrischen Punkt befindlichen Albuminlösung das Auftreten einer derartigen Ladung nicht bedingen. Nur nach Änderung der Wasserstoffionenkonzentration durch das $Na_4Fe(CN)_6$ kommt eine geringe Ladung zustande. Innerhalb von 18 Stunden steigt das p_H der Albuminlösung bei Gegenwart $Na_4Fe(CN)_6$ etwas über 4,7.

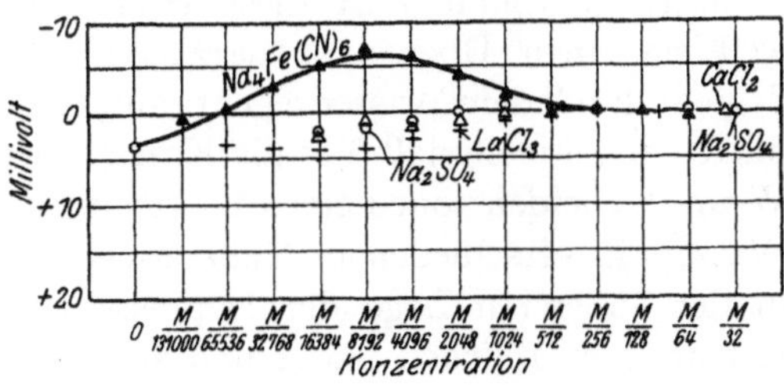

Abb. 104. Die Wirkung verschiedener Salze auf die Membranpotentiale von 1 proz. isoelektrischen Eieralbuminlösungen.

Schon bei früheren Versuchen über den Einfluß von Ferrocyannatrium oder Lanthanchlorid auf die Membranpotentiale von isoelektrischen Gelatinelösungen wurden ähnliche Ergebnisse wie bei diesen Versuchen über Eiereiweiß beobachtet; die Tendenz der Lösung, ihr p_H zu ändern, fiel dabei gleichfalls auf. Der Verfasser war aber damals nicht sicher davon überzeugt, daß die schwache Wirkung dieser beiden Salze auf die Membranpotentiale isoelektrischer Gelatine ausschließlich durch die beim längeren Stehen eintretenden p_H-Änderungen bedingt war. Nach den neuen Versuchen ist es viel wahrscheinlicher, daß es sich wirklich um p_H-Änderungen handelt.

Versuche über die Membranpotentiale zwischen festen Gelatinegelen und wässeriger gelatinefreier Außenflüssigkeit erwiesen die gleiche Wirkung des Lanthanchlorids und Ferrocyannatriums wie bei den Membranpotentialen von Albuminlösungen.

Nun beeinflussen andererseits Salze von dem Typus des NaCl, des $CaCl_2$ und des Na_2SO_4 die Membranpotentiale und die kataphoretischen Potentiale in gleicher Weise, sie erniedrigen sie ohne sie umzukehren. Immerhin laden Sulfate Proteinteilchen etwas stärker negativ und $CaCl_2$ etwas stärker positiv auf als NaCl, eine Erscheinung, die bei den Membranpotentialen nicht vorkommt. Diese Wirkung ist indessen schwach und nur im isoelektrischen Punkt oder in seiner Nähe erkennbar.

Wir kommen somit zu dem Schluß, daß eine Umkehr der elektrischen Ladung von Proteinen durch schwache Konzentrationen von Salzen mit drei- oder vierwertigen Ionen nur bei den kataphoretischen Potentialen vorkommt, dagegen nicht, oder praktisch nicht, bei den Membranpotentialen. Daß eine solche Umkehr der kataphoretischen Ladung durch schwache Konzentrationen von Lanthanchlorid und Ferrocyannatrium wirklich zustande kommt, stimmt mit dem Ausfall von Versuchen über zwei Phänomene überein, die von den kataphoretischen Potentialen abhängen, nämlich der Stabilität von Proteinteilchen und der Elektroosmose durch Proteinschichten[1]).

Nach der Helmholtz-Perrinschen Theorie der kataphoretischen Wanderung ist die Wanderungsrichtung durch die das Proteinteilchen unmittelbar umgebende und sich mit ihm bewegende Wasserhülle bestimmt. Gewöhnlich ist diese Hülle negativ geladen, wahrscheinlich weil sie einen Überschuß negativer Ionen enthält, welche in diese Schicht durch dem Wasser eigentümliche Kräfte gedrängt werden. — Wir dürfen annehmen, daß dies die Kräfte der Oberflächenspannung sind. — Wenn die beiden Ionen eines Elektrolyten die Oberflächenspannung des Wassers in verschiedenem Maße erniedrigen, so muß dasjenige Ion sich in der äußersten Lage der Doppelschicht (d. h. der Wasserhülle, die fest an dem Teilchen hängt und sich mit ihm bewegt) anreichern, das die Oberflächenspannung stärker erniedrigt. Wir dürfen uns vorstellen, daß auch die Moleküle des Wassers an seiner Oberfläche durch derartige Kräfte derart orientiert sind, daß im allgemeinen das Sauerstoffatom die äußerste und der Wasserstoff die tiefere Lage der Oberfläche bildet.

---

[1]) Loeb, J.: Journ. of gen. physiol. Bd. 4, S. 463. 1921/22.

In dieser Weise reichern sich die negativen Ionen im allgemeinen in der äußersten Lage der Oberflächenschicht des Wassers an, während die positiven Ionen sich in der tieferen Lage oder in der zusammenhängenden Masse des Lösungsmittels überschüssig vorfinden. Es hat den Anschein, daß die Kräfte, welche Kationen aus der Oberflächenschicht tiefer in das Wasser hereinziehen, schwächer werden, wenn die Valenz des Kations anwächst. Bei einem Salz wie Lanthanchlorid wird also das dreiwertige Kation mit einer größeren Kraft als das Anion in die äußere Wasserlage gedrängt; daher wird die Ladung dieser Lage positiv.

Diese Ausführungen erklären wahrscheinlich die Beobachtungen, daß positiv geladene Gelatinechloridteilchen vom p_H 4,0 in einer sehr verdünnten Ferrocyannatriumlösung eine negative kataphoretische Ladung annehmen, und daß Na-Gelatinatteilchen vom p_H 5,8 mit ursprünglich negativer Ladung in einer Lanthanchloridlösung stark positiv geladen werden. Es wird nunmehr gleichfalls verständlicher sein, wieso Na_2SO_4 die kataphoretische Ladung von Proteinteilchen in der Nähe des isoelektrischen Punktes etwas stärker negativ und $CaCl_2$ sie etwas stärker positiv macht, als es NaCl tut.

Diese Tatsachen sind sämtlich mit der Vorstellung gut vereinbar, daß die Wanderung im elektrischen Felde durch die Potentialdifferenz einer elektrischen Doppelschicht bestimmt ist, die ausschließlich dem Wasser angehört und deren Beschaffenheit wenigstens zum Teil von Kräften abhängt, die dem Wasser eigentümlich sind.

3. Immerhin bleibt noch die überraschende Beobachtung unerklärt, daß Änderungen der Wasserstoffionenkonzentration das kataphoretische Potential von Proteinteilchen ähnlich wie das Membranpotential von Proteinlösungen beeinflußt. Die Abb. 105 gibt den Einfluß von Säuren und Basen auf die kataphoretische Potentialdifferenz von gelatineüberzogenen Kollodiumteilchen an, die in folgender Weise hergestellt waren: Eine dicke Suspension von Kollodiumteilchen wurde mit so viel isoelektrischer Gelatine versetzt, daß eine 1proz. Lösung entstand. Daß zur Herstellung dieser Lösung verwendete Wasser hatte ein p_H von 4,7, d. h. das p_H der isoelektrischen Gelatine. Die gelatinehaltige Kollodiumsuspension blieb über Nacht stehen, wurde am nächsten Tag auf 40° erhitzt, um die Gelatine bestimmt zu verflüssigen, dann wurden die Kollodiumteilchen aus der noch warmen Gelatinelösung abzentrifugiert. Das dicke Zentrifugat wurde in 50 ccm Wasser von p_H 4,7 aufgeschwemmt. Diese Suspension diente als Vorrat. Für den Versuch wurden einige Tropfen dieser Suspension in 50 ccm verschieden konzentrierter Säure- oder Alkalilösungen gebracht, umgeschüttelt und bei 24° eine halbe Stunde lang stehen gelassen. Dann wurde die Wanderungsgeschwindigkeit der Teilchen im elektrischen Feld unter dem

Mikroskop bestimmt. In der Abb. 105 sind die Ergebnisse dargestellt. Im isoelektrischen Punkt war die Potentialdifferenz gleich Null, Säuren und Basen vermehren den Potentialsprung, wobei in alkalischer Lösung die Teilchen negativ und in saurer Lösung positiv geladen sind, ebenso wie es auch bei den Membranpotentialen der Fall ist. Ist das Säureanion oder das Alkalikation einwertig, so ist der elektrokinetische Potentialsprung größer, als wenn die entsprechenden Ionen zweiwertig sind, eine Tatsache, die mit der Valenzregel bei den Membranpotentialen in Einklang steht.

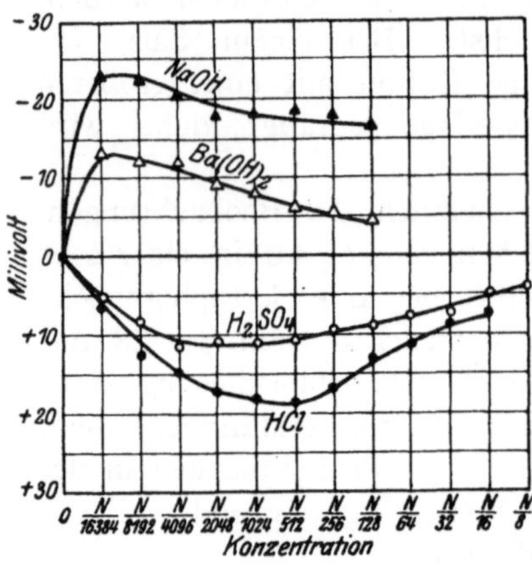

Abb. 105. Der Einfluß von Säuren und Basen auf die kataphoretische Ladung von Kollodiumteilchen, die mit Gelatine überzogen sind. Die Abszissen bedeuten die Normalitäten der Säure- oder Alkalilösungen, die Ordinaten die zugehörigen kataphoretischen Ladungen der Teilchen in Millivolt. Die Ordinaten weisen bei negativer Ladung der Teilchen nach oben, bei positiver nach unten. Der Nullwert der Abszisse bezieht sich auf den isoelektrischen Punkt der Gelatine.

Wächst die Konzentration der Säure oder des Alkali über einen bestimmten Betrag, so wird die kataphoretische Potentialdifferenz wieder kleiner, was ebenfalls bei den Membranpotentialen der Fall war. Leider konnte nicht festgestellt werden, ob diese Übereinstimmung quantitativ ist, denn die Proteinkonzentration der festen Teilchen ist unbekannt. Die Membranpotentiale einer 1 proz. Proteinlösung waren bei gleichem p_H stets höher als die kataphoretische Potentialdifferenz fester Teilchen desselben Proteins. Es fragt sich nun, wodurch diese qualitative Übereinstimmung der p_H-Wirkungen auf diese beiden Potentiale bedingt ist. Für die Wirkung der Säuren und Basen auf die Membranpotentiale besitzen wir eine mathematische Theorie, leider gilt das gleiche nicht für die kataphoretische Potentiale.

4. FREUNDLICH und RONA[1]) haben einen Unterschied zwischen den HABERschen Phasengrenzpotentialen an der Grenzfläche zwischen Glas und Wasser und den kataphoretischen Potentialen von Wasser gegen Glas festgestellt. Das Phasengrenzpotential hängt hierbei nur von der Wasserstoffionenkonzentration der Lösung ab; außer den $H^{\cdot}$- und OH'-Ionen üben andere Ionen keinen Einfluß auf dieses Potential aus, wie

[1]) FREUNDLICH, H. und P. RONA: Sitzungsber. d. preuß. Akad. d. Wiss. Bd. 20, S. 397. 1920.

dies schon von HABER und KLEMENSIEWICZ[1]) festgestellt war. Das „elektrokinetische Potential" an der Grenzfläche zwischen Glas und Wasser, welches FREUNDLICH und RONA im Kataphoreseversuch maßen, ließ eine ausgesprochene Beeinflußbarkeit durch andere Ionen außer den $H^{\cdot}$- und OH'-Ionen erkennen. Insbesondere konnte der Einfluß der Valenzen nachgewiesen werden, der für sämtliche kataphoretischen Potentiale so charakteristisch ist. Nach FREUNDLICH und RONA ist der Unterschied zwischen den beiden Potentialen folgender: Das Phasengrenzpotential ist die Potentialdifferenz zwischen dem Inneren der festen Phase und dem Inneren der flüssigen Phase; sie kann daher nur durch solche Ionen der flüssigen Phase beeinflußt werden, die in die feste Phase eindringen können. Beim Glas scheint dies nur für die $H^{\cdot}$- und OH'-Ionen zuzutreffen. Das elektrokinetische Potential indessen ist in Übereinstimmung mit der HELMHOLTZschen Theorie die Potentialdifferenz zwischen der dem festen Teilchen unmittelbar benachbarten Wasserschicht und dem Innern des Wassers. Der Potentialsprung dieser elektrischen Doppelschicht wird durch sämtliche Ionen der Flüssigkeit beeinflußt; die beiden Autoren nehmen an, daß bei den elektrokinetischen Potentialen die Adsorption die Hauptrolle spielt.

Die Anschauungen von FREUNDLICH und RONA sind von FREUNDLICH und GYEMANT[2]) auf Grund von Vergleichen zwischen den „thermodynamischen" und elektrokinetischen Potentialen zwischen mit Wasser mischbaren Flüssigkeiten (Phenol, Guajacol, Benzonitril und Anilin) und wässerigen Lösungen bestätigt worden. Die aus thermodynamischen Daten berechneten Potentiale zwischen diesen öligen Flüssigkeiten und Wasser hat BEUTNER[3]) in einer Reihe ausgezeichneter Versuche erforscht; seine Ergebnisse und Schlußfolgerungen bezüglich des Ursprungs dieser Potentiale wurden von FREUNDLICH und GYEMANT bestätigt. BEUTNER fand, daß die nichtwässerige Phase positiver oder negativer geladen ist, je nachdem das Kation oder Anion eines vorhandenen Salzes in ihr besser löslich war. Bei den kataphoretischen Potentialen zwischen diesen vier mit Wasser nicht mischbaren Flüssigkeiten und Wasser fanden FREUNDLICH und GYEMANT, daß die Öltropfen stets negativ geladen waren, sogar das basische Anilin, und daß das Vorzeichen der elektrischen Ladungen dieser mit Wasser nicht mischbaren Tröpfchen umgekehrt werden konnte, wenn Verbindungen mit mehrwertigen anorganischen Kationen oder mit organischen Kat-

[1]) HABER, F. und Z. KLEMENSIEWICZ: Zeitschr. f. physikal. Chem. Bd. 67, S. 385. 1909.

[2]) FREUNDLICH, H. und A. GYEMANT: Zeitschr. f. physikal. Chem. Bd. 100, S. 182. 1922.

[3]) BEUTNER, R.: Die Entstehung elektrischer Ströme in lebenden Geweben. Stuttgart 1920.

ionen (z. B. basische Farbstoffe) zugesetzt wurden. Diesen Einfluß der Kationen auf die kataphoretischen Potentiale beziehen die Verfasser auf die Adsorption.

In den von FREUNDLICH und seinen Mitarbeitern untersuchten Fällen sind die Unterschiede zwischen den „thermodynamischen" und den kataphoretischen Potentialen dargestellt. Immerhin kann man mittels der Adsorptionslehre nicht erklären, weshalb die Membranpotentiale bei Proteinen durch $H^{\cdot}$- und OH'-Ionen in derselben Weise wie die kataphoretischen Potentiale geändert werden; durch Adsorptionsvorgänge werden nur die kataphoretischen Potentiale beeinflußt.

Wir können als ein Ergebnis unserer Versuche festhalten, daß die kataphoretische Wanderung und die kataphoretische Potentialdifferenz von Proteinteilchen oder von suspendierten von Protein umhüllten Teilchen durch zwei Ursachen bedingt sind: 1. durch Kräfte, die den Proteinteilchen eigentümlich sind und 2. durch Kräfte, die ausschließlich der die Proteinteilchen umgebenden wässerigen Lösung zukommen. Die von den Proteinteilchen abhängigen und wegen ihrer Ionisation mit dem Membrangleichgewicht im Zusammenhang stehenden Kräfte überwiegen die vom Wasser abhängigen Kräfte derart, daß der Sinn der kataphoretischen Wanderung der Proteinteilchen durch die aus der Ionisation und dem Membrangleichgewicht resultierenden Kräfte bestimmt ist.

J. A. WILSON[1]) nimmt an, daß die kataphoretische Potentialdifferenz zwischen den Teilchen und dem Wasser durch das DONNAN-Gleichgewicht bestimmt ist. Dies kann nur der Fall sein für den Teilbetrag der kataphoretischen Potentialdifferenz, die mit der Ionisation des Proteins zusammenhängt. Während aber die Wanderungsrichtung von Proteinteilchen ganz fraglos von ihrer Ionisation abhängt, ist es nicht mit gleicher Sicherheit erwiesen, daß das DONNANsche Gleichgewicht die Ursache für diesen Zusammenhang ist.

Achtzehntes Kapitel.

Die Stabilität von Suspensionen fester Proteinteilchen und die Wirkungsweise von Schutzkolloiden[2]).

1. Vorbemerkungen.

Während man früher die an den Grenzen zwischen festen und flüssigen Körpern auftretenden Kräfte für rein physikalische hielt, sind

[1]) WILSON, J. A.: Journ. of the Americ. chem. soc. Bd. 28, S. 1982. 1916. — The Chemistry of Leather Manufacture S. 127. New York and London 1923.

[2]) Vgl. J. LOEB: Journ. of gen. physiol. Bd. 5, S. 479. 1922/23.

LANGMUIR[1]) und HARKINS[2]) zu dem Schluß gekommen, daß diese Kräfte in erster Linie chemischen Ursprungs sind. Bei der Erörterung des Problems, das den Gegenstand dieses Kapitels bildet, werden wir von dieser letzteren Auffassung Gebrauch machen. Wir wollen nämlich untersuchen, welcher Art die Kräfte sind, die feste Proteinteilchen suspendiert erhalten. Das große Proteinmolekül verhält sich nicht wie eine homogene Einheit, wir müssen daher für unsere Erörterung zwischen „wässerigen" Gruppen, d. h. Gruppen, die eine starke chemische Affinität zu den Wassermolekülen haben (z. B. Carboxyl-, Amino- oder Imidogruppen), und „öligen" Gruppen unterscheiden (z. B. Kohlenwasserstoffgruppen), deren Affinität zueinander größer als zum Wasser ist. Ähnliche Ansichten hat SHEPPARD geäußert[3]): In wässeriger Lösung befindliche Gelatinemoleküle können aneinander hängenbleiben, wenn sie einander mit ihren öligen Gruppen berühren; ist die Gelatinekonzentration hoch genug, so kann die ganze Lösung zu einem Gel erstarren. Bei einem solchen Vorgang braucht die Affinität der „wässerigen" Gruppen der Gelatinemoleküle zum Wasser nicht kleiner zu werden, wahrscheinlich ist dies auch nicht der Fall. Der durchschnittliche Abstand zwischen den Mittelpunkten der Gelatinemoleküle des Gels bleibt der gleiche wie vorher in der Lösung. Wird indessen Gelatine durch ein Salz ausgefällt, so wird die Affinität der „wässerigen" Gruppen zum Wasser verkleinert und die Moleküle ziehen einander mit größerer Kraft an. Die Folge davon ist eine Koagulation, denn dann sind die gegenseitigen Abstände der Gelatinemoleküle sehr viel kleiner als vorher in der Lösung.

Diese Auffassung von dem Unterschied zwischen Gelbildung und Ausflockung oder Aussalzung wird durch die von dem Verfasser beobachtete Tatsache gestützt, daß man bei gleicher Temperatur zum Ausfällen von Gelatinelösungen, die nahezu schon ein Gel bilden, die gleiche hohe Salzkonzentration braucht wie zur Ausflockung identisch zusammengesetzter Lösungen bei sehr geringer Viscosität.

Hieraus ergibt sich, daß es nicht nur a priori möglich, sondern vielleicht auch wahrscheinlich ist, daß die Affinität der wässerigen Gruppen der Gelatinemoleküle zum Wasser weiter wirkt, wenn ein festes Teilchen, etwa aus Kollodium, mit einer Gelatineschicht überzogen wird. Wir wollen in diesem Kapitel nachweisen, daß die Ausflockung oder Fällung gelatineumhüllter Kollodiumteilchen durch Salze derselbe Vorgang ist wie das Aussalzen von Gelatine*lösungen*. Ferner wollen

[1]) LANGMUIR, I.: Journ. of the Americ. chem. soc. Bd. 39, S. 1848. 1917.

[2]) HARKINS, W. D., F. E. BROWN and E. C. H. DAVIES: Journ. of the Americ. chem. soc. Bd. 39, S. 354. 1917; HARKINS, DAVIES and G. L. CLARK: a. a. O. S. 541.

[3]) SHEPPARD, S. E. and S. S. SWEET: Journ. of the Americ. chem. soc. Bd. 44, S. 2797. 1922.

wir zeigen, daß Suspensionen aus gelatineumhüllten Kollodiumteilchen bei dem p_H des isoelektrischen Punktes der Gelatine, nämlich 4,7, ebenso instabil sind wie Gelatinelösungen, und daß Suspensionen von gelatineumhüllten Kollodiumteilchen sowohl wie Gelatinelösungen bei einem p_H von 4,7 durch den Zusatz von Neutralsalzen stabiler oder löslicher werden. Die Stabilität von Suspensionen von gelatineumhüllten Kollodiumteilchen in Wasser ist demnach von den Kräften der chemischen Affinität zwischen den wässerigen Gruppen der Gelatinemoleküle und dem Wasser[1]) abhängig.

Diese chemische Betrachtungsweise steht im Widerspruch zu den rein physikalischen Ansichten, nach welchen suspendierte Teilchen ausschließlich durch ihre elektrischen Doppelschichten am Ausflocken gehindert werden, deren Ursprung durch die Eigenschaften des Wassers bedingt ist. Nach dieser Vorstellung würde die Stabilität einer Suspension nur von der Potentialdifferenz zwischen den beiden Lagen der das suspendierte Teilchen umgebenden Doppelschicht abhängen, wobei diese Potentialdifferenz durch verhältnismäßig geringe Salzkonzentration zum Verschwinden gebracht werden kann und dasjenige Ion des Salzes in diesem Sinne wirkt, dessen Ladung der des Teilchens entgegengesetzt ist. Wenn man Kollodiumteilchen mit genuinem krystallinischen Eiereiweiß überzieht, so verhalten sie sich so, als ob durch die Bildung eines dünnen Häutchens die Affinität des Proteins zum Wasser verlorengegangen wäre, ebenso wie dies bei hoher Temperatur eintritt („beim Kochen"). Hierbei treten die chemischen Attraktionskräfte zwischen den „wässerigen" Gruppen des Albumins und dem Wasser bei der Stabilität der Suspensionen nicht mehr in Erscheinung. Solche Teilchen können, der physikalischen Theorie entsprechend, nur mittels sie umgebender elektrischer Doppelschichten suspendiert erhalten werden.

2. Das Wesen der Kräfte, die die Stabilität von Suspensionen gelatineüberzogener Kollodiumteilchen bedingen.

Nach einer in einer früheren Arbeit mitgeteilten Methode wurden Suspensionen aus Kollodiumteilchen hergestellt[2]). Eine kleine Menge einer solchen Suspension wurde mit 100 ccm einer 0,1proz. wässerigen Lösung isoelektrischer Gelatine vom p_H 4,7 vermischt und über Nacht stehen gelassen. Hierbei bildet sich, wie der Verfasser früher gezeigt hatte, um jedes Kollodiumteilchen eine feste Eiweißschicht[3]). (Man darf hierzu keine höher konzentrierten Gelatinelösungen verwenden, sonst bilden sich größere Gelatineaggregate, an welchen einzelne Kollodiumteilchen hängenbleiben können. Solche größere Teilchen setzen

[1]) Loeb, J.: Journ. of gen. physiol. Bd. 5, S. 479. 1922/23.
[2]) Loeb, J.: Journ. of gen. physiol. Bd. 5, S. 109. 1922/23.
[3]) Loeb, J.: Journ. of gen. physiol. Bd. 2, S. 577. 1919/20.

sich dann auch bei Abwesenheit von Salzen rasch ab, so daß die Versuchsergebnisse gefälscht werden können.)

Am nächsten Morgen wurden die nunmehr mit Gelatine umhüllten Kollodiumteilchen abzentrifugiert und dann so viel Teilchen von einer bestimmten Größe in Wasser von bestimmtem p_H gebracht, daß eine rahmige Suspension entstand. Von dieser Ausgangssuspension wurden nun drei Tropfen in Reagensgläser mit 10 ccm einer Salzlösung von bestimmtem p_H bei Zimmertemperatur gebracht und über Nacht stehen gelassen und auf diese Weise festgestellt, bei welchen Salzkonzentrationen Fällung erfolgte. Die Potentialdifferenz der elektrischen Doppelschicht der gelatineumhüllten Teilchen war aus den Kataphoreseversuchen des vorigen Kapitels bekannt[1]). In der Tabelle 52 sind die molaren Konzentrationen verschiedener Salze angegeben, die zur Ausfällung der Suspensionen von gelatineumhüllten Kollodiumteilchen über Nacht bei Zimmertemperatur notwendig waren.

Tabelle 52.
Die niedrigsten Salzkonzentrationen, die eben noch die Ausfällung von Suspensionen von gelatineumhüllten Kollodiumteilchen bewirken. (Über Nacht bei Zimmertemperatur.)

p_H	NaCl	$CaCl_2$	$LaCl_3$	Na_2SO_4	$Na_4Fe(CN)_6$
	m	m	m	m	m
3,0	2	>2	>1	1	
4,0	>2	>2	>1	1	1/2
4,7	>2	>2	>1	$>1/2$	1/2
5,8	>2	>2	>1	1	1/2
11,0	>2	2		1	1/2

Aus zwei Gründen stehen die zur Fällung dieser Suspension erforderlichen Salzkonzentrationen nicht zu der kataphoretischen Potentialdifferenz in Beziehung, erstens weil die Salzkonzentrationen weit größer sind als diejenigen, die die Potentialdifferenz sehr verkleinern oder zum Verschwinden bringen, und zweitens weil keine Andeutung für das Bestehen der Valenzwirkung vorhanden ist, die bei der Verkleinerung der kataphoretischen Potentialdifferenz durch Salzzusatz so ausgesprochen ist. Die zur Ausflockung von Suspensionen negativ geladener eiweißfreier Kollodiumteilchen erforderlichen Salzkonzentrationen waren für NaCl, Na_2SO_4, $CaCl_2$ und $LaCl_3$ bezüglich m/2, m/4, m/32 und m/2048. Die gelatineumhüllten Kollodiumteilchen sind bei p_H 5,8 und 11,0 ebenfalls negativ geladen, indessen übersteigen die zur Fällung notwendigen Lanthanchloridkonzentrationen den Betrag 1 m, beim $CaCl_2$ 2 m.

[1]) Loeb, J.: Journ. of gen. physiol. Bd. 5, S. 395. 1922/23.

Der Verfasser kann nicht mit völliger Sicherheit angeben, ob man die negativ geladenen suspendierten gelatineumhüllten Teilchen mittels noch so großer Konzentrationen dieser Salze überhaupt vollständig ausfällen kann, obwohl die Möglichkeit nicht ausgeschlossen ist. Ferner fällen Natriumsulfat und Ferrocyannatrium die negativ geladenen Teilchen viel besser als Lanthan- oder Calciumchlorid. Aus diesen Ergebnissen folgt, daß die Kräfte, die die Stabilität dieser gelatineumhüllten Kollodiumteilchen gewährleisten, nicht die der elektrischen Ladung der Teilchen sind.

Besonders bemerkenswert sind die Ergebnisse derartiger Versuche, bei welchen das p_H 4,7 betrug, d. h. im isoelektrischen Punkt der Gelatine. Hierbei sind die Teilchen, wie die Kataphoreseversuche zeigen, völlig ungeladen. Bei p_H 4,7 sind nun Suspensionen von gelatineüberzogenen Teilchen bei Abwesenheit von Salzen nicht stabil. Man könnte meinen, daß dies die Bedeutung der elektrischen Ladung der Teilchen für die Stabilität solcher Suspensionen beweist, daß also die im isoelektrischen Punkt ungeladenen Teilchen einer Ladung bedürfen, damit die Suspension stabil wird. Diese Annahme ist indessen nicht richtig. Setzt man den Suspensionen nämlich sehr kleine Salzmengen zu, die so klein sind, daß die Teilchen ungeladen bleiben, so können die Suspensionen stabil werden. So genügen schon $CaCl_2$ und Na_2SO_4 in Konzentrationen von m/16000 und NaCl in einer Konzentration von m/512, um derartige Suspensionen im isoelektrischen Punkt der Gelatine zu stabilisieren. Die Bestimmungen der kataphoretischen Potentialdifferenz solcher gelatineumhüllten Kollodiumteilchen im isoelektrischen Punkt der Gelatine ergaben, daß bei Gegenwart dieser Salze in den angeführten Konzentrationen die Teilchen keine Ladung erhalten. Sie bleiben sogar bei viel höheren Konzentrationen ungeladen[1]).

In der Tabelle 53 sind die minimalen Salzkonzentrationen angegeben, die erforderlich sind, um solche Suspensionen im p_H des isoelektrischen Punktes der Gelatine zu stabilisieren.

Tabelle 53.

Salzkonzentrationen, bei denen Suspensionen von gelatineumhüllten Kollodiumteilchen eben noch stabil bleiben. p_H 4,7 (isoelektrischer Punkt der Gelatine).

	Stabil	Gefällt
NaCl	m/512 bis 2 m (und höher)	0 bis m/1024
$CaCl_2$	m/16000 bis 2 m	0
$LaCl_3$	m/130000 bis 1 m	0
Na_2SO_4	m/16000 bis m/2	0 bis m/32000 und über m/2
$Na_4Fe(CN)_6$	m/1000000 bis m/4	0 und über m/4

[1]) Loeb, J.: Journ. of gen. Physiol. Bd. 5, S. 395. 1922/23.

Wenn also nach diesen Versuchsergebnissen die Stabilität solcher gelatineumhüllten Kollodiumteilchen nicht von der Potentialdifferenz der die Teilchen umgebenden elektrischen Doppelschichten abhängt, so fragt es sich, welche sonstigen Kräfte diese hochgradige Stabilität solcher Suspensionen bewirken können. Diese Kräfte sind die gleichen, die Gelatine in Lösung halten. Die zur Ausfällung von Suspensionen von gelatineumhüllten Teilchen erforderlichen Salzmengen stimmen praktisch mit den überein, die man zum Aussalzen der Gelatine aus echten wässerigen Lösungen verwenden muß. In der Tabelle 54 sind die zum Aussalzen 1proz. Gelatinelösungen bei den p_H-Werten 3,0, 4,0, 4,7 (isoelektrischer Punkt), 5,8 und 11,0 erforderlichen niedrigsten Salzkonzentrationen für NaCl, $CaCl_2$, $LaCl_3$, Na_2SO_4 und $Na_4Fe(CN)_6$ angegeben. Die Versuche wurden in der Weise angestellt, daß je 1 g ursprünglich isoelektrische Gelatine in 100 ccm wässeriger Lösungen aufgelöst wurden, welche Salzsäure oder Natronlauge in solchen Mengen enthielten, daß das p_H den gewünschten Wert annahm. Ferner enthielten diese Lösungen die angegebenen Salzmengen. Nach ihrer Herstellung blieben die Lösungen über Nacht bei Zimmertemperatur sich selbst überlassen.

Tabelle 54.

Die zur Ausfällung von Gelatine in 1proz. Lösung bei Zimmertemperatur erforderlichen molaren Salzkonzentrationen.

p_H	NaCl	$CaCl_2$	$LaCl_3$	Na_2SO_4	$Na_4Fe(CN)_6$
	m	m	m	m	m
3,0	2	>2	$>7/8$	1/2	
4,0	>2	>2	$>7/8$	1/2 und höher	7/16
4,7	>2	>2	$>7/8$	1/2 und höher	7/16
5,8	>2	>2	$>7/8$	7/8	$>7/16$
11,0	>2	>2		7/8	7/16

Die in der Tabelle 54 angegebenen Werte sind fast dieselben wie die der Tabelle 52.

Offenbar sind die zur Ausfällung gelöster Gelatine erforderlichen Salzkonzentrationen (z. B. bei $CaCl_2$ oder $LaCl_3$) sehr erheblich größer, als sie sein müßten, wenn die Gelatine eine Suspension bildete, d. h. wenn die Gelatineteilchen am Ausflocken durch die Ladung der elektrischen Doppelschichten gehindert würden. Die Tabellen 52 und 54 zeigen ferner, daß Na_2SO_4 ein besseres Fällungsmittel für Gelatinelösungen ist als $CaCl_2$, auch wenn die Gelatineteilchen negativ geladen sind, also bei p_H 5,8 oder bei p_H 11,0. Würden die Gelatineteilchen mittels ihrer elektrischen Ladung in Lösung gehalten, so müßte $CaCl_2$ besser fällen als Na_2SO_4, wenn die Teilchen negativ geladen sind. Dies ist aber, wie wir gesehen haben, nicht der Fall. Da weiter die zum

Aussalzen der Gelatine erforderlichen Salzkonzentrationen fast identisch mit den zum Ausfällen von Suspensionen gelatineumhüllter Kollodiumteilchen notwendigen Mengen sind, so müssen die Kräfte, die die Stabilität solcher Suspensionen gewährleisten, identisch mit denen sein, die die Stabilität echter Gelatinelösungen bedingen. Diese letzteren Kräfte sind die Kräfte der Affinität zwischen Lösungsmittel und gelöster Substanz.

Man kann weiter zeigen, daß die stabilisierende Wirkung von Salzen auf Suspensionen von gelatineumhüllten Kollodiumteilchen, die sich im isoelektrischen Punkt der Gelatine befinden, eine Beeinflussung der Affinität der Proteinschicht zum Wasser ist.

Im sechsten Kapitel haben wir gesehen, daß Neutralsalze die Löslichkeit isoelektrischer Gelatine erhöhen, und zwar in um so höherem Maße, je höher die Valenz eines der beiden Salzionen ist[1]). Wir haben es hier mit der gewöhnlichen Löslichkeit zu tun, denn erstens wird die zur Lösung einer bestimmten Menge fester isoelektrischer Gelatine erforderliche Zeit durch Zusatz von Salzen kleiner, und zweitens nimmt hierbei die Menge der in Wasser gelösten isoelektrischen Gelatine zu. Diese beiden Erscheinungen sind um so ausgesprochener, je höher die Valenz eines der beiden Salzionen ist.

Aus der Gleichheit der Salzwirkungen auf die Stabilität von Gelatinelösungen und auf die Stabilität von Suspensionen von gelatineumhüllten Kollodiumteilchen ergibt sich, daß die Kräfte, welche das Ausfallen der gelatineumhüllten Kollodiumteilchen verhindern, die gleichen beträchtlichen Kräfte sind, von denen die gewöhnliche Lösung von Gelatine in Wasser abhängt. Dies sind die Kräfte der chemischen Affinität zwischen den „wässerigen" Gruppen (Carboxyl-, Amino- oder Imidogruppe) und den Wassermolekülen.

3. Lösungen von genuinem krystallinischen Eiereiweiß[2]).

Das Eieralbumin kommt in zwei Modifikationen vor, als „genuines" und als „denaturiertes". Das genuine krystallinische Eiereiweiß ist in Wasser sehr gut löslich, das denaturierte dagegen so gut wie unlöslich. Die einfachste (aber nicht die einzige) Methode, aus genuinem Eiweiß die wasserunlösliche Modifikation herzustellen, besteht in dem Erhitzen wässeriger Lösungen dieser Substanz. Das genuine Eiereiweiß wird mittels der starken Kräfte der Nebenvalenzen, von denen auch sonst die Löslichkeit abhängt, in Lösung gehalten, dagegen ist das denaturierte Eiereiweiß in Lösung oder besser in Suspensionen

---

[1]) Loeb, J.: Arch. néerland. de physiol. de l'homme et des anim. Bd. 7, S. 510. 1922.

[2]) Loeb, J.: Journ. of gen. physiol. Bd. 5, S. 479. 1922/23.

nur durch die Wirkung der schwachen elektrostatischen Abstoßungskräfte möglich, welche durch die die Teilchen umgebenden elektrischen Doppelschichten bedingt sind. Wir wollen uns zuerst mit der Löslichkeit des genuinen Eiereiweißes in Wasser beschäftigen.

Ausdrücklich mag erwähnt werden, daß sämtliche Versuche mit genuinem Eiereiweiß bei Zimmertemperatur von höchstens 24° angestellt wurden. Bei Temperaturen von 60° oder darüber besteht die Möglichkeit der Bildung der unlöslichen Modifikation.

Da die Teilchen des genuinen isoelektrischen Eiereiweißes im p_H ihres isoelektrischen Punktes keine Wanderung im elektrischen Feld zeigen, so können sie auf keinen Fall durch ihre elektrischen Ladungen in Lösung gehalten werden. Außerdem ist die Viscosität isoelektrischer Albuminlösungen so klein, daß in ihnen nur verhältnismäßig wenig oder gar keine Aggregate enthalten sein können. Auch SÖRENSEN[1]) ist der Ansicht, daß das krystallinische Eiereiweiß echte Lösungen bildet. Dieser Auffassung widerspricht keine bisher bekannte Tatsache.

Wenn man krystallinisches Eieralbumin in der Umgebung seines isoelektrischen Punktes, d. h. bei p_H 4,0, 4,8 und 5,8 ausfällen will, so muß man Salze in sehr hohen Konzentrationen verwenden. Eine Beziehung zwischen dem Sinn der elektrischen Ladung des Proteinteilchens und dem fällenden Ion des Salzes besteht nicht. Bei höheren Wasserstoffionenkonzentrationen, etwa bei p_H 2,0, genügen zur Fällung schon kleinere Salzkonzentrationen. Bei sämtlichen p_H-Werten fällen Salze wie $LaCl_3$ besser als Salze wie $CaCl_2$ (Tabelle 55).

Tabelle 55.

Die niedrigsten Salzkonzentrationen, die zur Ausflockung 1 proz. Eieralbuminlösungen bei Zimmertemperatur innerhalb von 20 Stunden erforderlich sind.

p_H	$NaCl$	$MgCl_2$	$CaCl_2$	$LaCl_3$	Na_2SO_4	$Na_4Fe(CN)_6$
	m	m	m	m	m	m
11,0	1		1/4		>3/4	>3/8
5,8	>2		>2	1/2	>3/4	>3/8
4,8 (Isoelektrischer Punkt)	>2		>2	<3/4	>3/4	>3/4
4,0	>2		1	1/4	>3/4	>3/8
3,0	1		1	<1/4	<3/4	
2,0	3/8	3/16				

Die Löslichkeit des genuinen krystallinischen Eieralbumins ist demnach zweifellos nicht durch die die Moleküle oder Teilchen umgebenden elektrischen Doppelschichten bedingt, sie ist vielmehr durch die Kräfte

[1]) SÖRENSEN, S. P. L.: Cpt. rend. trav. Lab. Carlsberg Bd. 12, Copenhagen 1915/17.

bestimmt, die auch sonst echte krystalloide Lösungen ermöglichen. Die Ausfällung des genuinen Eiereiweißes hängt nicht mit einer Verkleinerung der Potentialdifferenz einer Doppelschicht zusammen, sondern ist ein echter „Aussalzvorgang".

4. Die Stabilität von Suspensionen von Kollodiumteilchen, die mit krystallinischem Eiereiweiß überzogen sind.

Überzieht man Kollodiumteilchen mit genuinem krystallinischen Eiereiweiß und stellt aus ihnen Suspensionen her, so verhalten sich diese ganz anders als Lösungen von genuinem Eiereiweiß; sie gleichen den Suspensionen von Teilchen des denaturierten Eiereiweißes. Wenn also genuines krystallinisches Eiereiweiß in dünner Schicht auf einer Kollodiumoberfläche ausgebreitet ist, so verhält es sich derartig, als ob seine „wässerigen" Gruppen nun nicht mehr mit Wasser reagieren können. Suspensionen von albuminumhüllten Kollodiumteilchen sind nur so lange stabil, als die kataphoretische Ladung der Teilchen höher als 12 oder 13 Millivolt ist.

Kollodiumteilchen wurden in 1proz. Lösungen von krystallinischem Eieralbumin vom p_H 4,8 gebracht und darin über Nacht belassen. Dann wurde abzentrifugiert und aus dem Zentrifugat unter Zusatz von Wasser vom p_H 4,8 eine milchige Suspension hergestellt. Drei Tropfen dieser Suspension wurden nun mit 50 ccm verschieden konzentrierter Salzlösungen vom p_H 11,0, 5,8, 4,5, 4,0 und 3,0 vermischt und dann die Wanderungsgeschwindigkeit der Teilchen im elektrischen Feld mikroskopisch gemessen.

In den Abb. 106—108 sind die Ergebnisse dieser Messungen graphisch dargestellt. Die Ordinaten dieser Kurven stellen die Wirkung der Salze auf die kataphoretische Potentialdifferenz der albuminumhüllten Kollodiumteilchen dar und sind in Millivolt ausgedrückt. Als Grundlage der Berechnung dient die gemessene Wanderungsgeschwindigkeit. Bei negativer Ladung der Teilchen sind die Ordinaten nach oben abgetragen. Die Kurven sind fast die gleichen wie die der Abb. 109—112, welche das Verhalten der kataphoretischen Potentialdifferenz bei Teilchen von denaturiertem Eiereiweiß darstellen. Nur bei den p_H-Werten 5,8 und 11,0 ist ein Unterschied; hier verhalten sich die mit Albumin überzogenen Kollodiumteilchen fast ebenso wie albuminfreie Kollodiumteilchen.

Der Einfluß der Salze auf die Stabilität derartiger Suspensionen von albuminumhüllten Kollodiumteilchen wurde in folgender Weise bestimmt: Drei Tropfen der Ausgangssuspension wurden in 10 ccm verschieden konzentrierter Salzlösungen von abgestuftem p_H aufgeschüttelt, dann wurde über Nacht das Absetzen der Teilchen bei Zimmertemperatur abgewartet. Aus diesen Versuchen ermittelten wir den Betrag der kritischen Potentialdifferenz, die in den Abb. 106—108 als horizontale Linie eingezeichnet ist. Bei sämtlichen Salzlösungen, bei welchen die Ladung der Teilchen zwischen diesen beiden Linien und der Abszissenachse liegt, waren die Teilchen im allgemeinen über Nacht ausgefallen. Die kritische Potentialdifferenz ist bei diesen Suspensionen von albuminumhüllten Kollodiumteilchen fast die gleiche wie bei den Suspensionen denaturierten Eiereiweißes, sie beträgt etwa 10—11 Millivolt.

In der Abb. 106 ist das Verhalten der kataphoretischen Potentialdifferenz der albuminumhüllten Kollodiumteilchen bei einem p_H von 4,5 dargestellt. Die Ladung der Teilchen war Null. Der isoelektrische Punkt des krystallinischen Eiereiweißes ist zwar p_H 4,8. Hierbei war aber die kataphoretische Potentialdifferenz nicht Null, und es mußte daher durch Zugabe einer Spur von Säure die kataphoretische Wanderung zum Stillstand gebracht werden.

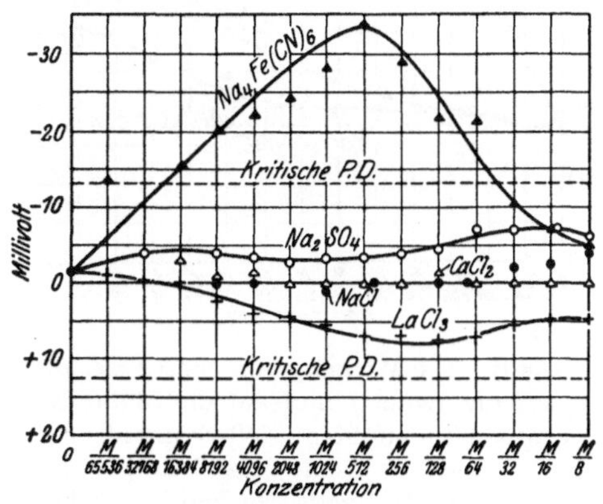

Abb. 106. Die Wirkung von Salzen auf die kataphoretische Ladung von Kollodiumteilchen, die mit einer Schicht von krystallinischem Eieralbumin überzogen waren. Bei dem p_H des Versuches (4,5) war die Ladung bei Abwesenheit von Salzen fast Null. Die beiden gestrichelten Linien dieser und der folgenden Abbildungen, die die Bezeichung „Kritische P. D.“ tragen, sind die Grenzen, innerhalb deren die Suspensionen instabil waren.

Zusatz von NaCl, Na_2SO_4, $CaCl_2$ oder $LaCl_3$ steigerte die kataphoretische Potentialdifferenz nicht über den kritischen, zur Herbeiführung der Stabilität erforderlichen Wert. Dagegen stieg bei Zusatz von Ferrocyannatrium in Konzentrationen von m/16000 und darüber die Potentialdifferenz auf 13 Millivolt und darüber an, so daß die Suspensionen stabil wurden. Bei einem Gehalt an Ferrocyannatrium von m/32 oder darüber sank die Potentialdifferenz unter den kritischen Wert, so daß die Suspensionen ausflockten.

Die kataphoretische Potentialdifferenz lag bei den Versuchen, die bei $p_H = 4,0$ durchgeführt wurden, von Anfang an bei Abwesenheit von Salz über dem kritischen Wert. Wurden die Salze $LaCl_3$, $CaCl_2$, NaCl oder Na_2SO_4 zugesetzt, so sank die Ladung unter den kritischen Wert, so daß Flockung eintrat (Abb. 107). Bei Anwesenheit von $Na_4Fe(CN)_6$ in Konzentrationen zwischen m/8000 und m/32 waren die Suspensionen stabil; die kataphoretische Potentialdifferenz war in diesen Lösungen größer als 13 Millivolt.

Bei $p_H = 3,0$ (Abb. 108) betrug die Potentialdifferenz mehr als 30 Millivolt, so daß die Suspensionen stabil waren. Um die Ladung unter den kritischen Wert von 13 Millivolt zu senken, sind hohe Salzkonzentrationen erforderlich: m/16 NaCl, m/32 $CaCl_2$, ungefähr m/64 $LaCl_3$ und m/256 Na_2SO_4.

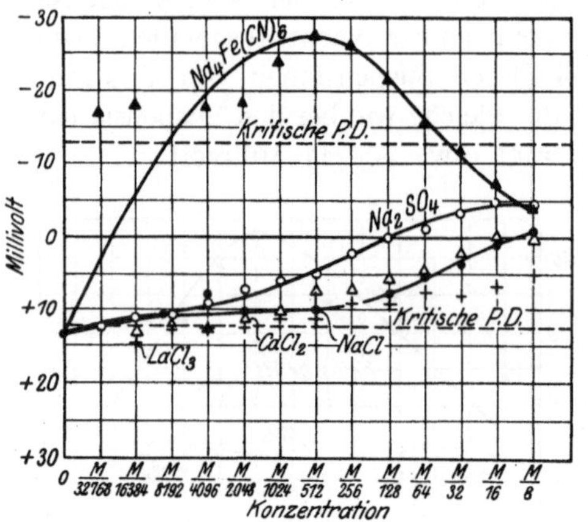

Abb. 107. Die Wirkung von Salzen bei p_H 4,0 auf die Ladung und auf die Stabilität von albuminumhüllten Kollodiumteilchen. Bei Abwesenheit von Salz beträgt die Ladung +13 Millivolt, $Na_4Fe(CN)_6$ kehrt die Ladung um.

Aus diesen Versuchen ergibt sich, daß Kollodiumteilchen, die mit genuinem Eiereiweiß umhüllt sind, nur mit Hilfe der elektrischen Doppelschichten Suspensionen bilden können. Sinkt deren Potentialdifferenz unter einen kritischen Wert, so tritt Flockung ein. Die Teilchen ziehen einander ebenso wie die Teilchen denaturierten Eiereiweißes an, sobald die Potentialdifferenz unter den kritischen Wert von ungefähr 12 Millivolt gesunken ist.

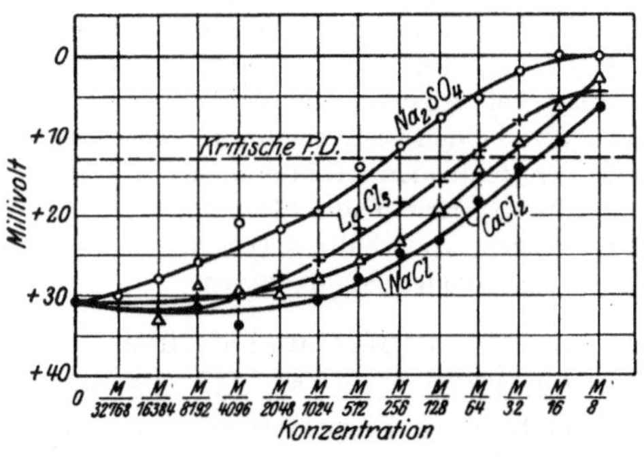

Abb. 108. Die Wirkung von Salzen bei p_H 3,0 auf die Ladung und auf die Stabilität von albuminumhüllten Kollodiumteilchen. Die Ladung beträgt von Anfang an schon +31 Millivolt. Die Suspensionen flocken erst bei relativ hohen Salzkonzentrationen aus.

Es ist schwer zu verstehen, weshalb das genuine Eiereiweiß seine Wasserlöslichkeit einbüßt, wenn es in dünner Schicht auf Kollodiumteilchen ausgebreitet ist und sich nunmehr in dieser Beziehung wie gekochtes Eiereiweiß verhält. Ähnliche Beobachtungen hatte RAMSDEN[1]) gemacht. Dieser Autor fand, daß die Proteine eine Neigung zur Bildung fester Häutchen auf Flüssigkeitsoberflächen haben, weil sie die Oberflächenspannung des Wassers verkleinern. Hierbei tritt bei diesen Proteinen (oder vielleicht besser bei bestimmten Proteinen) eine irreversible Koagulation ein. Krystallinisches Eier-

[1]) RAMSDEN, W.: Zeitschr. f. physikal. Chem. Bd. 47, S. 336. 1904.

eiweiß würde also bei der Bildung eines dünnen Häutchens denaturiert werden.

Herzfeld und Klinger[1]) sowie Wiechowski[2]) fanden, daß ein trockenes Pulver löslichen Blutalbumins durch Zerreiben unlöslich gemacht werden kann.

Die Vorgänge bei der Denaturierung sind noch unbekannt. Es könnte vielleicht sein, daß bei der Bildung eines Häutchens die gegenseitige Anordnung der Albuminmoleküle derartig ist, daß die Wirkung der Gruppen mit hoher Affinität zum Wasser verschwindet. Nach den Beobachtungen von Langmuir[3]) müssen die Moleküle in Oberflächenhäutchen eine ganz bestimmte Lage einnehmen.

Wie dem auch sei, die Tatsache bleibt bestehen, daß die Elektrolyte die kataphoretische Potentialdifferenz bei gelatineumhüllten Kollodiumteilchen in etwa der gleichen Weise beeinflussen wie bei Kollodiumteilchen, die mit genuinem krystallinischen Eiereiweiß überzogen sind. Dagegen ist der Einfluß der Salze auf die Stabilität von Suspensionen dieser nach verschiedenen Methoden behandelten Kollodiumteilchen ein ganz verschiedenartiger. Dieser Unterschied findet seinen Ausdruck darin, daß die Stabilität von Suspensionen von gelatineumhüllten Teilchen durch die beträchtlichen, bei der echten Löslichkeit wirksamen chemischen Kräfte gewährleistet ist. Bei den Suspensionen von albuminumhüllten Kollodiumteilchen ist die Stabilität im wesentlichen durck die schwachen elektrostatischen Kräfte der jedes Teilchen umgebenden elektrischen Doppelschicht bedingt.

5. Die Stabilität der Suspensionen von Teilchen denaturierten Eiereiweißes.

Suspensionen von Teilchen denaturierten Eiereiweißes sind unter den gleichen Bedingungen stabil wie Suspensionen von Kollodiumteilchen, die mit genuinem Albumin überzogen sind; dieses Verhalten steht mit der Vorstellung in Übereinstimmung, daß das genuine Eiereiweiß bei der Bildung eines Häutchens an der Kollodiumoberfläche sich derart verändert, daß anscheinend seine Affinität zum Wasser verschwindet.

Über die Flockung des denaturierten Eiereiweißes liegen schon sorgfältige Untersuchungen besonders von Chick und Martin[4]) vor. Indessen wurde die elektrische Ladung der Teilchen nicht bestimmt, und

---

[1]) Herzfeld, E. und R. Klinger: Biochem. Zeitschr. Bd. 78, S. 349. 1917.

[2]) Wiechowski, W.: Biochem. Zeitschr. Bd. 81, S. 278. 1917.

[3]) Langmuir, I.: Journ. of Americ. chem. soc. Bd. 38, S. 2221. 1916; Bd. 39, S. 1848. 1917.

[4]) Chick, H. und C. J. Martin: Journ. of physiol. Bd. 45, S. 261. 1912.

gerade hierauf kommt es uns bei der Untersuchung der Beziehungen zwischen dieser Ladung und der Stabilität der Suspensionen an.

Die Suspensionen von denaturiertem Eiereiweiß wurden in folgender Weise hergestellt[1]: Eine 1proz. Lösung isoelektrischen krystallinischen Eiereiweißes vom p_H 4,8 wurde auf 90° erhitzt, wobei das Eiweiß koagulierte. Nach dem Absetzen wurde das Sediment in einem Mörser mit kleinen Wassermengen zu einer milchigen Suspension verrieben. Ein Tropfen einer hinreichend konzentrierten Vorratssuspension wurde in je 10 ccm Lösung verschiedener Salze von verschiedenem p_H gebracht, umgeschüttelt und über Nacht bei Zimmertemperatur stehen gelassen.

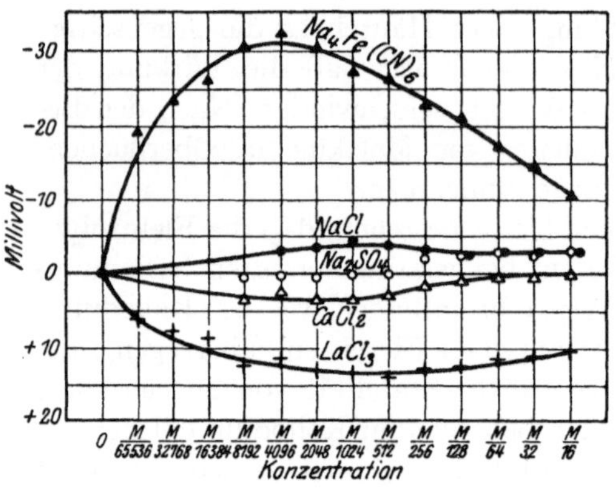

Abb. 109. Die Wirkung von Salzen bei p_H 5,0 (Nähe des isoelektrischen Punktes) auf die Ladung von Teilchen denaturierten Eiereiweißes.

Um die denaturierten Eiweißteilchen zu entladen, muß man das p_H der Lösung auf etwa 5,0 bringen. In der Abb. 109 sind die Wirkungen von NaCl, Na_2SO_4, $CaCl_2$, $LaCl_3$ und $Na_4Fe(CN)_6$ bei diesem p_H auf die kataphoretische Potentialdifferenz dargestellt. Bei sämtlichen NaCl-, Na_2SO_4- oder $CaCl_2$-haltigen Lösungen waren die Teilchen ausgeflockt. Nur bei Anwesenheit von $Na_4Fe(CN)_6$ und $LaCl_3$ in bestimmten Konzentrationen wurden die Suspensionen stabil. Bei Ferrocyannatrium betrugen diese Konzentrationen zwischen m/65000 und m/16. Aus der Abb. 109 sieht man, daß in dem Bereich zwischen diesen Konzentrationen die kataphoretische Ladung über 10 Millivolt beträgt. Bei Anwesenheit

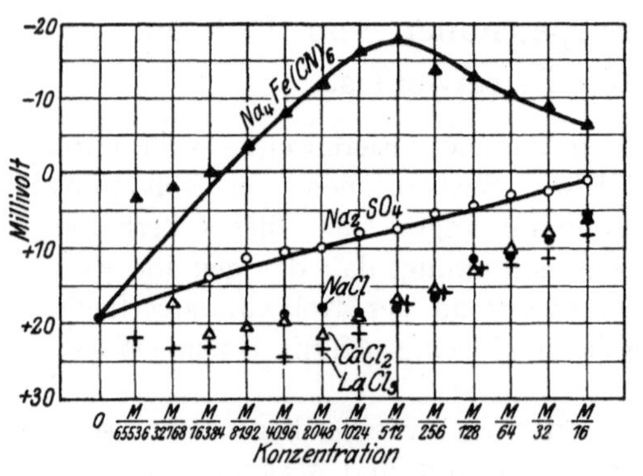

Abb. 110. Die Wirkung der gleichen Salze bei p_H 4,0 auf die Ladung der Eiweißteilchen.

---

[1] Loeb, J.: Journ. of gen. physiol. Bd. 5, S. 505. 1922/23.

von $LaCl_3$ in Konzentrationen zwischen m/2000 und m/16 waren die Suspensionen gleichfalls stabil und ihre Ladung größer als der kritische Wert von ungefähr 12 Millivolt.

Die Wirkungen der gleichen fünf Salze bei einem p_H von 4,0 sind in der Abb. 110 dargestellt. Bei diesem p_H ist die kataphoretische Potentialdifferenz der Teilchen bei Abwesenheit von Salzen ungefähr 20 Millivolt, die Suspensionen sind also stabil. Bei Anwesenheit von $Na_4Fe(CN)_6$ in Konzentrationen von m/8000 oder noch weniger sinkt die Potentialdifferenz schon auf ungefähr Null, und die Teilchen flocken aus. Wächst die Konzentration des $Na_4Fe(CN)_6$, so kehrt sich die Ladung der Teilchen um, und die Potentialdifferenz wird allmählich größer; bei einem Gehalt von m/2048 beträgt sie dann etwa 12 Millivolt, so daß die Suspension nunmehr wieder stabil ist. Die übrigen Salze verkleinern die Ladung unter den kritischen Wert in folgenden Konzentrationen: NaCl m/16, $CaCl_2$ m/32, $LaCl_3$ < m/16 und Na_2SO_4 m/1024. Bei diesen und bei höheren Konzentrationen trat Flockung ein.

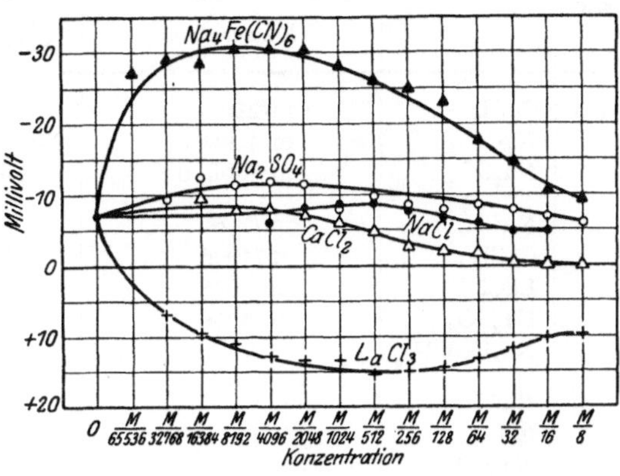

Abb. 111. Die Wirkung der gleichen Salze bei p_H 5,8 auf die Ladung der Eiweißteilchen.

Die Abb. 111 und 112 stellen die Wirkung dieser Salze auf die kataphoretische Potentialdifferenz der Eiweißteilchen bei p_H 5,8 und 3,0 dar. Man kann aus diesen Abbildungen ablesen, bei welchen Konzentrationen jeden Salzes Flockung eintritt, da nur bei einer Potentialdifferenz über 10—12 Millivolt die Suspensionen stabil sind. Die größten Salzkonzentrationen, bei denen die Suspensionen noch stabil waren, und die niedrigsten Salzkonzentrationen, die Flockung bewirkten, sind in der Tabelle 56 zusammengestellt.

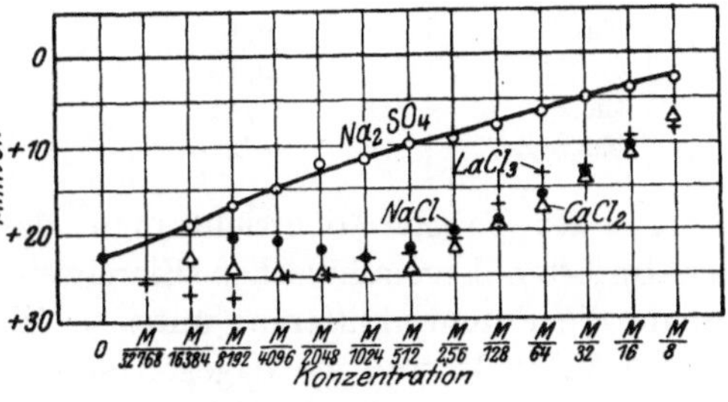

Abb. 112. Die Wirkung der gleichen Salze bei p_H 3,0 auf die Ladung der Eiweißteilchen.

Tabelle 56.
Die niedrigsten Salzkonzentrationen und die dazugehörigen kataphoretischen Ladungen, bei welchen Suspensionen von denaturiertem Eieralbumin noch stabil bleiben oder schon ausflocken.

p_H		Stabil		Vollständige Ausfällung	
		Konzentration	Ladung in Millivolt	Konzentration	Ladung in Millivolt
11,0	$CaCl_2$ . .	m/256	10	m/16	6
	NaCl . . .	m/4 bis 0	24 bis 9		
	Na_2SO_4 . .	m/4 bis 0	31 bis 10	1 m	<10
5,8	NaCl . . .	m/256	8	m/128	7
	$CaCl_2$ . . .	m/4096	8	m/2048	7
	$LaCl_3$ . .	m/2048	13	m/32000	7
	Na_2SO_4 . .	m/4096	12	m/512	9
	$Na_4Fe(CN)_6$			m/4	<9
5,0	NaCl . . .			0 bis m/4	<3
	$CaCl_2$ . .			0 bis m/8	<3
	Na_2SO_4 . .			0 bis m/2	<3
	$LaCl_3$ . .	m/2048 bis m/16	13 bis 10	m/32000 bis 0	8 bis 6
	$Na_4Fe(CN)_6$	m/65000 bis m/16	19 bis 10,5	0	5
4,0	NaCl . . .	m/32	9	m/16	6
	$CaCl_2$ . .	m/128	13	m/32	8
	$LaCl_3$ . .	m/65000 bis m/16	22 bis 9		
	Na_2SO_4 . .	m/16000	14	m/1024	8
	$Na_4Fe(CN)_6$	m/4096 bis m/2048	12 bis 8	m/8192	3
3,0	NaCl . . .	m/16	10,5	m/4	
	$CaCl_2$ . .	m/16	11	m/4	
	$LaCl_3$ . .	m/16	9,5	m/4	
	Na_2SO_4 . .	m/256	9,5	m/128	8

Aus der Tabelle 56 ersieht man, daß Suspensionen von Teilchen denaturierten krystallinischen Eiereiweißes nicht mehr stabil bleiben, sobald die Potentialdifferenz unter 9 Millivolt sinkt. Bei Werten über 10—12 Millivolt sind sie dagegen stets stabil. Es mag noch hervorgehoben werden, daß die Messungen der kataphoretischen Potentialdifferenz nur auf ± 2 Millivolt genau sind.

Die Stabilität von Suspensionen denaturierten krystallinischen Eiereiweißes hängt nach diesen Versuchen von der elektrischen Ladung der Teilchen ab. Indessen muß doch hervorgehoben werden, daß bei p_H 4,0, 5,8 und 5,0 bei $CaCl_2$ und NaCl in Konzentrationen von m/2 oder darüber die Suspensionen nicht ausflocken. Da bei Gegenwart der Salze in derartig hohen Konzentrationen die Potentialdifferenz gegen Wasser sehr klein ist, so daß die Teilchen ausflocken müßten, so müssen wir annehmen, daß durch solche Salzmengen die Kohäsionskräfte zwischen den Teilchen vermindert oder die Attraktionskräfte zwischen Wasser und Albumin vermehrt werden, so daß die Teilchen nicht koagulieren können, selbst wenn sie keine elektrische Ladung mehr tragen. Eine ähnliche Erscheinung beobachteten NORTHROP und DE KRUIF[1]) bei ihren Versuchen über den Einfluß von Salzen auf Bakteriensuspensionen und bewiesen durch direkte Messungen, daß die Kohäsionskräfte zwischen den einzelnen Bakterienindividuen bei hohen Salzkonzentrationen so klein werden können, daß selbst bei fehlender Ladung Agglutination nicht eintreten kann.

6. Der Einfluß von Salzen auf die Hitzekoagulation des Eiereiweißes.

Erhitzt man krystallinisches Eiereiweiß, so verändert es sich und wird unlöslich. Wenn die Eiweißmoleküle bei ihrer Temperaturbewegung aneinander anprallen, so bleiben sie aneinander hängen, bilden Aggregate, und diese Aggregate können durch das Hängenbleiben weiterer Moleküle größer werden, vorausgesetzt, daß die kataphoretische Potentialdifferenz der Teilchen kleiner ist als der kritische Betrag von etwa 9 Millivolt. Übersteigt die kataphoretische Potentialdifferenz diesen kritischen Wert, so können die Teilchen nicht mehr koagulieren; die Suspension bleibt stabil. Daher ist auch die durchschnittliche Größe der Teilchen um so kleiner, je größer ihre Ladung ist, denn die Wahrscheinlichkeit, daß die Teilchen unter Überwindung der gegenseitigen elektrostatischen Abstoßung sich einander bis zu ihrer Vereinigung nähern, wird um so kleiner, je höher die kataphoretische Potentialdifferenz ist. Man kann dies schon an dem Aussehen der Lösung erkennen. Ist die Ladung der Teilchen sehr groß, so muß die Lösung durchsichtig wie Wasser erscheinen, weil unter diesen Bedingungen Aggregate von höchstens der Größe einiger Moleküle bestehen, dagegen solche Aggregate sich nicht miteinander vereinigen können. Bei kleineren Potentialdifferenzen kann ein kleiner Prozentsatz der Teilchen sich mit hinreichend großer Geschwindigkeit bewegen, um die elektrostatische Abstoßung zu durchbrechen, so daß vereinzelt mehrere Aggregate zu größeren zusammentreten können. Solche Lösungen würden eine ganz geringe bläuliche Opalescenz aufweisen. Bei weiterer Verkleinerung der Ladung nimmt die Zahl der wirksamen Molekülzusammenstöße zu, die Suspension wird dann grau und schließlich milchig erscheinen und ausflocken, sobald die Ladung den kritischen Wert unterschreitet, da dann bei den meisten Zusammenstößen der Aggregate

[1]) NORTHROP, J. H. und P. H. DE KRUIF: Journ. of gen. physiol. Bd. 4, S. 639, 655. 1921/22.

größere Aggregate entstehen, die sich ihren Dimensionen entsprechend rasch absetzen.

Die kataphoretische Ladung der Teilchen hängt nun mit der Wasserstoffionenkonzentration und mit dem Salzgehalt der Lösung zusammen; die Wirkung der Salze kann man aus den Kurven der Abb. 109—112 ablesen.

Die Versuche wurden in folgender Weise angestellt. Je 7 ccm Wasser vom p_H 4,8, also dem p_H des isoelektrischen Punktes des krystallinischen Eiereiweißes, wurden mit je 2 ccm einer 1proz. Lösung isoelektrischen krystallinischen Eiereiweißes (dessen p_H selbstverständlich 4,8 war) vermischt und dazu je 1 ccm einer Lösung verschiedener Salze in verschiedenen Konzentrationen, aber stets von gleichem p_H 4,8, zugesetzt. Die 10 ccm Mischung wurden in Reagensgläser gefüllt und diese so lange in kochendes Wasser eingestellt, bis der Inhalt der Reagensgläser eine Temperatur von 90° angenommen hatte. Dann wurden die Reagensgläser aus dem Wasserbad herausgenommen und auf Zimmertemperatur abgekühlt. In der Tabelle 57 ist angegeben, wie die verschiedenen Mischungen am folgenden Tag aussahen.

Tabelle 57.

Einfluß verschiedener Salze auf die Hitzekoagulation des krystallinischen Eieralbumins in wässeriger Lösung im p_H seines isoelektrischen Punktes.

<table>
<tr><th>Gesamtsalzgehalt in 10 ccm 0.2 proz. Albuminlösung</th><th>10 m/80</th><th>8 m/80</th><th>6 m/80</th><th>4 m/80</th><th>3 m/80</th><th>2 m/80</th><th>m/80</th><th>m/160</th><th>m/320</th><th>m/640</th><th>m/1 280</th><th>m/2 560</th><th>m/5 120</th><th>m/10 240</th><th>m/20 480</th><th>m/40 960</th><th>m/81 920</th><th>0</th></tr>
<tr><td rowspan="2">$LaCl_3$ . . . .</td><td colspan="4" rowspan="2">Koagulation</td><td rowspan="2">Opales-cenz</td><td colspan="7">bläulich</td><td rowspan="2">Opalisierend und trübe</td><td rowspan="2">milchig</td><td colspan="4" rowspan="2">koaguliert</td></tr>
<tr><td colspan="2"></td><td colspan="3">sehr klar</td><td colspan="2"></td></tr>
<tr><td>$Na_4Fe(CN)_6$.</td><td></td><td>sehr opak</td><td>leichte Opalescenz</td><td colspan="6">klar</td><td colspan="3">zunehmende Opalescenz →</td><td colspan="4">milchig</td><td>koaguliert</td><td></td></tr>
<tr><td>$BaCl_2$ . . . .</td><td colspan="18">koaguliert</td></tr>
<tr><td>$CaCl_2$ . . . .</td><td colspan="18">„</td></tr>
<tr><td>Na_2SO_4 . . .</td><td colspan="18">„</td></tr>
<tr><td>NaCl . . . . .</td><td colspan="18">„</td></tr>
</table>

Bei Abwesenheit von Salzen sind die Aggregate ungeladen, so daß das Eiweiß ausflockt. Desgleichen flocken die Lösungen bei Gegenwart von NaCl, Na_2SO_4 oder $CaCl_2$ aus. Dieses Ergebnis ist ohne weiteres verständlich, denn wir haben gesehen (Abb. 106, S. 267), daß diese Salze die Ladung überhaupt nicht oder nur wenig vermehren. Dagegen bildet sich bei Gegenwart von $Na_4Fe(CN)_6$ oder von $LaCl_3$ nicht nur eine Suspension, sondern diese Suspension wird bei denjenigen Konzentrationen dieser Salze, bei denen die Potentialdifferenz des denaturierten Eiereiweißes hoch ist, fast so klar wie Wasser. Die Suspension ist bei einem Gehalt der Lösung an $LaCl_3$ zwischen m/2800 und m/40 klar, aber ganz leicht bläulich. Beim isoelektrischen Punkt ist innerhalb dieses Konzentrationsbereiches die Ladung maximal, sie beträgt fast 15 Millivolt. Bei den Konzentrationen m/25 und m/10000 sind die Suspensionen noch stabil, aber opak, die Teilchen sind zwar größer, aber nicht groß genug, um sich hinreichend rasch zu sedimentieren. In diesen Fällen betrug die Ladung der Teilchen etwa 10 Millivolt, sie war also gerade noch größer als der kritische Wert von 9 Millivolt. Bei einem Gehalt von $LaCl_3$ von m/20000 und darunter flockten die Teilchen aus, da ihre Ladung kleiner als 9 Millivolt war.

Die Wirkung der Säuren ist ähnlich. Bei Anwesenheit von ganz geringen Säuremengen kommt es bei der Durchführung derartiger Versuche bei der Erhitzung auf 90° nicht zur Ausflockung. Das Aussehen der Lösungen hängt in der angeführten Weise von der Ladung ab, welche die Teilchen tragen. Bei diesen Versuchen wurden je 10 ccm einer wässerigen 0,2proz. Lösung fast isoelektrischen krystallinischen Eiereiweißes mit einem Gehalt von abgestuften Salzsäuremengen in Reagensgläser gebracht und in einem siedenden Wasserbad bis auf 90° erhitzt. Nach dem Abkühlen bis auf Zimmertemperatur wurde das Aussehen der Lösungen notiert. Die Ergebnisse sind in der Tabelle 58 angegeben. Wenn in den 10 ccm Lösung 0,01 ccm n/10-HCl enthalten war, so blieb das Protein so gut wie isoelektrisch (p_H 4,8) und die Potentialdifferenz unterhalb des kritischen Wertes. Daher trat beim Erhitzen Gerinnung ein. Bei einem Gehalt der Lösung von 0,02 ccm n/10-HCl trat keine Gerinnung auf, indessen nahm die Teilchengröße beträchtlich zu, da die Ladung nicht sehr groß war. Erst bei einem Salzsäuregehalt von 0,05 ccm oder mehr war die kataphoretische Potentialdifferenz groß genug, um die Lösung beim Kochen klar zu erhalten. Wurde die Salzsäurekonzentration derartig gesteigert, daß die kataphoretische Potentialdifferenz wieder unter den kritischen Wert sank, so trat beim Kochen wieder Flockung auf.

Tabelle 58.

Einfluß von HCl auf die Hitzekoagulation krystallinischen Eiereiweißes in wässeriger Lösung. 10 ccm von (fast isoelektrischem) Albumin enthalten verschiedene Mengen n/10-HCl. 90°.

ccm n/10-HCl in 10 ccm d. 0,2proz. Albuminlösung	0	0,01	0,02	0,03	0,04	0.05	0,1	0,2	0,4	0,8	1,6	3,2
Aussehen der Lösung	koaguliert		sehr opak	starke Opalescenz	etwas opalisierend, aber klar	völlig klar						

In der Tabelle 59 sind die größten und kleinsten Salzkonzentrationen enthalten, bei denen Lösungen genuinen krystallinischen Eiereiweißes beim Erhitzen auf 90° klar blieben bzw. ausflockten. Ferner sind in der Tabelle die kataphoretischen Potentialdifferenzen denaturierter Eiereiweißteilchen bei Gegenwart der angegebenen Salze in den angegebenen Konzentrationen aufgeführt.

Tabelle 59.
Hitzekoagulation des krystallinischen Eieralbumins.

p_H		Nicht koaguliert		Koaguliert	
		Konzentration	P.-D. in Millivolt	Konzentration	P.-D. in Millivolt
11,0	NaCl	0 bis m/2	24 bis 9		
	$CaCl_2$ . . .	0 „ m/512	31 „ 12,5	m/128 bis 2 m	8,5 u. weniger
	Na_2SO_4 . . .	0 „ m/8	31 „ 12	1 m	
	$Na_4Fe(CN)_6$.	0 „ m/8	29 „ 9,5	m/2	
5,8	NaCl			m/16 u. höher	5 „ „
	$CaCl_2$ . . .			m/512 bis 1 m	5 „ „
	Na_2SO_4 . . .			m/16 bis m/2	7 „ „
	$Na_4Fe(CN)_6$.			m/4	
4,0	NaCl			m/64 bis 2 m	11 „ „
	$CaCl_2$ . . .			m/128 bis 2 m	13 „ „
	$LaCl_3$ . . .			m/4	
	Na_2SO_4 . . .			m/1 024 bis 1 m	8 „ „
3,0	NaCl	m/32	13,5	m/4	
	$CaCl_2$ . . .	m/32	14	m/8 bis 2 m	8 „ „
	$LaCl_3$ . . .	m/32	13	m/4	
	Na_2SO_4 . . .	m/512	10	m/128	8 „ „
4,8	NaCl			in allen Konzentrationen	etwa 3 oder weniger
	$CaCl_2$				
	Na_2SO_4 . . .				
	$LaCl_3$ . . .	m/2 500 bis m/26	13 bis 11		
	$Na_4Fe(CN)_6$.	m/2 500 bis m/20	30 „ 14		

7. Proteine als Schutzkolloide.

Der Verfasser hat durch seine Versuche über anomale Osmose gezeigt, daß auf der Innenseite von Kollodiumhäutchen, in denen sich eine 1 proz. Lösung eines Eiweißkörpers befindet, etwa Gelatine, krystallinisches Eiereiweiß, Casein oder Oxyhämoglobin, sich über Nacht ein festes Häutchen aus festem Protein bildet, das nicht entfernt werden kann, selbst wenn man das Kollodiumsäckchen 10 bis 20mal[1]) mit warmem Wasser ausspült. Bei den Versuchen mit Oxyhämoglobin erkennt man das Eiweißhäutchen an der Farbe. Die Kräfte, die das Anhaften des Eiweißhäutchens am Kollodium bewirken, hängen nicht mit der Ionisation des Proteins zusammen, denn die Häutchen bilden sich, gleichgültig ob das Protein sich im isoelektrischen Punkt oder an seiner sauren Seite befindet. Indessen tritt keine Hautbildung ein, wenn das Protein sich auf der alkalischen Seite seines isoelektrischen Punktes befindet. Die Bildung des Häutchens muß durch die Kräfte der sekundären Valenzen bewirkt werden, die ganz allgemein die Ursachen für die Erscheinungen der Kohäsion und Adhäsion sind.

Diese Häutchenbildung ist die Ursache der sogenannten Schutzwirkung bestimmter Kolloide. ZSIGMONDY und seine Mitarbeiter haben nachgewiesen, daß Suspensionen von kolloidalem Gold, die durch geringe Salzkonzentrationen ausgefällt wurden, gegen die fällende Wirkung der Salze geschützt wurden, sobald die Goldteilchen in einer Gelatinelösung suspendiert waren. Zur Kennzeichnung quantitativer Verhältnisse führte ZSIGMONDY den Ausdruck „Goldzahl" ein, die angibt, wieviel Milligramm schützende Substanz eben genügt, um zu verhindern, daß bei Zusatz von 1 ccm einer 10proz. NaCl-Lösung zu 10 ccm eines bestimmten roten Goldsols die Farbe in blau umschlägt[2]).

Gelatine ist ein besonders wirksames Schutzkolloid, während Eiereiweiß — welches ZSIGMONDY nicht durch Krystallisation gereinigt hatte — nur geringe schützende Eigenschaften aufwies. Die Versuche, die in diesem Kapitel angeführt sind, erklären diesen Unterschied. Wenn man Suspensionen von Kollodiumteilchen nicht mit Proteinen behandelt, so tritt schon bei Gegenwart sehr geringer Salzkonzentrationen Fällung ein, weil die Teilchen nur vermöge der sie umgebenden elektrischen Doppelschichten suspendiert erhalten werden, deren Potentialsprung schon durch geringe Salzmengen unter den kritischen Wert verkleinert wird. Bringt man aber Kollodiumteilchen in eine Gelatinelösung, so bildet sich an ihrer Oberfläche eine Gelatineschicht, deren Moleküle weiter eine hohe Affinität zum Wasser behalten, die selbst durch sehr große Salzkonzentrationen nicht vernichtet wird. Die Stabilität der Suspensionen von gelatineumhüllten Kollodiumteilchen hängt also nun nicht mehr von der elektrischen Doppelschicht ab, die für die Stabilität der nackten Kollodiumteilchen maßgebend war und deren Potentialdifferenz durch relativ kleine Salzkonzentrationen unter den kritischen Wert gebracht wird.

---

[1]) LOEB, J.: Journ. of gen. physiol. Bd. 2, S. 577. 1919/20.

[2]) ZSIGMONDY, R.: Kolloidchemie. Leipzig 1918, S. 173 und 358.

Wenn die Kollodiumteilchen mit genuinem krystallinischen Eiereiweiß überzogen werden, so verliert das Albumin seine vorher große Affinität zum Wasser und verhält sich jetzt wie denaturiertes Eiereiweiß. Bei Suspensionen von Kollodiumteilchen, die mit Eiereiweiß überzogen sind, hängt demnach die Stabilität hauptsächlich von der jedes Teilchen umgebenden elektrischen Doppelschicht ab, so daß die Suspensionen schon durch kleine Salzmengen ausgeflockt werden.

Wenn wir aber die Wirkungen der Wasserstoffionenkonzentration in Rechnung setzen, können wir bestimmte Bedingungen ausfindig machen, bei denen auch Schichten von krystallinischem Eiereiweiß bei suspendierten Kollodiumteilchen eine gewisse Schutzwirkung entfalten. So kann z. B. eine Suspension nackter Kollodiumteilchen bei p_H 4,0 oder 3,0 schon durch sehr geringe Mengen $LaCl_3$ (ungefähr m/4000) ausgeflockt werden. Sind dagegen die Teilchen mit Eiereiweiß oder mit Casein umhüllt, so sind die zur Ausflockung erforderlichen $LaCl_3$-Mengen wesentlich höher, die Konzentrationen betragen ungefähr m/32 oder darüber. Bei diesen p_H-Werten sind die Teilchen nämlich positiv geladen, und ihre Ladung wird nicht durch das $La^{\cdots}$-Ion, sondern durch das Cl'-Ion verkleinert. Weiter beobachtet man bei einem p_H von 4,0 oder von 4,8 eine Schutzwirkung gegenüber dem Einfluß hoher Konzentrationen von $CaCl_2$ (m/2 oder mehr), sobald die Teilchen mit Albumin oder Casein überzogen sind. Casein besitzt im allgemeinen keine oder höchstens geringe schützende Eigenschaften; die Stabilität von Suspensionen von caseinumhüllten Kollodiumteilchen ist durch die kataphoretische Potentialdifferenz der Teilchen bedingt, die schon durch kleine Salzkonzentrationen unter den kritischen Wert gesenkt wird. Immerhin können unter bestimmten Bedingungen die Teilchen auch bei hohen Salzkonzentrationen (besonders $CaCl_2$) selbst bei fehlender Ladung suspendiert bleiben.

Versuche mit Kollodiumsuspensionen, deren Teilchen mit Edestin überzogen waren, ergaben, daß dieses Protein sehr schwache schützende Eigenschaften besitzt.

Nach den Ergebnissen dieser Versuche können wir die Schutzkolloide folgendermaßen definieren: 1. Schutzkolloide müssen an der Oberfläche der zu schützenden Kolloidteilchen feste Häutchen bilden können, und 2. müssen zwischen den das Häutchen bildenden Molekülen und den Molekülen des Lösungsmittels (z. B. Wasser) stärkere Attraktionskräfte wirken als zwischen den Molekülen des Schutzkolloides, d. h. sie müssen echte krystalloide Löslichkeit besitzen. Wer der Ansicht nicht zustimmt, daß Proteine echte Lösungen bilden können, dürfte die Schutzwirkung bestimmter Kolloide, wie etwa der Gelatine, schwerlich deuten können.

Neunzehntes Kapitel.

Membrangleichgewicht und Peptisation.

Unter Peptisation versteht man die Verminderung der Aggregatgröße; sie ist daher das Gegenteil der Flockung oder der Koagulation. Die Verkleinerung der Teilchengröße kann auf verschiedene Weise zustande kommen. Bei der Pepsinwirkung auf gekochtes Eiereiweiß handelt es sich um einen hydrolytischen Vorgang, durch welchen die unlösliche Verbindung in kleinere Reaktionsprodukte mit echter Löslichkeit übergeführt wird. Manchmal kann eine Vermehrung der Löslichkeit mit der Ionisation zusammenhängen, wenn z. B. die Löslichkeitsgrenze der Gelatine im isoelektrischen Punkt überschritten und eine opake Suspension entstanden ist, so kann die Lösung sich aufhellen, sobald die Löslichkeit durch Zugabe eines Salzes gesteigert wird. Diese Erscheinung ist bei den Salzen mit mehrwertigen Ionen besonders ausgesprochen. Wir wollen uns jetzt mit einem Sonderfall der Peptisation beschäftigen, wobei diese durch ein Membrangleichgewicht zwischen dem Teilchen und der umgebenden Lösung herbeigeführt wird. Dies ist der Fall bei der Peptisation von ursprünglich isoelektrischen unlöslichen Caseinkörnchen unter dem Einfluß von Säuren.

Wegen der praktischen Unlöslichkeit des isoelektrischen Caseins in Wasser kann man bei diesem Protein leicht die Vorgänge verfolgen, die zur Lösung der Caseinkörnchen in wässerigen Säure- oder Alkalilösungen führen. Diese Vorgänge sind ganz verschiedenartig, je nach der Reaktion. In einer alkalischen Lösung, etwa in einer verdünnten Natronlauge, lösen sich Caseinteilchen ähnlich auf, wie Teilchen von Natriumoleat. Die Erscheinungen, die man bei der Auflösung des Natriumoleats beobachtet, sind nach QUINCKE so zu erklären, daß die Oberflächenspannung an der Grenzfläche Seife/Wasser plötzlich kleiner wird, wodurch prominierende Teilchen der Seifenoberfläche fortgerissen werden und die Oberfläche sehr bald glatt wird. Bei der Auflösung von Caseinkörnchen in verdünntem Alkali beobachtet man die gleichen Vorgänge.

Die Kräfte, die die Lösung des Natriumcaseinats bewirken, hängen nicht mit dem Donnan-Gleichgewicht zusammen, denn wäre dies der Fall, so müßte die Lösungsgeschwindigkeit der Körnchen bei einem p_H zwischen 10,0 und 12,0 ein Maximum haben, um dann wieder abzunehmen. Nun wächst aber in Wirklichkeit die Lösungsgeschwindigkeit des Caseins in Alkali mit steigendem p_H sehr viel rascher. In einer m/2-NaOH-Lösung gehen die Körnchen fast augenblicklich in Lösung. Hiermit steht in guter Übereinstimmung, daß wässerige Natriumcaseinatlösungen von NaCl, LiCl oder NH_4Cl nur in sehr hohen Konzentrationen gefällt werden können.

Wenn man 5 ccm einer Natriumcaseinatlösung vom p_H 7,0 mit einem Gehalt von 2% ursprünglich isoelektrischen Caseins mit 5 ccm verschieden konzentrierten Lösungen verschiedener Salze ebenfalls vom p_H 7,0 versetzt, so tritt keine Fällung ein, wenn die Konzentration des NaCl 2,5 m oder kleiner ist; das Gleiche gilt für LiCl-Konzentrationen von 3,25 m und für NH_4Cl-Konzentrationen von 2 m[1]).

Bringt man dagegen isoelektrische Caseinkörnchen in Salzsäurelösungen, so tritt wegen der starken zwischen den Caseinmolekülen wirksamen Kohäsionskräfte erst dann Lösung ein, wenn die Moleküle durch den hydrostatischen Druck des in das Innere der Teilchen mittels des Donnan-Gleichgewichtes eindringenden Wassers auseinandergedrängt werden.

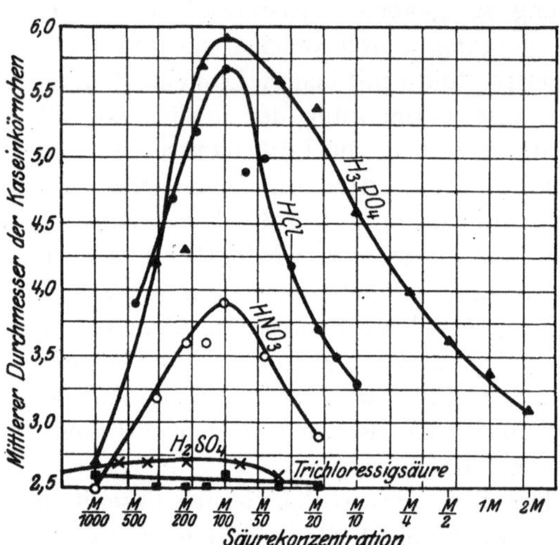

Abb. 113. Die Quellung von Caseinkörnchen in verschiedenen Säuren. (24°, Versuchsdauer 1 Stunde,)

Man kann sich von diesen Erscheinungen durch die mikroskopische Betrachtung der in verschieden konzentrierten Säurelösungen aufgeschwemmten Caseinteilchen überzeugen. Bei Gegenwart einer Salzsäurelösung beginnen die Caseinteilchen zu quellen, wobei sie immer durchsichtiger werden; sobald die Quellung einen bestimmten Grad erreicht hat, verschwinden die Teilchen — sie sind in Lösung gegangen. Die gequollenen Teilchen können schon durch geringe Erschütterungen zerfallen. T. B. Robertson hat derartige Vorgänge bei der Auflösung des Natriumcaseinats angenommen, indessen scheint in diesem Fall der Mechanismus der Auflösung ein anderer zu sein. Ohne Zweifel ist aber die Quellung der Caseinteilchen eine notwendige Vorbedingung für die Auflösung von Caseinsäuresalzen. Die Caseinteilchen gehen nur dann in Lösung, wenn ihr Quellungsgrad eine bestimmte Grenze überschreitet.

Bei unseren Versuchen gingen wir in folgender Weise vor: Isoelektrische Caseinkörnchen von ungefähr gleicher Größe (sie passierten das Sieb 100, aber nicht das Sieb 120) wurden in geringer Menge in je

[1]) Loeb, J. und R. F. Loeb: Journ. of gen. physiol. Bd. 4, S. 187. 1921/22.

50 ccm Wasser mit einem Gehalt von verschieden konzentrierten Säuren gebracht und darin bei 24° gehalten. Nach 15 Minuten, 1, 6 und 24 Stunden wurde der Durchmesser von ungefähr 15 Körnchen mikroskopisch mittels eines Mikrometers bestimmt und der Durchschnitt genommen. Es wurde besondere Sorgfalt darauf verwendet, die Teilchen nicht auseinanderfallen zu lassen. Die mittleren Durchmesser nach einstündigem Verweilen sind in der Abb. 113 dargestellt. Die Abszissen sind die Logarithmen der Säurekonzentration, die Ordinaten die mittleren Durchmesser der Teilchen. Man erkennt ohne weiteres, daß mit zunehmender Säurekonzentration die mittleren Durchmesser der Teilchen zuerst ansteigen, ein Maximum bei einem p_H von ungefähr 2,0 der Außenflüssigkeit erreichen, und daß bei weiter zunehmender Säurekonzentration die Quellung wieder geringer wird.

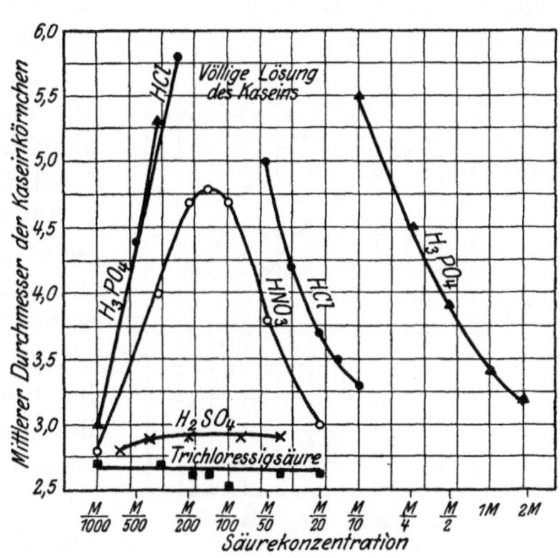

Abb. 114. Die Quellung und die Auflösung von Caseinteilchen in verschiedenen Säuren. (24°, Versuchsdauer 24 Stunden.)

In der Abb. 114 sind die Messungsergebnisse der gleichen Teilchen nach 24 stündigem Verweilen in der Säure dargestellt. In diesem Zeitpunkt waren in den Salz- und Phosphorsäurelösungen, deren p_H zwischen 1,8 und 2,9 lag, sämtliche Teilchen in Lösung gegangen, so daß ihre Dimensionen nicht bestimmt werden konnten. Wir erkennen aus dieser Abbildung ferner, daß die Lösungsgeschwindigkeit bei Gegenwart verschiedener Säuren nicht die gleiche ist. Salzsäure und Phosphorsäure verhalten sich bei gleichem p_H ungefähr gleich, dagegen ist die Lösungsgeschwindigkeit in Salpetersäure kleiner und noch kleiner in Schwefel- und Trichloressigsäure. Die Lösungsgeschwindigkeit des Caseins in diesen verschiedenen Säuren verhält sich annähernd so wie die Quellungsgeschwindigkeit. Bei 20° löste sich Casein langsamer in Salpetersäure als in Salzsäure, während in Schwefelsäure und in Trichloressigsäure innerhalb 24 Stunden so gut wie keine Lösung eintrat.

In diesem Falle werden die Kohäsionskräfte zwischen den öligen Gruppen der Caseinmoleküle durch das Säureanion verstärkt. Die Wirkung des Anions der Gelatinesäuresalze auf die Kohäsion der Teilchen eines festen Gels ist offenbar viel kleiner als die Wirkung des Anions auf die Kohäsion von Caseinsäuresalzteilchen. Die Kohäsionskräfte beim Caseinsulfat und beim Caseintrichloracetat scheinen so beträchtlich zu sein, daß sie durch den (wegen des sich ausbildenden DONNAN-Gleichgewichtes) entstehenden osmotischen Druck nicht überwunden werden können. Demnach tritt bei festem Casein in Gegenwart von Schwefel- oder Trichloressigsäure keine Quellung und folglich auch keine Peptisation resp. Lösung ein. Der Einfluß der Valenz auf das DONNAN-Gleichgewicht ist bei der Quellung des Caseins der gleiche wie bei der Quellung der Gelatine; verschieden ist nur der Einfluß bestimmter Ionen auf die gegenseitigen Attraktionskräfte der öligen Gruppen.

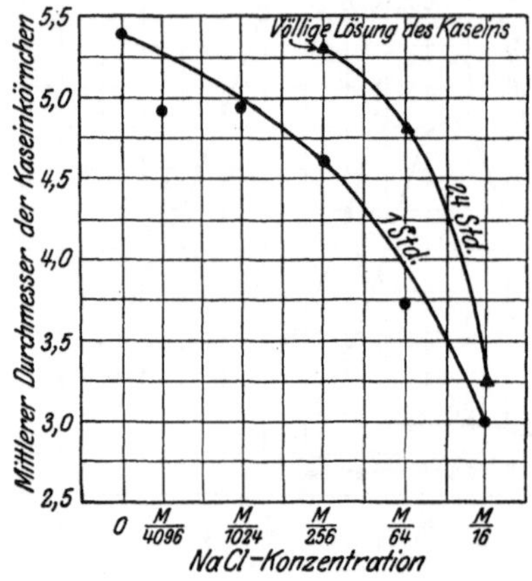

Abb. 115. Die depressorische Wirkung von NaCl auf die Quellung und Auflösung von Caseinkörnchen, die in n/100-HCl suspendiert sind.

PROCTER und WILSON haben gezeigt, daß die Theorie der DONNANschen Gleichgewichte die depressorische Wirkung auf die Quellung fester Gelatine erklärt. Wir haben den Einfluß des Chlornatriums auf die Quellungsgeschwindigkeit einzelner Caseinkörnchen in n/100-HCl bei 24° durch mikroskopische Messungen bestimmt. Die Ergebnisse sind in der Abb. 115 dargestellt. Die Ordinaten bedeuten wiederum die mittleren Durchmesser der Teilchen nach 1stündigem resp. 24stündigem Verweilen in der Lösung, die Abszissen die NaCl-Konzentrationen. Das Chlornatrium vermindert die Quellung des Caseins in einer ganz ähnlichen Weise wie die Quellung eines Gelatinegels. Nach 24stündiger Versuchsdauer waren die Caseinteilchen bei Gegenwart von NaCl in Konzentrationen unter m/256 in Lösung gegangen, dagegen nicht bei höheren NaCl-Konzentrationen.

Wir ersehen aus diesen Versuchen, daß die Kohäsionskräfte zwischen den Caseinmolekülen erst überwunden werden müssen, bevor die Körnchen sich in Säure lösen können, und dazu dient der Quellungsvorgang. Die Versuchsergebnisse wurden durch quantitative Bestimmungen des bei 20° in Gemischen mit verschiedenem p_H in Lösung gegangenen Caseinchlorids bestätigt. Je 1 g isoelektrisches Gelatinepulver wurde in je 100 ccm verschieden konzentrierter Salzsäurelösungen gebracht und darin einmal 1 Stunde, ein anderes Mal 22 Stunden belassen. Die Mischung wurde dann in Meßzylinder übergeführt, in welchen sich der ungelöste Rückstand innerhalb 2 resp. 6 Stunden bei 20° absetzte. Die überstehende Flüssigkeit wurde abgegossen, der Rückstand über Nacht bei 100° getrocknet und gewogen. 1 g isoelektrisches Casein hatte ein Trockengewicht von 0,870 g, so daß die Differenz zwischen dem Trockengewicht des Rückstandes und dem Trockengewicht der verwendeten Caseinmenge angab, wieviel Casein in Lösung gegangen war. Die erhaltenen Werte sind in der Tabelle 60 zusammengestellt, aus welcher man ersieht, daß die Auflösungsgeschwindigkeit in dem p_H-Bereich zwischen 4,36 bis 2,18 mit abnehmendem p_H zunimmt, wobei die Löslichkeit des Caseinchlorids bei $p_H = 2{,}18$ maximal wird; wird das p_H noch kleiner, so sinkt die Auflösungsgeschwindigkeit wieder. Es besteht also Übereinstimmung mit der DONNANschen Theorie.

Tabelle 60.

In Salzsäure von verschiedenem p_H bei 20° in Lösung gegangene Caseinmenge.

p_H	4,36	3,32	3,11	2,97	2,94	2,84	2,75	2,64	2,53	2,36	2,18	2,06	1,87	1,66	1,50	1,40
Nach 1 Std. gelöst (mg)	42	55	86	249	265	...	...	348	408	...	547	538	401	366	272	219
„ 22 „ „ („)	102	133	164	267	342	459	536	634	646	733	788	779	710	528	374	300

Die depressorische Wirkung des NaCl auf die Auflösungsgeschwindigkeit von Caseinchlorid wurde in ähnlicher Weise ermittelt wie in dem Versuch der Abb. 115. Es wurden eine Reihe von Lösungen hergestellt, die in je 100 ccm 12,5 ccm n/10-HCl und 1 g ursprünglich isoelektrisches Caseinpulver und abgestufte Zusätze von NaCl enthielten. Die Konzentrationen des NaCl betrugen 0, m/2048, m/1024 usw. bis m/4. Das p_H sämtlicher Lösungen war 2,12. Die Lösungen wurden bei 20° 16 Stunden lang sich selbst überlassen, dann in Meßzylinder übergeführt und das Sedimentieren bei der gleichen Temperatur 24 Stunden lang abgewartet. Nun wurde das Trockengewicht des Rückstandes bestimmt und seine Differenz gegen das Trockengewicht von 1 g isoelektrischem Casein (0,870 g) ermittelt. Da das Caseinsediment noch Kochsalz enthielt, sind diese Werte zu hoch, sie wurden daher etwas verkleinert, je nach der NaCl-Konzentration der Lösung, wobei schätzungsweise angenommen wurde, daß mit dem Rückstand je 2 ccm der Lösung eingetrocknet waren. Obgleich diese Korrektur einigermaßen willkürlich ist, so würde ohne sie doch ein beträchtlicher Fehler entstanden sein, wenigstens bei den Versuchen, bei denen die Salzkonzentration größer als m/64 war. Bei kleineren Salzkonzentrationen konnte der Einfluß des mitgewogenen Kochsalzes vernachlässigt werden. In der Tabelle 61 sind die in Lösung gegangenen Caseinmengen in Milligramm angegeben. Als Hauptergebnis dieses Versuches halten wir fest, daß bei geringer Vermehrung des NaCl-Gehaltes sich die Auflösungsgeschwindigkeit merkbar vermindert. So bewirkt NaCl in Konzentrationen von m/1024 eine beträchtliche Verkleinerung der Löslichkeit von Caseinchlorid vom $p_H = 2,12$ bei 24°.

Tabelle 61.

	Konzentration von NaCl					
	m/2048	m/1024	m/512	m/256	m/128	m/64
Milligramm gelöst	714	685	665	615	449	282

Wir ersehen aus diesen Beobachtungen, daß die Auflösung fester Gelatineteilchen in der Weise zustande kommt, daß die einzelnen Elemente dieser Teilchen durch einen Quellungsvorgang auseinandergedrängt werden. Die hierbei wirksame Kraft ist der hydrostatische Druck des Wassers, das in die Interstitien der festen Teilchen eindringt, weil der osmotische Druck der wässerigen Lösung, die sich in den Lücken zwischen den Caseinionen befindet, wegen des DONNAN-Gleichgewichtes höher ist. Sobald der osmotische Druck innerhalb der Teilchen die Kohäsionskräfte zwischen den Caseinionen der Teilchen überwindet, trennen sich die Caseinionen voneinander.

Die Kraft, welche die Teilchengröße bei der Säurewirkung auf die Peptisation von Caseinteilchen verkleinert, ist der hydrostatische Druck des in die Teilchen osmotisch eindringenden Wassers. Sobald die osmotischen Kräfte die Kohäsionskräfte überwiegen, tritt Peptisation — oder vielleicht auch echte Lösung — ein.

Zwanzigstes Kapitel.

Einige Versuche mit Proteinlösungen in Alkohol-Wassermischungen.

Als ein Beispiel für den Einfluß des Lösungsmittels auf die Eigenschaften der Proteine wollen wir nun noch einige Versuche über Lösungen von Gelatine in Alkohol-Wassermischungen schildern. Bei diesen Versuchen konnten weder p_H-Messungen noch Bestimmungen des Membranpotentials noch des kataphoretischen Potentials angestellt werden. Wir können daher das Verhalten der Gelatine vorläufig nur empirisch abhandeln und müssen auf eine Theorie der beobachteten Erscheinungen verzichten.

Wenn man 1 ccm einer 1proz. isoelektrischen Gelatinelösung mit 1 ccm Wasser, dessen p_H gleichfalls 4,7 ist, vermischt, die Mischung auf 45° erhitzt und dann 8 ccm absoluten Äthylalkohol zusetzt, so fällt die Gelatine (bei Abwesenheit von Salzen) sofort aus und koaguliert; die überstehende Flüssigkeit ist völlig klar. Mischt man dagegen 1 ccm der 1proz. isoelektrischen Gelatinelösung mit 1 ccm einer Salzlösung vom gleichen p_H 4,7 erhitzt und 8 ccm absoluten Alkohol zusetzt, so resultiert, wenn man die geeigneten Salze verwendet, eine mehr oder weniger klare Gelatinelösung. Derartige Erscheinungen wurden beobachtet, wenn Salze wie $CaCl_2$, $CeCl_3$, Na_2SO_4 oder $Na_4Fe(CN)_6$ verwendet wurden, dagegen nicht bei Anwesenheit von Salzen wie NaCl, KCl, LiCl oder $MgSO_4$. Bei zu hoher Salzkonzentration wurden die Lösungen je nach der angewandten Salzmenge opalisierend, trübe oder flockig. Die Konzentration der zugesetzten Salzlösungen war zwischen m/32768 und 1 m abgestuft. Durch den Zusatz von 1 ccm isoelektrischer Gelatinelösung und von 8 ccm Äthylalkohol zu 1 ccm Salzlösung wurde die Salzkonzentration in dem Gemisch auf den zehnten Teil herabgedrückt. Die zur Herstellung der Mischung verwendeten wässerigen Anteile hatten ein p_H von 4,7, das p_H der resultierenden alkoholischen Mischung konnte nicht bestimmt werden. In der Tabelle 62 sind die Ergebnisse dieser Versuche zusammengestellt[1]).

Tabelle 62.

Das Verhalten verschiedener Salze in abgestuften Konzentrationen gegenüber Gelatine in wässerig-alkoholischer Lösung.

$MgCl_2$ . . .	m/2048 bis m/512	Bläulich opalisierend, nicht ganz klar.
$CaCl_2$ . . .	m/1024 „ m/256	Heller als beim $MgCl_2$.
$SrCl_2$	m/1024 „ m/256	Wie beim $CaCl_2$.
$BaCl_2$ . . .	m/4096 „ m/512	Klarer als bei den drei ersten Salzen.
$LaCl_3$ . . .	m/4096 „ m/32	Völlig klar.
Na_2SO_4 . . .	m/1024 „ m/256	Bläulich und leicht opak.
$Na_4Fe(CN)_6$.	m/8192 „ m/128	Klar, bei m/512 durchsichtig wie Wasser.
LiCl	Flockung bei sämtlichen Konzentrationen.	
NaCl		
KCl		
RbCl		
LiBr		
$MgSO_4$ . . .		

Im sechsten Kapitel haben wir gesehen, daß isoelektrische Gelatine nur wenig in Wasser löslich ist, daß aber bei Zusatz von Salzen die Löslichkeit größer wird, und zwar um so mehr, je höher die Valenzstufe eines der Ionen des Salzes ist. Bei den Alkohol-Wassermischungen scheint die lösende Wirkung auf isoelektrische Gelatine von der Differenz der Valenzstufen der beiden entgegengesetzt geladenen Ionen des Salzes abzuhängen, indem $MgSO_4$ oder NaCl keine, während Na_2SO_4 oder $MgCl_2$ eine ausgesprochene lösende Wirkung entfalten. $MgSO_4$ beförderte

[1]) Diese Versuche sind an anderer Stelle noch nicht veröffentlicht.

die Auflösung von isoelektrischer Gelatine in rein wässerigen Lösungen ebenso ausgesprochen wie die übrigen Salze. Vielleicht kommt diese lösende Wirkung der Salze durch eine Steigerung der kataphoretischen Potentialdifferenz der Teilchen zustande, etwas Sicheres hierüber kann man indessen nicht angeben, da die kataphoretischen Potentialdifferenzen nicht bestimmt werden konnten.

War das p_H der Gelatinelösung unter 4,4, und das Anion der der isoelektrischen Gelatine zugesetzten Säure einwertig, so konnte ein beträchtlicher Teil des Wassers durch absoluten Äthylalkohol ersetzt werden, ohne daß Fällung eintrat. Das gleiche Verhalten wurde bei p_H-Werten über 5,0 und bei Anwesenheit von einwertigen Alkalikationen beobachtet. Besonders bemerkenswert ist, daß man zur Ausfällung der Gelatine um so mehr Salz braucht, je größer der Alkoholgehalt der Mischungen ist, bis schließlich bei einem bestimmten Punkte die zur Fällung notwendige Salzmenge plötzlich sehr klein wird, so daß die Gelatine schon bei Zusatz geringer Salzspuren ausflockt. Bei diesem Alkoholgehalt der Lösung sind die fällenden Eigenschaften an dasjenige Ion des zugesetzten Salzes gebunden, dessen Ladung der des Proteins entgegengesetzt ist.

Zu diesen Versuchen wurden 10proz. Gelatinechloridlösungen vom p_H 3,0 und 10proz. Natriumgelatinatlösungen vom p_H 10,0 hergestellt. 5 ccm einer solchen Lösung wurden zuerst erwärmt, um die Gelatine vollständig zu verflüssigen, dann zu den noch warmen Lösungen je 45 ccm Alkohol-Wassermischung zugefügt, deren Alkoholgehalt in bestimmter Weise abgestuft war. 10 ccm dieser 1proz. Gelatinechlorid- oder Natriumgelatinatlösungen wurden nun mit Lösungen der Neutralsalze $(NH_4)_2SO_4$, NaCl und $CaCl_2$ bei einer Temperatur von 20° titriert, bis Fällung eintrat. Während man die Gelatine durch Zusatz von 2,5 m-$CaCl_2$- oder 5 m-NaCl-Lösungen überhaupt nicht und bei Verwendung von $(NH_4)_2SO_4$ nur bei verhältnismäßig hohen Konzentrationen ausfällen konnte, so lange der Alkoholgehalt der Mischung unterhalb eines bestimmten Betrages blieb, genügten Spuren dieser Salze zur Ausflockung, sobald diese Grenze des Alkoholgehaltes überschritten war (vgl. die Tabellen 63 und 64). Enthielten die Lösungen keinen Alkohol, d. h. bestand der Zusatz aus 45 ccm Wasser vom p_H 3,0, so trat erst nach Zusatz von 7,1 ccm 2 m-$(NH_4)_2SO_4$ Fällung ein (Tabelle 63). Die zur Fällung erforderliche $(NH_4)_2SO_4$-Menge nahm anfangs mit zunehmendem Alkoholgehalt der Mischung zu. Bestanden die 45 ccm Flüssigkeit, die den 5 ccm 10proz. Gelatinelösung zugesetzt waren, aus 18,75 ccm Wasser und 26,25 ccm Äthylalkohol, so mußten 17,8 ccm 2 m-$(NH_4)_2SO_4$ den 10 ccm der Gelatine-Alkohol-Wassermischung zugesetzt werden, um Fällung zu bewirken. Wurde nun die in dem Zusatz enthaltene Alkoholmenge nur ganz wenig gesteigert, so daß die 45 ccm 17,5 ccm Wasser und 27,5 ccm Alkohol enthielten, so genügten zur Fällung 0,04 ccm der 2 m-$(NH_4)_2SO_4$-Lösung (Tabelle 63).

Tabelle 63.

Die zur Ausflockung von Gelatinechloridlösungen von p_H 3,0 bei Gegenwart abgestufter Alkoholmengen erforderlichen Salzkonzentrationen.

ccm H_2O	45,0	40,0	30,0	25,0	20,0	18,75	17,5	15,0	10,0	8,75	7,5	6,75	5,0	0,0
,, absoluter Alkohol . . .	0,0	5,0	15,0	20,0	25,0	26,25	27,5	30,0	35,0	36,25	37,5	38,25	40,0	45,0
,, 2 m $(NH_4)_2SO_4$	7,1	9,5	11,6	12,1	15,2	17,8	**0,04**	**0,03**	**0,03**	....	...	.....	**0,03**	**0,02**
,, 5 m NaCl . .	7,8	13,7	20,4	36,4	49,0	....	....	∞	∞	∞	**0,2**			
,, $2^1/_2$ m $CaCl_2$.	∞	∞	∞	∞	∞	∞	∞	∞	∞	∞	∞	∞	**0,15**	**0,03**

Tabelle 64.

Die zur Ausflockung von Na-Gelatinat vom p_H 10,0 bei Gegenwart von abgestufter Alkoholmengen erforderlichen Salzkonzentrationen.

ccm H_2O	45,0	40,0	35,0	30,0	25,0	22,5	21,25	20,0	15,0	13,75	12,5	10,0	5,0
,, absolut. Alkohol	0,0	5,0	10,0	15,0	20,0	22,5	23,75	25,0	30,0	31,25	32,5	35,0	40,0
,, 2 m $(NH_4)_2SO_4$	11,0	16,0	18,5	20,4	23,7	...	....	26,9	29,0	**1,5**	**0,7**	**0,03**	**0,02**
	leichter Niederschlag											dichter Niederschlag	
,, 5 m NaCl. . .	∞	∞	∞	∞	∞	∞	∞	∞	∞	∞	**0,04**	**0,04**	**0,02**
,, $2^1/_2$ m $CaCl_2$.	∞	∞	∞	∞	∞	∞	∞	**0,03**	**0,02**	**0,02**	**0,02**		

Beim NaCl war dieses Verhalten noch auffallender. Wenn die 45 ccm des Flüssigkeitszusatzes 8,75 ccm Wasser und 36,25 ccm Alkohol enthielten, so konnten 10 ccm der Gelatinechlorid-Alkohol-Wassermischung durch Zusatz von 5 m NaCl-Lösung überhaupt nicht gefällt werden. Wurde die Alkoholmenge nur ganz wenig vermehrt, indem die zugesetzten 45 ccm aus 7,5 ccm Wasser und 37,5 ccm Alkohol bestanden, so trat bereits bei Zusatz von 0,2 ccm der NaCl-Lösung Fällung ein. Bei $CaCl_2$ war dieser Punkt überschritten, sobald der Zusatz 5 ccm Wasser und 40 ccm Alkohol betrug.

Die Existenz eines derartigen „kritischen Punktes" kann bei Natriumgelatinatlösung in der gleichen Weise festgestellt werden, wie aus der Tabelle 64 hervorgeht.

Wir sehen aus diesen Versuchen, daß die Kräfte, die Gelatinechlorid vom p_H 3,0 und Natriumgelatinat vom p_H 10,0 in Lösung halten, unbeeinflußt bleiben, solange die anwesende Alkoholmenge einen bestimmten Betrag nicht überschreitet. Solange dies nicht der Fall ist, fällt Ammoniumsulfat sowohl Gelatinechlorid als auch Na-Gelatinat stets besser als Chlorcalcium. Übersteigt der Alkoholgehalt dagegen einen bestimmten kritischen Punkt, so ändert sich plötzlich der Mechanismus, durch welchen die Gelatineteilchen in Lösung gehalten werden, denn einmal wird die zur Fällung notwendige Salzmenge plötzlich sehr klein, und zweitens ist nunmehr dasjenige Ion das wirksame, dessen Ladung der des Kolloidteilchens entgegengesetzt ist. So liegen z. B. beim Gelatinechlorid (Tabelle 63) die kritischen Punkte für $CaCl_2$ und NaCl nahe aneinander, während der kritische Punkt bei Ammoniumsulfat bei einer viel geringeren Alkoholkonzentration liegt. Hierbei ist das Gelatineion positiv geladen, das fällende Ion ist dann das Anion, sobald der Alkoholgehalt den kritischen Wert überschritten hat. Wir ersehen weiter aus der Tabelle 64, daß die kritischen Punkte beim Natriumgelatinat für Ammonsulfat und Natriumchlorid nahe beieinander liegen, daß dagegen der kritische Punkt für $CaCl_2$ sich bei einem beträchtlich geringeren Alkoholgehalt befindet. Hierbei sind die kolloidalen Ionen negativ geladen und das fällende Ion des Salzes ist das Kation.

Wir können vorläufig noch nichts darüber aussagen, was mit der Gelatine bei der kritischen Alkoholkonzentration geschieht, ob z. B. die Gelatinemoleküle eine Veränderung erfahren, durch welche ihre Löslichkeit verkleinert oder vernichtet wird.

Löst man Gelatine in einer Mischung, die viel Alkohol und wenig Wasser enthält, so daß die eben erwähnte kritische Grenze überschritten ist, so erhält man eine Lösung, die sich in zwei Punkten von einer wässerigen Gelatinelösung unterscheidet: sie hat eine verhältnismäßig kleine Viscosität und ist nicht mehr imstande, ein Gel zu bilden. Ihr Aussehen ist stets opalisierend. Die Änderung der Viscosität wurde in folgender Weise festgestellt:

1 g isoelektrische Gelatine wurde mit so viel Salzsäure versetzt, daß durch Zusatz von Wasser ad 100 ccm das p_H der Lösung ungefähr 3,0 betragen würde. Derartig vorbehandelte Gelatineproben wurden in Alkohol-Wassermischungen aufgelöst, rasch auf 45° erhitzt und rasch auf 15° abgekühlt. Dann wurde sofort die Ausflußzeit aus einem Viscosimeter bestimmt. Als Vergleichszeit diente die Ausflußzeit einer gelatinefreien Alkohol-Wassermischung von gleicher Zusammensetzung bei 15°. Die Quotienten der Ausflußzeiten, d. h. also die relativen Viscositäten der Gelatinelösungen, sind in der Tabelle 65 zusammengestellt. Die oberste Horizontalreihe gibt die prozentischen Alkoholkonzentrationen an, die zweite Reihe schildert das Aussehen der Lösung, die dritte Reihe enthält die Ausflußzeiten der Gelatinelösungen in Sekunden, die vierte Reihe die Ausflußzeiten der gelatinefreien Vergleichslösungen und die letzte Reihe die relative Viscosität der Gelatinelösungen. Die Viscosität sinkt plötzlich, wenn die Alkoholkonzentration von 80% auf 85% steigt. In 85proz. Alkohol beträgt die Viscosität 1,286 und bei 87,5proz. Alkohol nur noch 1,100.

Tabelle 65.

Das Verhalten der Viscosität von 1proz. Gelatinechloridlösungen vom p_H 3,0 bei zunehmendem Alkoholgehalt.

	Alkoholgehalt (%)						
	0	40	70	80	85	87,5	90
Aussehen der Lösung . . .	klar				etwas opalis.	opalis.	stark opalis.
Ausflußzeit der Gelatinelösung in Sek.	207	266	506	362	229	185	163
Ausflußzeit der Alkohol-Wassermischung	80	233	225	194	178	168	160
Relative Viscosität	2,590	2,860	2,250	1,860	1,286	1,100	1,020

Bei einer zweiten derartigen Versuchsreihe wurden die gleichen Lösungen nach ihrer Fertigstellung 2 Tage lang in einem Thermostaten bei 9° aufbewahrt, dann wurden die Mischungen rasch auf 15° erwärmt und ihre Viscositäten bei dieser Temperatur bestimmt. Die Lösungen, deren Alkoholgehalt 60% und darunter betrug, waren zu einem Gel erstarrt. Die Lösung mit 70% Alkohol war beinahe erstarrt, dagegen waren bei einem Alkoholgehalt von 80% und darüber sämtliche Lösungen völlig flüssig. Die relative Viscosität (Tabelle 66) war nur ganz wenig größer als zu Beginn des Versuches, wenn der Alkoholgehalt 85% oder mehr betrug, während bei Alkoholkonzentrationen unter 80% die Viscosität beträchtlich zugenommen hatte.

Tabelle 66.

Viscosität bei 15° nach 2tägigem Verweilen der Gelatinelösungen bei 9°.

	Alkoholgehalt		
	80%	85%	90%
Aussehen der Lösung	leicht opalisierend	opalisierend	stark opalisierend
Ausflußzeit der Gelatinelösung in Sek.	521,0	247,0	180,0
Ausflußzeit der Alkohol-Wassermischung in Sek.	194,0	178,0	160,0
Relative Viscosität der Gelatinelösung	2,685	1,390	1,125

Man erkennt schon aus der Opalescenz der alkoholischen Gelatinelösungen die Anwesenheit von Aggregaten. Diese Aggregate müssen aber wegen der kleinen Viscosität der über 80proz. alkoholischen Lösungen ganz andersartig sein, als die Micellen in den hochviscösen wässerigen Lösungen. Hiermit steht auch die Unfähigkeit dieser alkoholischen Lösungen zur Gelbildung in Zusammenhang. Wir können aus der kleinen relativen Viscosität der opalisierenden Gelatine-Alkohollösungen schließen, daß die Micellen dieser Lösungen weniger Wasser okkludiert enthalten als die Micellen wässeriger oder schwächer alkoholischer Lösungen.

Demnach müßte Gelatine durch andersartige Kräfte in wässeriger oder in schwach alkoholischer Lösung gehalten werden als in alkoholreicheren Mischungen, deren Alkoholgehalt den kritischen Betrag überschritten hat. In wässerigen oder in schwach alkoholischen Lösungen, also in Lösungen, die noch zu einem Gel gestehen können, sind die Moleküle oder Ionen gleichmäßig in dem Lösungsmittel verteilt, wobei wahrscheinlich die beträchtlichen Kräfte der Nebenvalenzen zwischen Lösungsmittel und gelöster Substanz wirksam sind. Übersteigt dagegen der Alkoholgehalt einen bestimmten kritischen Betrag, so werden die Attraktionskräfte zwischen den Gelatinemolekülen und den Molekülen des Lösungsmittels derart verkleinert, daß ihnen gegenüber die Attraktionskräfte der Moleküle zueinander überwiegen. Bei den in dieser Weise sich bildenden Micellen berühren sich die Proteinionen oder -moleküle viel inniger als in einem Gelteilchen, daher können sie auch nur viel weniger Wasser enthalten als die in reinem Wasser oder in stark verdünntem Alkohol sich bildenden Micellen. Diese letzteren vermehren die Viscosität der Lösung viel beträchtlicher als die bei Gegenwart von viel Alkohol gebildeten Micellen.

Einundzwanzigstes Kapitel.

Schlußbemerkungen.

Graham unterschied noch zwischen krystalloiden und kolloidalen Substanzen. Diese Unterscheidung verlor ihre Bedeutung, als sich herausstellte, daß ein und dieselbe Substanz, wie z. B. Kochsalz, in Wasser echte krystalloide Lösungen, in Alkohol dagegen Suspensionen bilden kann; es wurde daher gebräuchlich, den kolloidalen und den krystalloiden Zustand der Materie einander gegenüberzustellen. Hierbei wurde vorausgenommen, daß man dieselbe Substanz je nach der Natur des Lösungsmittels in kolloidalem oder in krystalloidem Zustand erhalten könnte.

Wir ersehen aus den Ergebnissen des vorliegenden Buches, daß nunmehr auch die Unterscheidung zwischen kolloidalen und krystalloiden Zuständen nicht mehr aufrechterhalten werden kann. Wir müssen jetzt zwischen dem krystalloiden und dem kolloidalen Verhalten unterscheiden, denn die gleiche Substanz, z. B. ein Protein, kann sich bezüglich bestimmter Eigenschaften wie ein Krystalloid verhalten und bezüglich anderer Eigenschaften so, wie es für die sogenannten Kolloide als spezifisch angesehen wird. Durch die Titrations- und Verbindungskurven ist bewiesen, daß sich die Proteine bezüglich ihrer stöchiometrischen Reaktionen mit Säuren und Basen wie Krystalloide verhalten. In dieser Hinsicht unterscheiden sich also die Proteine nicht von ihren Bausteinen, den typisch krystalloiden Aminosäuren. Daß diese Tatsache so lange verborgen bleiben konnte, war nur möglich, weil die Wasserstoffionenkonzentration der Proteinlösungen nicht gemessen und nicht berücksichtigt worden war.

Ferner verhalten sich die Proteine auch hinsichtlich ihrer Löslichkeit wie Aminosäuren, d. h. wie Krystalloide. Die Proteine sind wie viele ionisierende Krystalloide in ionisiertem Zustand besser löslich als in nicht ionisiertem, daher ist auch ihre Löslichkeit allgemein in ihrem isoelektrischen Punkt am geringsten. Auch bei Aminosäuren existiert in ihrem isoelektrischen Punkt ein Minimum der Löslichkeit (MICHAELIS). Daß in Proteinlösungen sich sehr oft feste submikroskopische Teilchen bilden, widerspricht nicht der krystalloiden Natur ihrer Löslichkeit, denn die Bildung von Aggregaten kann auch in wässerigen Lösungen von echten Krystalloiden, z. B. von Rohrzucker, vorkommen, sobald die Konzentration hinreichend groß ist. Das Problem der Löslichkeit hängt mit dem feineren Bau der Atome und der Moleküle zusammen; bei großen Molekülen, wie bei den Proteinmolekülen, müssen wir die Löslichkeiten ihrer verschiedenen Konstituenten auseinanderhalten, die beträchtliche Unterschiede zeigen können. So sind in den Gelatinemolekülen anscheinend Gruppen mit hoher Affinität zum Wasser vorhanden und ebenso „ölige" Gruppen mit geringer Affinität zum Wasser. Diese Besonderheiten stehen indessen nicht in Widerspruch zu der Tatsache, daß sich Proteine bezüglich der Löslichkeit allgemein wie Krystalloide, d. h. wie Aminosäuren, verhalten.

Sehr wahrscheinlich gleichen die Proteine den Krystalloiden nicht nur hinsichtlich ihrer Löslichkeit und ihrer stöchiometrischen chemischen Verbindungsfähigkeit, sondern auch in anderen Eigenschaften. REYHER hat gezeigt, daß die Viscosität von Fettsäurelösungen mit zunehmender Ionisation der Säuren größer wird; das gleiche hat HEDESTRAND für die Aminosäuren nachgewiesen. Es ist durchaus denkbar, daß diese krystalloide Art von Viscosität auch für solche Proteine, wie krystallinisches Eiereiweiß, nachgewiesen werden kann, deren Lösungen suspendierte feste Teilchen in sehr geringer Zahl enthalten.

Die Oberflächenspannung von Proteinlösungen ist nach BOTTAZZI im isoelektrischen Punkt etwas kleiner als bei allen anderen p_H-Werten. Ähnliche Versuche hat der Verfasser an Eiereiweißlösungen angestellt. Bei einer 1 proz. Lösung von krystallinischem Eiereiweiß wurde im isoelektrischen Punkt eine Oberflächenspannung von ungefähr 62 Dynen gefunden, während bei einem p_H von etwa 3,4 die Oberflächenspannung ungefähr 66 Dynen betrug und bei einem p_H von ungefähr

19*

1,5 auf den Wert von 63 Dynen gesunken war. Die Unterschiede sind äußerst klein. Hängen sie mit der Ionisation des Proteins zusammen, so könnte der gleiche Einfluß des p_H auch bei der Oberflächenspannung von Aminosäurelösungen oder Lösungen irgendeiner ionisierenden krystalloiden Substanz nachgewiesen werden. Sehr wahrscheinlich verhalten sich die Proteine demnach wie Krystalloide hinsichtlich der Einwirkung der Elektrolyte auf die Kohäsion, die Elastizität usw., Eigenschaften, die wir mit dem feineren Bau der Materie in Verbindung bringen.

Es ist daher gerechtfertigt, die Proteine als Krystalloide anzusehen, die kolloidales Verhalten nur unter einer bestimmten, wohl definierten Bedingung erkennen lassen, nämlich dann, wenn zwar die großen Proteinionen, dagegen nicht die kleineren krystalloiden Ionen am Diffundieren gehindert werden. Ein solches Hindernis ist eine Membran, etwa eine Kollodiummembran, die von den gelösten Proteinionen nicht, dagegen von den kleinen krystalloiden Ionen leicht durchdrungen werden kann. Ferner kann das Hindernis für die Diffusion durch die Kohäsionskräfte zwischen den Proteinmolekülen und -ionen eines Gels verursacht sein, welches für krystalloide Ionen leicht durchgängig ist. Unter solchen Bedingungen kommt es zur Ausbildung eines DONNAN-Gleichgewichtes, das dadurch gekennzeichnet ist, daß die Konzentration der diffusiblen krystalloiden Ionen in der Proteinlösung oder in dem Proteingel größer ist als in der wässerigen eiweißfreien Außenflüssigkeit. Dieser Konzentrationsunterschied der krystalloiden Ionen zwischen dem Inneren und der Umgebung einer Proteinlösung oder eines Proteingels bedingt das kolloidale Verhalten der Proteine, d. h. die Abweichungen vom Verhalten der Krystalloide. Dieses kolloidale Verhalten umfaßt folgende Eigenschaften: 1. die Membranpotentiale, 2. den osmotischen Druck, 3. die Quellung, 4. die Art der Viscosität, die durch die Quellung submikroskopischer fester Gelteilchen bedingt ist. Diese vier Eigenschaften sind zwar nur ein kleiner Bruchteil der zahlreichen Eigenschaften von Proteinlösungen, sie sind aber von sehr großer Bedeutung. Man braucht wohl kaum noch hervorzuheben, daß die DONNAN-Gleichgewichte bei der Verteilung der Ionen und des Wassers im Körper eine wichtige Rolle spielen müssen.

Wie dem auch sei, das kolloidale Verhalten zeigt sich nur unter solchen Bedingungen, unter denen eine Ionenart im Gegensatz zu anderen Ionenarten am Diffundieren gehindert wird. Die sehr große Verbreitung der kolloidalen Erscheinungen erklärt sich daraus, daß die in den Organismen vorhandenen oder die technisch so leicht herzustellenden Membranen derartige Diffusionshindernisse darstellen. Man darf daher jetzt nicht mehr von einer Chemie oder gar von einer Welt der Kolloide sprechen. Wenn wir Membranen erzeugen könnten, die für

Ca nicht durchgängig, wohl aber für Cl'- oder Na -Ionen durchgängig wären, so würden Lösungen von $CaCl_2$ und NaCl, sobald sie durch eine derartige Membran von reinem Wasser getrennt würden, hinsichtlich der Einwirkung von Elektrolyten auf Membranpotentiale und den osmotischen Druck kolloidales Verhalten zeigen.

Ein DONNAN-Gleichgewicht kann sich nur dann ausbilden, wenn das Protein ionisiert ist. Daher haben sämtliche Eigenschaften der Proteine, die direkt oder indirekt mit dem DONNAN-Gleichgewicht zusammenhängen, im isoelektrischen Punkt ein Minimum. Nun haben krystalloide Eigenschaften der Proteine, deren Betrag mit zunehmender Ionisation wächst, wie etwa die Löslichkeit, gleichfalls im isoelektrischen Punkt ein Minimum. Hierdurch ist eine gewisse Verwirrung entstanden, weil nicht eingesehen wurde, daß sämtliche Eigenschaften der Proteine, deren Werte mit zunehmender Ionisation ansteigen, deshalb im isoelektrischen Punkt ein Minimum haben, weil die Proteine amphotere Elektrolyte sind, daß aber diese Ionisation ein DONNAN-Gleichgewicht und damit kolloidales Verhalten nur unter der einen Bedingung bewirkt, daß die Diffusion allein des Proteinions verhindert wird. Sämtliche Eigenschaften der Aminosäuren, die mit ihrer Ionisation zusammenhängen, haben ebenfalls in ihrem isoelektrischen Punkt ein Minimum, sie weisen aber kein kolloidales Verhalten auf, und zwar aus dem einfachen Grunde, weil ihre Ionen leicht durch solche Membranen diffundieren können, die für Proteinionen ein Hindernis darstellen. Wenn jemals Membranen entdeckt werden sollten, die für bestimmte Aminosäuren undurchgängig, dagegen für andere krystalloide Ionen durchgängig sind, oder wenn Aminosäuren gefunden würden, deren Lösungen zu einem Gel erstarren könnten, würde man auch an Aminosäuren kolloidales Verhalten nachweisen können.

Es hat sich eingebürgert, unter der Bezeichnung Kolloidchemie nicht nur diejenigen Eigenschaften zu behandeln, die mit dem Donnan-Gleichgewicht zusammenhängen, sondern auch allgemeinere Eigenschaften, wie Löslichkeit, Kohäsion, Adhäsion und Oberflächenspannung, die in keiner direkten Beziehung zum Donnan-Gleichgewicht stehen. Diese mit der Molekularstruktur zusammenhängenden Erscheinungen sind eigentlich nicht spezifisch kolloidal, sondern gehören in das Gebiet der Atomphysik. Sie werden nicht nur durch die Valenz, sondern auch durch die Natur der Ionen beeinflußt und unterscheiden sich in dieser Beziehung von den rein kolloidalen, durch das DONNAN-Gleichgewicht bedingten Erscheinungen, bei welchen nur das Vorzeichen der elektrischen Ladung und die Valenz eines Ions von Bedeutung sind.

Daß die gleiche Substanz in dem gleichen Zustande krystalloide sowohl wie kolloidale Erscheinungen zeigen kann, wird auch auf die

Verwirrung, die hinsichtlich der HOFMEISTERschen Ionenreihen herrscht, klärend wirken. Nach den HOFMEISTERschen Reihen soll sowohl die Valenz als auch die chemische Natur der Ionen eines Salzes die physikalischen Eigenschaften eines Proteins beeinflussen. Dies gilt wahrscheinlich für streng krystalloide Eigenschaften, wie etwa die Löslichkeit oder die Kohäsion von Proteinen. Die HOFMEISTERschen Reihen gelten indessen nicht für die kolloidalen Eigenschaften der Proteine, die mit dem DONNAN-Gleichgewicht zusammenhängen, einfach deshalb, weil das DONNAN-Gleichgewicht ein elektrostatisches Gleichgewicht ist, auf welches nur die Anzahl der Ladungen, aber nicht die chemische Natur des Ions Einfluß hat.

Der Verfasser hofft, daß die in diesem Buch erörterten Methoden, experimentellen Ergebnisse und theoretischen Deutungen nicht nur für Studien über das kolloidale Verhalten anderer Substanzen als Proteine, sondern auch für die Physiologie von Nutzen sein mögen. Die Lebenserscheinungen sind untrennbar von dem kolloidalen Verhalten; ein Organismus, der nur oder hauptsächlich aus krystalloidem Stoff oder aus einem Stoff mit rein krystalloidalem Verhalten besteht, ist undenkbar. Der Verfasser hat früher die Organismen als chemische Maschinen definiert, die aus hauptsächlich kolloidalem Material bestehen und wachsen und sich fortpflanzen können[1]. Wenn dies richtig ist, so müssen Fortschritte unseres physiologischen Wissens so lange im wesentlichen vom Zufall abhängen, bis die Wissenschaft in den Besitz einer mathematischen Theorie des kolloidalen Verhaltens derjenigen Substanzen gelangt, aus welcher die Lebewesen bestehen. Wenn die DONNANsche Theorie der Membrangleichgewichte die mathematische und quantitative Basis einer Theorie des kolloidalen Verhaltens der Proteine abgibt — der Verfasser ist davon überzeugt —, so kann man voraussagen, daß diese Theorie einen Grundpfeiler der modernen Physiologie bilden wird.

---

[1] LOEB, J.: Vorlesungen über die Dynamik der Lebenserscheinungen. Leipzig 1906.

Autorenverzeichnis.

Sachverzeichnis.